国家林业和草原局普通高等教育"十三五"规划教材

浙江省普通本科高校"十四五"重点教材

竹林培育与利用

桂仁意　主编

中国林业出版社
China Forestry Publishing House

内容简介

　　《竹林培育与利用》是我国竹林培育与利用类专业的核心专业课教材，是国家林业和草原局"十三五"规划教材和浙江省普通本科高校"十四五"重点教材。本教材从竹林培育和利用两个方面出发，系统阐述了竹林资源的生态特性、培育技术、竹林经营管理、竹笋(材)加工与利用、竹林碳汇、竹文化和竹林科学评价体系等内容，全书分为11章。第1章为绪论，第2章介绍了竹子形态特征及主要造林竹种，第3章介绍了竹子生态学与生物学特性，第4章介绍了竹子种苗繁育，第5章介绍了散生竹培育，第6章介绍了丛生竹培育，第7章介绍了混生竹培育，第8章介绍了竹类病虫害，第9章介绍了竹林生态与利用，第10章介绍了笋材加工利用，第11章介绍了竹林认证。本教材不仅可供竹林培育与利用学科及相关专业学生学习理论知识与专业技能，也是相关领域专业技术人员学习专业基础理论、提高竹产业认知的参考教材。

图书在版编目(CIP)数据

　　竹林培育与利用／桂仁意主编. -- 北京：中国林业出版社，2024. 8. --（国家林业和草原局普通高等教育"十三五"规划教材）（浙江省普通本科高校"十四五"重点教材）. -- ISBN 978-7-5219-2798-6

　　Ⅰ. ①S795.7

　　中国国家版本馆 CIP 数据核字第 2024QV5572 号

策划编辑：肖基浒
责任编辑：曹　阳
责任校对：梁翔云　倪禾田
封面设计：睿思视界视觉设计

出版发行　中国林业出版社
　　　　　（100009，北京市西城区刘海胡同 7 号，电话 83223120　83143611）
电子邮箱　jiaocaipublic@163.com
网　　址　https：//www.cfph.net
印　　刷　北京中科印刷有限公司
版　　次　2024 年 8 月第 1 版
印　　次　2024 年 8 月第 1 次印刷
开　　本　787mm×1092mm　1/16
印　　张　18.5
字　　数　427 千字
定　　价　58.00 元

《竹林培育与利用》编写人员

主　编：桂仁意

副主编：杨光耀　辉朝茂　董文渊

编　委：(以姓氏拼音排序)

代发文(乐山师范学院)	邓世鑫(浙江农林大学)
董文渊(西南林业大学)	高培军(浙江农林大学)
桂仁意(浙江农林大学)	郭小勤(浙江农林大学)
辉朝茂(西南林业大学)	季海宝(浙江农林大学)
李　全(浙江农林大学)	林新春(浙江农林大学)
农　向(乐山师范学院)	钱奇霞(浙江农林大学)
邵继锋(浙江农林大学)	施建敏(江西农业大学)
宋新章(浙江农林大学)	童毅华(中国科学院华南植物园)
王义平(浙江农林大学)	杨光耀(江西农业大学)
杨海芸(浙江农林大学)	杨瑶君(乐山师范学院)
应叶青(浙江农林大学)	余学军(浙江农林大学)
曾燕如(浙江农林大学)	周明兵(浙江农林大学)
邹龙海(浙江农林大学)	

前　言

　　竹林作为一种重要的经济作物和生态资源，在我国的发展中具有不可忽视的作用。竹林作为一种特殊的生态系统，既可以为生产、生活带来丰厚利益，也可以为保持地球的生态平衡做出突出贡献。随着生态文明建设和可持续发展的需要，我国竹林培育、竹产业高质量发展面临诸多挑战。

　　随着社会的进步和发展，竹产业越来越受到关注。习近平总书记也高度重视和关心竹产业发展，2018年2月，习近平总书记在四川省考察时指示，要因地制宜发展竹产业，让竹林成为美丽乡村的一道风景线。2022年11月，习近平总书记向国际竹藤组织成立二十五周年志庆暨第二届世界竹藤大会致贺信中指出，中国政府同国际竹藤组织携手落实全球发展倡议，共同发起"以竹代塑"倡议。我国竹产业发展势头迅猛，国家和地方高度重视竹产业发展，陆续出台了一系列政策措施。2021年11月，国家林业和草原局、国家发展改革委等10个部门联合印发的《关于加快推进竹产业创新发展的意见》中明确提出，2025年，全国竹产业总产值突破7 000亿元，2035年实现全国竹产业总产值超过1万亿元的目标。同时，业界普遍认为应该集中精力调整与发展学科建设，培养更多更好地适应社会需求的专业人才。为促进竹林培育与利用学科人才培养走上规范化的轨道，推进竹林培育类专业的融合、一体化进程，拓宽和深化专业教学内容，满足现代化建设的要求，编写一套适合新时代竹林培育与利用专业高等学校教学需要的教材是十分必要的。

　　本教材从竹林培育和利用两个方面出发，系统阐述了竹林资源的生物学特性、竹林经营管理、竹笋(材)加工与利用、竹林碳汇、竹文化和竹林认证等内容。本教材的编写广泛吸收了有关专家、教师及竹林培育工作者的意见和建议，立足于培养具有扎实竹林培育基础知识的本科、研究生等专业人才，精心选择内容，既考虑了相关知识和技能科学体系的全面系统性，又结合了广大编写人员多年来教学与规划设计的实践经验，并汲取了国内外最新研究成果编写而成。教材理论深度合适，内容翔实，图文并茂，是一本详尽、系统的竹林培育与利用学科领域内的教学用书，具有较高的学术价值和实用价值。本教材适应性广，不仅可供竹林培育与利用学科及相关专业学生学习理论知识与专业技能，也是相关领域专业技术人员学习专业基础理论、提高竹产业认知的有效参考书。

　　本次教材编写坚持团队的老、中、青结合和地域代表性原则，以期提高教材编写质量。由桂仁意牵头组织并编写大纲，编写分工如下：第1章由桂仁意和邓世鑫编写，第2章由辉朝茂和童毅华编写，第3章由杨光耀和施建敏编写，第4章由邹龙海和周明兵(第1节)、郭小勤(第2节)、应叶青(第3、4节)、杨海芸(第5节)编写，第5章由邵继锋(第1节)、林新春(第5节)、高培军(第2、3和4节)编写，第6章由季海宝编写，第7章由董文渊编写，第8章由王义平编写，第9章由桂仁意(第1、5节)、宋新章和李全(第2

节)、邓世鑫(第3、5节)、钱奇霞和邵继锋(第4节)编写，第10章由余学军(第1、2节)、杨瑶君、农向和代发文(第1节)编写，第11章由曾燕如编写，最后由桂仁意、邓世鑫和季海宝负责统稿和整理工作。

　　本教材受作者水平所限，教材的体系构建和内容知识方面尚存不完善之处，祈盼读者批评指正。

编者

2024 年 8 月

目　录

第1章 绪 论

【内容提要】竹子在日常生活、文化艺术、社会活动以及环境保护方面发挥着至关重要的作用。它不仅是一种多功能的植物资源，还具有深厚的文化意蕴和环保特性，是实现可持续发展的重要基础性资源。本章对全球竹资源及其经济价值、生态价值和社会价值进行了概述，并对竹林多目标定向培育、竹子的现代利用、竹文化产业的拓展等进行了总结和展望。

1.1 竹类植物概述

竹子主要分布在热带及亚热带地区，对水热条件要求高。东南亚受太平洋和印度洋季风汇集的影响，雨量充沛，热量稳定，是竹子生长的理想环境，也是世界竹子分布的中心。随着竹子的经济价值日渐增大，人们植竹造林、抚育保护竹林的积极性不断提高，加上竹子自然扩鞭繁殖，竹林面积在不断扩大，资源总量不断增加。

1.1.1 世界竹资源情况

世界竹子种类繁多，根据国际竹藤组织（INBAR）的统计，全球已知竹类植物共88属，1 642种。根据竹类的地理分布，可将其分为3大竹区，即亚太竹区、美洲竹区和非洲竹区。欧洲则无乡土竹种分布。由于竹子分布广泛，并常与其他林分混交，因此，全球竹资源总量一直无法准确统计。为此，2018年年底，国际竹藤组织和联合国粮食及农业组织（Food and Agriculture Organization，FAO）共同开展对全球竹资源的初步调查工作，其中，对16个亚洲国家、6个非洲国家和10个拉丁美洲国家的竹林面积进行了估算，统计得知这些国家竹林面积达3 200万 hm²，占森林面积的3.2%。目前，有关全球竹资源的更全面的清查工作仍在继续。

由于立地条件差异和长期隔离生长，3大竹区竹种组成各不相同，仅有簕竹属（*Bambusa*）在3大竹区都有分布。簕竹属约100余种，分布于热带和南亚热带地区。分布最为广泛的竹种为龙头竹（*Bambusa vulgaris*），在3大竹区中均有广泛分布，被称为"泛热带"竹种。

（1）亚太竹区

该区是世界最大的竹类植物分布区，南至南纬42°的新西兰，北至北纬51°的库页岛中部，东至太平洋诸岛，西至印度洋西南部。自然分布竹类约 67 余属 1 125 余种，其中 3/5 为丛生竹，散生竹种仅占 2/5。中国、印度、印度尼西亚等 16 个主要产竹国竹林面积占世界面积的 45%，竹种资源占世界竹种资源总数的 70%，占森林总面积的 4.4%。以竹种丰富的中国、越南和印度为代表的亚洲竹种占比 70%。亚洲竹林面积占比超过 70%。这些主要产竹国人民的衣、食、住、行无一不与竹子有着密切的联系。其中，东南亚地区是世界竹类起源中心，同时也是其现代分布中心之一。

根据《世界竹藤名录》记载，印度是除中国外竹种资源最丰富的国家，约有 23 属 136 种之多，以丛生竹为主，竹林面积高达 548 万 hm²。日本是较早开展竹资源开发利用的国家，有竹子 13 属 230 多种，以散生竹为主，其中观赏竹资源尤为丰富；面积达 14.13 万 hm²（2010 年），97% 为私人所有，桂竹（*Phyllostachys bambusoides*）、毛竹（*Phyllostachys edulis*）和金竹（*Phyllostachys sulphurea*）是日本种植面积最大的 3 大竹种。本区的印度尼西亚（210 万 hm²）、老挝（224 万 hm²）、缅甸（85.90 万 hm²）、越南（153.30 万 hm²）、马来西亚（500 万 hm²）、孟加拉国（49 万 hm²）、泰国（26 万 hm²）、菲律宾（18.80 万 hm²）等国竹林资源也较为丰富，但大洋洲和太平洋岛国竹林资源相对贫乏。

（2）美洲竹区

本区约有 20 属 300 余种木本竹类植物，加上草本则共有 40 属近 500 种。其中，丘斯夸属（*Chusquea*）的竹子资源最为丰富，占美洲竹种资源的 40% 以上，被广泛用于建筑，以及篱笆、箩筐、农具和日常生活中的其他用品。当地居民利用竹子的历史悠久，在哥伦布发现新大陆之前，居住在现在哥伦比亚和巴拉圭等地的居民将瓜多竹属（*Guadua*）和丘斯夸属竹竿用作燃料，这一用途一直延续至今。竹子对当地居民的重要程度不及亚太竹区，仅有少数竹种由人工培育，其中最主要的是狭叶瓜多竹（*Guadua angutifolis*）和实心瓜多竹（*Guadua amplexifolia*），以及龙头竹（*Bambusa vulgaris*）和罗汉竹（*Phyllostachys aurea*）等引进竹种。

在拉丁美洲，南北回归线之间从墨西哥到巴西的亚马孙流域是竹子分布的中心，竹种十分丰富，由此向南直至阿根廷逐渐减少。其中巴西是该区竹子资源最丰富的国家，有 232 种，面积 930 万 hm²。墨西哥有竹子 8 属 37 种，其中奥美加竹属（*Olmeca*）和 14 个种为墨西哥特有竹种；47% 的竹种为丘斯夸竹属，其余分别为节柱竹属（*Arthrostylidium*）、瓜多竹属、奥美加竹属、墨西哥竹属（*Otatea*）和扇枝竹属（*Rhipidocladum*）。北美竹子资源贫乏，只有 2 个乡土竹种，即大青篱竹（*Arundinaria gigantea*）和小青篱竹（*Arundinaria tecta*）。

（3）非洲竹区

非洲竹区是 3 大分布区中竹子资源最少的 1 个，联合国粮农组织发布的《2010 年全球森林资源评估》表明，非洲竹林面积约 363 万 hm²。据国际竹藤组织（INBAR）2019 年统计 [不包括刚果（金）数据]，非洲竹林面积约 600 万 hm²。竹种约 16 属 55 种，包括了从非洲西海岸的塞内加尔以南开始，向东依次经过几内亚、利比里亚、科特迪瓦、加纳、尼日利亚、喀麦隆、加蓬、刚果（布）、刚果（金）、乌干达、肯尼亚、坦桑尼亚、莫桑比克，直到东海岸的马达加斯加岛，形成了从西北到东南的一个斜长的分布中心。非洲大陆竹类区系贫乏，乡土竹种不多，但形成大面积竹林，或与其他树种伴生形成混交林的中下层。由国际竹藤组织和清华大学合作，利用遥感技术测量的竹林面积结果显示，尼日利亚（159万 hm^2）、埃塞俄比亚（147 万 hm^2）、坦桑尼亚（13 万 hm^2）、肯尼亚（14 万 hm^2）和乌干达（5.4 万 hm^2）等国竹林资源较为丰富，但由于统计方法差异，尼日利亚竹林面积数据可能被高估。

由于马达加斯加岛长期与非洲大陆隔离，该岛进行着独特的物种进化，拥有 12 属 40个竹种，比非洲大陆丰富，因此，非洲竹区又可分为大陆和马达加斯加岛两个亚区。其中，*Valiha* 属为马达加斯加岛特产，被用于制作当地乐器 Valihavolo。该区竹子开发利用总体比较落后。

1.1.2 中国竹资源情况

中国是世界上竹种资源最丰富的国家，根据《2022 年中国竹产业年报》的报道，中国现有竹类资源 39 属 837 种；竹林面积、竹林蓄积量及竹材、竹笋的产量也都居世界首位。中国有着悠久的竹类栽培利用历史，《2021 年中国林草生态综合监测评价报告》显示，中国竹林面积为 756.27 万 hm^2，占森林面积的 3.31%；其中毛竹林面积 527.76 万 hm^2，占竹林总面积的 69.78%。全国有 20 个省份有竹林分布，其中面积在 30 万 hm^2 以上的有福建、江西、湖南、浙江、四川、广东、广西和安徽 8 省份，面积合计 678.50 万 hm^2，占全国竹林面积的 89.72%；有 13 个省份有毛竹林分布，其中面积在 70 万 hm^2 以上的有福建、湖南、江西和浙江 4 省，面积合计 421.64 万 hm^2，占全国毛竹林面积的 79.89%。与第九次全国森林资源清查结果相比，2021 年我国竹林面积增加 115.11 万 hm^2，增幅为17.95%；其中，毛竹林面积增加 59.98 万 hm^2，其他竹种面积增加 55.13 万 hm^2，增幅分别为 12.82% 和 31.80%；竹林面积增加在 10 万 hm^2 以上的有湖南、福建、江西、广东、广西和四川 6 省（自治区），其中江西、广东和四川 3 省份竹林面积的增加主要来自毛竹林以外的其他竹种林。竹产业较为发达的浙江省，《2020 年浙江省森林资源及其生态功能价值公告》显示，现有竹林面积近 94.09 万 hm^2，占全省林地总面积的 15.48%。此外，中国竹产业规模不断扩大，竹子利用领域不断拓宽，根据《2022 年中国竹产业年报》的报道，中国竹产品涉及竹建材、竹纤维制品、竹日用品、竹编工艺品、竹家具、竹浆造纸、竹材人造板、竹炭和竹醋液、竹笋加工品、竹提取物 10 大类，100 多个系列上万个品种，竹子广泛应用于建筑、装饰、家具、造纸、包装、运输、医药、食品、纺织、化工等众多领域，国内已有上万家竹加工企业，竹产业直接就业人员达千万人。截至 2022 年年底，中国的竹产业总产值达到了 4 153 亿元。

1.2 竹类的经济价值

目前全球竹材产量 1 500 万~2 000 万 t，预计 21 世纪末可达 5 500 万~6 500 万 t。竹子产品已达 100 多个系列上万个品种，并为全球 5 亿~10 亿人提供重要的生活来源。

目前，我国从竹资源受益的农村人口约有 500 万，竹产业后续加工、生产流通相关领域人员约有 2 000 万，竹产区竹业收益占农民可支配收入的 20% 以上。20 世纪 80 年代以来，随着市场经济的发展，在科技进步和科技兴竹的推动下，中国竹产业得到迅速发展，已形成了一个以资源培育、加工利用到出口贸易"一条龙"的新兴产业，与花卉业、森林旅游业、森林食品业一起成为中国林业发展中的四大朝阳产业，而竹业更具发展空间与开拓潜力，"中国竹子之乡"由最初的 10 个增加到 30 个。据中国竹产业协会统计，中国竹产业产值 1981 年仅有 4 亿多元，2011 年则达到 1 047 亿元，2016 年达 2 109.26 亿元，2021 年我国竹业总产值达 3 818.08 亿元，是林业领域极具有发展潜力的朝阳产业，对竹产区群众脱贫致富和乡村振兴有重要作用。2021 年 11 月，国家林业和草原局、国家发展改革委等10 个部门联合印发的《关于加快推进竹产业创新发展的意见》中明确提出，2025 年，全国竹产业总产值突破 7 000 亿元，2035 年实现全国竹产业总产值超过 1 万亿元的目标。

1.2.1 竹林培育

国外竹林主要以天然林为主，对竹林的培育尚未引起足够重视，人工经营竹林面积少、经营水平较低。在印度，竹子主要被用作造纸，由于管理粗放，竹材产量只有 1~2 t/hm²，且存在竹林掠夺性利用等问题。由于劳动力成本居高不下，加之笋竹产品输入的大量增加，日本的竹林培育自 20 世纪 70 年代以来迅速衰落。欧美发达国家以引进竹种为主，主要用于园艺观赏栽培，美化环境。

中国种植竹子有悠久的历史。浙江余姚河姆渡原始社会遗址发掘发现，我国早在7 000 多年前就开始种植竹子。周朝《穆天子传》载："天子西征，至于玄池。天子三日休于玄池之上，乃奏广乐，三日而终，是曰乐池。天子乃树之竹，是曰竹林。"《拾遗记》载："始皇起云明台，穷四方之珍木，搜天下之巧工。南得……云岗素竹。"可见，秦始皇就把云岗竹子作为珍品引种于咸阳宫廷园林中。汉代皇家甘泉宫设有竹宫。寇恂伐淇园竹子做箭百万余。"梁孝王东克方三百里，即菟园也，多植竹，中有修竹园。"西汉特设竹监司，专门管理竹林资源。

中华人民共和国成立后，特别是改革开放以来，国家的快速发展极大地促进了竹林培育业的发展。同时，基于分类经营与定向培育的竹林培育理论与技术也得到了长足发展，笋竹产品产量和竹林培育效益得到大幅提升。主要表现在以下几方面：

竹林面积不断增加。《第一次全国森林资源清查报告（1973—1976 年）》显示竹林面积为 299.77 万 hm²；《第七次全国森林资源清查报告（2004—2008 年）》显示竹林面积为538.10 万 hm²；《第八次全国森林资源清查报告（2009—2013 年）》显示为 600.63 万 hm²；《第九次全国森林资源清查报告（2014—2018 年）》显示为 641.16 万 hm²；《2021 年中国林草生态综合监测评价报告》显示，2021 年我国竹林面积为 756.27 万 hm²，占森林面积的3.31%；与第九次全国森林资源清查结果相比，2021 年我国竹林面积增加 115.11 万 hm²，增幅为 17.95%。中国成片竹林面积、年产竹材、年产竹笋的数量皆位居全球之首。

种质资源利用不断拓展。20 世纪 90 年代以来，以雷竹（*Phyllostachys violascens* 'Prevernalis'）、黄秆乌哺鸡竹（*Phyllostachys vivax* 'Aureocanlis'）等为代表的中小型笋用竹、观赏竹培育快速发展，成为竹类经济利用新的增长点，目前已形成了散生竹、丛生竹，大型竹、中小型竹，乡土竹种、引进竹种，商品竹林、生态竹林综合发展的新格局。同时，中国的竹类植物育种工作也处于世界领先地位。选择育种是竹类植物选育的最主要方式，品种绝大多数是通过选择育种得到。在长期的生产实践中，人们在竹类植物群体中选育出了许多变异类型，如刚竹属(*Phyllostachys*)中的毛竹有蝶毛竹(*Phyllostachys edulis f. abbreviata*)、安吉锦毛竹(*Phyllostachys edulis f. anjiensis*)等21个变型/变种，经过人工栽培，形成了不同类型的竹类植物品种。虽然竹类植物难以结实，但亦有自然结实或通过人工杂交获得种子、开展实生苗无性系选育的报道，如利用麻竹(*Dendrocalamus latiflorus*)自然结实种子和人工授粉种子进行繁殖，建立了麻竹实生苗无性系选育的系统方法，获得了多个麻竹优良无性系。杂交育种是获得比亲本更强或表现更好性状的主要方式，我国竹子专家早在20世纪60年代就开展了竹子杂交育种工作，以撑篙竹(*Bambusa pervariabilis*)为母本，用麻竹和青皮竹(*Bambusa textilis*)混合授粉杂交，获得的杂交种'撑麻青竹1号'，其竹秆高大、发笋成竹力强，材性优于麻竹；'撑麻25号'纤维长、纤维组织比量高，适合造纸，已在川渝地区推广应用；'撑麻竹7号'为鲜食和加工兼用的优良竹种。用撑篙竹和大绿竹(*Bambusa grandis*)杂交获得'撑绿3号'和'撑绿6号'，蒸煮性能优于亲本，卡伯值最低，特性黏度最高，适于造纸，已在广西推广栽培。

培育水平不断提升。从竹林培育技术发展看，大致可分为3个阶段。第1阶段是对竹林的自然利用阶段，以收获竹材为主，间或采收竹笋。"重采收，轻管理"，对林地基本无任何管理措施。第2阶段是20世纪70年代开始，我国实施推广的材用林和笋竹两用林丰产培育。在此阶段，大力推广"安吉模式"，即深翻垦复、护笋养竹和适当追肥3个技术要点。第3阶段是从20世纪90年代开始，笋用、笋材两用、观赏用等分类经营和定向培育成为热点，在笋芽分化、水肥管理、产品采收等竹林培育的理论和技术上都有较大创新和发展，并出现了以现代科技园区为生产组织形式的竹林培育发展新模式。

现阶段竹林经营技术，尤其是毛竹林经营技术经过几十年的科研积累，在林地管理和林分结构调整等方面形成了一套操作简便、见效快的实用丰产栽培技术，毛竹林混交经营、少耕、配方施肥等兼顾毛竹林生态效益的经营技术也取得了一定进展。此外，为了在追求最大效益的基础上，保障生态系统的安全，当前主要采用分类经营的方式。竹林的分类经营按照目标通常分为3大经营类型，包括以获取经济效益最大化为目标的竹林经营类型，如材用竹林、笋材两用林、笋用竹林、特用竹林等；以获取生态效益最大化为目标的竹林经营类型，如水源涵养竹林和水土保持竹林等；以获取社会效益最大化为目标的竹林经营类型，如森林公园竹林、自然保护区竹林、康养竹林等。此外，通过掌握目标竹种的生物学特性、生长特点和发育规律，借助林分结构调整、合理留笋养竹和砍伐抚育等手段，我国学者针对不同的立地条件和经营目标，研发了一系列专用的竹林培育技术，如竹林生态经营、竹林健康经营、毛竹林高效经营、丛生竹高效培育、纸浆用丛生竹短轮伐期培育、竹林复合经营、毛竹碳储林经营、竹林覆盖经营、沿海防护林营造等技术，构建了较为完备的竹林定向经营技术体系，在生产中得到广泛应用和推广。

1.2.2 加工利用

印度早在20世纪60年代就开始生产竹编胶合板，同时也是竹材机械纸浆造纸最早的国家。泰国将竹子作为主要经济树种之一，用于制作传统的生活用品、房屋建筑、纺织、手工艺品、薪柴和造纸。越南竹资源加工利用广泛，每年竹材市场需求为4亿~5亿根竹子，集中在造纸、竹板、家具和食品生产等领域，其竹藤制品销往世界120多个国家，2017年竹藤产品出口额为8800万美元，占全球竹藤商品出口总额的5%。哥斯达黎加、委内瑞拉、墨西哥、秘鲁和巴西等国，由于木材资源丰富，对竹材资源的利用较少。

我国是世界上开发利用竹类资源最早和最为广泛的国家，古代对竹子利用的确切记载源于仰韶文化。1954年在西安半坡村发掘了距今约6000年的仰韶文化遗址，其中出土的陶器上可辨认出"竹"字符号，说明我国人民研究和利用竹子的历史可追溯到五六千年前的新石器时代。在浙江余姚河姆渡遗址中发掘的完整保存下来的竹席和竹篮，估计有4800~5300年的历史。《诗经》中"加豆之实，笋菹鱼醢""其籁伊何，惟笋及蒲"等诗句，表明了中国人食用竹笋至少有2500~3000年的历史。在河南安阳发现了记载殷朝(约公元前1600—前1100年)毁灭后使用甲骨文的竹简。在商朝，竹子在作战中用作箭、书，周朝(约公元前1046—256年)的时候，小的竹竿被用作钓鱼竿，较大的竹竿被用作记录文字的竹简和制作乐器，竹笋与鱼和肉一起烹调用来食用。在汉朝(约公元前202年—220年)，竹子用作建造宫殿，在金代(1115—1234年)，超过200种农业工具和生活用品是利用竹子做成的。大约在1100年前，鲜嫩的竹子化成纸浆用来造纸，改良的竹纸已经被用作中国画和书法最好的纸。在魏朝后期竹子用作建造一些会所给来自四面八方的商人提供膳宿，明清时期加快了竹子的生产制造和循环进程。在我国古代，竹制的弓和箭是有效的武器。

我国对竹子的传统利用，即以农业生产用竹和居民生活用竹、传统竹笋鲜食与加工为主的利用，一直持续到20世纪80年代。随着改革开放，我国从韩国等国家引入竹加工设备与技术，竹产业进入大规模工业化利用阶段，竹加工业技术水平大幅提升，经济规模迅速扩张，目前已形成了竹笋、竹质人造板、竹工艺、竹炭和竹醋液等100多个系列近万种产品。竹材加工利用呈现出由传统利用向现代化利用、单一利用向综合利用、手工和半机械化生产向机械化生产、粗加工向精深加工、单一产品向系列产品以及低附加值向高附加值全面发展的态势，形成了具有一定规模和经济效益的竹材加工工业体系。据国家统计局、中国竹产业协会和中国造纸协会的统计显示，2021年全国竹加工企业达到1万多家，竹材产量达32.56亿根，竹地板产量为2600万 m³，竹笋干产量达96.73万t，竹炭产量达29.62万t，竹浆产量达242万t。此外，在竹子黄酮类成分开发、多糖体效能研究等领域，竹子的利用取得了较大的发展，竹叶黄酮开发的竹康宁胶囊已销往国外，利用竹资源生产的保健品正不断推出。

1.2.3 竹文化

自古以来，竹与人类的文化生活结下了不解之缘，在中华民族的日常衣、食、住、行中，到处都有竹的踪影。早在7000年前，我们的祖先已用竹子制作箭头、弓弩等武器，用于娱乐、捕猎或战争了。从新石器时代开始，中国关于竹的记载便不绝于世，源远流长，既有以四书、五经等为代表的儒家经典，也有《山海经》《述异记》等为代表的野史杂记，甚至有《太平御览》《初学记》等综合性典籍，这些记载从不同角度描绘了中国竹的种类、形状、分布和特性等自然属性，以及竹在我国古代人民日常生活和社会生产中的广泛用途。其中，极具代表性的竹文化事件包括：

魏晋南北朝时期，戴凯之著《竹谱》，这是中国现存最早的竹类专著。阮籍、嵇康等"竹林七贤"爱竹、敬竹，宴集于竹林中，寓情于竹，是竹文化的代表性人物。竹子在音乐中的地位得以体现，以"丝竹"为音乐的名称，有"丝不如竹"之说。唐代称演奏乐器的艺人为"竹人"，凸显竹在音乐中的地位。王维规划建造的名园相川别业，内有"竹里馆"。杜甫则"平生憩息地，必种数竿竹"。白居易任江州司马时，把司马宅装扮得"春风北户千茎竹，晚日东园一树花"。苏东坡的"宁可食无肉，不可居无竹；无肉使人瘦，无竹使人俗"精确描绘出竹在人们精神生活中的地位。

宋代僧赞宁著《笋谱》。"梅兰竹菊"四君子、"松竹梅"岁寒三友的园林意境开始形成。辛弃疾的《沁园春·带湖新居将成》中"疏篱护竹，莫碍观梅。秋菊堪餐，春兰可佩"。林景曦有"种梅百本，与乔树、修篁为岁寒友"。青青翠竹赫然在列，古往今来吸引了无数的文人墨客，他们面对竹子有感而发，创作了数以千计的竹子神话、诗歌、书画，形成了中国竹文化的重要组成部分。

明代王世贞载录的金陵36处园林都有竹景，如徐达西园的修竹"数万挺"，万竹园的"碧玉数万挺，纵横将二三顷许"和同春园的"亭下有泉，泉外种竹千竿，泉水流过，声响成韵"等。苏州拙政园、无锡寄畅园、上海豫园、吴江谐赏园等江南私家园林，甚至北京皇家园林，都有大量的竹子造景，竹与石、与亭、与水、与园路的组合都是巧夺天工。著名的造园论著《园冶》总结出"竹坞寻幽""结茅竹里""移竹当窗"等竹景艺术创作手法。

清代江南园林大量用竹造景，有扬州的个园，南京的随园、芥子园，苏州的留园、狮子林、怡园、沧浪亭、西园等。在岭南四大名园之一的广东顺德清辉园中"竹苑"景区，修竹与竹苑正门的对联"风过有声皆竹韵，明月无处无花香"一起衬托了竹苑的雅静风貌。郑板桥题画《十笏茅斋竹石图》描述竹子造园意境："十笏茅斋，一方天井，修竹数竿，石笋数尺，其地无多，其费亦无多也。"

近现代的人们与竹更密不可分。一首云南童谣唱道："戴竹帽打竹伞，登上我家竹楼房。竹的门，竹的窗，竹的桌椅竹的床。拿起竹筷来品尝，竹筒米饭喷喷香。满眼竹林绿汪汪，欢迎你到竹乡来。"这首童谣精辟地描绘了生活中无处不在的竹文化。

竹文化旅游是竹产业中重要的第三产业，在中国竹产区日益受到重视。如在浙江安吉，以竹为主题的安吉竹博园被文化和旅游部评为国家 AAAA 级旅游景区(点)，"竹林+体验""竹林+康养""竹加工+旅游""竹文化创意+旅游"等新业态不断呈现，据《浙江日报》报道，2021 年，安吉与竹体验相关的民宿达 710 家，2021 年接待游客人次达 310.9 万，经营收入达 11.6 亿元。四川长宁县建设和开发以"蜀南竹海"为中心的旅游景点，带动了餐饮业和旅馆业的发展，数据统计显示，2019 年接待 100 多个国家和地区共 1 201.78 万游客，旅游收入达到 142.1 亿元。

伴随着商品经济大潮的来袭，竹文化的经济价值正日益凸显。每年各种形式的竹文化节在全国各地举行，"文化搭台，经济唱戏"正显示出新时期竹文化的强大生命力。

1.3 竹林的生态价值

竹子因其独特的生物学生态学特性而具有极高的生态价值：①与其他树木和植物相比，竹子生长速度快，无性繁衍周期短，在其适生区域能迅速恢复森林植被，且固碳能力强；②竹子地下鞭根系统庞大，枯落物丰富，具有强大的水土保持功能；③竹林培育中多采用择伐，每年都可采收笋竹产品而不破坏林相，生态功能稳定；④竹子用途广泛，"以竹代木，以竹胜木""以竹代塑"能减少木材和塑料消耗，有效降低对木材的过度依赖和塑料对环境的污染，从而达到保护森林植被、保护生态环境的目的。

1.3.1 竹子具有强大的水土保持功能

竹类植物种类繁多、生态适应性强，具有成林早、生长速度快、根系发达、常年碧绿、枯落物丰富等优点，是非常好的水土保持植物。竹类植物的水土保持功能主要表现在以下几方面。

一是林冠的降雨截留。竹林冠层通过对降水的截留，使林内降水量、降水强度和降水分布等发生显著变化。竹林的林冠截留量多在 275~385 mm，在多雨年份，甚至超过了1 000 mm，冠截留效益优于同一区域的其他树种。

二是竹林涵养水源。竹林枯枝落叶和土壤保水蓄水能力强。例如，麻竹林地表枯落物能吸持其自身干质量 2.8~4.0 倍水量。散生竹根系发达，纵横交错，有很好的透水性和持水固土能力。又如，在毛竹林小流域范围内，0~60 cm 深土壤的毛管总持水量为 430.5 mm，有效贮水量为 312.7 mm，均高于杉木（*Cunninghamia lanceolata*）人工林和天然阔叶林，其中有效持水量高 28%。

三是防治土壤侵蚀功能。竹林良好的降雨截留功能，加之强大的根系网络和丰富的枯落物，使得竹林土壤结构良好，土壤抗蚀性能增强。例如，毛竹林 0~40 cm 的上层土壤抗冲指数和抗蚀指数分别为 0.998 和 1.051，高于刺槐（*Robinia pseudoacacia*）的 0.92 和 0.98、水杉（*Metasequoia glyptostroboides*）的 0.93 和 0.52、I-69 杨（*Populus deltoides* 'Lux'）的 0.95 和 0.38。

四是降温增湿功能。具体表现为：夏季时毛竹林比桂花（*Osmanthus fragrans*）林气温平均低 0.54 ℃，相对湿度低 4.6%；短穗竹（*Brachystachyum densiflorum*）和黄甜竹（*Acidosasa edulis*）在夏季的平均日降温可达 3.14 ℃ 和 2.91 ℃，平均日增湿可达 3.50% 和 3.34%。竹类植物对于局部小气候的改善在不同季节、不同种类之间存在差异。就不同季节而言，竹类植物在 9 月的降温增湿效应要好于 3~4 月。就不同种类而言，竹类植物降温增湿能力与其单叶面积呈正相关，降温增湿效果较好的竹种有凤尾竹（*Bambusa multiplex*）、宜兴苦竹（*Pleioblastus yixingensis*）和绿竹（*Bambusa oldhamii*）等。

1.3.2 竹子具有巨大的碳汇潜能

大气中 CO_2 等温室气体含量上升所引发的温室效应严重威胁着人类的生存。温室气体减排已成为重要的政治和经济问题，是每个国家必须面对的问题。在发展经济的同时应当保护生态环境，认识到碳汇经济效益的重要性和生态性。

竹林具有生长更新速度快、年生长量大、固碳能力强、成林后可连续采伐等特点，是理想的森林碳汇树种，在适应和减缓气候变化中扮演着极为重要的角色。竹林的固碳能力巨大，甚至远超亚热带的其他林木，周国模团队研究发现，1 hm² 毛竹的年固碳量为 5.09 t，是杉木的 1.46 倍、热带雨林的 1.33 倍、苏南 27 年生杉木林的 2.16 倍，因而，竹林在整个森林碳汇功能中占有重要的地位。国际竹藤组织的工作报告指出，1 hm² 集约经营的毛竹林地上植被的年固碳量约为 5.1 t(相当于固定 CO_2 13.6 t/年)。

集约经营，包括去除林灌杂草、垦复、施肥、灌溉、笋竹产品采收等措施，会对竹林的植株、枯落物和土壤的碳汇量都产生不同程度的影响。集约经营使竹林植株数增加，显著提高生物量固碳能力，如集约经营毛竹林 1 年间碳积累量为 12.75 t/hm²，比粗放经营高 1.56 倍。但集约经营后毛竹林 0~20 cm 土层土壤总有机碳储量可减少 4.48 t/hm²，与粗放经营竹林相比，总有机碳、微生物量碳和水溶性碳分别下降了 12.1%、26.1% 和 29.3%，土壤碳贮量下降明显。由于毛竹材收获的大量增加，因而从长期来看，适度集约经营仍有利于毛竹林碳固定量的增加。

1.3.3　竹子广泛利用对保护森林资源有重要作用

竹子可再生性强，采伐更新速度快，在全球木材资源紧缺的今天，竹资源的开发利用在替代木材、保护森林方面将发挥极其重要的作用。中国已实施天然林资源保护工程，每年木材总供给量减少 2 亿 m³，而其他各国也纷纷限制木材出口。据国家统计局和《中国林业发展报告》的数据显示，2020 年我国的木材消耗量约 5 亿 m³，而国内木材产量仅在 1.03 亿 m³。国家统计局和中国竹产业协会的统计显示，我国竹材产量从 1990 年的 1.87 亿根增长至 2021 年的 32.56 亿根。按目前的生产工艺，100 根毛竹可生产 1.0 m³ 竹板材，折合 1.5 m³ 木材。"以竹代木"减少木材消耗，缓解木材供需矛盾已成为一种趋势。

竹材因物理力学性能优于一般的木材，其抗拉、抗压、抗弯等指标均可为一般木材的 1~3 倍，除民间传统工艺的广泛利用外，工业化加工生产的许多新型竹质材料已在很多领域部分或完全替代了木质材料。如目前中国仅竹材人造板年产量就在 200 万 m³ 以上，已形成一个具有相当规模的新兴加工业。

竹材纤维属于较长的纤维，仅次于针叶树材(3.00~4.00 mm)，而优于阔叶树材(一般 1.4 mm 左右)，是优秀的造纸纤维原料。20 世纪 70 年代，印度竹浆产量占其纸浆总产量的 70% 以上，为印度造纸工业做出了巨大贡献。《中国农村统计年鉴》和中国造纸协会的数据显示，2021 年中国竹浆产量为 242 万 t，同比增长 10.5%。中国作为世界上竹浆产量最大的国家，拥有年产能 10 万 t 以上现代化竹化学浆生产线 12 条。随着人民生活水平的提高，生活用纸量不断增大，《至 2035 年全球造纸市场展望》报告显示，生活用纸的消费量以每年平均增长 2.6% 的速度增长，到 2035 年，生活用纸的份额将从 9% 增长到 12%，为竹浆纸生产企业带来新机遇。

1.3.4 以竹代塑对保护生态环境有重要作用

一次性塑料制品使用量大，严重污染土壤和海洋环境，对地球生态和人类健康造成严重威胁。联合国环境规划署 2021 年 10 月发布的报告显示，1950—2017 年全球累计生产 92 亿 t 的塑料制品，其中约 70 亿 t 成为塑料垃圾，且塑料垃圾的回收率不足 10%。为此，国际社会相继出台禁塑限塑令，并提出禁塑限塑时间表。截至 2022 年年底，美国、法国、德国、英国、意大利、冰岛、葡萄牙、匈牙利、荷兰、新西兰、澳大利亚、中国、泰国、日本、印度、韩国、巴基斯坦、卢旺达、肯尼亚、坦桑尼亚等 140 多个国家和地区已在禁塑限塑方面展开行动。随着禁塑限塑成为全球共识，2022 年 11 月中国同国际竹藤组织在第二届世界竹藤大会上共同发起"以竹代塑"倡议，推动各国减少塑料污染，应对气候变化，加快落实联合国 2030 年可持续发展议程。

"以竹代塑"倡议是应对全球塑料危机的重大战略举措。在所有代塑材料中，竹子是速生、易再生、可降解的生物质材料；竹材加工性能好、用途广，在绿色生活中发挥着重要作用。中国政府于 2020 年 1 月印发《国家发展改革委　生态环境部关于进一步加强塑料污染治理的意见》，鼓励减少塑料消费，推广生物可降解塑料的替代制品；2021 年制定了《"十四五"塑料污染治理行动方案》，提出要积极推动塑料生产和使用源头减量，科学稳妥地推广塑料替代产品。作为一种非稀缺性环保资源，竹产品在全球范围内的流动是各国平衡经济效益和环境效应的良好载体，以竹代塑产品在国际贸易市场上迎来了新的机遇，具有巨大的发展潜力。

当前全球可计量的以竹代塑产品贸易额增长较快，呈现出较旺盛的国际市场需求。亚洲、欧洲和北美洲地区是以竹代塑产品的主要贸易区，中国是以竹代塑产品最大的贸易国。日用竹制品、竹制餐具和竹建材是国际贸易中最具潜力的以竹代塑产品。目前全球塑料制品消费量高，代塑需求大，以竹代塑产品的国际市场面临机遇，未来以竹代塑产品种类仍需增加，相关产品的海关编码仍需进一步细化修正，贸易额和贸易市场会逐步扩大。

1.4 竹林的社会价值

竹子与人们的生活密切相关，在极大地丰富人们的物质文化生活的同时，对促进社会经济发展、美化净化环境也起着巨大的作用。

1.4.1 竹子丰富人们的物质文化生活

竹子丰富了人们的物质生活。竹产品已拓展到 10 大类 100 多个系列上万个品种，与人们的日常生活密切相关，满足人们衣、食、住、行、用等各类需求。公元 11 世纪，北宋大文豪苏东坡便总结出："食者竹笋，庇者竹瓦，载者竹筏，炊者竹薪，衣者竹皮，书者竹纸，履者竹鞋，真可谓不可一日无此君也！"随着科技的进步，竹子新产品不断涌现，目前已开发出包括竹建材、竹纤维制品、竹日用品、竹编工艺品、竹家具、竹浆造纸、竹材人造板、竹炭和竹醋液、竹笋加工品、竹提取物 10 大类产品，极大地丰富了人们的物质生活。

竹子丰富了人们的精神生活。在亚洲，特别是在中国、日本等东亚国家，人们种竹、爱竹、用竹、画竹、咏竹之风长盛不衰，绵延数千年，形成了内容丰富、内涵独特的竹文化，影响着人们的审美观和道德观。竹子对文学、绘画、工艺美术、园林、音乐、宗教、民俗等文化发展起着极其重要的促进作用。如今，竹文化更是传遍世界各个角落，欧美等发达国家的种竹、赏竹、用竹的热情正日益高涨，每年在全球各地举办的各种形式的竹文化节，显示着竹文化的强大生命力与影响力。

此外，2022年3月，习近平总书记在参加全国政协十三届五次会议上，论述了大食物观。习近平总书记在参加首都义务植树活动时指出，森林是水库、钱库、粮库、碳库，因此，我们要"向森林要食物"。竹笋是一种重要的森林食品，且为低脂、低糖、多纤维的天然绿色食品，富含多种人体必需氨基酸和微量元素，总膳食纤维含量在75%以上。竹笋中富含的膳食纤维是人体的第7大营养素，在维持体重、防治便秘、降血糖等方面对人体健康发挥着积极作用。竹林是落实"大食物观"和"向森林要食物"的有力抓手。"以竹代粮"的发展能够落实大食物观，缓解我国饲粮短缺的问题；可以改善居民膳食结构，让居民吃得更健康；可以发展乡村特色产业，推进乡村振兴。

1.4.2 竹子促进社会经济发展

竹子为全球5亿~10亿人提供重要的生活来源。竹材资源体积大，不宜长距离运输，适合就地加工，因而有助于解决农村就业。竹材从原竹到加工成产品，通常可增加附加值5~8倍，有的甚至可增加10倍以上。由于竹资源主要分布于山区，经济社会发展水平通常较为落后，因此，发展竹产业，对于消除贫困，促进人类社会和谐发展，实现联合国可持续发展目标具有重要意义。

在中国，竹产业发展为竹产区的经济社会作出了巨大贡献。从2001年到2008年，安吉县竹产业总值从33亿元增长到108亿元，约占全国竹产业总值的15%。2015年，全县竹产业总产值达到190亿元，其中一产7.8亿元，二产130.0亿元，三产52.2亿元，占到了全县GDP的62%。2022年，安吉县竹产业总产值200多亿元，从业人员近3万人，并以全国1.8%的立竹量，创造了全国近10%的竹业总产值。

1.4.3 竹子提供了良好的休闲与教育场所

竹子四季常青，其秆挺拔多姿、独具风韵；竹林内空气清新，是天然氧吧，为现代人类生活提供了良好的休闲场所。当游客置身竹海之内、竹岛之上、竹山之巅、竹谷之中，在观竹、戏竹、食竹、用竹、购竹时，既得到了充分的放松，又极大满足了人们"返璞归真、回归自然"的心理需求。

竹林也是一个良好的教育场所。在感受竹林美好生态文化的同时，游客的爱护自然、保护自然的主动性得到激发，增强了其环境保护意识。对当地居民而言，由于在发展竹文化旅游过程中得到了实惠，认识到竹文化旅游资源是发家致富的"绿色银行"，从而增强了保护环境和竹资源的意识。

1.4.4　竹子在应对全球气候变化中可发挥积极作用

竹林因其极强的固碳能力，在应对温室气体过度排放而引起的全球气候变化中可发挥积极作用。

竹子种植后可快速成林，其固碳优势在新造林中也可得到发挥，因此，竹子作为候选林种，在清洁发展机制-造林再造林（CDM Afforestation and Reforestation）项目中有明显优势。2008 年，由浙江农林大学主持的全球首个毛竹碳汇项目——中国绿色碳基金毛竹林碳汇项目在浙江临安实施。该项目营造毛竹碳汇林 50 hm²，在项目实施的 20 年内可以固碳 5 000 多 t。2011 年，由国际竹藤组织出资，中国绿色碳汇基金会和浙江农林大学共同营建、管理的毛竹碳汇林项目，也在浙江临安实施。这是首个国际组织出资在中国境内营造的毛竹碳汇林，将用以抵消该组织部分因旅行交通产生的 CO_2 排放，对于引导其他组织、企业参与营造碳汇林，以实际行动缓解气候变化有着积极的作用。在浙江省安吉县，竹林面积广泛，全县有林地面积 207 万亩①，其中竹林面积 87 万亩，被誉为"中国竹乡"。为了盘活闲置的农村资源，2021 年年底，安吉农商银行开展了一项"竹林碳汇"项目。该项目中，一位名叫杨忠勇的村民承包经营了 1 030 亩毛竹林，根据测算，平均每亩毛竹林每年可以碳减排 0.39 t。因此，在承包经营的有效期内，这 1 030 亩毛竹林能够减排二氧化碳 7 045 t。杨忠勇通过将毛竹林的经营权抵押给安吉农商银行，成功获得了全国首笔竹林碳汇质押贷款。这一举措不仅让杨忠勇获得了资金支持，也实现了"竹林的空气能变钱"，填补了金融支持竹林碳汇领域的空白。根据毛竹林碳通量观测系统和国家公布的《竹林经营碳汇项目方法学》，截至 2022 年 8 月，安吉县已完成竹林碳汇收储 0.95 万 hm²，合同总金额 7 230.79 万元，预计每年可产生碳汇量 5.6 万 t。

1.5　竹林培育与利用的发展

1.5.1　竹林多目标定向培育

竹子种质资源的多样性和竹林的多样性使竹林具备防护林、用材林、经济林、能源林、特种用途林 5 种森林类型的功能，因此，在进一步发挥其笋竹产品生产功能的基础上，充分发挥竹林培育的水土保持、碳汇等生态功能与促进经济社会可持续发展的社会功能成为竹林培育新的要求，竹林培育正从经济目标向经济、生态、社会多目标转变。

向社会提供优质笋竹产品，不断提升经济效益仍是竹林培育的首要目标。在笋用林培育上，要进一步发掘乡土笋用竹种资源，丰富市场产品供应；强化竹笋的安全生产，有针对性地培育有机笋，提高产品质量；应用促进栽培和精准管理技术，提升经济效益。在材用林培育上，要大力加强毛竹大径竹、慈竹（*Bambusa emeiensis*）纸浆林等竹材定向培育，保障工业化快速发展对原材料的需求，促进竹产业的可持续发展。

---

① 1 亩≈0.067 公顷。

从追求竹材、竹笋等单一的竹林产品逐步转向多元化竹林产品产出，积极探索科学有效的复合经营模式，提高竹林土地和空间资源利用率，实现经济效益与生态功能协同发展，成为适应我国竹产业发展的重要发展方向。竹林复合经营是一个综合的概念，其内涵有别于简单的立体经营，除空间上的综合利用，还涉及时间、资源等方面的综合共享，包括在竹林下发展林下经济，生产多种木质与非木质产品；竹林林下养殖、竹林旅游、休闲度假、观光采摘等具有我国林业特色和发展潜力的新型竹林经营利用模式。

同时，竹类植物有很高的审美价值和观赏价值，在园林、环境和室内绿化上均可广泛运用。观赏竹的培育利用，特别是珍稀观赏竹种的开发和利用，有望得到快速发展。

1.5.2 竹子的现代利用

随着科学技术的发展，竹子现代利用正成为竹子工业化利用的热点。

现代工业可充分利用竹材独特的材料特征，开发新产品。刨切微薄竹具有纹理通直、色泽淡雅等木材所没有的独特质感，且材性与珍贵木材相近，是理想的装饰材料。以竹材为原料，可开发高强竹材集成材、无甲醛竹质人造板、风电叶片、展平竹地板、竹木复合材料等低碳、环保材料新产品。以竹质材料为结构单元，可开发有机高分子和无机非金属或金属等增强体组成竹质复合、功能型竹质工程结构、吸附和光催化分解为一体的呼吸式纳米改性等竹质新材料。竹材中纤维含量占40%以上，若能以物理方法加工成纺织纤维，则前景极为广阔。

竹材是一种优良的造纸用纤维原料，其纤维长度较长，细胞壁微观结构特殊，打浆强度发展性能好，赋予了漂白浆良好的光学特性，浆料品质略低于针叶木浆，与阔叶木浆相当。

竹浆纸产业被视为一个具有可持续性和环保优势的领域，丰富的竹材资源使我国竹浆造纸产业处在蓬勃发展的新阶段。截至2017年，竹材制浆造纸装备也已实现了全部国产化，随着设备技术的提升，漂白竹浆（竹化学浆）几乎可以和漂白木浆品质媲美，且生产出的纸产品具有透气好、色调柔、隔绝强、性能佳、接受度高等特点。相比于较高质量的竹化学浆，竹材化机浆更适用于生活用纸，且具有高得率（75%~90%），普遍适合作为吸水能力强、柔顺、抑菌但对白度没有苛刻要求的卫生纸、厨房用纸等。竹制绒毛浆的品质虽略低于针叶木浆，但其成品（吸收性卫生品）具有更高的附加值。竹溶解浆对于服饰市场更有价值，且竹子的高α-纤维含量使其可以制造高等级的溶解浆。

虽然目前大力发展竹浆造纸产业还存在竹材采伐及运输成本偏高、竹材制浆得率低、生产成本较高、对制备机器的损耗较高等问题，但随着国家政策的大力支持，竹产业竹企业的飞速发展，对于竹浆制备技术的不断创新和提高，对竹纤维废料的高附加值综合利用，将会进一步做大做强竹浆造纸产业。《造纸行业"十四五"及中长期高质量发展纲要》中，中国造纸协会强调了竹浆纸产业的发展，突出了竹浆纸可持续性和环保优势，并提出了加快发展、技术创新和环保理念等发展思路。2023年1月27日，国家税务总局四川省税务局、四川省财政厅发布《关于将竹浆造纸行业纳入农产品进项税额核定扣除试点范围的公告》。该公告自2月1日起正式实施。竹浆造纸行业被纳入农产品进项税额核定扣除试点范围，是加速促进竹材资源制浆造纸的重大政策利好。

竹原纤维作为一种环保、可再生的植物纤维，具有强度高、耐磨性好、抗紫外线等优良性能，这使其在纺织领域的应用越来越广泛，所生产的面料的柔软度、耐磨性、抗皱性等性能均优于传统面料，还有抗菌、防紫外线等特殊功能。同时，竹原纤维还可以用于非织造材料和复合材料的生产。此外，竹原纤维可以用于生产汽车座椅、门板、顶棚等内饰部件，竹原纤维的环保性和可再生性也符合汽车行业的发展趋势。

竹子的其他精深加工近年来也得到了快速发展。竹炭可用于环保、保健、水体净化、果品保鲜等；竹醋液中含有多种化学成分和生物活性物质，在农药、医药、保健、环保等方面有广泛的用途；竹叶黄酮具有优良的抗自由基、抗氧化、抗衰老、降血脂、免疫调节、抗菌等生物学功效，在人类的营养、健康和老年退行性疾病防治上有着广阔的应用前景。

1.5.3　竹文化产业的拓展

竹文化是中华文化中一个独特且深远的文化现象，它涵盖了竹子在文学、艺术、建筑、园林、音乐等多个领域的广泛应用和象征意义。在竹文化产业开发上，浩瀚的竹海、清幽的竹谷等物质文化资源受到人们的普遍关注，其资源的开发利用也形成了一定的规模。而充满个性化的竹乡风情、竹产业文化等非物质文化资源也逐渐引起重视，发展势头良好。

当前，社会经济的快速发展既增加了对竹文化产品的总需求，也提高了对竹文化产品的质量要求。为此，竹文化产业需依靠科技进步，并赋予竹文化产品新的内涵，以拓展竹文化产业，实现可持续发展。具体可在以下领域重点突破。

竹美学创意的产品研发。通过发掘竹子独特的生物性美学特征，以及竹子的人格化伦理美学，竹子的文化载体功能，竹子的诗、画、文意象等，研发竹美学创意新产品，物化竹文化资源，丰富竹文化产品内涵。

竹子旅游新产品研发。通过发掘竹质材料的新用途，创新商品形式；吸收现代风尚，融入竹文化内涵，赋予竹子旅游产品新的生命力。

复习思考题

1. 世界竹子资源主要分布区有哪些？
2. 简述中国竹子资源的概况。
3. 竹类植物的经济价值、生态价值和社会价值是什么？
4. 竹林的现代培育和利用的发展方向有哪些？

推荐阅读书目

1. 方伟，桂仁意，马灵飞，等，2015. 中国经济竹类[M]. 北京：科学出版社.
2. 玛利亚·龙佐娃，2020. 世界竹藤名录[M]. 英文版. 北京：科学出版社.

第 2 章　竹子形态特征及主要造林竹种

【内容提要】竹亚科植物的形态特征，是竹学的基本知识，是竹类生物学、分类学、生态学和培育学及开发利用等的基础。本章重点介绍竹亚科植物地下茎、秆、分枝、叶和箨、花和花序、果实和种子 6 个部分主要器官的形态学，并分别从材用、笋用、制浆造纸和编织用、观赏用、工艺用 5 个主要利用领域介绍了 30 种常见经济竹种。

2.1　竹子形态特征

竹子是禾本科（Gramineae）竹亚科（Bambusoideae）植物的总称。竹子具有禾本科植物的共同特征，然而它在营养器官的外部形态、花和果实等生殖器官的结构以及生长发育规律等方面都具有明显的特点，因而其独自形成一个特殊类群。竹子的形态特征可从地下茎、秆、分枝、叶和箨、花和花序、果实和种子 6 个方面加以认识。

2.1.1　地下茎

地下茎是竹类孕笋成竹、扩大自身数量和生长范围的主要结构部分。来自同一地下茎系统的一个竹丛或一片竹林，本质上是同一个"个体"，可以把地下茎看成该"个体"的主茎，竹秆则是主茎的分枝。根据竹子地下茎的生长状况可将其分为 2 大类型（图 2-1）。

（1）合轴型

合轴型地下茎秆基上的芽直接萌笋成竹。它们一般不能在地下作长距离蔓延生长，新竹以较短的秆柄与母竹连接而靠近母竹生长，地上秆呈丛生状，称为合轴丛生（图 2-2）。如牡竹属（*Dendrocalamus*）、簕竹属等都是典型的合轴丛生竹类。但有的种类，秆柄可延长生长形成假鞭，顶芽在远离母竹的地点出土成竹，竹秆呈散生状，称为合轴散生。这种假鞭一般为实心，节上无根无芽，仅包被着叶性鞘状物。如泡竹（*Pseudostachyum polymorphum*）即为典型的合轴散生竹类。

（2）单轴型

单轴型地下茎秆基上的芽不直接出土成竹，而是先形成具有顶芽和侧芽、节上长不定根且能在地下不断延伸的竹鞭。竹鞭的顶芽一般不出土成竹，其侧芽有的可直接出土成竹，有的又形成新的竹鞭。因此，地面的竹秆之间距离较远而逐步发展成林，呈散生状态，称为单轴散生(图2-3)。单轴型竹类的竹鞭，因具芽和根，可形成竹笋和新鞭，与合轴型无芽无根的假鞭有本质区别，所以常常与假鞭相对而称其为真鞭。例如，刚竹属、大节竹属(Indosasa)等均为典型的单轴散生竹类。

有些地下茎具有合轴型地下茎的特性，其秆基上的芽可分蘖成新秆，因此地面竹秆为复丛状。具有此种特征的竹类称为复轴混生竹类。如箬竹属(Indocalamus)、苦竹属(Pleioblastus)等均为典型的复轴混生竹类。

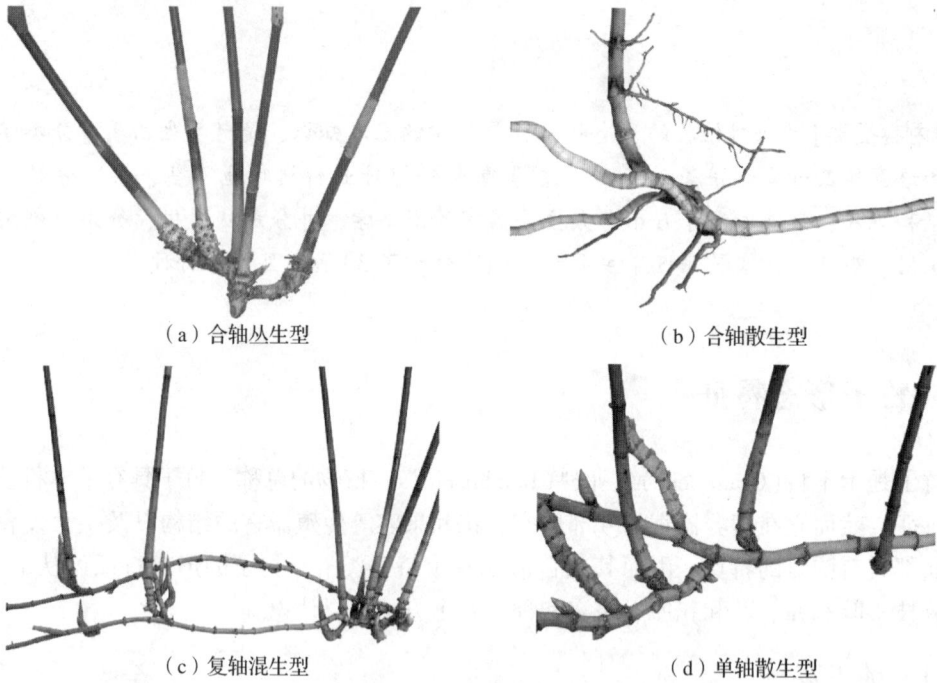

(a) 合轴丛生型

(b) 合轴散生型

(c) 复轴混生型

(d) 单轴散生型

图 2-1 竹类植物地下茎类型

图 2-2 丛生竹的地下茎(牡竹属)

图 2-3 散生竹的地下茎(刚竹属)

2.1.2　秆

秆是竹类植物最重要的部分，从上而下分为秆茎、秆基、秆柄 3 个部分(图 2-4)。

(1)秆　茎

秆茎(culm)为竹秆的地上部分，具有明显的节和节间，节间中空。节具二环，下为箨环，是秆箨脱落后留下的环痕；上为秆环，是居间分生组织停止生长后留下的环痕，常隆起成脊；二环之间的部分称为节内，其中木质横隔称节隔，其外着生芽或枝。不同竹种之间节和节内及节间的形状和长度等常有显著区别。竹类植物节间的粗细、形状、长度和颜色变化较多，一般为圆筒形，但有的略呈方形，稀呈龟甲状和佛肚状；一般为绿色，有的为紫黑色、黄色或具条纹。节间特长的沙罗单竹(*Schizostachyum funghomii*)有 70~80 cm，最长 100 cm 以上。

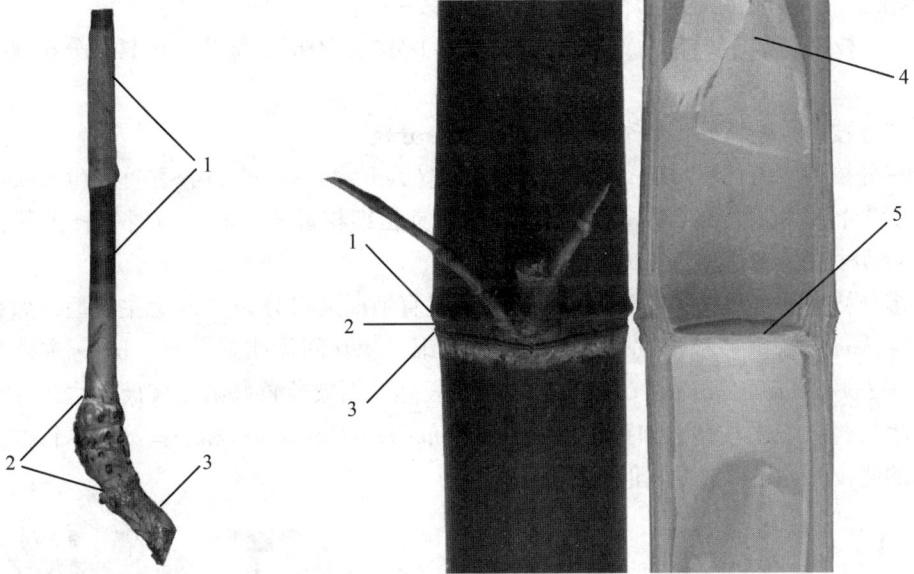

(a)竹秆(1. 秆茎；2. 秆基；3. 秆柄)　　(b)秆的结构(1. 秆环；2. 节内；3. 箨环；4. 竹膜；5. 节隔)

图 2-4　秆的形态特征

(2)秆　基

秆基(culm base)为秆茎的下部，通常位于地下，且常比秆茎粗，由数节至十数节组成，其节间极度短缩粗壮，节上长芽(称芽眼)、生根，有的竹种秆基上的芽可直接萌笋成竹，有的只能先形成细长的地下茎(也称竹鞭)，再由竹鞭上的侧芽萌笋成竹。

(3)秆　柄

秆柄(rhizome neck)为秆基基部逐渐变细，且无芽无根的部分，与竹鞭或母竹相连。一般由十余节构成，长度几厘米至十几厘米，有的种类秆柄可延长达 1 m 以上而成"假鞭"。例如，玉山竹属(*Yushania*)和泡竹属(*Pseudostachyum*)就有比较典型的假鞭。

秆的生长习性因竹种而异，一般可分为直立型、斜倚型、攀缘型和禾草型。直立型的典型代表是泰竹(*Thyrsotaehys siamensis*)，其秆茎直而不弯曲，分枝较高而呈密丛状，秆形十分优美。有的梢头弯曲或下垂，如慈竹。牡竹属的竹类是斜倚型的代表，其秆多偏斜，既不直立也不攀缘。有些竹类秆极长，主枝发达可代替主秆生长或呈藤本状攀缘于其他乔木之上，或呈蔓生状，如梨藤竹属（*Melocalamus*）。而箬竹属的某些种类秆型短小纤细，称为禾草型。

2.1.3 分 枝

竹枝由秆茎上的芽发育而成，是附着叶片的器官。前已述及，竹秆可以看成地下茎的直接分枝或一级分枝，竹枝可看成二级或以上分枝。竹枝也由中空的节间和具横断的节组成，节上也可具有类似于秆环的枝环。竹枝基部若干节，往往膨大，节间缩短，形成枝兜，且也容易产生不定根。因此，这一部分生产上可用以代替竹秆，进行育苗造林。竹类分枝类型各异，不同竹种常常具有固定的分枝类型，因此分枝类型成为竹类识别和分类的重要依据之一。一般将其分为下列4种类型（图2-5）。

①一分枝型　赤竹属（*Sasa*）、箬竹属，每节1分枝，有时上部几节可具3分枝或3分枝以上。

②二分枝型　刚竹属，每节具1粗1细的2分枝。

③三分枝型　筇竹属（*Qiongzhuea*）、方竹属（*Tetragonocalamus*）、香竹属（*Chimonocalamus*）、大节竹属和唐竹属（*Sinobambusa*），每节具粗细相近的3枝，有时竹秆上部各节可形成5~7分枝。

④多分枝型　每节具多数分枝，根据主枝发育情况又可分为：a. 无主枝型，如慈竹属（*Neosinocalamus*），其主枝不发育，各侧枝均较细，相互间无明显差异；b. 一主枝型，如龙竹（*Dendrocalamus giganteus*）、麻竹，主枝较发达，而梨藤竹属则主枝极发达，有时可代替主秆生长；c. 三主枝型，如黄竹（*Dendrocalamns membranaceus*）和一些簕竹属竹种，除多数较细的侧枝外，还形成发达的3个主枝。

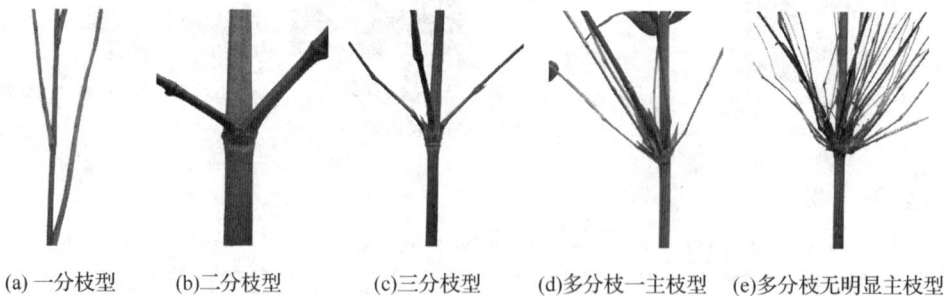

(a) 一分枝型　(b)二分枝型　(c)三分枝型　(d)多分枝一主枝型　(e)多分枝无明显主枝型

图2-5　秆的分枝

2.1.4 叶和箨

竹类植物的叶器官有营养叶和茎生叶两种。

（1）营养叶

营养叶即正常的叶片，着生于末级小枝的各节，由叶片、假叶柄、叶鞘、叶舌和叶耳组成(图 2-6)。叶片长椭圆形至披针形,中脉突起,两边有与中脉平行的侧脉若干对,侧脉间有小横脉,呈方格状或网状;叶柄较短,一般 3~10 mm;叶鞘彼此依次覆盖,并最终包裹小枝,其先端与叶柄连接处有一关节,叶片及叶柄即从此关节处脱落;叶鞘先端中部的内侧,常有一膜质片,称为叶舌,有时可不存在或为纤毛代替;叶鞘的先端两侧常具耳状突起,称叶耳,其连缘一般形成发达的毛状物,称縴毛。

(2)茎生叶

茎生叶即"笋壳",特称为箨或秆箨,是一种变态叶,生于竹秆或主枝的各节,对笋和幼嫩的节间起保护作用,节间停止生长后逐渐脱落,少数可宿存达数年之久。与叶相似,秆箨也相应地由箨片、箨鞘、箨舌和箨耳组成(图 2-7),一般无柄。箨片一般短而宽,与箨鞘相连处也有一关节,使其极易从此处脱落,少数竹种箨片可退化为锥状,如方竹属;箨鞘包裹笋或幼秆,一般为坚硬的革质状,其先端中部内侧具直立的片状物,称为箨舌,两侧的耳状物称为箨耳。竹秆相近段位上秆箨的形态,尤其是竹秆下部各节上的秆箨的形态,是竹类植物分属分种的重要营养器官。

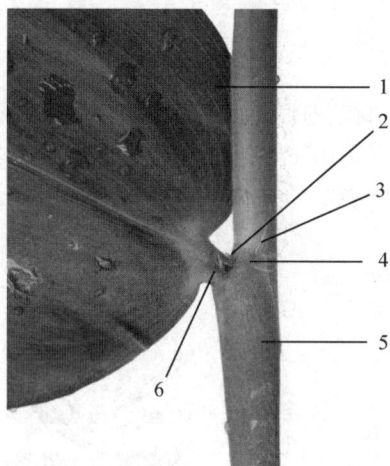

1. 叶片;2. 叶舌;3. 縴毛;4. 叶耳;5. 叶鞘;6. 假叶柄

图 2-6　营养叶

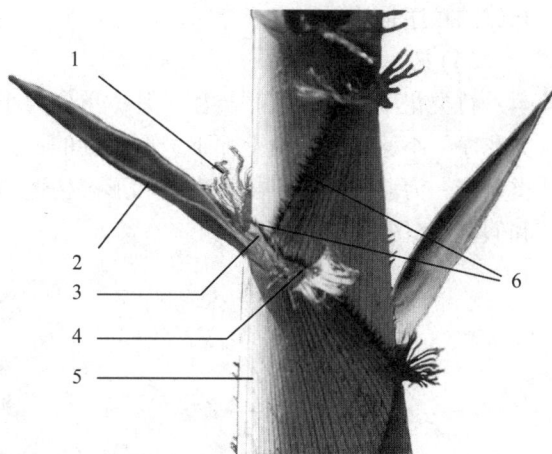

1. 縴毛;2. 箨片;3. 箨舌;4. 箨耳;5. 箨鞘;6. 纤毛

图 2-7　茎生叶

其实在同一竹秆上,秆箨的形态是逐渐发生变化的。从秆的基部到梢部,由于节间越来越细,箨鞘变得越来越窄,箨片也变得越来越窄、越来越长,箨片的颜色也由非绿色逐渐变成绿色,最后,在竹秆梢部最先端,秆箨几乎变成了叶,所以用动态的观点看,箨和叶是相对的。因此,作为竹种分类依据之一的秆箨,必须指明其着生的部位,一般选择竹段下部的秆箨作为分类描述的依据。

2.1.5　花和花序

竹子的花序、小穗和小花均存在丰富的多样性。

(1)小　花

习惯上通常将两稃片连同所包含的花部各器官统称为小花。包括外稃、内稃、鳞被、雄蕊、雌蕊。外稃和内稃,相当于苞片和小苞片;外稃是指颖之上的各苞片,其外形与颖相似，渐尖或具小尖头，甚至具硬芒，具平行脉；外稃包着内稃，多脉；内稃又包着花的其他部分，其背部通常具二脊。鳞被也称浆片，是退化内轮花被片，2~3 片，膜质透明或肉质肿胀，边缘呈不规则撕裂状。花本身由鳞被、雄蕊、雌蕊 3 部分组成，通常两性。雄蕊多为 3 或 6 枚，少数可多达几十枚，花丝线形，彼此分离或基部有不同程度的联合。子房上位，1 室，内含 1 胚珠，花柱细则而显著，柱头通常 2~3 枚，少数可为 1 枚或多达 4~5 枚，柱头表面毛细管状、平滑或具乳头状突起或呈羽毛状等。

（2）小　穗

竹花的小穗由 1 至数朵小花及基部的若干颖片组成。颖片为小穗基部的苞片，一般仅 2 片，下面 1 片称外颖（第一颖）；其上 1 片称内颖（第二颖），有时可为 1 片，多片或不存在。小穗上的花依次互生于小穗轴各节，通常其节间多少延长，易见，且各花可随其小穗轴的节逐节脱落，少数竹属如牡竹属、慈竹属，其小穗轴的节间极为缩短，而不逐节脱落。有些种类的小穗，其苞片腋内具有潜伏芽(此潜伏芽可发育为新的小穗)，这种小穗特称为假小穗，为了区别起见，也可把颖片腋内无潜伏芽的小穗称为真小穗。小穗内中各花开放的顺序是从下而上。

（3）花　序

竹类花序为复合花序类型，基本单位为小穗。小穗在花序轴上有规律地排列方式，称为花序。小穗发育是由上而下、向基性的；而小花发育是由下而上、向顶性的，竹子花序类型统一为混合花序。根据发生和形态构造的不同，竹类花序可分为两种类型，即真花序和假花序（图 2-8）。

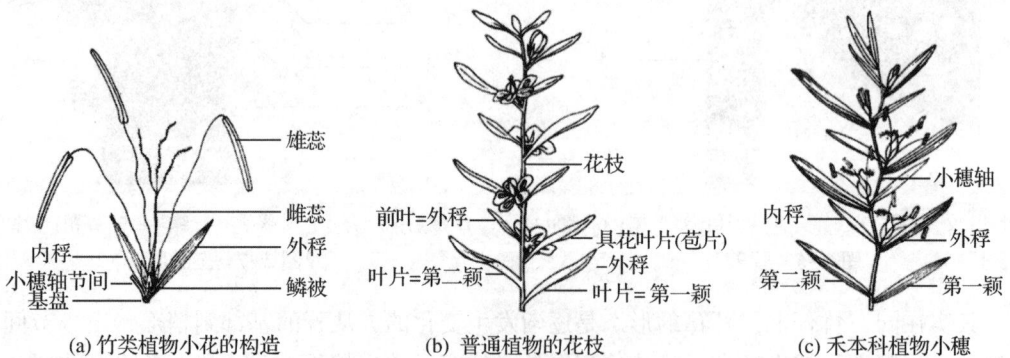

(a) 竹类植物小花的构造　　(b) 普通植物的花枝　　(c) 禾本科植物小穗

图 2-8　竹类植物的花序

真花序，也称为单次发生花序或定位花序。其具有总梗及由此梗向上延伸的花序轴，整个花序一次性发生；小穗具有明显的小穗柄，在小穗基部的苞片或颖之腋内无潜伏芽，花序轴的分枝多呈圆锥形、总状或近似穗形等。花序具有一延续的、与营养枝不同的花序轴，花序是单次发育形成的，花序在竹株上有固定的着生部位，基本单位是小穗或称真小穗（图 2-9）。

假花序，也称为续次发生花序或不定位花序，它连续发生在营养轴的各节上，此轴仍具节和中空的节间，并不特化为真正的花序，生于这类花序上的通常或大多是假小穗，它无柄或近无柄，其下方苞片或颖片内存有潜伏芽或先出叶。假花序的假小穗单一或多枚生在苞片或佛焰苞的腋内，成丛排列较紧密或聚呈头状或球形的簇团，因而在小穗丛下方托附有 1 组苞片，且少数竹类所有苞片或最下部 1 枚苞片常形成叶状佛焰苞(图 2-10)。

图 2-9　箭竹(*Fargesia spathacea*)的真花序

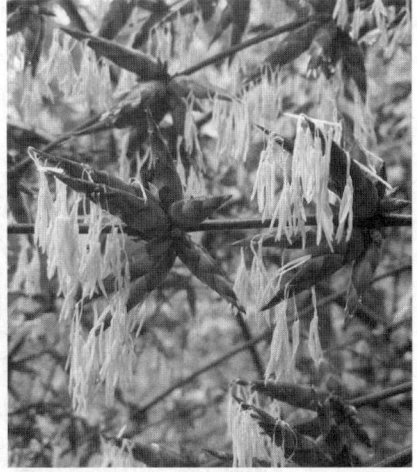

图 2-10　巨龙竹(*Dendrocalamus sinicus*) 的假花序

2.1.6　果实和种子

竹果不开裂，仅具 1 种子，通常为颖果，如刚竹属、牡竹属等，其果皮薄并与种皮愈合，形如较大较长的麦粒，胚乳淀粉质、丰富，胚位于胚乳的下部，与外稃相对，在其相反的一侧为腹沟，也是种脐所在处(图 2-11)。

图 2-11　毛竹种子(颖果)

　　部分竹类还具有其他类型的果实。例如，慈竹属的果实为囊果。其果皮薄，易与种子相分离；方竹属果实为坚果状，果皮厚而坚韧，也可与种皮剥离。还有的种类，果实为浆果状，如铁竹（*Ferrocalamus strictus*）、云南方竹（*Chimonobambusa yunnanensis*）、筇竹（*Qiongzhuea tumidinocda*）、梨竹（*Melocanna baccifera*）、梨藤竹（*Melocalamus compactiflorus*）等，果皮较厚可达 1 mm，果实球形或卵形，直径可达 1 cm 或更大，从果皮外也看不到种脐的痕迹（图 2-12 和图 2-13）。

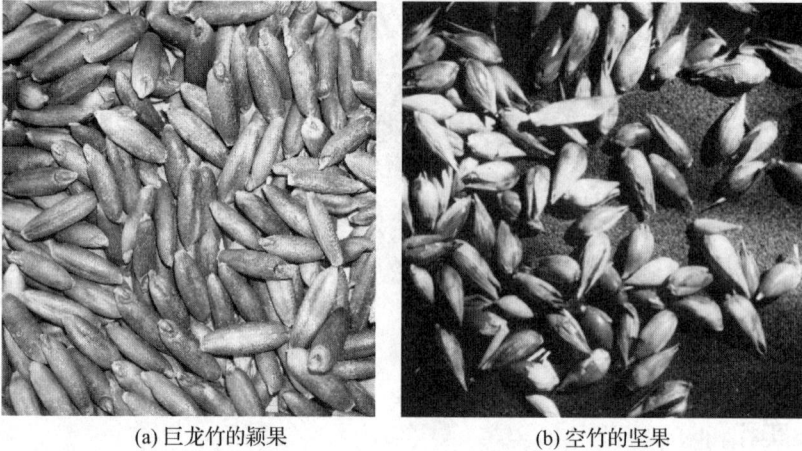

(a) 巨龙竹的颖果　　　　　　　　　(b) 空竹的坚果

图 2-12　不同竹种的果实

(a) 梨竹浆果近景　　　　　　　　　(b) 梨竹浆果远景

图 2-13　梨竹的浆果

　　竹类果实的顶端，通常还具有由花柱发育而成的喙，喙或长或短，或粗或细，在不同的种类间有明显差异。竹类的种子，不论颖果类或非颖果类，其种皮都很薄，一般仅 1 层细胞。颖果类的种子，由于种皮与果皮完全愈合而丧失一般种皮的形态和功能。非颖果类的种子，由于其果皮较厚，且不开裂，种子不存在直接与外界接触所面临的问题，其保护作用完全由果皮承担，所以种皮也很薄，且无其他附属物。

从有无胚乳的角度，竹类的种子与其他种子一样，也可以分为胚乳和无胚乳两种类型。颖果类的种子一般有显著的胚乳；部分坚果类、浆果类的种子没有胚乳，前者竹种较多，不一一列举，后者如梨竹、藤竹(*Dinochloa multiramora*)和梨藤竹。

竹类种子中的胚，从大的构造上，与小麦、玉米等其他禾本科植物一致，也包括 1 个显著的盾片(发育完好的子叶)、1 个很小的外胚叶(退化的子叶)、胚芽(具胚芽鞘)、胚轴和胚根(具胚根鞘)。如果深入胚中维管束的走向、盾片与胚根鞘愈合的程度、胚芽中真叶的维管束数以及真叶两端是否重叠等微形态方面，则竹类与其他禾本科植物以及竹类与竹类之间还具有一些较稳定的差异，可区分为不同类型，这些不同类型甚至与竹类的系统发育、种系发生有关。

我国学者在对竹类果实(种子)的研究中，注意到了其物质成分。研究表明，竹类种子含有 18 种蛋白质水解的氨基酸，与竹笋所含种类基本相同，但含量更高，平均达 11.588 g/100 g。在 18 种氨基酸中，谷氨酸的含量最突出，可达 2.106 g/100 g，其次为天冬氨酸，平均含量为 1.56 g/100 g，最低为甲硫氨酸，平均含量为 0.223 g/100 g。竹种之间，各种氨基酸与总氨基酸的含量之比相当接近。氨基酸含量的多少，对竹类种子的萌发、生长、抗性等具有一定影响。

由于竹类不常开花，采到果实更不容易，因此对竹类果实的认识相对来说还不是很全面和深入。

2.2　主要造林竹种

2.2.1　材用竹类

(1)毛　竹

毛竹(图 2-14)为单轴散生竹类，秆高可达 20 m，粗可达 15 cm，节间长达 30~40 cm。箨鞘背面黄褐色或紫褐色，具黑褐色斑点及密生棕色刺毛；箨耳微小，繸毛发达；箨舌强隆起，边缘具粗长纤毛；箨片外翻。末级小枝具 2~4 叶，长 4~11 cm，宽 0.5~1.2 cm。花枝穗状，颖果。毛竹是我国栽培面积最大、开发利用最深入的重要经济竹种，广泛分布于南方 16 省(自治区、直辖市)，福建、江西、浙江、湖南、四川、广东、广西、安徽等地是毛竹资源最丰富地区，山东、山西、陕西、河南等北方部分地区也有栽培。日前毛竹林面积已达 527.76 万 hm²，占竹林总面积的 69.78%。毛竹的综合利用已经形成 10 大类近万种产品，广泛应用于现代生活的方方面面，具有重要经济价值。

(2)撑篙竹

撑篙竹(图 2-15)为合轴丛生竹类，秆高可达 10 m，节间长 30 cm；箨鞘早落，薄革质，箨耳不相等，箨舌先端不规则齿裂，箨片直立，易脱落。叶片长 9~14 cm，宽 1.0~2.5 cm。假小穗以数枚簇生于花枝各节，小穗含小花。颖果幼时宽卵球状。撑篙竹是华南地区常见栽培的材用竹种，主要分布于珠江中下游地区的河岸和低山丘陵。竹秆通直，材质坚硬，尖削度小，主要用于建筑棚架、制作家具等，还可劈篾编制竹器、制成竹浆，竹茹可入

(a) 竹林

(b) 竹笋

图 2-14 毛竹

(a) 竹林

(b) 秆箨

图 2-15 撑篙竹

药。撑篙竹是珠江流域重要的防护林树种之一。

箣竹属近似的造林竹种还有车筒竹（*Bambusa sinospinosa*）、油箣竹（*Bambusa lapidea*）等。

（3）龙竹（*Dendrocalamus giganteus*）

龙竹（图 2-16）为合轴丛生竹类，秆高达 20 m 以上，直径可达 20 cm，节间长 30~45 cm，壁厚 1~3 cm；秆分枝习性高，每节分多枝。秆箨早落，箨鞘厚革质，箨耳与下延之箨片基部相连，箨舌显著，箨片外翻。末级小枝具 5~15 叶，叶片最长可达 45 cm，宽 10 cm。花枝无叶，大型圆锥状，各节有 4~12（25）枚假小穗簇生。果实长圆形。本种在云南西部至南部各地均有分布，是东南亚地区栽培较为广泛的竹种。龙竹竹秆型高大，产量较高，用途十分广泛，是重要的以材用为主的笋材两用大型丛生竹种，传统的建筑和编织用材，也常用以制作各种农具、家具和筷子等。其笋味苦不宜鲜食，但经蒸煮漂洗后可做笋干、笋丝，色泽金黄，口感较好，是传统食品，深受欢迎。

(a) 竹林　　　　(b) 竹笋

图 2-16　龙竹

牡竹属近似的大型丛生竹类优良材用竹种还有很多，如云南龙竹（*Dendrocalamus yunnanensis*）、碧玉龙竹（*Dendrocalamus sikkimensis*）、版纳龙竹（*Dendrocalamus xishuangbannaensis*）等。

（4）毛金竹（*Phyllostachys nigra* var. *henonis*）

毛金竹（图 2-17）为单轴散生竹类，秆高可达 10~15 m，直径可达 5~10 cm，节间长 25~30 cm。箨鞘薄革质，箨耳长圆形至镰刀形，箨舌明显，箨片直立或以后稍开展。末级小枝具 2 或 3 叶，叶片长 7~10 cm，宽约 1.2 cm。花枝呈短穗状，小穗具 2 或 3 枚小花。笋期 4 月下旬。广泛分布于我国黄河流域以南各地，日本及欧洲有引种栽培。毛金竹是优良的笋材两用中小型竹种，笋鲜美可口，风味独特；竹材篾性柔韧，宜作劈篾，供编织用；中药之"竹茹""竹沥"一般取自本种。

刚竹属近似的造林竹种还有桂竹、刚竹（*Phyllostachys sulphurea* var. *viridis*）、淡竹（*Phyllostachys glauca*）、水竹（*Phyllostachys heteroclada*）、篌竹（*Phyllostachys nidularia*）等多种。

(a) 竹林

(b) 竹秆

图 2-17　毛金竹

（5）苦竹（*Pleioblastus amarus*）

苦竹（图 2-18）为复轴混生竹类，秆高 3~5 m，粗 1.5~2.0 cm，厚约 6 mm，节间长 27~29 cm，幼秆淡绿色，具白粉，老后渐转绿黄色，被灰白色粉斑。箨环留有箨鞘基部木栓质的残留物，在幼秆的箨环还具一圈发达的棕紫褐色刺毛；秆每节具 5~7 枝，末级小枝具 3 或 4 叶，叶片长 4~20 cm，宽 1.2~2.9 cm。总状花序或圆锥花序，具 3~6 小穗，小穗含 8~13 枚小花，成熟果实未见。主产江苏、安徽、浙江、福建、湖南、湖北、四川、贵州、云南等地，是我国长江流域地区优良的乡土竹种和笋材两用竹种。竹材可用于造纸，秆材能作伞柄或菜园支架以及旗杆、帐秆等，竹叶、竹笋、竹茹、竹沥、竹根等均可供药用。

（6）云南箭竹（昆明实心竹）（*Fargesia yunnanensis*）

云南箭竹（昆明实心竹）（图 2-19）为地下茎合轴型，秆柄长 12~35 cm。秆近散生，高 4~7(10) m，直径 3~5(6) cm，节间长 28~36(50) cm，基部节间近实心。秆每节簇生 6~25 枝。秆箨宿存，革质，箨耳及鞘口繸毛俱缺；箨舌高 1~2 mm；箨片外翻。小枝具(3)4~6(7)叶，叶片长(8)13~19 cm，宽(0.8)1.2~1.8 cm。圆锥花序顶生。果实未见。笋期 7~9 月。花期 9 月。本种分布于滇西至滇西北海拔 1 500~2 500 m 地区，四川西南部也有分布，多为天然或人工栽培的纯林。云南箭竹既是一种材用竹，又是秋季产笋的中小型优质笋用竹种。其笋鲜嫩味美，品质细嫩，口感较好，是传统笋用竹。本种也是箭竹属（*Fargesia*）中秆型较大、分布海拔较低的一种，具有较强的抗寒性。

图 2-18 苦竹

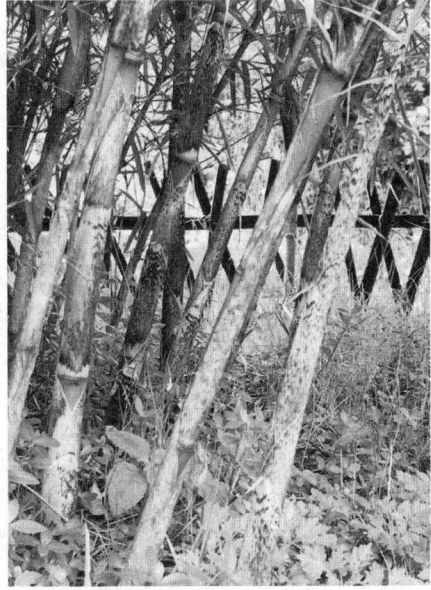

图 2-19 云南箭竹

2.2.2 笋用竹类

(1) 早园竹(*Phyllostachys propinqua*)

早园竹为单轴散生竹类，秆高 6 m，粗 3~4 cm，节间长约 20 cm。箨鞘背面淡红褐色或黄褐色，被紫褐色小斑点和斑块；无箨耳及鞘口䍁毛；箨舌拱形；箨片外翻。末级小枝具 2 或 3 叶，叶片长 7~16 cm，宽 1~2 cm(图 2-20)。笋期 4 月上旬开始，出笋持续时间

(a) 竹秆

(b) 竹笋

图 2-20 早园竹

较长。早园竹分布很广，主要分布在河南、安徽、浙江、贵州、广西、湖北等地，山东、北京等地区也有栽培。北方多栽培，长江流域多野生。早园竹笋味鲜美、产量高、出笋时间早，为优良笋用竹。竹材可劈篾供编织，整秆宜作柄材、晒衣杆等，是我国重要的经济竹种之一。

刚竹属还有多种形态特征和生物学特性相似的笋竹，如早竹（*Phyllostachys violascens*）及其栽培变型雷竹、黄秆乌哺鸡竹、白哺鸡竹（*Phyllostachys dulcis*）、红哺鸡竹（*Phyllostachys iridescens*）、花哺鸡竹（*Phyllostachys glabrata*）等，皆为小型优质笋用竹。

（2）绿　竹

绿竹（图2-21）的主秆高度可达6~12 m，节间圆筒形，长20~35 cm。它的叶片呈长圆状披针形，而且箨鞘质地坚韧，顶端截形或两肩部广圆。箨耳较为显著，箨片通常直立。花期多在夏季至秋季，而笋期则在5~11月。自然分布区为中亚热带南部、南亚热带的北部和中部，主要分布于中国、印度、缅甸、孟加拉国、泰国、马来西亚等国家。我国分布最广，产于浙江南部、福建、台湾、广东、广西和海南等地。绿竹是亚热带地区优良的笋材两用丛生竹种之一，具有适应性广、易繁殖、成林快、产量大、可永续利用、长期获益等特点。绿竹笋是食用笋中品质上乘的笋种，营养丰富，清甜可口，备受消费者喜爱。鲜笋产于夏秋季节，缓解蔬菜市场淡季供需矛盾，经济价值明显；竹材是优质的造纸原料和建筑用材；同时，绿竹在美化环境、涵养水源、防风固土等方面也发挥良好的生态与社会效益，具有广阔的发展前景。

绿竹属还有大绿竹、吊丝球竹（*Bambusa beecheyana*）、大头典竹（*Bambusa beecheyana* var. *pubescens*）等优良经济竹种。

 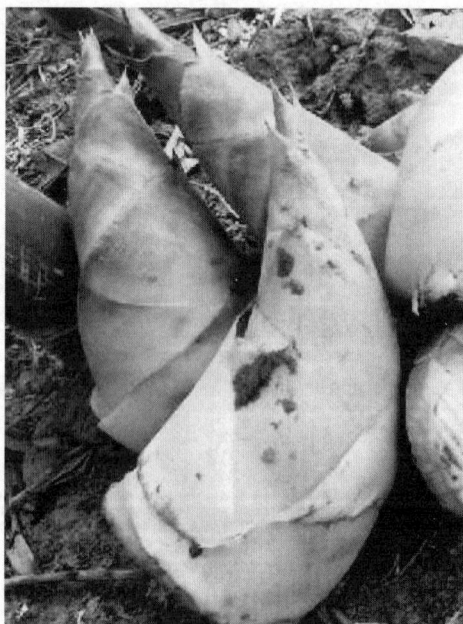

(a) 竹秆　　　　　　　　　　　　　　　(b) 竹笋

图2-21　绿竹

（3）麻　竹

麻竹（图 2-22）为合轴丛生竹类，秆高 20~25 m，直径 15~30 cm，节间长 45~60 cm；秆分枝习性高，每节分多枝。秆箨易早落，厚革质；箨耳小，箨舌高 1~3 mm，箨片外翻。末级小枝具 7~13 叶，叶片长 15~35（50）cm，宽 2.5~7.0（13.0）cm。花枝大型，各节着生 1~7 枚乃至更多的假小穗，含 6~8 枚小花。果实为囊果状。麻竹在我国华南地区分布较广，包括福建、台湾、广东、香港、广西、海南、四川和贵州等地。在浙江南部、江西南部及云南部分地区也见少量栽培。越南、缅甸有分布。麻竹具有较高的笋用、材用、浆用和观赏价值，笋味甜美，每年均有大量笋干和罐头上市，甚至远销日本和欧美等国。

(a) 竹秆　　　　　　　　　　　　　　(b) 竹笋

图 2-22　麻竹

（4）甜龙竹（*Dendrocalamus brandisii*）

甜龙竹（图 2-23）为合轴丛生竹类，秆高 10~15 m，直径 10~15 cm，梢端下垂乃至长下垂；节间长 34~43 cm，节内和节下方均具一圈灰白色至棕色茸毛环；主枝发达，侧枝条纤细，能向外翻而包围秆节四周。秆箨早落，革质，箨耳小；箨舌高 1 cm，箨片外翻或近于直立；叶片长 23~30 cm，宽 2.5~5.0 cm。花枝呈鞭状，花枝各节丛生假小穗 5~25 枚，小穗含 2~4 枚小花。果实呈卵圆形。主产于云南南部至西部地区，缅甸、老挝、越南、泰国也有分布，印度有栽培，是东南亚热带地区分布较广的大型丛生竹。笋体肥壮，产量较高，品质优良，肉质细嫩，食无苦味，鲜甜可口，炖炒都是宴上佳品，也可加工为笋产品，是国内外品质一流的传统优质笋用竹种。

牡竹属近似的笋用竹还有版纳甜龙竹（*Dendrocalamus hamiltonii*）、吊丝竹（*Dendrocalamus minor*）等。

(a) 竹秆

(b) 竹笋

图 2-23 甜龙竹

（5）金佛山方竹（*Chimonobambusa utilis*）

金佛山方竹（图2-24）的地下茎为复轴型，秆散生状。秆高5~7 m，最高可达 10 m 以上，中下部各节均具刺状气生根；节间有时略成方形，长 20~30 cm；秆每节分 3 枝。秆箨薄革质或厚纸质，脱落性，短于其节间，箨耳缺失，箨舌低矮，箨片退化成锥状。末级小枝具 1~3 叶，叶片长(5)14~16 cm，宽(1.0)2.0~2.5 cm。花枝常着生于顶端具叶分枝

(a) 竹秆

(b) 竹笋

图 2-24 金佛山方竹

的各节，小穗含 4~7 枚小花。果呈坚果状。本种是方竹属中分布面积最广的一种，主要分布于贵州、重庆、四川和云南，总面积约 70 000 hm^2。秋季出笋，笋味鲜美，是优质笋用竹种。秆略呈方形，材质坚硬，原竹适合制作工艺品，也是造纸和制造纤维板的原料。

我国方竹属约有 29 种（含变种和变型），多为优质笋用竹、工艺用竹和观赏竹种。

（6）香竹（*Chimonocalamus delicatus*）

香竹（图 2-25）为合轴丛生竹类，秆高 5~8 m，直径 3~5 cm，最粗可达 8 cm；节间长 20~30 cm；中下部节内具排列整齐的刺状气生根；3 分枝，有时具簇生小枝。箨鞘质脆，上部收缩变窄，鞘口呈舌状，向上突出呈"山"字形；箨耳缺如或甚微小；箨舌呈"山"字形；箨片呈带状披针形。末级小枝具 4~8 叶，叶片长 10~16 cm，宽 6~13 mm。圆锥花序，生于具叶小枝的顶端，小穗含小花 5~8 枚。其秆节间空腔内能分泌淡黄色芳香油脂，秆材坚硬，不易被虫蛀而经久耐用；因具有特殊香味，用作茶叶包装制成"竹筒茶"，颇受市场欢迎。其笋鲜嫩可口，产区群众均以"香笋"相称，为著名的笋用竹。其主要分布在我国云南地区。

香竹属已知有 11 种，其中 8 种和 1 变种为云南南部特有，均为优质笋用和秆用竹种。常见的有流苏香竹（*Chimonocalamus fimbriatus*）、长舌香竹（*Chimonocalamus longiligulatus*）、马关香竹（*Chimonocalamus makuanensis*）等。

(a) 竹秆　　　　　　　　　(b) 竹笋

图 2-25　香竹

2.2.3　制浆和编织竹类

（1）慈 竹

慈竹（图 2-26）为合轴丛生竹类，秆高 5~15 m，径粗 3~6 cm，梢头细长作弧形向外弯曲或幼时下垂如钓丝状，秆壁薄；节间长 20~40 cm。秆箨革质，背部密生白色短柔毛或棕黑色刺毛，鞘口宽广而下凹，略呈"山"字形；箨耳缺如；箨舌显著；箨片外翻。多分枝，呈半轮生状簇聚。末级小枝具数叶乃至多叶，叶片长 10～30 cm，宽 1～3 cm。花枝束生，假小穗长达 1.5 cm。果实纺锤形，果皮质薄，易与种子分离而为囊果状。本种以四川盆地分布最为集中，云南、贵州、广西、湖南、湖北等地也有广泛栽培，广东、浙江近年来也有引种。慈竹是我国西南地区重要的丛生竹种，具有秆壁薄、节间长、篾性好、纤维长等特点，是优良的竹编和纸浆原料。其嫩竹加石灰浸煮成竹筋，可以用来粉泥墙壁。笋味苦，煮后去水，可食用，是一种产量高、用途广的重要经济竹种。

（2）料慈竹（*Bambusa distegia*）

料慈竹（图2-27）为合轴丛生竹类，秆高 6～10 m，直径 3.0～4.5 cm；节间长 20～50 cm，箨环具鞘基木栓环。箨鞘背面密生金黄色或棕色小刺毛，鞘口截平，两肩呈弧状耸起；箨耳不显著，箨舌高 1～2 mm，箨片不易外翻，边缘内卷而呈锥状，基部向内作圆形收窄。末级小枝具叶（最多至 10 几片），叶片长 5～16 cm，宽 8～16 mm。假小穗多数簇生成球状，小穗含小花 4～6 枚。果为囊果状纺锤形。本种主要分布在云南、四川、贵州、重庆等地，尤以滇、川、黔 3 省交界区域自然分布面积最大，是我国西南地区优良材用竹种。其节间较长、纤维细腻、劈篾性能良好，是高级工艺竹编的上乘材料和优质的造纸原料。秆挺拔，枝叶飘逸，白粉绿秆，丛型美观，具有较高的观赏价值。

图 2-26　慈竹　　　　　　　　　　　　图 2-27　料慈竹

（3）沙罗单竹

沙罗单竹（图2-28），又称为大薄竹，是合轴丛生竹类，秆高 10～20 m，直径 5～10 cm，节间 60～70 cm，最长可达 100 cm。秆表面具硅质而粗糙，秆壁较薄，每节多分枝。秆箨迟落，质硬而脆；箨耳缺如或为极狭的皱褶带状物，箨舌高 1～2 mm；箨片外翻。小枝具叶 6~9 枚，叶片长 20~30 cm，宽 2.5~4.0 cm。假小穗着生于无叶花枝的各节，小穗含小花 1~2 枚。果实纺锤形。分布于广东、广西、云南，滇东南有较大面积天然竹林，生于海拔 800 m 以下湿热的沟谷地带。越南北部也有分布。本种节间长而壁薄，竹材纤维性能极好，是良好的造纸原料和编织材料。笋质极嫩，无苦涩，味美，最宜鲜食，也可制成罐头、笋干等。

(4)青皮竹

青皮竹(图 2-29)，也被称为篦竹、山青竹，是合轴丛生竹类，秆高 8~10 m，直径 3~5 cm，节间长 40~70 cm，秆壁较薄，分枝较高，多枝簇生。秆箨早落，革质，硬而脆，箨耳较小，箨舌高 2 mm，箨片直立，易脱落，先端的边缘内卷成一钻状锐利硬尖头，基部稍做心形收窄；叶片长 9~17 cm，宽 1~2 cm。假小穗单生或数枚，簇生于花枝各节，小穗含小花 5~8 枚。分布于我国华南地区，江西、福建、湖南、贵州、云南等地均有引种栽培。本种成材期短、用途广、经济价值高，是华南地区著名编织用竹，常用于编制各种竹器、竹缆、竹笠和工艺品等。竹篦则用作建筑工程脚手架的绑扎篦和土法榨油的油箍篦，中药"天竺黄"产于此竹的节间中。

图 2-28　沙罗单竹

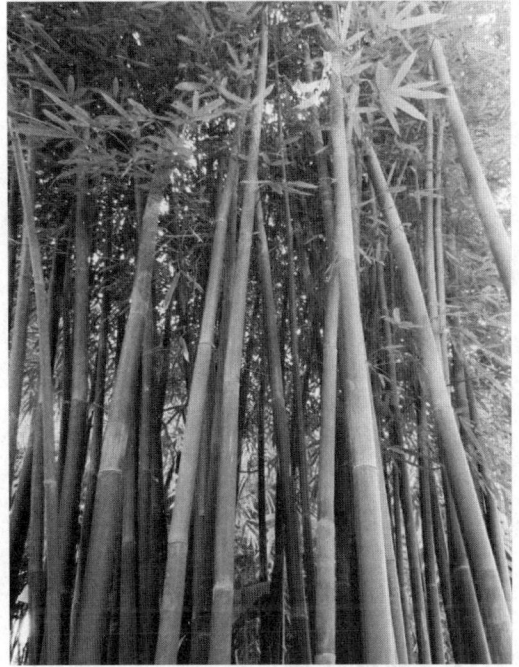

图 2-29　青皮竹

(5)粉单竹(*Bambusa chungii*)

粉单竹(图 2-30)为合轴丛生竹类，秆高 5~10 m，直径 3~5 cm，节间长 30~50 cm 或更长，秆壁较薄，初时在节下方密生一圈向下的棕色刺毛环。秆箨早落，质薄而硬，脱落后在箨环留存一圈窄的木栓环，箨耳呈窄带形；箨舌高约 1.5 mm，箨片外翻。秆的分枝习性高，多分枝。末级小枝大都具 7 叶，叶片长 10~16(20) cm，宽 1.0~2.0(3.5) cm。花枝极细长，通常每节仅生 1~2 枚假小穗，含 4~5 枚小花。成熟颖果呈卵形。分布于广东、广西、湖南、福建、海南等地，是产区广泛栽培的优良竹种。本种生长周期较短，竹林产量较高，竹材韧性强，节间长而节平，适合劈篾纺织精巧竹器，绞制竹绳等，是重要篾用、优质造纸原料和优良观赏竹种。

(6) 硬头黄竹(*Bambusa rigida*)

硬头黄竹(图 2-31)为合轴丛生竹类，秆高 5~12 m，直径 3~8 cm，节间长 28~40 (50) cm，多分枝簇生，主枝明显。秆箨早落，硬革质；箨耳不相等，略有皱褶；箨舌高 2.5~3.0 mm，条裂，边缘具流苏状毛；箨片直立，基部做圆形收窄后即向两侧外延，与箨耳相连。叶片长 7.5~18.0 cm，宽 1~2 cm。假小穗单生或以数枚乃至多枚簇生于花枝各节，含小花 3~7 枚。主产四川省，是四川盆地的主要经济竹种，重庆、云南、广东、广西、贵州、福建、江西等地也有栽培。本种是我国栽培历史悠久、分布广泛的优良丛生竹，其秆通直，节平而疏，纤维长，材质坚厚强韧，是优良的纸浆用材，并在编织、农用建筑、庭园绿化、护堤护岸等方面应用广泛。

图 2-30　粉单竹

图 2-31　硬头黄竹(引自《中国竹类图志》)

2.2.4　观赏竹类

(1) 七彩红竹(*Indosasa hispida* ‘Rainbow’)

七彩红竹(图 2-32)为单轴散生竹类，秆中小型，紫红色而鲜艳，叶片具不规则金色或银色条纹，形态优美，具有极高的园艺观赏价值。该竹种的高度通常在 1~2 m，径粗介于 0.8~1.2 cm，节间距为 6~8 cm，丛状散生竹的生长方式使其形态更加优美动人。小型的花叶观赏竹种较多，比如菲白竹(*Pleioblastus fortunei*)、菲黄竹(*Pleioblastus viridistriatus*)、黄条金刚竹(*Pleioblastus kongosanensis* f. *aureostriatus*)等。

(a) 竹秆　　　　　　　　　　　　　(b) 竹叶

图 2-32　七彩红竹

(2) 金镶玉竹

金镶玉竹(图 2-33)的秆高 4~10 m，径粗 2~5 cm。在每节生枝叶处都天然形成一道碧绿色的浅沟，位置节节交错，远观如同金条上镶嵌着碧玉，清雅且可爱。竹秆颜色鲜艳，新竹呈嫩黄色，逐渐变为金黄色，并且各节间有绿色纵纹，这种黄绿相间的颜色搭配非常引人注目，因而得名"金镶玉竹"。

刚竹属还有多种具条纹的优良观赏竹种，如花毛竹(*Phyllostachys heterocycla* 'Tao Kiang')、黄条早竹(*Phyllostachys violascens* f. *notata*)、黄皮绿筋竹(*Phyllostachys sulphurea*)、黄秆乌哺鸡竹、花秆刚竹(*Phyllostachys sulphurea* f. *tricolor*)等。

(3) 小琴丝竹(*Bambusa multiplex* 'Alphonse-karri')

小琴丝竹(图 2-34)，别名花孝顺竹，是禾本科簕竹属的植物，小琴丝竹的秆高 2~8 m，径粗 1~4 cm。新秆呈浅红色，老秆为金黄色，间有绿色纵条纹。小琴丝竹的秆和分枝的节间黄色，具有不同宽度的绿色纵条纹，使得整体色彩如黄金间碧玉般鲜明，非常适宜庭园种植以供观赏。在我国，小琴丝竹主要分布在四川、广东、台湾等地以及长江以南的地区。

本属还有多种具条纹的优良观赏竹种，如花撑篙竹(*Bambusa pervariablilis* var. *viridistriata*)、花青皮竹(*Bambusa textilis* f. *viridi-striata*)、青丝黄竹(*Bambusa eutuldoides* var. *viridivittata*)等。

(4) 黄金间碧玉(*Bambusa vulgaris* 'Vittata')

黄金间碧玉(图 2-35)为我国竹亚科著名的观赏竹种，华南至西南地区各地均有栽培，秆高 8~12 m，金黄色，具宽窄不等的绿色纵条纹，箨鞘在新鲜时为绿色而具宽窄不等的黄色纵条纹。这种竹子喜光，稍耐阴，适应性强，耐寒。喜欢疏松肥沃且排水良好的土壤，不耐黏重土质。由于竹鞭浅根性，它忌水淹。因其独特的黄色竹秆和绿色的纵条纹，黄金间碧玉在园林中具有很高的观赏价值，常用于园林绿化和环境美化。

图2-33　金镶玉竹

图2-34　小琴丝竹

（5）大佛肚竹（*Bambusa vulgaris* 'Wamin'）

大佛肚竹（图2-36）为我国竹亚科的著名观赏竹种，秆高5~8 m，秆稍疏离，秆绿色，下部各节间极为短缩，并在各节间的基部显著肿胀，形成独特的佛肚状。由于其独特的形态，大佛肚竹常被用于园林绿化和观赏。它的肿胀节间和下弯的尾梢给人以强烈的视觉冲击，使得这种竹子成为园林中吸引眼球的焦点。

图2-35　黄金间碧玉

图2-36　大佛肚竹

（6）泰　竹

泰竹（图 2-37）为合轴丛生竹类，高 8~10 m，粗 3~5 cm，秆丛密集，梢头劲直；节间长 15~30 cm，秆壁甚厚近实心；秆劲直而坚韧，上下均匀，分枝较高，多分枝，枝叶细柔。秆箨宿存，质薄，鞘口作"山"字形隆起；箨舌低矮，箨片直立。末级小枝具 4~12 叶，叶片长 9~18 cm，宽 0.7~1.5 cm。花枝呈圆锥花序状，每节丛生有少数假小穗，小穗含小花 3 枚。颖果圆柱形。主要分布在云南南部至西南部，在西双版纳有单优群落，此外在我国台湾、福建、广东也有栽培。缅甸和泰国有分布，马来西亚也有栽培。本种外形极其优美，具有很高的观赏价值，特别适宜作为行道树，是竹亚科最具特色的优秀园林园艺观赏竹种之一。其秆宜做椽子，经久耐用。

本属另有大泰竹（*Thyrsostachys oliveri*）与本种近似，其秆型比本种高大。

图 2-37　泰竹

2.2.5　工艺用竹类

（1）紫竹（*Phyllostachys nigra*）

紫竹（图 2-38）为单轴散生竹类，秆高 4~8 m，直径可达 5 cm，幼秆绿色，一年生以后的秆逐渐出现紫斑，最后全部变为紫黑色。我国南北各地多有栽培，在湖南南部与广西交界地区有野生的紫竹林。印度、日本及欧美许多国家均引种栽培。本变种秆色奇特，观赏价值较高，是传统的观赏和工艺用竹。

（2）人面竹（*Phyllostachys aurea*）

人面竹为单轴散生竹类，高 5~12 m，粗 2~5 cm，节间长 15~30 cm，基部、部分中部的数节间极缩短，缢缩或肿胀，或其节交互倾斜，中、下部正常节间的上端也常明显膨大（图2-39）。黄河流域以南各地均有分布，多在庭园栽培以供观赏，在福建闽清及浙江建德可见野生竹林。本种秆基部节间变形，具有较高观赏价值，世界各地多有引种栽培。

龟甲竹（*Phyllostachys edulis* 'Heterocycla'）与本种近似，其秆型更大，节间龟甲状变形更显著。

图2-38　紫竹　　　　　　　　　　　　图2-39　人面竹

（3）斑竹（*Phyllostachys reticulata* 'Lacrima-deae'）

斑竹，也被称为湘妃竹或泪竹，是禾本科刚竹属桂竹的一个变种。斑竹的秆高通常在7~13 m，直径3~10 cm。秆上具有紫褐色的斑块和斑点，分枝上也常有紫褐色斑点（图2-40），这些特征使得斑竹具有很高的观赏价值。斑竹主要分布在我国，尤其是湖南、江西、福建等地，因其美丽的外观而被广泛栽培。斑竹是我国的传统观赏、工艺竹种。晋代张华《博物志》记载："尧之二女，舜之二妃，曰湘夫人。舜崩，二妃啼，以涕挥竹，竹尽斑。""斑竹"之名即由此而来。舜妃女英、娥皇泪洒竹秆而成"斑竹"的动人故事自古为世人传诵。

（4）筇　竹

筇竹为复轴混生竹类，秆高2.5~6.0 m，直径1~3 cm，其秆环极为隆起而呈显著的圆脊，状如二圆盘上下相扣合，中有环形缝线似的浅沟（图2-41）。主要分布于我国云南、四川南部等地。本种是我国珍贵而特有的竹种。其笋质优良，产区每年有大量的笋干外销。秆为制作家具、手杖和烟杆的上等材料，具有较高的工艺、观赏和经济价值。据历史记载，远在汉唐时代就远销至印度、中亚乃至欧洲和非洲。《汉书》记载张骞在大夏国见到筇竹、蜀布，可见当时在我国西南就有一条捷径通往印度，筇竹杖就是经过"南方丝绸之路"远销国外的。

图 2-40　斑竹

图 2-41　筇竹

(5) 茶秆竹(*Pseudosasa amabilis*)

茶秆竹(图 2-42)为中小型散生竹，秆为直立圆筒形，橄榄绿色，秆上有一层薄灰色蜡粉；枝贴秆上举，主枝梢较粗；叶片厚而坚韧，为长披针形，上表面深绿色，下表面灰绿色，无毛，嫩叶时基部有微毛；花序生于叶枝下部的小枝上，是总状花序或圆锥花序；颖果成熟后呈浅棕色有腹沟。笋期 3~5 月下旬，花期 5~11 月。茶秆竹产自我国江西、福

(a) 竹丛

(b) 竹秆

图 2-42　茶秆竹

建、湖南、广东、广西等地，近年江苏、浙江有引种栽培。

茶秆竹的主秆直而挺拔，节间长，秆壁厚，竹材经砂洗加工后，洁白如象牙，是制造各种竹家具、滑雪杆、花架、旗杆、笔杆、高级钓鱼竿、雕刻工艺美术品的优质原材料，是我国传统出口商品，远销欧洲、大洋洲、南美洲、北美洲、东南亚等 30 多个国家和地区。

(6) 巨龙竹(*Dendrocalamus sinicus*)

巨龙竹是世界上最大的竹子，其秆高可达 20~35 m，甚至有资料记录可以长到 45 m，同 15 层楼的高度，直径可达 20~36 cm，每一节都可以做 1 个竹桶(图 2-43)。其秆型高大，用途广泛，堪称"竹中之王"。巨龙竹主要分布在云南南部至西南部，尤以西双版纳、孟连、西盟等地为主。本种是竹亚科中优良特性最突出，推广、发展和开发利用潜力巨大的特大型工业用材竹种和特殊工艺用材竹种。巨龙竹不仅可用作建筑材料和生活用品，如引水管、竹筏、竹筷等，其竹笋也可食用，但需经适当处理去除苦味。

(a) 竹笋

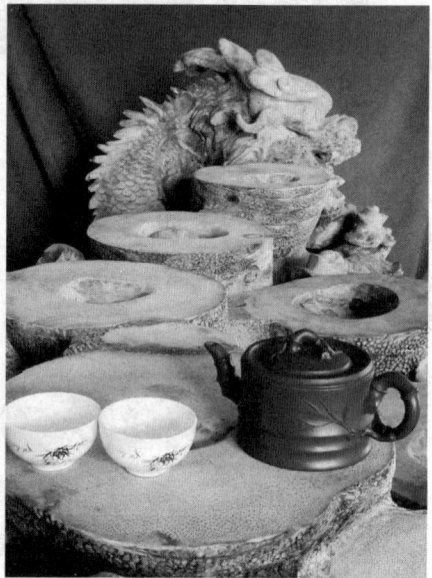
(b) 工艺品

图 2-43　巨龙竹

复习思考题

1. 简述竹亚科植物的形态特征。

2. 主要的造林竹种分哪几类？每类的代表竹种有哪些？

推荐阅读书目

1. 辉朝茂，杨宇明，2002. 中国竹子培育和利用手册[M]. 北京：中国林业出版社.

2. 易同培，史军义，等，2008. 中国竹类图志[M]. 北京：科学出版社.

第3章　竹子生态学与生物学特性

【内容提要】竹子的生态学与生物学特性使其在自然界和人类社会中发挥着多方面的作用。学习竹子生态与生物学特性知识有助于我们更好地理解竹子对环境和生物多样性保护的意义，有助于我们更好地利用竹子资源，促进人与自然的和谐共生。本章重点介绍竹子的地理分布、竹子适生区域与引种、竹子的生长特性、竹子无性系种群生态、竹子的开花结实等内容。

3.1　中国竹类植物的地理分布

竹类植物的地理分布受生长环境的水热条件影响，是植物与环境长期适应的结果。不同的竹类植物对其赖以生存和繁衍的环境条件要求不同，因此地理分布区域也不同。研究和认识各种竹类植物的自然地理分布，对科学培育竹林，提高竹林生产力，拓展竹类植物引种栽培空间有重要意义。

中国竹类植物的地理分布范围很广，东起台湾，西至西藏错那和雅鲁藏布江下游，南至海南岛，北至黄河流域，分布在北纬18°~40°，东经93°~122°。全国除新疆、内蒙古、黑龙江和吉林等北方省（自治区、直辖市）无竹子分布外，其他地区都有竹子分布。竹林资源集中分布于四川、浙江、江西、安徽、湖南、湖北、福建、广东，以及广西、贵州、重庆、云南等地的山区，其中以福建、浙江、江西、湖南4省最多，占全国竹林总面积的60.7%。

中国竹类植物垂直分布的幅度也很大，从海拔几米到几千米的地方都有生长，并随纬度、经度和地形的变化而变化。在喜马拉雅山（海拔3 500 m处）、秦岭（海拔2 300 m处）、台湾新高山（海拔3 000 m处）都有竹类植物分布。一般在海拔1 000 m以上的地带分布的竹类植物，多数秆形矮小，经济价值低，形成高山灌丛或高山森林的林下伴生植物。

各地气候、土壤和地形各不相同，不同竹种的生物学特性存在差异，导致中国竹子地理分布具有明显的地带性和区域性。萧江华在综合前人研究成果的基础上，提出将中国竹类植物地理分布划分为4区4亚区。

（1）北部，暖温带散生竹区

本区包括北京、山东南部、河北西南部、山西南部、甘肃南部和陕西南部等地区的温性针叶林地带，区内自然分布的竹类植物以刚竹属等散生竹类植物为主，也有箭竹属、苦竹属等混生竹类植物。本区内，竹类植物多为零星小块状分布，少有片林。

（2）中部，亚热带混生竹区

本区竹林面积大，竹类植物种类多，该区竹类植物分布以刚竹属、大节竹属等散生型竹类植物为主，还有慈竹属等丛生类和箭竹属、箬竹属等混生竹类植物生长。又可划分为两个亚区。

①北亚热带竹亚区　本亚区位于黄河以南至南岭以北的北亚热带常绿落叶林地带和中亚热带北部常绿阔叶林带内。

②中亚热带竹亚区　本亚区位于武夷山系、南岭山系、贵州西部至四川盆地一带的中亚热带南部常绿阔叶林地带内。本区是散生竹类植物向丛生竹类植物分布过渡的地带。

（3）南部，南亚热带丛生竹区

根据植被带和分布的竹类植物差异，南亚热带丛生竹区又划分为华南丛生竹亚区和西南丛生竹亚区。

①华南丛生竹亚区　包括台湾中部、北部，福建东南沿海地区，广东南岭以南至海南岛北部，广西东南部等地区，主要处于南亚热带季风常绿阔叶林地带内。分布有簕竹属、思箅竹属（Schizostachyum）、单竹属（Lingnania）等丛生竹类植物。

②西南丛生竹亚区　包括广西西部、贵州南部、四川南部、云南大部和西藏喜马拉雅山地区等，基本上为山原、深谷地貌，属亚热带山地常绿阔叶林区，分布有牡竹属、巨竹属（Gigantochloa）、泰竹属（Thyrsostachys）等丛生竹类植物。

（4）琼滇台，热带丛生竹区

本区包括台湾南部、海南岛中部和南部、云南南部和西部以及西藏南部地区，系热带季雨林、雨林区。竹类植物主要是丛生竹类，也有攀缘状竹类植物。攀缘状竹类植物一般都混生在阔叶林下，主要有藤竹属（Dinochloa）、思箅竹属和单竹属等的一些竹类植物。

3.2　竹子适生区域与引种

由于气候、地形、土壤条件的变化和竹种生物学特性的差异，竹子分布呈现明显的区域特性。每一个竹种都有其最适生长环境，竹类植物分布区划是竹林培育和引种栽培的一项基础性工作。

3.2.1　竹子适生区域

在竹子地理分布区域范围内，南北气候差异的幅度相当大。年平均气温 12～22 ℃，1月平均气温为-2～10 ℃，极端最低气温-20～2 ℃；年降水量为 500～2 000 mm；年平均相对湿度为 65%～80%。在竹子分布北缘地带，年降水量少而集中，干旱期长，蒸发量大，冬季寒冷而风大，在这样的气候条件下，能适应生长的竹种不多，主要是一些散生型和混生型竹种。从北到南，温度升高，雨量渐多，温度渐高，这些因子形成的气候环境，对竹子的分布和生长提供了优越的条件。因此，竹子种类和数量不断丰富，竹林的组成和结构也发生相应的变化：从散生竹到丛生竹，从稀疏散生到密集成丛。同一类型的竹子对气候条件的适应性也有差异。如丛生型的竹子中，慈竹能耐一定的低温干燥气候，分布直达陕西南部；吊丝球竹次之，主要分布在广东、广西；麻竹则以云南西南部为分布北界。

在垂直分布上，竹子对环境条件的适应也是如此，温度较低的高海拔地带，没有丛生竹生长，只有散生竹或混生竹生长。

在竹子分布的北缘，凡是背风朝阳、水湿条件（包括人工灌溉）较好的地方，竹种较多，竹林较大，生长也较好，如中条山南麓就是"山上清泉山下渠，村村竹树自扶疏"；而在风大干燥的地方，则很少有竹子生长。显然，对竹子分布起限制作用的主要因子是水分条件，其次是温度条件。

竹子根系密集，竹秆生长快，生长量大，蒸腾作用强，既需要充裕的水湿条件，又不耐积水淹浸，对土壤的要求高于一般树种。土层较深，有机质和矿质营养较多，有良好机械组成和物理性质（如孔隙性、透气性），持水能力和吸收能力较好，pH 4.5~7.0 的乌砂土或香灰土是最适合竹子生长的土壤。砂壤土和黏壤土次之，重黏土和石砾土最差。过于干燥的砂荒地带，含盐量在 0.1% 以上的盐渍土或低洼积水和地下水位过高的土壤，都不适宜竹子生长。

丛生竹的根系和竹秆非常密集，耐水能力较散生竹强，而对土壤水肥条件的要求则高于散生竹。在华南地区，大多数的丛生竹都分布在平原谷地、溪河沿岸，并常常是集约经营、成片高产的竹林。

散生竹的根系入土较深，鞭根和竹秆也较稀疏分散，对土壤的要求不如丛生竹高，其适应性较强，分布范围较广。散生竹主要分布在丘陵山区，一般山坳谷地的竹种较多，生长较好；其次是山坡缓斜地带，也常有成片竹林；山顶、山脊、陡坡地方一般竹子分布较少，生长也较差。

毛竹天然分布于 23°30′~32°20′N、104°30′~120°E 范围内，区内地域气候条件差异较大，毛竹生长发育、群落结构、演替规律皆有很大的差异。而长江以南、南岭以北、戴云山以南、武陵山以东的地区为毛竹自然分布的中心区。刘继平及其团队选择了毛竹重点产区 71 个县的 10 个气候因子（纬度、经度、年平均气温、年降水量、7~9 月总降水量、1 月平均气温、大于等于 10 ℃积温，日照时数，4~5 月总降水量和 3~4 月平均气温）进行分析，结果表明：热量公因子、水分公因子、光照公因子和孕笋期雨量公因子 4 个气候因子决定毛竹分布，4 个公因子的贡献率达 94.08%，尤其以热量公因子和水分公因子最为重要，它们在所分析的 10 个变量（气候因子）中占 72.79%。在毛竹分布区内，存在着对毛竹生长发育适宜程度不同的 5 个气候区。

Ⅰ区　包括江西大部、福建北部、浙江南部、湖南东部及湖北东南部。本区热量高，雨量充沛，夏季温度高，冬季无严寒，早春寒潮频繁。年平均气温 16~19 ℃，年降水量 1 300~1 850 mm，但分配不均匀。毛竹林面积大，约占中国毛竹林面积的 40%。

Ⅱ区　包括浙江大部、江苏南部及安徽南部山区。夏季被亚热带高压所控制，气候炎热湿润，冬季多寒潮影响，较为干燥寒冷。年平均气温 15.5~17.0 ℃，年降水量 1 000~1 400 mm，季节分配较均匀。本区是毛竹重要产区，竹林多分布在海拔 1 000 m 以下。

Ⅲ区　包括福建西北部、闽赣边界及南岭东部丘陵地区。温度高、降水量大且集中。年平均气温 18~20 ℃，年降水量 1 500~1 800 mm，多集中在 4~6 月，秋季雨水少，温度高。本区为毛竹群落分布的南缘。

Ⅳ区　包括广西北部和湖南南部部分地区。地形复杂，气候差异大。年平均气温 16~20 ℃，年降水量 1 500~2 000 mm，是毛竹产区降水量最多的区域。

Ⅴ区　包括西南川黔接壤的部分地区，即四川盆地东南中边缘丘陵山区以及贵州西北遵义、铜仁等地区。气候温暖，年平均气温 18~22 ℃，年降水量 1 000~1 200 mm，多集中在 5~9 月，冬春有较长的干旱季节，降水少而温度偏高。除赤水及长宁、江安的万岭林区外，本区不是很适宜毛竹生长。

3.2.2　竹子引种栽培

由于竹类植物分布具有明显的地带性和区域性，基于竹林培育和引进观赏植物资源的需要，可在不同区域之间引种竹类植物，将竹类植物引种到非自然分布区，包括国内引种和国际引种。

日本有竹子 13 属 238 种，其中以毛竹和桂竹为主，很多竹种引自我国。1736 年，我国的毛竹引种到日本鹿儿岛，从此栽培面积便逐年扩大，已广泛分布在九州、四国、本州直至北海道的函馆，后来毛竹成为日本竹类资源中最主要的竹种之一，毛竹林面积一度占日本竹林总面积的 46%。唐竹(*Sinobambusa tootsik*)是隋唐时代由我国引种至日本的，所以日本人将其称为"唐竹"，现在日本中部及南部各地广泛栽培，作为庭园观赏植物。毛竹、刚竹和淡竹的引种地超过了北纬 40°，最低气温在−10 ℃以下。由于日本从中国引种大量竹种并广泛栽培利用，竹子在日本的民族文化、日常生活、城乡建设及农副产品生产方面都有重要的作用。

欧洲没有天然分布的竹种，但由于当地居民的个人爱好、对环境美化与保护生态的重视，意大利、德国、法国、荷兰、英国等欧洲国家引种了大量的竹种，大到毛竹、小至赤竹的 10 个属 100 多种竹子，大量用于庭园绿化，以从我国和日本引进的较耐寒的刚竹属、苦竹属、赤竹属竹种为主。苏联时期在南高加索黑海地区(41°30′~43°50′N)也引种了毛竹和刚竹等。欧洲已经建立了多处竹子观赏园与用于科研实验的竹园。2002 年，欧洲委员会资助了"竹子在欧洲"的项目。在德国北部种植了一些竹种，收集了不同的竹种和它们的基因类型，并对它们进行了评估。2002 年，德国联邦农业研究中心曾对 65 种适于生产生物能源的植物进行了研究，其中竹子具有很大的优势。由于竹子的生产力比较好，即使连年采伐产量也不降低；竹子在冬天仍保持绿色，这对于欧洲日照时间较短的地区尤为重要；竹子比其他可供选择的作物对水的利用率更高；而且竹竿具有很好的机械性能，适合生物能量的转化。这些优势使得竹子成为优先发展能源林的植物。

北美洲乡土竹种只有青篱竹种，但由于当地人爱好竹子或园林观赏需要，引种大量亚洲的竹种。20 世纪初期，美国农业部组织对竹子制浆进行了研究，并由 McClure 博士等从世界各地进行了较大规模的竹种采集和引进，并将引进的竹种种植在美国各地的植物引种站，竹种引进取得了较大进展。第二次世界大战以后，竹子引进和研究基本处于停止状态。20世纪70年代开始，美国人对竹子产生较大兴趣，把它作为景观利用、防治侵蚀、制作工艺品的原材料和食物。随着国际贸易在太平洋沿岸的增长，更多的美国人产生了用竹子美化环境和加强竹材利用的意识。70年代末，美国成立了竹子协会，开展了大量竹子教育、宣传和引种工作。美国通过长期的引种，已收集保存了441种竹种及其变种、品种。美国竹子园艺业发达，现有竹种园、竹子苗圃150余个。

我国在竹类植物引种方面有丰富的实践和记载。在竹子分布的边缘地带以及其分布范围内的无竹子生长的地方，常有引种竹子的经验，不少竹种的分布早已超出它们自然分布范围。据史料记载，"南山(即秦岭)绿竹"将渭河平原、中条山部的竹子推向北部。

1950年代以来，随着工农业生产发展和交通条件改善，竹子引种规模更大、范围更广。在山东、山西、河北、甘肃、四川、河南、陕西以及苏北和皖北等地区开展"南竹北移"项目，通过引种驯化，山东文登、崂山、胶南、泰安、日照，山西运城，河北武安，陕西周至、渭南等地引种的毛竹成活，生长良好，形成了小片竹林。适应性较强的刚竹和淡竹，北移到北京、沈阳。20世纪60年代，广西利用实生苗造林，把毛竹分布范围扩大到钦州、南宁、百色等地区。毛竹在广东南海县(今广东佛山南海区)引种成功，麻竹、绿竹发展为大面积的笋用竹林。20世纪70年代，北京植物园开始竹亚科植物引种工作，引进了6个属50余种、变种和变型，露地栽培者以刚竹属竹种为主。这次引种工作筛选出一批抗寒性较强，基本适应北京冬季气候条件的竹种，并建立了竹类专类园。北京紫竹院公园从陕西楼观台引入12属46种竹子(栽培种)在北京地区进行栽培，发现黄槽斑竹(*Phyllostachys reticulata* 'Mixta')、红壳雷竹(*Phyllostachys incarnata*)、菲白竹、黄条金刚竹、铺地竹(*Pleioblastus argenteostriatus*)等10余种竹子的适应性较强。1976年开始，山东林业学校开展经济竹种引种试验尝试，从福建、浙江、江苏等地引进30种竹子到山东泰安栽培，包括刚竹属桂竹、黄古竹(*Phyllostachys angusta*)、罗汉竹、早园竹等15种，苦竹属苦竹和长叶苦竹2种。1999年开始，济南市为了丰富当地竹类资源，从我国南方引种数十种竹类植物，通过多年驯化试验，筛选出适合济南地区生长的观赏竹25种。

我国竹子分布的边缘地带和分布范围内的无竹地区，具有巨大的引种潜力。在华北地区，"南竹北移"的经济意义尤为重大。从渭河流域、关中平原、中条山区、沁河流域、太行山东麓至山东半岛、河北东部和西南部、辽宁南部，这些地区，年平均气温11℃以上，1月平均气温为-5.2~2.2℃，极端最低气温-20℃左右，年降水量超过500 mm，这样的气候条件是适合偏北分布的散生竹和混生竹生长的。长江流域以南至南岭以北地带，是毛竹、刚竹、淡竹等散生竹的主要分布区，在年平均气温16℃以上、1月平均气温0~5℃、极端最低气温-5℃左右、年降水量超过1 500 mm的地区，也适合引种青皮竹、粉单竹、撑篙竹、麻竹、绿竹、吊丝单竹(*Bambusa variostriata*)等。

从各地竹子引种驯化实践结果表明，为了提高引种的成功率，需要考虑以下几方面：

①从地理、气候环境相似的地区引种驯化，这是保证引种驯化成功的关键。"南竹北引"成功与否的最大制约因素是冬季最低气温和持续时间，所以要从纬度相近的地区引种，减轻低温对引种驯化的影响，增加成功的可能性。

②在引种步骤上，为了提高引种成功率，采取多种类、少数量的引种方法，从中筛选

出适应性强的种类，在淘汰不适生种类的同时，扩大适生种类的引种数量，反复引种。

③引种驯化方法上，要将竹类的生物学特性、气候、土壤因素及栽培技术全面结合起来进行实验，包括不同环境条件下栽培实验、不同栽培管护措施实验、耐寒性实验、性状稳定性实验，根据实验结果对引进竹种进行综合评价，为进一步引种和扩大推广提供科学依据。"南竹北移"引种应注意选择背风向南、温暖湿润并具有灌溉条件的地方，选择肥沃酸性土壤，加强培育措施。

3.3 竹子的生长特性

竹类植物生长发育是遗传基因与环境共同作用的结果，了解竹类植物的生长发育规律，是科学经营竹林资源的基础。竹类植物为克隆植物，它有着不同于其他有花植物的生长发育规律，且不同类群的竹子生长发育特点也有差异。

竹类植物个体生长是指竹秆、竹枝、竹叶、竹根、地下茎等器官的生长，从细胞分化、植株长成，直至衰老死亡的过程。

3.3.1 地下茎的生长

地下茎(竹鞭)是竹林个体相互连接并进行物质、能量和信息交换的器官，是吸收矿质元素和水分的器官，也是竹类植物繁殖的器官。地下茎分合轴型(又分合轴丛生型和合轴散生型)、单轴型和复轴型3种类型，三者各有其不同的生长特点。就地下茎功能与竹林群体更新生长关系紧密程度而言，单轴型地下茎较合轴型地下茎和复轴型地下茎更显重要。

(1)单轴型地下茎

单轴型地下茎具节、节上生芽长根，芽是产生新的竹秆和新的竹鞭的器官。单轴型竹鞭在土壤中横向延伸较长的距离，形状如鞭，也称竹鞭。

竹鞭的顶端分生组织不断产生新的鞭节，各鞭节居间分生组织细胞的分裂和伸长，推动节间的伸长生长，使竹鞭的延伸不断向前推进。同时，竹鞭节上的侧芽会萌发形成新的竹鞭。

竹鞭生长一般始于春季，生长期一般为5~8个月，起始时间和生长期长短受不同竹种遗传和所处生境条件影响。对于每年换1次叶的单轴散生型竹种而言，竹鞭生长呈现"慢—快—慢"的节律，春天生长活动初期，鞭梢延伸生长较慢，随后逐渐加快，7~8月，竹鞭生长速度最快，到秋末生长速度逐渐减慢，冬季停止伸长生长。对于两年换1次叶的竹种(如毛竹)，竹鞭的生长同样遵循"慢—快—慢"的节律，大小年竹林在发笋大年(非换叶年)和发笋小年(换叶年)的年生长活动节律曲线是不一致的。在竹林发笋大年(非换叶年)，新竹高生长停止时，竹鞭生长开始萌动，新竹完成抽枝展叶后，竹鞭生长逐渐加快，8~9月生长最快，11月生长逐渐减慢乃至停止。在竹林发笋小年(换叶年)，竹林不发笋或很少发笋长竹，3月地温回升后，竹鞭开始生长，6~8月生长量最大，秋初进入孕笋期后，竹鞭生长减慢至停止。

竹鞭横向蔓延生长并不是保持在一个平面上，而是随地形和土壤状况(水、热、气、肥、质地等)的变化呈上下波浪式推进，在土壤机械障碍多的地方，竹鞭常出现扭曲、弯曲、节间膨胀等状态。竹鞭鞭梢经常由于外界不利因素的作用而夭折。只有少数鞭梢能顺利生存，翌年可继续延伸生长。

竹鞭的更新生长是靠竹鞭分枝来实现的。鞭梢具有很强的顶端优势，抑制侧芽萌发抽鞭。当鞭梢夭折后，竹鞭断点附近的成熟侧芽萌发长成新鞭，新鞭的数量和位置与竹鞭段的健壮程度和土壤条件有密切关系。按鞭段萌发新鞭的数量和位置，竹鞭更新生长方式可分为以下几种类型：

①一侧单枝　即在鞭段一侧萌发 1 枝新鞭；

②一侧多枝　即在鞭段一侧萌发 2 枝或多枝新鞭；

③两侧单枝　即在鞭段两侧各萌发 1 枝新鞭；

④两侧多枝　即在鞭段两侧各萌发 2 枝或 2 枝以上新鞭。

林中调查所见，一侧单枝和两侧单枝者居多，占 70%~80%，而一侧多枝和两侧多枝者较少，且多见于土壤板结、机械障碍多的林地。在挖鞭笋的林地，一侧多枝和两侧多枝的现象明显增多。

当竹鞭节间分生组织停止活动后，节间根原始体向外辐射状伸长，形成根芽，继而长成鞭根。在鞭根伸长生长的中期，其成熟区段分生出一级支根。随后，在一级支根上长出二级支根，继而长出三级、四级支根，形成鞭根系。二级、三级、四级支根为生理活跃根系，死亡后可更新。随着鞭龄的增长，鞭根老化程度也逐渐提高，竹鞭进入老龄阶段后，根系生活力下降，三级、四级支根逐渐衰亡，继而二级支根死亡，鞭根死亡。

竹鞭抽鞭和发笋能力与竹鞭年龄、主鞭生长状况以及竹鞭所在鞭竹系统的结构状况极为密切。鞭竹系统的养分供应影响着竹鞭抽鞭发笋的数量和质量。

毛竹 1~2 年生的幼龄鞭，组织幼嫩，根系尚不发达，处于组织充实生长阶段，一般不抽鞭发笋；3~6 年壮龄竹鞭，组织生长充实，内含物丰富，根系发达，侧芽成熟、肥壮，生活力强，壮芽数量多，因而抽鞭发笋数量大、质量好。竹林 80% 左右的新鞭和竹笋是由壮龄竹鞭萌发而来的(表 3-1)。

表 3-1　毛竹不同年龄竹鞭发笋情况

发笋情况		鞭龄(年)					合　计
		1~2	3~4	5~6	7~8	≥9	
出笋数	个	—	28	33	16	6	83
	%		33.7	39.8	19.3	7.2	100
退笋数	个	—	10	13	7	2	32
	%		31.3	40.6	21.9	6.2	100

1 年换 1 次叶的散生竹，其竹鞭发笋与鞭龄的关系是：1 龄竹鞭萌发新鞭能力最强，2 龄竹鞭次之，但 2 龄竹鞭发笋长竹能力最强，3 龄再次，4 龄竹鞭基本上失去了抽鞭发笋的能力。

竹鞭粗细与抽发新鞭和发笋长竹的数量关系不密切，但竹鞭的粗度与其所发新鞭和新竹的质量关系密切，一般而言，竹鞭越粗，芽苞愈饱满健壮，所抽新鞭也粗壮，育大笋大竹。竹鞭段的长度与其发笋数量和成竹质量有一定的关系。一般而言，长鞭段较粗壮通直，根系发达，侧芽数量多，芽苞饱满，鞭体养分储藏丰富，发笋数量和成竹质量皆较短鞭段好，但也非越长越好。据调查统计，发竹最多的鞭段长2~3 m。鞭段越长，侧芽虽然越多，但由于顶端优势的原因，鞭竹系统的养分优先供应先萌发的芽生长成竹，其他笋芽或小笋因养分不足而不能生长出土。鞭段过短，可供发笋成竹的侧芽不多，因此形成的新竹也较少。

（2）合轴型地下茎

合轴型地下茎由竹秆秆基和秆柄两部分构成，多数竹种地下茎不像单轴型地下茎那样能在土壤中长距离延伸，部分属的竹种秆柄较长，如泡竹、梨竹的秆柄可达100 cm，致使竹秆呈散生状分布在林地上。秆基肥大、节间缩短、状似烟斗，每节具1芽，芽交互排列成两行。芽的数目因竹种不同而异，一般而言，大秆茎竹（如麻竹、龙竹等）的秆基有6~10个芽，中小秆茎竹[如孝顺竹（*Bambusa multiplex*）、凤尾竹等]只有2~6个芽。秆基中下部位的芽较上部芽充实饱满，生活力强，萌发率高，萌发时间也较早。着生在秆基上部的芽，尤其是那些露出地面的芽，通常瘦小屡弱，萌发率不高，笋体也细小。1~2龄的立竹秆基芽生活力旺盛，夏季一般会有1~3个芽萌发长笋，其余芽很少萌发。5~6龄以上立竹秆基上残存的芽大部分萎缩死亡，没有死亡的芽也完全丧失萌发能力。

（3）复轴型地下茎

复轴型地下茎既有单轴型地下茎又有合轴型地下茎，也称混轴混生型地下茎。由秆基上的芽萌发长出能在地下横走较长距离的竹鞭，竹鞭上成熟的侧芽萌发成新竹或竹鞭；竹秆秆基上的芽也可萌发成合轴型地下茎。

3.3.2　竹秆的生长

竹秆的生长是从笋芽分化开始到新竹长成，继而进入竹秆材质生长直至衰老死亡的过程。不同种类竹子，其竹秆的生长虽有着不同的表现，但竹秆生长的基本规律是相同的。由于地下茎类型不同，竹秆在林地的分布格局也不同，单轴型地下茎竹种，竹秆散落状分布在林中，彼此之间有一定的距离；而合轴型地下茎竹种，竹秆呈簇状分布，竹秆彼此之间的距离很短。

3.3.2.1　散生竹竹秆生长

散生竹竹秆的生长通常分竹笋生长、竹秆形态生长和竹秆材质生长3个阶段。3个阶段竹秆的生长活动的状态、经历的时间等是不相同的，不同竹种间也有差异。

（1）竹笋生长

竹笋生长是指笋芽分化、竹笋形成、竹笋膨大生长的整个过程，这个过程通常都是在土壤中进行的，故又称其为竹笋地下生长。竹笋生长过程的起止时间及其长短，因竹种不同而异。

毛竹每两年换1次叶，其竹笋的萌发生长不同于每年换1次叶的其他散生竹种。夏末秋初时节，壮龄竹鞭上的部分侧芽开始萌发分化为笋芽。笋芽的顶端分生组织细胞分裂分化形成笋节、节隔、笋箨、枝芽和节居间分生组织，芽体逐渐膨大，弯曲向上伸长，形成竹笋的雏形。随后，节居间分生组织开始细胞分裂增殖，节间伸长增粗，到初冬，笋体肥大，笋箨一般呈黄色，且被茸毛，少数笋基部已长出竹根，竹笋进入休眠越冬状态，停止生长活动。这时的竹笋，就是通常所称的"冬笋"。翌年春暖大地，旬平均气温上升到 10 ℃以上时，冬笋解除休眠，开始萌动生长，居间分生组织细胞分裂增殖活动加快，基部数节膨大生长迅速，笋体节间的横向粗生长速度比节间纵向伸长速度快。竹笋春季出土前的生长至关重要，基部数节实际上是秆基的粗细，其决定着新竹的粗度，秆基越粗壮，新竹秆径越大。竹笋的居间分生组织活动始于竹笋最基部竹节，依次向上逐节推移，且形成数节的居间分生组织活动区。毛竹笋的地下生长过程包括秋季笋芽分化期、冬季竹笋休眠期和春季生长萌动期，前后历时 5~6 个月。

其他散生竹大多是每年换 1 次叶，如刚竹属的早竹、淡竹、白哺鸡竹、高节竹（*Phyllostachys prominens*）等。其竹笋生长通常是在早春季节进行，历时 3 个月左右。竹笋的生长过程是由竹鞭上的侧芽萌发分化为笋芽，笋芽顶端的分生组织细胞分裂形成笋节、节隔、笋箨、枝芽和节居间组织，之后再由居间分生组织细胞分裂增殖，竹笋笋体逐渐膨大伸长。

竹笋生长是竹林生长的重要阶段，竹笋的数量和质量直接关系到竹林的年生长量和林分更新质量。影响竹笋生长的因素主要有：

降水：孕笋期间缺水会导致笋芽分化受阻，成笋数量少，且竹笋生长质量差。孕笋期间不少于 400 mm 的降水量即能保证竹笋正常萌发生长。

温度：秋季温度通常较高，笋芽分化、竹笋生长一般没有低温之虞，进入寒冬时，入土较浅竹鞭上的笋芽可能会被冻死。春季平均气温在 10 ℃以下将抑制笋芽分化和竹笋的生长。

竹林生长状况：鞭—竹系统的结构状况及其生长势，影响着竹笋数量和质量，鞭—竹系统组成结构好、生长势旺，能为竹笋的萌发提供足够的所需养分，成笋数量多、质量好。恶劣的气候、病虫害、不恰当的伐竹、开垦、挖笋、断鞭等干扰都会影响竹林的正常生长活动，减弱鞭—竹系统孕笋长笋的能力，降低竹林的成笋数量和竹笋质量。

（2）竹秆形态生长

竹笋出土至竹秆抽枝发叶完成的过程是竹秆形态生长阶段，也称笋—幼竹生长阶段。竹笋是竹秆形态的雏形。竹笋地下生长阶段，由于顶端分生组织和居间分生组织的活动，至竹笋出土前，全笋（也就是未来的全株竹）的总节数和分枝节数已定，出土生长之后不再增加，只是节间伸长加粗而已。

竹秆的高生长是通过节居间分生组织细胞分裂增殖，使节间伸长加粗来完成的。毛竹竹秆高生长过程分为初期、上升期、盛期和末期。各个时期生长活动特征如下：

①初期　竹笋笋尖露出地面，但笋体仍然处于土壤之中，基部各节继续膨大生长，节间伸长，且由下向上逐节生根。这个时期的竹笋高生长速率缓慢，生长量不大，日高生长量 1~2 cm。

②上升期　竹笋基部各节及少数基部入土节的膨大生长也已结束，竹笋生长活动移至地上部分，生长速率逐渐加快，日生长量也相应增大，达 10~20 cm，笋基各节竹根大量萌发，并出现一级支根。

③盛期　竹笋高生长速率快且稳定，高生长量几乎呈直线上升，毛竹笋昼夜高生长量可达 50~100 cm，节间伸展最长。笋基部各节竹根继续伸长并大量萌发支根。盛期竹秆高生长量占全秆高生长量70%以上。

④末期　竹秆高度生长速率明显减慢，最终停止。竹枝由下部节向上部节依次伸展，随后枝叶全部展放，秆基一、二级支根大量出现，竹根系形成。

竹笋从出土到竹秆高生长停止的生长节奏，呈现"慢—快—慢"的节律。其他散生竹的竹秆高生长活动过程同毛竹一样，分为初期、上升期、盛期和末期，然而竹笋出土生长到高生长停止所经历的时间因竹种或竹笋出土生长时间早迟而异。例如，竹林中早期出土生长的毛竹笋完成高生长的时间为 60 d 左右，而末期出土生长的毛竹笋完成高生长的时间只需 40~50 d。这首先是因为末期的气温高，其次是竹林养分供应少了，对节居间分生组织活动有所抑制，细胞分裂和增殖提早结束，节间长度也相应较短，故末期出土的竹笋所长成的新竹通常较早期和中期出土长成的新竹矮小。小径秆竹种（如早竹、淡竹等）竹笋完成高生长时间较毛竹短些，一般为 30~40 d。在竹秆高生长的过程中，伴随着竹秆的粗度生长和竹壁的增厚生长，三者生长综合为竹秆体积生长。

竹秆的高生长是通过节间高生长活动来实现的，节间生长靠居间分生组织细胞分裂、分化、伸长和加大来完成，呈现"慢—快—慢"的规律变化。在竹秆高生长的整个进程中，竹笋各节生长活动的起止时间和生长速率是不一致的。它是由基部节间开始，自下而上逐节进行伸长、加粗的，竹秆各节的生长活动并非下节停止生长活动后上一节才开始生长活动，而是由若干节组成生长延伸区段，即竹秆基部节开始生长活动不久，其相邻的上部节居间分生组织开始活动，依此类推，由相邻的一定数量的节按先后次序叠加在一起的生长活动。待基部节生长停止后，生长区段上部节加入下一个生长区段，直至全竹株高生长停止。

竹秆的节间长度生长与竹秆高生长节奏变化大体对应，即在竹秆高生长初期，其节间长度生长量小，上升期的节间长度生长量逐渐加大，盛期的节间长度生长量最大，末期生长量变小，因而，竹秆节间长度的变化，呈现基部最短，中部最长，再往上直至梢部逐渐变短的趋势。

竹秆的节间通常圆满端直，这是因为居间分生组织细胞分裂、新细胞伸长和加大活动在各个方向上基本按照一定速率协调并进的。少数竹种，居间分生组织细胞分裂、新细胞伸长和增大的速率在各个方向是不协调一致的，因此，竹秆节间不是圆满通直而呈异形，如佛肚竹（*Bambusa ventricosa*）、方竹（*Chimonobambusa quadrangularis*）等。

随着节间的伸长，节间的粗度也相应增大，秆壁的厚度也相应增厚。节间粗度在整个竹秆上呈现基部节最大、往上逐节变小的规律，节间竹壁厚度的变化也是如此。笋箨与节间居间分生组织同时形成，对节间生长起着保护作用，并参与竹笋生长过程的生理代谢活动。笋箨的生长活动早于节间生长，当节间生长处于上升期时，该节笋箨伸长速率开始减缓，并先于节间生长停止前停止生长。

影响竹秆形态生长的因素主要有以下几个方面：

①营养条件　竹笋快速生长所需的大量营养物质和水分全靠鞭—竹系统供给。在土壤肥润的林地，结构良好的鞭—竹系统为立竹和竹鞭制造养分和吸收矿质元素和水分的能力强，可以较充分地满足笋—幼竹阶段生长的需要，竹笋生长势旺，竹秆生长量大，新竹质量好。先出土的竹笋在成竹过程中耗费了大量的养分，导致后出土的竹笋由于养分供给不足，出现生长不良，或者生长衰退死亡的情况。具体表现为从出笋初期至盛期的出笋数量呈上升趋势，盛期出笋量最大，而退笋率则从初期到盛期至末期呈上升态势，末期后的竹笋几乎 100% 衰败死亡。新竹高度以初期出土竹笋的最高，盛期由于出笋量大、成竹量多、林分养分消耗多，新竹高度次之，末期笋新竹高度最低。

②气候条件　竹秆形态生长期间影响最大的气象因子是温度和湿度。在温度适宜和雨水充裕的条件下，竹笋居间分生组织的细胞分裂和新细胞伸长活动活跃，形成的竹株竹秆高、节间长、尖削度小。若气温急剧下降，居间分生组织活动减慢或停止，轻则数节节间缩短，竹秆质量变差，重则竹笋死亡。另外，久雨不晴也会影响竹根系和鞭根正常的生理活动和吸收功能，导致烂根烂鞭，影响竹笋生长甚至导致竹笋腐烂。

③病虫害　病虫是笋—幼竹阶段的一大危害。竹笋害虫，如竹笋夜蛾（*Oligia vulgaris*）、一字竹笋象（*Otisognathus davidis*）等，啮食竹笋，轻则使竹笋伤痕累累，竹秆质量变差，重则导致竹笋死亡。一些病害，如毛竹枯梢病（*Ceratosphaeria phyllostachydis*），常发生在刚展枝放叶的新竹上，先是枝叶变黄，脱落，枝梢枯死，严重时可至全株竹子枯死。此外，灾害性天气也会导致新竹折断损伤。

（3）竹秆材质生长

竹秆形态生长完成后，因竹秆和竹枝无次生形成层组织，不会再长高增粗，而是进入材质生长期。新竹竹秆组织幼嫩，含水量高，干物质只有成熟竹秆的 40%，其余 60% 的干物质在材质生长期完成。

竹秆的材质生长可分为增进期、稳定期和下降期 3 个时期。

①增进期　随着竹龄的增长，经过根系的拓展和竹叶的更替，根系吸收面积增大，竹叶面积增加，制造光合产物能力增强，竹株生理代谢旺盛，抽鞭发笋能力强。竹材的物理力学性质也相应地不断增强。毛竹材质生长增进期为 2~5 龄，其他竹种为 1~2 龄。

②稳定期　竹株进入营养物质含量和生理活动旺盛的稳定状态，竹秆的材质生长进入成熟期，容重和力学强度都稳定在最高水平。毛竹材质生长稳定期为 6~8 龄，其他竹种为 3~4 龄。

③下降期　老龄竹生活力逐渐衰退，根系吸收面积和生活力下降，竹叶面积减少，叶绿素含量降低，制造的光合作用产物下降，竹秆的重量、力学强度和营养物质含量也相应降低。毛竹材质生长下降期为 9 龄以上，其他竹种为 5 龄以上。

3.3.2.2　丛生竹的竹秆生长

丛生竹从秆基侧芽萌发到整株竹子的生长过程，也是通过芽顶端分生组织细胞的分裂分化活动，形成节、节隔、笋箨和节居间分生组织，再由各节居间分生组织细胞进行分裂分化、伸长、加大活动，完成节间生长，至整个秆型生成的。

（1）竹笋生长

丛生竹秆基部的芽从夏季开始陆续萌发长成粗大的地下茎，于土中延伸一小段距离后，地下茎梢部逐渐向上直立，笋体膨大，直至破土而出，历时1~2个月之久。

丛生竹笋期长，历时2~5个月。其一般在初夏开始发笋，大暑前后出笋量达到高峰，白露以后出笋量逐渐减少，到霜降出笋基本结束。林分从竹笋开始出土到出土结束，按出笋数量可划分为出笋初期、盛期和末期3个阶段。

丛生竹竹种多在6~7月开始发笋，随着气温和水分条件的变化略有变化。绿竹、麻竹、青皮竹等5月上旬即有笋出土，而沙罗单竹在8月才大量出笋。笋期的长短因竹种不同而异，绿竹、撑篙竹、硬头黄竹等笋期近3个月；麻竹笋期最长，从5月上旬至11月。

初期和盛期出土的竹笋通常肥大粗壮，生长势旺，退笋率低，新竹质量好。末期出土的竹笋大都是秆基上部的芽，萌发后由于养分供给不足，笋体瘦小，大多萎缩死亡，即使长成新竹，也是竹秆矮小，且由于出土较晚，木质化程度低，遇冬季低温，多数梢部枯萎甚至死亡。

（2）竹秆形态生长

丛生竹竹笋出土后，竹秆高生长如同散生竹一样，遵循"慢—快—慢"的节律，也可分为高生长初期、上升期、盛期和末期。初期高生长非常缓慢，上升期高生长速度逐渐加快，盛期最快，几乎呈直线上升，末期高生长速度变缓，最终停止。不同竹种高生长各个时期所经历的时间和生长量有所不同。如高生长初期，青皮竹需10~30 d，撑篙竹需10~20 d，粉单竹需20 d左右。盛期高生长量一般一昼夜在10 cm以上，青皮竹25 cm，撑篙竹30 cm，粉单竹可达40 cm。完成整个高生长所需的时间因竹种而异，如撑篙竹为90~115 d，青皮竹需85~100 d，粉单竹约85 d。和散生竹一样，同一竹种先出土生长的竹笋完成高生长的时间更长，后出土的竹笋完成高生长的时间更短，新竹竹秆不如先出的竹笋长成的新竹高。

丛生竹节间生长活动的基本规律与散生竹相似。竹秆节间通常圆满端直，少数竹子节间两侧不等长，节环交互歪斜，节间常呈"之"字形，如车筒竹、木竹等，或有的节间中部隆起如佛肚状，如大佛肚竹、小佛肚竹等。

竹秆除基部几节外，其他各节皆有侧芽，受竹秆高生长顶端优势的制约，侧芽处于休眠状态，高生长停止前少有抽枝放叶，当年新生的竹秆基本上是不抽枝展叶的，只有早期出土生长的竹秆有的具少量枝叶。到翌年春季，从新竹秆梢端节开始，自上而下先抽枝后发叶，到立夏至小满基本结束，成为能够进行光合作用的独立生存的植株。一株新竹从秆基芽萌发、出土生长到抽枝发叶的生长过程需10~12个月。显而易见，丛生竹竹秆的枝叶生长与散生竹是有很大差异的。

竹秆节部侧芽通常有1肥大主芽和若干个较小的副芽。主芽萌发长成各节的主枝，副芽分布在主芽两侧。当主芽抽枝后，副芽也陆续萌发长成较细小的枝条。由于顶端优势的影响，竹秆上部各节的主芽和副芽全部萌发抽枝，而竹秆中部和下部各节的侧芽（包括主芽和副芽）则处于休眠状态，这种情况也见于枝条下部各节的侧芽。丛生竹枝条生长的这一特性，可以用来进行埋秆或竹枝扦插繁殖新的植株。

影响竹秆形态生长的环境因素主要是温度、湿度和降水，湿度和降水对竹秆的高生长影响尤为明显。竹秆生长始于夏、秋季，止于旱季或冬季。夏秋季，晴天日间气温高、干燥，竹林蒸腾和林地蒸发作用加剧，从而抑制竹秆节间生长；夜间气温下降，湿度增大，竹秆居间分生组织细胞分裂加快，新细胞伸长和增大的生命活动剧烈。有记载表明，夜间竹秆高生长量比白天大 20%～40%。温度对高生长的影响主要是冬季或早春的低温。竹秆梢部幼嫩，木质化程度低，遇低温往往受冻而断梢。

与散生竹一样，养分供应充裕与否是影响竹秆高生长的另一个重要因素。若发笋过多，养分供给就难以满足所有竹笋生长的需求，常见的是每株母竹抽发 4～6 株笋，但只有 1～2 株竹笋成竹，其余的皆因营养不足而萎缩死亡。

（3）竹秆的材质生长

新竹秆抽枝放叶后，进入材质生长期，竹秆不再长粗。竹秆材质生长可划分为增进期、稳定期和下降期 3 个时期。材质生长增进期一般为 1～2 龄，稳定期为 3～4 龄，下降期为 5 龄以上。

3.3.2.3　混生型竹的竹秆生长

混生竹竹秆生长的基本规律与散生竹和丛生竹竹秆生长一致，但也有其个性特点。在土壤肥润、生长良好的竹林中，新竹秆主要是由竹鞭上的侧芽萌发出土长成的，所长成的竹秆稀疏散生，很少密集成丛，呈现出与散生竹林立竹分布相同的特征。在土壤贫瘠的条件下或竹林遭受严重损害时，秆基上的芽很少萌发成鞭，而是萌发成笋出土长竹，竹秆密集成丛，表现出与丛生竹竹秆分布相同的特征。

混生竹笋出土时间一般迟于散生竹，但早于丛生竹，具体时间又因竹种不同而异。例如，茶秆竹出笋较早，3 月上旬就有竹笋出土生长，4 月初笋期结束；苦竹出笋较迟，5 月出笋，笋期较短，持续 20 d 左右。生长在高海拔地区的混生竹种，出笋期更晚些。

混生竹竹秆的高生长与散生竹、丛生竹类似，材质生长特征与丛生竹相似。影响混生竹秆型生长的因素也是环境条件和营养条件。

3.4　竹子无性系种群生态

竹林生长是指竹林地下茎发笋、抽鞭和地上部分出芽、长竹、抽枝、放叶、发根等，使竹子有机体数量增多、体积增大、重量增加的现象。竹子生长活动累积的有机物质总和，称为竹林生物量，其中具有经济利用价值的部分称为经济产量。竹林生长是竹林自身结构与竹林所处的环境条件共同作用的结果。人工经营竹林的生长还受人为经营活动的影响。

3.4.1　竹林结构

竹林结构，通常是指竹林建群树木（竹子、乔木、灌木等）的组成及其状态。不同竹种、不同环境条件下的竹林，有着不同的竹林结构类型，即使是同一竹种在不同环境条件或经营措施下，也有着不同的竹林结构特点。

竹林结构由地上部分和地下部分两大部分构成。地上部分结构因子主要有建群树种组成、建群树种密度、年龄组成、个体大小、冠层结构等。地下部分结构因子主要有树木根系、竹蔸、竹鞭等。这些因子类型、数量及其空间分布的不同，形成状态各异的竹林结构。

3.4.1.1 竹林的地上结构

(1) 竹林树种组成

竹林按建群树种的组成，可分为两大类，即竹纯林和混交竹林。竹纯林是指竹林林分建群树种仅竹子1种。竹林中偶见少量生长的乔木树种，但其树冠投影所占比例不到5%，这样的竹林也视为竹纯林。

混交竹林是指竹林林分建群树种中，优势建群树种除竹子外，还有其他树木，且其所占比例一般为20%~40%。混交竹林按混生树种不同，可分为以下几种类型：

①竹阔混交林　即由竹子和阔叶乔木为建群树种所构成的混交林；

②竹针混交林　即由竹子和针叶乔木为建群树种所构成的混交林；

③竹针阔混交林　即由竹子与针叶乔木、阔叶乔木同为建群树种所构成的混交林。

混交竹林由于混生的乔木树种的不同，冠以不同树种的名称，如毛竹—马尾松(*Pinus massoniana*)混交林、毛竹—枫香(*Liquidambar formosana*)混交林等。

混交竹林的树木混交比例通常是以各建群树的大树冠投影面积的大小来计算的，并用10分法来表示的。竹冠大小与其利用光能的多少有密切的关系。例如，在一片毛竹—马尾松混交林中，毛竹竹冠投影面积之和为800 m²，马尾松树冠投影面积为200 m²，则毛竹投影面积为0.8(800 m²÷1 000 m²)，马尾松投影面积占0.2(200 m²÷1 000 m²)，该混交竹林树种组成就可用"0.8毛竹0.2马尾松"或"8毛竹2马尾松"表示。

另一种计算方法就是用树干胸高断面积来计算。例如，在一片毛竹—马尾松混交竹林中，毛竹立竹胸高断面积之和为90 m²，马尾松胸高断面积和为30 m²，毛竹胸高断面积比例占0.75(90 m²÷120 m²)，而马尾松胸高断面积比例为0.25(30 m²÷120 m²)，那么可以用"0.75毛竹0.25马尾松"或"7.5毛竹2.5马尾松"来表示。用树木胸高断面积来计算混交竹林的树种组成，其优点是方法简便，但在反映混交林中混交树木之间的关系和光能利用上就不像树冠投影法那么准确了。

混交竹林较竹纯林有许多优点。一是混交竹林中乔木树种的枯枝落叶多，有助于林地肥力的提高和稳定；二是有助于增强竹林抗逆能力，降低病虫、风雪冰冻等灾害的损失；三是混交竹林中，竹子个体质量好，与竹纯林相比竹秆更高、更直，尖削度小，枝下高长；四是混交竹林涵养水源、保持水土等生态功能效益比竹纯林高。

(2) 竹林密度

对竹纯林而言，竹林密度即立竹密度，简称立竹度，就是单位面积林地上活立竹的株数，用"株/hm²"表示，在非正式场合仍可用"株/亩"表示。混交竹林的密度是除立竹外加上其他乔木建群树。

(3) 立竹大小

就竹纯林而言，立竹个体大小就是指立竹径级大小，它是反映竹林生长的重要指标。一般而言，立竹个体越大，植株的叶面积和根系面积也越大，制造有机物的能力和为鞭—竹系统提供有机物质的能力就越强。

（4）立竹整齐度

立竹整齐度是反映林分中立竹个体大小差异程度的指标。立竹整齐度大，表示立竹个体大小差异不大；立竹整齐度小，表示立竹个体大小差异大。立竹整齐度（U）用竹林平均胸径（D）和平均胸径标准差（σ_n）的比值表示。

（5）立竹分布均匀度

立竹分布均匀度是衡量立竹在林地上分布状况的指标。值越大，表示立竹在林地上的分布越均匀，立竹竹冠和竹根系所占的营养空间彼此不重叠或很少重叠，竹林对环境资源利用越充分。单位面积上分布的立竹平均数（n）和标准差（σ_n）的比值为立竹分布均匀度（E）。

（6）竹林立竹年龄

竹林立竹年龄通常包括立竹个体年龄和竹林立竹年龄组成两方面。立竹个体年龄是指该竹株从竹笋出土长成新竹存活至今的时间。立竹个体年龄通常用"年"表示。而毛竹有些产区用"度"表示，新竹成长到翌年换叶为"1 度"，以后每换 1 次叶增加 1 度，也即 1 周年新竹为 1 度竹，2~3 年立竹为 2 度竹，4~5 年立竹为 3 度竹，6~7 年立竹为 4 度竹，依此类推。竹林立竹年龄是指该片竹林的立竹年龄组合。竹林立竹年龄组成用不同年龄立竹数量百分数表示，例如，一片竹林中，1 龄立竹 40 株，2 龄立竹 30 株，3 龄立竹 20 株，4 龄立竹 10 株，其立竹年龄组成就为 1 龄立竹 40%，2 龄立竹 30%，3 龄立竹 20%，4 龄立竹 10%。

不同年龄立竹的生活力不同。2 龄以上壮龄竹的竹叶面积和根系面积最大，吸收矿质元素和制造光合产物的活力最强，对林分更新生长和生物量形成的作用最大。立竹进入老龄后，叶面积和根系面积逐渐减少，吸收矿质元素和制造光合产物的能力下降。所以竹林的立竹年龄组成是竹林更新生长能力的重要标志，也是竹林获得最大化经济效益和可持续经营的基本条件之一。

竹株年龄有观秆法、枝痕法、号竹法等判定方法。观秆法是观看竹秆的色泽，幼龄竹竹秆呈绿色，秆环上常可见白粉状环，随着竹龄增长，竹秆颜色变深绿，直至灰白色。从竹秆的色深辨别立竹的具体年龄，除 1 龄和 2 龄竹外，其他龄级的立竹就难以确定了，因为竹秆色泽受光照等条件的影响变化较大。另一种方法就是枝痕法，立竹每换 1 次叶，小枝顶端就会枯死脱落，留下 1 个枝痕，因此可以根据枝痕数目推算立竹年龄。每年换 1 次叶的竹种，所留枝痕数就是该立竹的年龄。对于毛竹来说，除开始隔 1 年换 1 次叶外，以后每两年换 1 次叶，其立竹年龄计算方法应为：（枝痕数×2）-1。生产上采用号竹法来辨认立竹年龄，就是用特制的涂料在每年新发竹子的竹秆上标记发竹年号，如 2006 年的新竹就写"6"，2007 年的新竹就写"7"，依此类推，方便竹林采伐作业。

（7）叶面积指数

叶面积指数是衡量一片竹林竹叶面积多寡的一个相对指标，是该片竹林立竹叶面积之和（A）与该片竹林林冠投影所占据的林地面积（Aa）的比值（LAI）。

（8）竹林冠层结构

竹林冠层结构是指组成林分建群树木的树冠在林中空间的分布状况。评价冠层结构的主要指标有冠层的厚度、冠层的形态、冠层的疏密程度等。竹纯林的冠层结构是不同高矮、不同大小立竹的竹冠在林中空间的分布。

混交竹林冠层结构的组成，除竹子外，还有其他树木的树冠。不同类型的混交竹林有着不同形态和结构的竹林冠层结构。在混交竹林中，立竹与混交的乔木高度相当时，竹冠和树冠处在同一林层；若立竹比混交的乔木矮，竹冠则在乔木树冠之下，处于第 2 林层。稳定处于第 2 林层的竹子，通常是较耐阴的竹种，在强光照射下反而生长不良，如筇竹、方竹等。

从竹林冠层结构关系到竹林利用光能的效率和净光合产物的数量，直接影响着竹林的更新生长和经营产量，同时也关系到竹林滞留降水和地表径流的状态，以及固碳释氧、调节气候的功能。

综上所述，竹林树种组成、立竹度及立竹分布均匀度、立竹大小及立竹整齐度、竹林立竹年龄组成、叶面积指数、竹林冠层结构等结构因子之间是相互依存、相互影响、相互制约的，对竹林生长的影响是诸因子相结合共同作用的结果。在这种综合作用中，上述各因子的影响力是不同的，就竹林经营产量而言，立竹度、立竹大小和竹林立竹年龄组成 3 个因子影响程度最大，三者影响程度大小排序为立竹度>立竹大小>竹林立竹年龄组成。

3.4.1.2　竹林的地下结构

竹林的地下结构组成包括立竹的地下部分和立竹之间的地下部分。

(1) 立竹的地下部分

散生竹的立竹地下部分由秆基及其着生的竹根系组成。立竹地下部分在林地土壤中的分布有两个特点：一是随土层深度的增加而总容积量逐渐减少，在 0~30 cm 深的土层范围内，立竹地下部分总容积量占 80% 以上；二是随离秆基中心距离的增大而总容积量逐渐减少，在离秆基中心 20 cm 的范围内，立竹地下部分总容积量占 80% 以上。也就是说，在以秆基中心为中轴的直径为 40 cm、厚度为 30 cm 的圆柱体土壤空间内，立竹地下部分容积占总容积量的 60% 以上。这种圆柱体致密坚实，连鞭梢都难以穿过。

丛生竹的立竹地下部分也由秆基和竹根系组成，但它们在林地土层空间的分布与散生竹种不同。散生竹立竹的秆基在林地土层中呈水平状分布，大都在林地 0~40 cm 土壤土层中；丛生竹由于新竹是由母竹秆基上的芽萌发后向上生长而来，新竹秆基的位置都比母竹秆基高，秆基在林地土层中的分布呈立体状，因此，丛生竹立竹的地下部分结构与散生竹完全不同。

(2) 立竹之间的地下部分

立竹之间的地下部分包括竹鞭和鞭根系统以及竹蔸。混交竹林还应包括其他树木根系。竹鞭行走于立竹秆基和乔木树根之间，分布在土壤上层，在 0~30 cm 上层土壤范围内竹鞭出现的频度达 80% 以上。

3.4.2　竹林结构的特点

竹地下茎类型不同的竹林，其竹林结构也有着不同的特点。

3.4.2.1　单轴型竹鞭竹林结构的特点

①单轴型竹鞭竹林具有能在地下土壤中横走较长距离的竹鞭，竹鞭上的侧芽或萌发成

笋，出土为竹，或萌发成鞭，蔓延扩展。竹林群体的自我更新生长和立竹的散生状分布就是靠竹鞭的这种特性来实现的。

②立竹与地下竹鞭皆处于竹连鞭、鞭发笋、笋长竹的系统中，这个系统称为鞭—竹系统。鞭—竹系统通常是由若干不同长短、不同年龄且彼此联通的竹鞭段及与其上着生的若干株不同大小、不同年龄的立竹所构成。也就是说，在不同结构状况的竹鞭系上生长着若干不同大小、不同年龄的立竹。鞭—竹系统是竹林群体的基本组成单元。

③一片竹林是由若干个鞭—竹系统所组成，不仅系统内部可进行物质、能量和信息的交流，而且可与系统外界进行物质和能量的交换。竹林的更新生长取决于鞭—竹系统的结构状态及其生理整合性与功能的强弱。1 个鞭—竹系统若遇老竹鞭自然死亡或竹鞭受外力伤断后，该鞭—竹系统即分成两个或者多个鞭—竹系统。

3.4.2.2　合轴型地下茎竹林结构的特点

①合轴型地下茎竹林的地下茎短缩，不能在土壤中延伸较长距离，地下茎顶芽出土成竹，故竹秆密集分布呈丛状。

②1 个竹丛源于 1 株竹子，由竹秆基上的芽萌发，增至几株或几十株立竹，构成庞大的竹丛。每个竹丛由若干株不同年龄、不同大小的立竹组成，这些立竹按年龄顺序通过秆柄相连，构成内部可进行物质、能量和信息交流，也可与外部进行物质、能量和信息交流的竹丛系统，类似于散生竹林的鞭—竹系统。当老竹秆基死亡腐烂后，原有的竹丛系统解体，变成两个或更多个竹丛系统。

3.4.2.3　复轴型地下茎竹林结构的特点

①复轴型地下茎竹林中，既有能在土壤中行走较长距离的地下茎，又有短缩的地下茎，立竹分布既有散生状，也有丛生状。

②一片竹林中既有鞭—竹系统，又有竹丛系统。甚至在一个系统中，就有鞭—竹系统和竹丛系统相连并存。

竹林群体结构的上述特点，是其他众多树木林分所不具备的，是竹林能自我更新和强势生长的原因所在，是竹林可高效持续经营的科学依据。

3.4.3　竹林结构与竹林生长

3.4.3.1　立竹度对竹林生长的影响

竹林立竹度过小，不能充分利用竹林的光能和水肥，竹林产量不高；竹林立竹度过大，竹林对水肥和光照等竞争激烈，导致竹子个体弱小，产量下降。

在散生竹中，毛竹材用林的最适立竹度为 2 200~2 400 株/hm^2，笋用林最适立竹度为 2 100~2 700 株/hm^2，而笋材两用林的立竹度控制在 2 700~3 000 株/hm^2 为宜。雷竹笋用林立竹度控制在 12 000~15 000 株/hm^2 为宜。茶秆竹立竹度在 11 250 株/hm^2 时，发笋率和新竹数量都达到最大值。苦竹以竹材生产为主的竹林最佳立竹度为 15 000~19 500 株/hm^2，笋用竹林最佳立竹度为 9 000~12 000 株/hm^2，笋材两用林最佳立竹度为 13 500~16 500 株/hm^2。

在丛生竹中，每丛立竹数对出笋数量和笋的质量有显著影响。立竹度过大或过小，都会导致丛生竹出笋率降低。绿竹的立竹度应以 450~600 丛/hm² 为宜，每丛保持 8~10 株对竹林丰产最为适宜；麻竹立竹度为 330~500 丛/hm² 为宜，每丛立竹数为 5~7 株最佳；撑绿竹（*Bambusa pervariabilis × Dendrocalamopsis grandis*）纸浆林立竹度为 833 丛/hm² 最好。

3.4.3.2　立竹分布均匀度对竹林生长的影响

立竹分布均匀度是表示竹林立竹分布均匀程度的指标。竹林立竹均匀度越大，竹子分布越均匀，每一株竹子所占的光能和营养空间越接近，表明竹林中的水、肥、光、气得到越充分的利用。毛竹林立竹分布的均匀度小于 3 为不均匀竹林；均匀度大于 5 为均匀竹林。苦竹林均匀度大于 7 才能有效利用地上和地下的营养空间。

3.4.3.3　竹林立竹年龄对竹林生长的影响

竹林中竹秆的年龄称为竹龄。竹龄不同，竹子体内营养元素含量、竹材力学性质、竹叶数、千叶重等均有明显差别。

①不同经营模式毛竹林的竹龄结构具有一定的差异，按丰产林结构标准，毛竹笋用林 1~4 度竹的比例应为 3∶3∶3∶1 为好，材用林的比例以 1∶1∶1∶1 为宜。高节竹笋竹两用林留 4 年的竹，且各年龄竹株数以 1∶1∶1∶1 为适宜，5 年及 5 年以上的老竹应全部砍去。苦竹以 1~3 年生立竹的生活力最强，各龄立竹比例关系应为：1 年生竹占 40%，2 年生竹占 30%，3 年生竹占 30%，4 年生竹即可采伐利用。

②丛生竹以秆基部的笋芽萌发出笋，一般在 2 年内萌发完全而失去发笋能力，因此，竹丛留养的立竹应控制在 3 年以下。研究表明，麻竹笋用林为保持竹林稳定的结构、良好的自我更新能力和经济产出，立竹应以 1、2 龄竹比例为 1∶1 为宜；绿竹丰产林培育时，应以保留 1、2 年生绿竹为主，在冬季将 3 年生老竹伐除。

3.4.3.4　立竹大小对竹林生长的影响

立竹的大小直接反映竹林生长的好坏，与竹林产量有密切的关系。高大的竹子比矮小的竹子占有更大的营养空间。竹株的大小可用胸径、高度、重量等表示，一般以竹株的胸径表示。毛竹林为达到丰产，竹林平均胸径要大于 10 cm。高节竹丰产竹林平均胸径以 4.0~5.0 cm 为好，毛环竹（*Phyllostachys meyeri*）丰产竹林的平均胸径以 3.0~3.5 cm 为宜。

在丛生竹中，麻竹立竹胸径在 5~6 cm 为最佳的立竹径级，而径级 6~7 cm 竹丛的笋个体质量较径级 3~4 cm 的增重 50.2%。

3.4.3.5　立竹整齐度对竹林生长的影响

立竹整齐度是竹林中竹株大小差异程度的指标。整齐度越大，竹林大小差异越小，其越能有效地利用光能和水肥条件，产量更高。毛竹整齐度以大于 7 为宜，苦竹整齐度达到 8 以上为宜。

3.4.3.6　叶面积指数对竹林生长的影响

竹林叶面积指数是指竹林中竹叶总面积与其林地面积的比值，主要反映单位竹林中竹叶的数量。竹叶是竹林进行光合作用的主要器官，因此，竹叶量的大小直接影响竹林的产量，而叶面积指数则反映了一个群落利用太阳光能的情况。合理的叶面积指数是提高竹林产量的一个关键。

通过建立四季竹（*Oligostachyum lubricum*）叶面积指数与立竹胸径、密度、枝盘数等因子间的回归经验式，发现其间存在着显著的相关关系，且均是影响竹笋产量的重要林分结构因子，其中叶面积指数与竹笋产量紧密相关，当叶面积指数为 10. 339 时，竹笋产量最高；绿竹林叶面积指数约为 7 较为合理，低于或高于 7，产量均较低；苦竹叶面积指数应为 7~9 较合理。

3.4.3.7　竹林树种组成对竹林生长的影响

竹林树种组成主要指竹林建群种的组成。对毛竹林的研究表明，一般经营水平的毛竹林地内保留适当种类和数量的阔叶树，实行竹阔混交有利于竹林的可持续经营。竹阔混交林中阔叶树以落叶阔叶树为宜，常绿阔叶树在林窗地带可适当保留，而针叶树种可不保留。竹类多属浅根性树种，阔叶树多属深根性树种，竹阔混交可不争夺土层空间和水肥，并可充分利用地力，同时可增加土壤肥力和提高林地生产力。

毛竹天然竹阔混交林中凋落物的总量高且凋落物成分、土壤微生物区系比毛竹纯林复杂，成分更容易分解。竹阔混交也可以改善竹林的小气候，增加竹林生态系统稳定性与抗逆性，减少病虫害发生的概率，提高竹林对自然灾害的抵抗能力。合理经营竹阔混交林具有较高的生产力和显著的经济效益，毛竹的平均胸径、竹秆生物量分别比毛竹纯林提高 9. 6% 和 37. 2%，平均每度产竹量、产笋量分别比同一经营水平下的毛竹纯林提高 22. 8% 和 17. 6%。竹阔混交林虽然有利于竹林的可持续发展，但对于经营水平较高，以获取最大经济效益为目标的笋用林或材用林来说，阔叶树的存在会不同程度地影响竹林的产量，这主要反映在二者对太阳光能的争夺上。林分中阔叶树对周围毛竹的竞争指数约占总体林分对毛竹竞争指数的 20. 3%，阔叶树半径 1. 5 m 内，毛竹立竹分布平均仅为 0. 27 株/m²，低于平均的 0. 37 株/m²。另外，由于混交林有混交树种的根系存在，影响了毛竹竹鞭的扩展，进而影响其分布的均匀度。毛竹与杉木混交林的立竹分布均匀度最小，达到 3. 08。毛竹竹阔混交林中阔叶树的比例在 25%~35% 时最有利于竹林地力的维护和持续利用，兼顾生态效益和经济效益的协调发展。另外，苦竹林内保留过多的其他树种不能获得最大数量的竹材和竹笋，应以苦竹纯林为宜。

3.4.3.8　地下结构对竹林生产的影响

合理的地下结构，一方面可以充分利用土壤中的养分，为竹林的生长奠定物质基础；另一方面可以促进竹林的物质循环，将竹子合成的营养物质运输到竹笋或新竹，促进竹笋或竹材产量的提高。更重要的是，好的竹林地下结构可为调整竹林的地上结构打下基础。

材用毛竹纯林的地下结构中，竹株地下部分在以秆基为中轴线、半径为 20 cm、高为 30 cm 的圆柱体的空间内，其容积比占总量的 80% 左右。茶秆竹在 0~30 cm 土层的鞭根数占总量的 87%，立竹度为 10 500~12 000 株/hm² 时，每平方米的鞭段数和鞭长达到最大值，而立竹度为 15 000~16 500 株/hm² 时，每平方米的竹鞭质量最大。合理的雷竹地下结构应是竹鞭数在 16~17 条/m²，节段数在 250~300 节/m²，鞭的粗度在 4~5 cm，且集中分布在 10~30 cm 深的土层中，2~4 年生的壮龄竹鞭应在 90% 以上。

3.4.3.9　竹林指标的数量关系

在各种立地条件和立竹度下，竹高(H)与胸径(D)均存在幂函数关系，即 $H = a \cdot D^b$。相关系数一般可达 0. 90 以上。不同立地、不同立竹度以及同一林分的不同时期(立竹度提高），b 大致稳定在 0.75 左右，a 则随立竹度增加而提高，即在立地条件大致相近、两个林分平均直径基本相等的前提下，立竹度高的林分竹株较高。

活枝下高（H_L）与胸径（D）也存在幂函数关系 $H_L = a \cdot D^b$，其中 $b = 0.93$，a 随立竹度的增加而提高，两者的关系为：$a = 0.1424N^{0.3088}$。

在竹枝叶量、毛竹秆重、竹全重与胸径（D）的关系方面，秆重（干重，W_S）主要受胸径大小的影响，两者的关系为 $W_S = 0.0925D^{2.081}$；竹枝叶重（干重，W_B）与胸径（D）的关系则为 $W_B = 1.1340N^{-0.3054}D^{0.933}$；竹秆重与枝叶重之和即为地上部重量（$W_T$），所以竹地上部全重与 D 的关系为 $W_T = W_S + W_B = 0.0925D^{2.081} + 1.1340N^{-0.3054}D^{0.933}$，地上部重量与胸径正相关，但随立竹度的提高而逐渐减小。

3.5 竹子的开花结实

开花结实是植物成熟和衰老的象征，竹类植物也不例外。竹类植物在生长发育过程中，随着年龄的增长，逐渐由营养生长进入生殖生长，当达到性成熟阶段，具有分化细胞和形成性器官的能力，即进入开花结实的发育阶段。竹类植物由于普遍具有较长的营养生长阶段，而开花结实又有着"突发性"和"毁灭性"特点，因而竹类植物开花被蒙上一层神秘的色彩。

3.5.1 竹类植物的开花结实特性

任何植物在其生活史中都要经过营养生长和生殖生长。营养生长是指植物根、茎、叶等器官在体积、数量、重量上的增长。生殖生长是指植物花、果和种子的发生和生长。木本竹类植物属多年生 1 次结实植物，1 个生命周期只开花结实 1 次，结实后植株自然死亡，与其他高等植物相比有所不同，表现为营养生长期较长，生殖生长期相对短得多，营养生长现象到处可见，生殖生长较少见。从 1907 年开始，毛金竹在中国、日本、英国等国同时开花。1959 年，桂竹先后在日本、朝鲜、中国、苏联、美国等地普遍大面积开花，一直延续到 20 世纪 80 年代。1963 年起，毛竹在中国（广西、江西）、日本、美国等国局部大面积开花。1974—1984 年，四川卧龙、岷山、邛崃大面积箭竹开花，包括冷箭竹（*Fargesia fangiana*）、缺苞箭竹（*Fargesia denudata*）、紫耳箭竹（*Fargesia aurita*）、华西箭竹（*Fargesia nitida*）等。据日本学者报道，毛竹的开花周期为 67 年左右，紫竹、毛金竹的开花周期为 60 年或 60 年的整数倍。部分竹类植物开花周期（间隔期）见表 3-2。

不同竹子的营养生长期不同，从几年到几十年甚至上百年都有。不同竹种的开花周期（营养生长期）不同，即使同一竹种在各地的开花周期也不是固定不变的，有时长短相差数十年。开花周期的长短主要取决于发育成熟的程度，其次是环境条件和人为因素的影响。尽管有大量关于竹类植物开花的报道，但还没有在同一林分中连续 3 次记录到准确的开花时期，因此，对于竹子开花周期的认识仍然需要探索。

竹子的开花状况可分为全体成片开花和零星开花两类。全体成片开花类型的竹种，一旦开花就整片、整丛开花，不再正常发笋，新发枝及竹笋抽枝后也很快开花；零星开花类

表 3-2　部分竹类植物开花周期(间隔期)

竹　种	开花周期(间隔期)(年)	地　点
Bambusa arundinacea	31~32	巴　西
Bambusa arundinacea	30~45	印　度
Dendrocalamus beecheyana	经常零星开花	中　国
Dendrocalamus brandisii	28~30	印　度
Dendrocalamus hamiltonii	25	中　国
Dendrocalamus racemosa	44	古　巴
Dendrocalamus strictus	20~65	印　度
Dendrocalamus strictus	47	中　国
Melocanna baccifera	30~45	印　度
Ochlandra stridula	每年	中　国
Oxytenanthera albociliata	30	印　度
Oxytenanthera nigrocilita	经常零星开花	中　国
Phyllostachys bambusoides	50~60	中　国
Phyllostachys nigra	40~50	中　国
Phyllostachys nigra var. *henonis*	40~50	中　国
Phyllostachys praecox	经常零星开花	中　国

资料来源：郑郁善，洪伟编著《毛竹经营学》。

型的竹种，在一定面积和时间内，通常只有 1~2 丛或零星竹株、零星小片开花。杜凡等对云南竹子的开花情况进行调查，结果发现开花类型与竹种是否为野生种或栽培种密切相关，在全体成片开花的竹种中，野生种类的比例高达 88%，而栽培种类的比例仅占 12%。相反，零星开花类型的种类中，野生种类只占 36%，而栽培种的比例为 64%。同时，竹子开花状况也与竹子属级的分类群密切相关，梨藤竹属、空竹属(*Cephalostachyum*)、思簩竹属、薄竹属(*Leptocanna*)、大节竹属、悬竹属(*Ampelocalamus*)、贡山竹属(*Gaoligongshania*)是全体开花的类型；泡竹属、箣竹属、牡竹属、慈竹属等是零星开花的类型。

竹子开花后的死亡情况可分为开花即死、开花不死、开花即死与开花不死并存 3 类，它们与竹子属级的分类群密切相关。梨藤竹属、空竹属、思簩竹属、薄竹属、牡竹属、慈竹属、悬竹属等是开花即死类型；新小竹属(*Neomicrocalamus*)、箣竹属、大节竹属等是开花不死类型；箭竹属、刚竹属则开花即死和开花不死两种情况都有。

竹子开花后的结实情况可分为开花结实和开花不结实(含种子败育)两类，它们与竹种是否为野生种或栽培种密切相关，野生竹种的开花结实率高达 79%，栽培竹种的开花结实率只是 27%左右，大约 73%的栽培竹种开花后不结实。这意味着绝大多数的野生竹种能依靠种子自然繁衍后代，而多数栽培竹种丧失了通过有性生殖自然繁衍后代的能力。

3.5.2　竹类植物开花原因

竹子开花后死亡的原因，科学上仍没有定论。对引起竹子开花的原因，一般都从开花的历史、周期、开花现象等方面进行归纳分析，主要有周期说、环境说、气候说、营养说或内因论、外因论。

我国古籍《山海经》和晋代戴凯之《竹谱》中记载："竹六十年易根，易根必生花，生花必结实，结实必枯死，实落土又复生。"这是周期说的发端。周期说认为，竹类植物生长发育到一定的年龄就开花结实，竹类开花结实是按一定的周期性节律进行的。主要依据是竹子的同步开花现象，即来源同一鞭系的竹株，在不同生长区域会同时开花，如毛金竹、桂竹。但由于缺少同一无性系竹株连续3代开花的记录，还有零星开花和周期不稳定现象存在，周期说也并不能很好地解释竹子开花的原因。

营养说或环境说认为竹类植物的开花结实主要与营养或环境有关，恶劣的环境(严重干旱、病虫害、管理不善等)会诱导竹类开花结实。竹子开花决定于体内的碳氮比(C/N)的相对水平(开花竹林碳氮比水平升高)。上田弘一郎研究了桂竹竹秆中的碳氮比(C/N)，开花竹株的为296.2，而不开花的为140.5，这说明开花竹子的营养严重缺乏，导致竹子开花。高培军等对开花与未开花绿竹进行了营养元素研究，发现开花绿竹比未开花绿竹根部的N、P、K元素浓度分别减少17.02%、33.76%、29.84%，竹蔸分别减少27.43%、66.63%、51.17%。但也有人认为竹类植物花期体内营养水平的变化并不是导致开花的原因，而是开花导致的结果。

周期说认为竹子每隔一定时期，即生理年龄成熟时就要开花，而与所处的环境条件无关，这是竹子开花的内在因素；环境说、气候说、营养说都指的是环境诸因子对竹子开花有决定作用。这些学说各强调一方，往往把两者割离开来。事实上，对竹子开花而言，两者分不开，内外因是辩证的统一的。任何一种竹种开花都有周期性，这是遗传决定的，但周期不是固定不变的，会因外界环境因素的影响而变化。竹子开花内因是主要的，竹子生长到一定的年龄，即到达生理成熟年龄就会开花。环境因素能够影响开花过程中基因的表达，可以一定程度上提早、延迟或终止开花，但必须在竹子的生理年龄近于成熟时，环境的影响才起作用。

3.5.3 开花竹林的复壮

为了持续经营，有时需要对开花竹林进行复壮。主要从以下几个方面进行。

(1)加强管理，促进竹子营养生长

对于个别竹株开花的竹林，需砍除开花竹株，在雨季前后或冬季进行带垦整地，结合整地挖除开花竹、老鞭和残蔸，留壮鞭和萌生的小竹，全面松土、增施肥料，改善竹林水肥条件，使竹子保持旺盛的营养生长，不断产生新的组织和器官，抽鞭发笋，从而抑制生殖生长，达到延迟开花的目的。

(2)合理伐竹，减少伤流

竹子一旦开花，应立即砍伐利用，以减少养分消耗，同时，对全林要合理留笋养竹，且适时适量采伐，保持林内适度郁闭。如果翌年再次开花，也要砍除。伐竹时，把竹株底部的土挖开，露出竹株，在紧接竹蔸处下刀伐除，结合填土封坑，适量施肥。这样，一方面可减少伐根伤流，另一方面可增加肥力，促进竹林更新、复壮。

（3）增施 N 肥，加速复壮

竹子开花后，体内糖类物质增加，N 和 P 的含量减少，出现较高的碳氮比。采用尿素 $75 \sim 150$ kg/hm^2、NH_4HCO_3 或 $(NH_4)_2SO_4$ 300 kg/hm^2 进行根施或伐桩施，可以明显提高竹子的代谢水平和吸收能力，促进生长，延迟衰老，抑制开花，加速复壮。

（4）选择起源不同的竹种造林

选择起源不同的竹种造林，如用开花周期不同的母竹或实生苗培育的竹苗造林，形成混合竹林，即使开花，只要砍掉开花竹，加上适当管理，便可防止竹林成片开花。

复习思考题

1. 丛生竹和散生竹在全球的分布有什么特点？

2. 全球竹子地理分布可分为哪几个区，各区有什么特点？中国竹林主要分为哪几个区，各区有什么特点？

3. 单轴散生型地下茎与合轴丛生型地下茎有什么不同？

4. 毛竹笋—幼竹生长阶段竹秆快速生长的机制是什么？

5. 竹林地下结构和地上结构如何相互影响？

6. 影响竹子开花的因素有哪些？

推荐阅读书目

1. 江泽慧，2002. 世界竹藤[M]. 沈阳：辽宁科学技术出版社.

2. 萧江华，2010. 中国竹林经营学[M]. 北京：科学出版社.

3. 周芳纯，1998. 竹林培育学[M]. 北京：中国林业出版社.

4. 郑郁善，洪伟，1998. 毛竹经营学[M]. 厦门：厦门大学出版社.

第4章 竹子种苗繁育

【内容提要】竹子是全球最大的植物分类群之一，拥有庞大的物种数量和复杂的遗传背景。其多样性源于长期的自然选择和进化，赋予了竹子独特的生态适应性。但竹子主要以无性繁殖的生存策略为竹子育种和竹苗繁育工作带来了诸多挑战。通过深入研究竹子基因资源，挖掘优良性状基因，结合现代育种技术进行种质资源创新。而竹苗繁育是竹子种质资源保存、扩繁和规模化种植的基础。基于此，本章将深入探讨竹子的分类群特点、遗传背景、育种技术和竹苗繁育方法。通过了解这些信息，我们可以更好地实现竹子的高效育种和繁育。

4.1 竹子遗传学基础

竹子是一类广布于各大洲(除欧洲和南极洲外)且物种极其多样的类群。竹子物种多样的原因是其遗传层次上的复杂多变。只有掌握竹子类群的遗传学基础，包括染色体的组成、基因组和基因的差异、亲缘关系等，才能够更为有效地进行杂交育种、分子育种和基因编辑等研究。

4.1.1 竹子染色体

染色体是真核生物遗传物质的载体。染色体通常是细胞有丝分裂和减数分裂过程中遗传物质 DNA 存在的特定形态。染色体主要由 DNA 大分子和组蛋白组成，其中 DNA 紧密缠绕着组蛋白，而组蛋白是染色体结构的支架。染色体的形态结构、数目以及细胞学行为的研究是遗传学中最为活跃的领域之一。通过对染色体的结构、数目以及行为等进行分析，对物种亲缘关系鉴定、杂种形成和物种起源进化等方面的研究具有重要的意义和用途。

木本竹子根据生长特征分为散生竹和丛生竹两类。散生竹的染色体数目 $2n = 4X = 48$ 为主，偶有 $2n = 4X = 46$；而丛生竹则以 $2n = 6X = 72(70 \pm 2)$ 为主，但也具有其他数目类型，如 $2n = 46$、$2n = 64$、$2n = 96$ 和 $2n = 104$ 等。

散生竹种类的染色体数目较为稳定，而丛生竹类的则多变。陈瑞阳团队调查了我国绝大多数的丛生竹种类，发现它们的染色体数目主要为 $2n = 70 \pm 2$；也就是说染色体数目存在着少于 72 的其他数目，如 68、69、70 和 71 等数目。丛生竹种类普遍存在着染色体非整倍性变异的细胞类型，即使在同一个竹种中也会存在染色体数目变异的情况。如何描述和解释这种数目变化的现象呢？细胞遗传学者 Darlington 指出，多倍体常常能够允许一个或者多个染色体丢失，从而产生变异的多倍体系列，并称这个过程为多倍体跌落。在多倍体竹子中，同源或者部分同源染色体中的遗传因子具有多个拷贝，倘若丢失一对或者多对染色体，并不会给多倍体竹子带来明显的表型变化和生理上的致命影响。对染色体形态的研究发现，这些丛生竹类的染色体变异类型染色体臂长（$N.F.$ 值）均为 122，说明了这种染色体数目减少的变异并不是染色体丢失所引起的。这些研究者指出这种非整倍的变异是由着丝粒合并导致的；染色体之间的着丝粒合并后，染色体增大，对称性增强，染色体数目减少，表现为种内和种间的差异。

关于竹亚科木本竹子染色体基数的观点主要有两类。主流观点认为木本竹子的基数为 X＝12。常见染色体数为 48 和 72 的木本竹类物种可以分别解释为四倍体和六倍体。另一种观点则认为基数为 X＝8 和（或）X＝9。一些研究发现，丛生竹中存在着染色体数目为 $2n＝64$ 和 $2n＝104$ 的类型，并认为以 $x＝12$ 为基数是无法解释的，而陈瑞阳等提出的基数 $x＝8$ 则可以解释上述所有类型的染色体数目组合。例如，$2n＝48$ 的散生竹为六倍体，$2n＝64$、$2n＝72$、$2n＝96$ 和 $2n＝104$ 的丛生竹分别为八倍体、九倍体、十二倍体和十三倍体。此外，在观察大量丛生竹染色体数目的基础上，推测竹子的染色体具有两种基数，包括 X＝8 和 X＝9。染色体为 $2n＝64$ 和 $2n＝72$ 类型的竹子都是高度可育的，而这两种基数可以解释这两种类型为偶数倍性（奇数倍性的生物通常不育或者可育性非常低）。

通常竹子染色体形态观察是通过对有丝分裂中期的细胞标本进行的。染色体标本的制备对材料的要求较为严格，主要为有丝分裂活动活跃的组织，如根尖、茎尖和柔叶等。成熟的竹子染色体标本制备方法有常规根尖压片法和酶解去壁低渗法，但通常后者制片效果优于前者。染色体标本制作好后，可以利用显微镜对染色体的数目、倍性与结构等进行观察和统计。对染色体核型分析的标准内容主要包括染色体长度、臂比值（长臂/短臂）、着丝粒位置（表 4-1）和臂指数（$N.F.$ 值）等 4 个方面。核型的表述方式是多样的，包括了表格、染色体序号、模式照片、核型图、核型模式图和核型公式等。由于核型公式具有简明并易于比较的特点，其使用最为常见。表 4-2 列举了部分常见的竹子的染色体核型公式。

表 4-1　染色体着丝粒位置对照表

臂比值	着丝粒位置	简　写
1.00	正中部（median point）	M
1.01~1.70	中部着丝粒区（median region）	m
1.71~3.00	近中部着丝粒区（submedian region）	sm
3.01~7.00	近端部着丝粒区（subterminal region）	st
>7.01	端部着丝粒区（terminal region）	t
∞	端部着丝粒点（terminal point）	T

表 4-2　一些常见的木本竹子的核型公式

类　型	中文名	学　名	核型公式
散生竹	毛　竹	*Phyllostachys edulis*	$2n=48=30m+14sm+4st$
	雷　竹	*Phyllostachys violascens* 'Prevernalis'	$2n=48=40m+6sm+2st$
	方　竹	*Chimonobambusa quadrangularis*	$2n=48=28m+16sm+4st$
	矢　竹	*Pseudosada japonica*	$2n=48=28m+16sm+4t$
	瓜多竹	*Guadua angustifolia*	$2n=46=24m+14sm+2st+6t$
丛生竹	梨　竹	*Melocanna baccifera*	$2n=72=34m+16sm+4st+18t$
	黄金间碧玉竹	*Bambusa vulgaris* 'Vittata'	$2n=72=34m+16sm+8st+14t$
	凤尾竹	*Bambusa multiplex* 'Fernleaf'	$2n=70=36m+16sm+6st+12t$
	单　竹	*Lingnania cerosissima*	$2n=70=36m+16sm+10st+8t$
	泰　竹	*Thyrsostachys siamensis*	$2n=70=36m+16sm+8st+10t$

4.1.2　竹子基因组

基因组是指一个生物体或者一个细胞器中所有 DNA 分子的总和。真核植物的基因组包括细胞核基因组、叶绿体基因组和线粒体基因组。基因组学是以基因组为研究对象的科学。它是 21 世纪以来生命科学学科中发展最快、最活跃也是最为重要的一个领域。自 2000 年破解了植物拟南芥（*Arabidopsis thaliana*）的基因组开始，至今已超过 800 种植物的基因组被测序和发表。这些成果极大地推动了植物遗传学、育种学、进化学、系统生物学以及基因功能研究等领域的发展。

4.1.2.1　核基因组

我国在竹子基因组研究领域处于世界领先地位。截至 2023 年，我国科学研究人员独立完成了 8 个竹亚科物种的全基因组测序（表 4-3），分别为 5 种木本竹子［包括毛竹、芸香竹（*Bonia amplexicaulis*）、瓜多竹、麻竹、勃氏甜龙竹（*Dendrocalamus brandisii*）］和 3 种草本竹子［包括莪莉草竹（*Olyra latifolia*）、对叶玉米草竹（*Raddia distichophylla*）与贵安玉米草竹（*Raddia guianensis*）］。

表 4-3　截至 2023 年已发表的竹子基因组情况

项　目	毛竹	芸香竹	瓜多竹	麻竹	勃氏甜龙竹	莪莉草竹	对叶玉米草竹	贵安玉米草竹
形　态	木　本	木　本	木　本	木　本	木　本	草　本	草　本	草　本
分　布	东亚温带	古热带*	新热带#	古热带	古热带	新热带	新热带	新热带
染色体数目	48	72	48	70	70	22	22	22
染色体倍性	4X	6X	4X	6X	6X	2X	2X	2X
基因组大小	~2.05 Gb	~0.85 Gb	~1.61 Gb	~2.74 Gb	~2.76 Gb	~0.65 Gb	~0.59 Mb	~0.63 Gb
组装完成度§	染色体	高质量	草　图	染色体	染色体	高质量	草　图	草　图
蛋白编码基因	51 074	47 056	38 575	135 231	126 817	36 578	30 763	24 275
重复序列比例	59.00%	54.00%	57.40%	52.63%	58.30%	51.60%	49.08%	54.20%

注：*：又称旧热带动植物区，包括非洲中南部、马达加斯加、印度—马来西亚和波利尼西亚等地区。

#：又称新热带动植物区，包括墨西哥南部、西印度群岛、中美洲及南美洲等地区。

§：染色体>高质量>草图。

由于毛竹在我国的分布范围最为广泛，因而最早被开展全基因组测序的工作。毛竹第一版基因组由中国林业科学研究院的研究团队完成组装，并于 2013 年发表在著名学术期刊 *Nature Genetics* 上。但由于早期第二代测序技术的读长较短和基因组组装拼接技术的限制，基因组完整度较低，仅注释到 31 987 个编码蛋白质的基因。鉴于毛竹缺少染色体级别的参考基因组，最近国际竹藤中心的研究团队对第一版毛竹基因组进行了更新，该团队利用更多的基因组测序数据以及染色体构象捕获技术（High-throughput/resolution chromosome conformation capture，Hi-C），对该基因组进行了重新组装，得到了完整度较高的染色体级别参考基因组。该团队进一步利用三代全长转录组（单分子实时测序）数据和人工校验在毛竹中鉴定出 51 074 个编码蛋白质的基因。

系统基因组学是探究物种分化历史的常用手段之一。木本竹子和草本竹子的分化一直困扰着系统进化学家。2019 年，以中国科学院昆明植物研究所研究者为首的科研团队，开展了芸香竹、瓜多竹、莪莉草竹和贵安玉米草竹共 4 个物种的基因组测序，并联合已发表的毛竹基因组数据，进行了竹亚科物种分化历史的研究。该团队基于基因组间共线性基因的系统分析研究发现，木本竹子的起源于草本竹子分化之后，并且发生了 3 次独立的异源多倍化事件，经历了复杂的网状演化。

由于竹子的染色体数目和倍性组成非常复杂，它们的基因组大小也是相异极大的。研究显示，竹子基因组的 DNA 含量 2C 值为 1.5~5.9 Pg，大约相当于 750 MB~2.95 GB 碱基对大小。已测序的竹子基因组 600 MB~2.05 GB（表 4-3），也表明不同竹子之间基因组大小的差异之大。竹亚科或者木本竹子的物种基因组大小与染色体的数目是否成正比？物种基因组大小与哪些生态因子有关联呢？就目前的研究数据而言，染色体数与基因组大小并不是成正比的。例如，拥有 72 条染色体的芸香竹的基因组远小于 48 条染色体的瓜多竹和毛竹（表 4-3）；具 69 条染色体的鱼肚腩竹（*Bambusa gibboides*）基因组总 DNA 含量却小于具 48 条染色体的雷竹、日本矮竹（*Shibataea chinensis*）与黄秆乌哺鸡竹等的含量。但生态因子与基因组大小方面似乎能找到一些线索。最近研究者利用流式细胞仪技术对我国 134 种竹子进行了 DNA 含量定量，发现热带（古热带）的木本竹子的基因组小于温带的木本竹子。这似乎与早前刚竹属热带竹子的基因组要大于温带竹子的现象有所冲突。要想解决这些争论，必须对整个竹亚科的物种进行更为全面的调查研究，才能作出更为稳健的结论。

尽管不同竹子基因组之间的大小差异巨大，但是它们之间的组成都有一个共同特点——重复序列在各自基因组中的占比超过 50%（表 4-3）。这样的比例远高于模式植物拟南芥的 14% 和同亚科水稻（*Oryza sativa*）的 28%，但低于玉米的 85%。在竹子的基因组中，这些重复序列主要是由转座元件组成的。转座元件，又称转座子或跳跃基因，是指在染色体中可以从基因组的一个位置移动到另一个位置的一段 DNA 序列。转座元件包括 RNA 转座元件（又称反转录转座子或逆转录转座子）和 DNA 转座元件。由于 RNA 转座元件每次转座，都是以"复制—粘贴"的方式进行，其拷贝数都会相应增多，最后导致基因组大小的增加；而 DNA 转座元件基本上都是以"剪切—粘贴"的方式进行，其拷贝数不变。因此，竹子基因组中 RNA 转座元件的拷贝数要远高于 DNA 转座元件，例如前者在毛竹核基因组序列中的比例高达 38.5%，后者仅占 9.5%。这些转座元件在基因组中的转座插入行为，通过多种形式调控附近基因的表达：①插入基因的编码序列之中，使基因失活或者引入终止密码子；②为基因提供顺式调控元件；③诱导基因的可变剪切；④转录合成 miRNA 和 siRNA，沉默基因的表达。

4.1.2.2 叶绿体基因组和线粒体基因组

植物叶绿体基因组是一个裸露的环状双链 DNA 分子，其大小因生物种类而不同，通常在 120k~217k bp。相比庞大而复杂的核基因组，高等植物的叶绿体 DNA 分子通常具有如下的特点：①母系遗传；②核糖核苷酸碱基置换率适中，编码区和非编码区的进化速率不同；③基因组结构和序列都较为保守，具有良好的共线性；④大部分基因(除反向重复区外的基因)都以单拷贝的形式存在，无旁系同源基因。竹子的叶绿体基因组也具有上述特点。竹子叶绿体基因组 DNA 分子常常被应用于探究禾本科亚科之间、竹亚科内族群之间以及种属之间的系统进化学研究。

截至 2023 年，在美国国家生物技术信息中心(National Center of Biotechnology Information，NCBI) 数据库中登录的竹亚科物种的叶绿体基因组达到了 166 个。由于竹子叶绿体基因组结构组成非常保守，这里以黄槽毛竹(*Phyllostachys heterocycla* 'Luteosulcata') 为例进行描述(图 4-1)。黄槽毛竹的叶绿体基因组长度为 139 678 bp，具有 LSC(large single copy

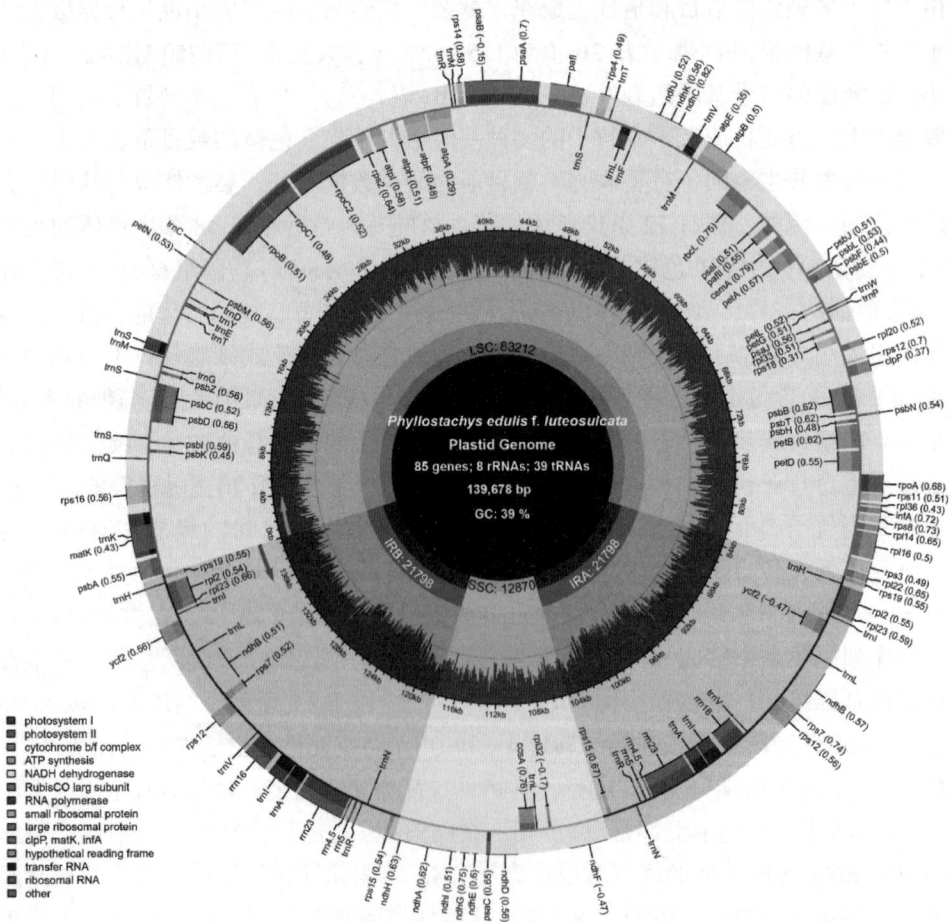

图 4-1 黄槽毛竹的叶绿体基因组环形图

region）、SSC（short single copy region）和 IR（inverted repeat region）3 个区，而 IR 被 SSC 分隔为 IRa 和 IRb；包含 132 个基因，其中 85 个编码基因和 47 个非编码基因。

植物的线粒体基因组也是一个环状的 DNA 分子。相比于叶绿体基因组，植物的线粒体基因组有其独特之处——较大的基因组（200k~2 700k bp）、极高的分子进化速率和序列结构上频繁的变异。目前，利用线粒体 DNA 分子探究竹子类群的系统进化研究罕有报道，仅见于讨论竹亚科与其姐妹类群之间的研究。而至今被报道过的竹亚科线粒体基因组只有两个物种，分别是绿竹和裂箨铁竹（*Ferrocalamus rimosivaginus*）。前者已经完成线粒体的全基因组测序，全长 509k bp，而后者仅组装出的部分基因组约 434k bp；而它们所具有的基因类型和数目是一致的，编码、非编码和假基因共 70 个。

4.1.3　竹子物种的遗传多样性研究

竹类植物共 88 属，1 642 种，原生竹子分布于亚洲温带和热带、美洲温带和热带、非洲热带等地区，纬度 51°N~47°S，海拔 0~4 000 m，遍布湿地、森林、草原和热带高海拔山地等各类生境。该类群分为木本竹子和草本竹子。木本竹子又分为热带和温带木本竹子。热带木本竹子包含了古热带和新热带木本竹子，分别分布于亚、非洲热带与亚热带地区、美洲热带地区。温带木本竹子则分布于亚洲和美洲的温带地区以及零星分布于印度、斯里兰卡和非洲的高海拔地区。草本竹子包含了大约 120 个物种，主要分布于南美大陆和西印度群岛地区。

遗传多样性，又称基因多样性，是指生物种群内、种群间乃至一定范畴内物种分类群所包括的遗传变异。由于竹子的物种多样和生境广布，其在遗传结构上必然是复杂的，即使同一物种在染色体数目、结构和 DNA 碱基排列上也存在着大量的变异。物种遗传多样性发生在 DNA 分子水平上，DNA 遗传信息蕴含着个体和群体之间的基因组差异。细胞 DNA 所包含的遗传信息稳定而不受发育时期、组织以及环境等因素的变化而改变，因而以 DNA 为研究对象的分子标记技术是研究群体遗传多样性和遗传结构的有效方法。

用于研究竹子遗传多样性的 DNA 分子标记主要包括 RFLP（restriction fragment length polymorphism，限制性内切酶片段长度多态性）标记、RAPD（random amplified polymorphic DNA，随机扩增多态性 DNA）标记、AFLP（amplified fragment length polymorphism，扩增片段长度多态性）标记和 SSR（simple sequence repeat，简单重复序列；又称微卫星序列）标记等。

最早用于探究竹子遗传多样性的是 RFLP 标记技术。RFLP 在刚竹属遗传多样性的应用研究表明，核基因组具有很好的多态性，而叶绿体基因组表现出很低的遗传变异；RFLP 标记能够用于刚竹属竹子的区分鉴别。基于 RFLP 标记技术对刚竹属 13 个竹种的线粒体 DNA 分子进行了研究，发现部分竹种也具有多态性。由于 RFLP 标记技术的酶切条件需要非常高质量的基因组 DNA，并且 RFLP 标记相对于其他标记所展现出的多态性较低，RFLP 技术在后续的竹子遗传多样性研究中并没有得到广泛应用。

RAPD 是一种简便易行且廉价省时的分子标记技术。它克服了 RFLP 的缺点，能够在利用少量基因组 DNA 的情况下，快速灵敏地检测出大量 DNA 的多态性，因而广泛应用于许多物种的遗传多样性研究。利用 RAPD 标记技术对玉山竹（*Yushania niitakayamensis*）的遗传多样性进行研究，并结合生物地理资料的分析发现该竹种的群体分化是由地理隔离和纬度差异所导致的，其遗传多样性是生境差异和小地理分化的结果。对毛竹种下的7个变型或栽培型及其同属的2个近缘种进行遗传关系分析，发现RAPD标记技术能够有效地区分种下等级的栽培变型和栽培型。利用该分子标记技术有效地区分了来自6个群体的30丛撑篙竹的个体，发现群体之间基因的分化系数较大，群体的遗传多样性高。此外，利用RAPD标记技术开展了对雷竹和绿竹等的研究，也进一步证实了该技术对竹类分类群种以下等级遗传多样性研究的有效性。同时，RAPD标记技术也可以应用于种间和种以上级别的遗传变异研究。对倭竹族(Shibataeeae)8个属16个竹种进行了RAPD分子标记分析，其DNA多态性能够区分这些分类群，并与形态学的分析一致。对孝顺竹、凤尾竹、绿竹和白绿竹(*Bambusa multiplex*)等4个竹种进行了RAPD多态性分析，构成的RAPD指纹图谱能有效地区分这些分类群。Ramanayake等使用了41对RAPD引物调查了分布于斯里兰卡的4个属9个竹种的遗传多样性，其结果显示簕竹属内的物种之间的遗传距离较小，巨竹属的*Gigantochloa atroviolacea*内嵌于簕竹属内，其他属的物种与簕竹属具有较大的遗传距离。

AFLP是一种基于PCR技术扩增基因组DNA限制性片段的分子标记技术。其具有RAPD的优势，能够快速灵敏地检测近缘物种基因组DNA的多态性。利用AFLP标记技术成功地对竹亚科簕竹属、麻竹属、巨竹属和泰竹属等15个竹种扩增出特异性片段，鉴定了各竹种之间的亲缘关系。对箬竹属16个种和5个形态相似的外源竹种的基因组DNA进行了AFLP多态性检测，其结果表明所有的箬竹属植物聚成一类，其他外源竹类植物聚成一类。对箁竹两个种群的遗传多样性的分析结果显示，多态位点百分率分别为89.86%和91.95%，等位基因指数分别为1.8986和1.9195，有效等位基因指数分别为1.5850和1.5683，种群内遗传多样性为0.332，这些结果表明箁竹种群内有较高的遗传多样性。

SSR标记在植物基因组中具有高度重复性、丰富的多态性以及共显性等优点。因而被许多竹子类群的分类学鉴定和遗传多样性检测研究所应用。由于SSR标记开发较为困难，早期很多与竹子相关的研究借用了禾本科作物SSR标记的引物。国内一些研究者利用水稻的SSR引物进行竹子分类系统学研究，解决了巴山木竹属(*Bashania*)与青篱竹属之间的分类争议，明确了巴山木竹属作为独立分类单元的地位。国外一些研究者也利用水稻、甘蔗(*Saccharum officinarum*)和*Aulonemia aristulata*的SSR引物来检测竹子的遗传多样性，在种水平之间展现出良好的多态性。利用SSR标记技术进行毛竹种内居群的关系研究，研究结果将我国34个毛竹自然居群分为两个大分支：第一大分支包含了云南、贵州、四川、湖北、安徽霍山和福建等组成的亚居群，以及广西、江西、浙江、江苏和安徽广德等组成的亚居群；第二大分支包含了陕西周至、湖南怀化、广东仁化以及贵州黎平群体。随着Gen-Bank竹子EST序列的丰富与组学测序技术的发展，一些研究者利用cDNA和基因组设计SSR标记引物，并且这些标记都能够很好地应用到相应竹子的遗传多样性检测中。

此外，还有一些其他的分子标记技术被应用到竹子的遗传多样性检测中，如ACGM(amplified consensus genetic marker，扩增共有序列遗传标记)、ISSR(inter-simple sequence repeat)、SCAR(sequence characterized amplified region)标记技术。一些研究为了提高分子

标记的分辨率，联合多种分子标记技术进行遗传多样性的鉴定，具有良好的效果。例如，对四川不同地区的梁山慈竹（*Dendrocalamus farinosus*）和硬头黄竹都采用了 RAPD 和 ISSR 两种分子标记技术进行联合分析，皆有效地鉴定了种内遗传多样性，并发现这种联合鉴别分析的方法对种内的种质资源有较强的辨别力；采用 3 种标记技术的数据联合判别 10 份毛竹种质，结果显示多种方法联合的效果最好，其多态性分辨率顺序为：（AFLP + ISSR + SRAP）>（AFLP + SRAP）>（SSR + SRAP）>（AFLP + ISSR）。

大部分竹子实行无性繁殖的策略，其有性世代更替非常缓慢，并且受人类经营活动的影响较大，从而导致其遗传多样性降低甚至丧失。DNA 分子标记技术对竹子类群进行遗传多样性的评估，让我们更清楚地把握现有基因资源的丰富程度和基因多样性的分布规律，有利于对遗传多样性缺乏的濒危物种提供保护，为研究竹类植物起源和进化提供了分子依据，为今后其优良种源选择和育种方向提供理论依据。

4.2　竹子育种

竹类植物的繁殖方式十分特殊，以无性繁殖为主。由于其自身开花周期不确定，开花后结实率低，不易获得种子等特点，竹类植物不能像其他树种那样进行多世代选育。针对竹子的生物学特性，竹类植物育种以选择优良无性系为主，以杂交育种、诱变育种和分子育种等方式为辅进行。

4.2.1　无性系选育

无性系选育一方面要收集种质资源，包括种源、栽培类型、栽培变种等，从中挖掘一些特别优良的无性系并加以繁殖推广；另一方面要进行不同种源间的人工辅助授粉，从获得的实生苗中挑选优良无性系，同时进行无性系选育方法的研究。从种子发芽开始就收集资料，从形态观察、生长观测、生理指标测定、生化分析、营养成分分析等几方面进行综合分析判断。

雷竹是中国特有的优良笋用经济竹种，主要分布在浙江临安、余杭、德清以及安徽、江西、湖北、湖南、江苏等地，浙江农林大学竹类研究所从雷竹主要栽培产区收集了雷竹的 16 个变异类型，通过观察测定株高、胸径、节长、节数、枝下高、叶宽、叶长、叶面积、笋期和发笋率等指标，初步选择出弯秆雷竹（*Phyllostachys praecox* 'Linanensis'）、红壳雷竹等笋期早的优良变异类型，雷竹、安徽雷竹等产量高的优良变异特征为弯秆。通过连续 5 年的观测、选择、繁殖、区域化小试和区域中试等比较实验，对绵竹（*Lingnania intermedia*）的生长和产量进行观测研究，初步确定 3 丛为初选优丛（参试编号分别为 1、2、3号），之后在 4 个乡镇进行栽培实验（实验地均按照 40 丛/亩进行），经过综合调查，绵竹无性系 3 号的表现最好，具有产量高、性状稳定等优良特点，因此被选择为绵竹优良无性系，定名为'沐绵 1 号'。通过对俖黄竹（*Bambusa changningensis*）的初选，选出表现较好的 4 丛俖黄竹作为无性系选育对象，之后进行种苗繁殖，连续观测调查竹丛的发笋量、胸径、株高、秆质量、壁厚等生长指标，再经过区域品种对比，发现无性系 YHZ03 的各项指标表现较好，栽植后 3 年即可正常投产，单株平均发笋量为 5.4 株，新生竹平均胸径为 6.50 cm、平均秆高为 13.20 m、平均秆质量为 8.60 kg/株；制浆造纸性能优于当地其他竹种，且具有区域适应性强、性状稳定、抗寒性较强等特点，在川南海拔 1 000 m 以下地区适宜推广种植。

4.2.2　竹子杂交育种

杂交育种是将父母本杂交，形成不同的遗传多样性，再通过对杂交后代的筛选，获得具有父母本优良性状，且不带有父母本不良性状的新品种育种方法。

虽然竹子很少开花，且开花后植株基本死亡，很难像其他植物那样进行有性杂交，但从 20 世纪 70 年代开始也陆续开展了部分竹类植物的杂交育种工作。例如，张光楚以麻竹为母本与版纳甜龙竹、毛笋竹(*Gigantochloa levis*)、吊丝竹、撑篙竹进行有性杂交，从杂种后代中选育出优良笋用竹'撑麻 7 号'和'麻版 1 号'；以撑篙竹为母本，用麻竹和青皮竹花粉进行混合授粉，选育出生长迅速、材质较好、抗逆性强、外形美观的'撑麻青 1 号'；以撑篙竹为母本，大绿竹为父本，选育出径级大、无性繁殖力强和竹材造纸性能好的'撑绿 3 号''撑绿 6 号''撑绿 8 号''撑绿 30 号'；以撑篙竹为母本，麻竹为父本，培育出杂种'撑麻 7 号'，它适应性较强，可以笋、材两用，适合在我国亚热带地区普遍栽培。

4.2.3　诱变育种

诱变育种是人为地利用物理、化学和生物因素诱导植物遗传性状发生变异，并根据育种目标从变异后代中选育新品种或获得有利用价值种质资源的一项现代育种技术。一般来说，单个植物植株发生变异的频率介于 1/1 000~1/10 000，然而人工诱变可使突变率提高千倍以上，这极大地提高了人们定向选育和筛选变异的可能性。筛选出的突变体不但能直接用于育种，还可以提高植物的遗传、细胞生理生化的分析速度。用不同剂量的 ^{137}Cs-γ 射线对毛竹种子进行辐射，结果表明，30 或 60 Gy 的 ^{137}Cs-γ 射线辐射后，毛竹幼苗的光合色素含量以及最大荧光强度(F_m)、可变荧光强度(F_v)、PS Ⅱ 最大光化学效率(F_v/F_m)、PS Ⅱ 的潜在活性(F_v/F_o)、PS Ⅱ 实际光化学效率(Yield)和表观光合电子传递速率(ETR)等荧光参数值均高于 90 Gy 辐射处理，说明较低剂量辐射后，PS Ⅱ 反应中心的能量捕获效率提高，且具有较强的光合作用能力。

用 ^{60}Co-γ 射线处理毛竹实生种子，筛选出了 16 个苗期优株。以不辐射的竹苗为对照，对 16 个优株的 6 个生长性状指标进行差异性分析、相关性分析，再结合主成分分析和隶属函数法对不同优株的优劣性、稳定性进行综合评价。结果表明，6 个生长性状指标在不同优株、不同时期下进行双因素方差分析均达到极显著水平；主成分分析将 6 个单项指标集约于 3 个主成分，累积贡献率达 94.9%；通过隶属函数值 D 评价优株的生长质量，优 CK-1、优 10gy-17 生长性状最优。

4.2.4　倍性育种

（1）单倍体育种

单倍体育种即利用植物组织培养技术(如花药离体培养等)诱导产生单倍体植株，再通过某种手段使染色体组加倍(如用秋水仙素处理)，从而使植物恢复正常染色体数。乔桂荣等在含有 PAA 的诱导培养基上成功诱导出麻竹花药愈伤组织并获得再生植株，获得了单倍体麻竹，与实生麻竹相比，这些单倍体植株的株高、POD 活性、叶绿素荧光参数、光合作用参数等相对低，但 MDA 含量与电导率高。

(2) 多倍体育种

多倍体育种是指利用人工诱变或自然变异等，通过细胞染色体组加倍获得多倍体育种材料，用以选育符合人们需要的优良品种。所育品种的个体会表现出巨大性、有机营养成分含量增高、育性下降、抗逆性强等特点。卓仁英课题组在麻竹花药培养过程中，发现染色体会自发加倍或二次加倍；他们同时建立了麻竹花药诱导培养体系，获得了 500 多株花药诱导再生植株，后期观察发现，所获植株的生物量显著高于野生型麻竹。利用流式细胞仪和染色体标本制备法对再生植株嫩叶的 DNA 含量和根尖染色体数目进行研究，发现 100 株花药培养的再生植株中有 1 株为三倍体，3 株为六倍体，96 株为十二倍体。汤定钦课题组以秋水仙素为主要诱导试剂，以毛竹种子、萌发的幼胚芽为材料进行诱导处理，通过对浓度和时间的筛选，得出最佳的处理组合为 $(0.5 \text{ g/L}, 72 \text{ h})$ 和 $(1 \text{ g/L}, 24 \text{ h})$，诱导率均可达 5%，流式细胞仪测定表明(图 4-2)四倍体毛竹叶片细胞 DNA 相对含量比二倍体增加 1 倍；与二倍体相比，四倍体植株叶片下表皮的气孔密度显著降低，而气孔大小明显增大 $(P< 0.05)$；四倍体毛竹株高、叶片长度和宽度显著增加(图 4-3)，其光合作用优于二倍体植株。

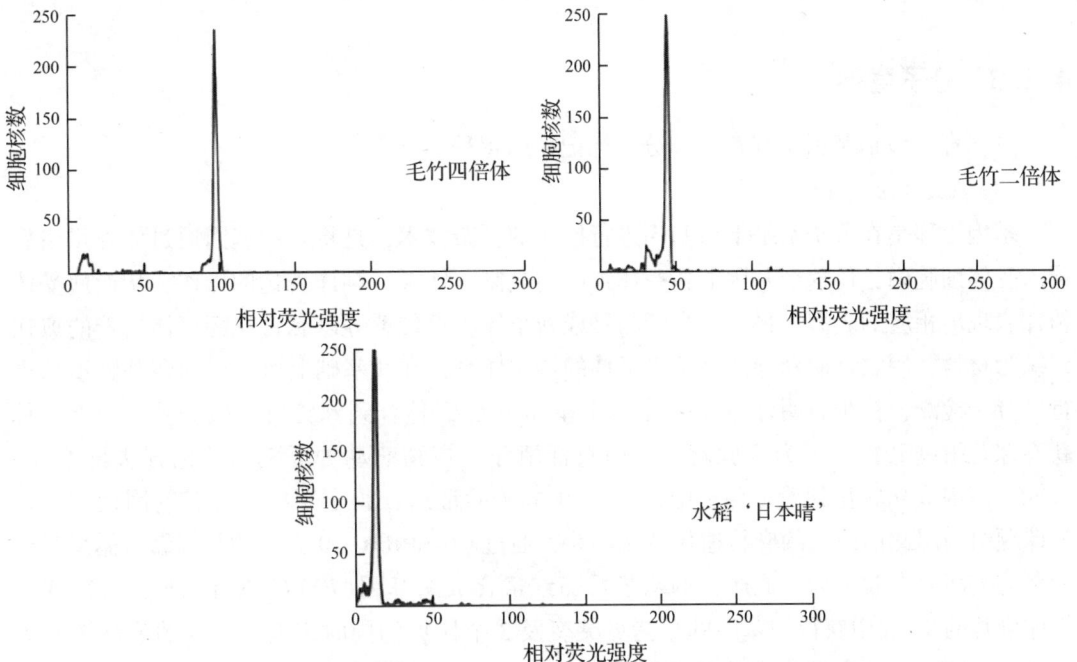

图 4-2　毛竹植株流式细胞仪检测结果

(a) 植株表型　　　　　　　　(b) 叶片表型

(c) 株高　　　　(d) 叶长　　　　(e) 叶宽

图 4-3　毛竹二倍体与四倍体的形态特征

4.2.5　分子育种

分子育种包括基因工程育种和分子标记辅助育种。

(1) 基因工程育种

基因工程是在分子水平上对基因进行操作的复杂技术，是将外源基因通过体外重组后导入受体细胞内，使这个基因能在受体细胞内复制、转录、翻译表达的操作，从而使受体植株表现出相应的表型，最终获得新品种或新个体。卓仁英等以麻竹花药离体培养的愈伤组织为材料，用农杆菌介导法筛选出最佳的转化体系，在此基础上对获得的转基因植株进行了分子检测，初步表明外源基因 $Rd29A$ 和 $codA$ 已经整合到麻竹再生植株基因组上。林新春课题组以毛竹种子为实验材料，用农杆菌介导植物萌动种子基因转化方法将 $CP4-EPSPS$ 基因成功转化到毛竹种子中，经 PCR 分子验证后获得了 1 株毛竹转基因植株。朱强课题组利用此前建立的麻竹遗传转化体系，通过 CRISPR/Cas9 介导的基因编辑体系对可能参与类胡萝卜素生物合成途径的八氢番茄红素合成酶基因 ($PSY1$) 进行编辑，首次在六倍体麻竹的 T_0 代中获得该基因的单拷贝突变及 3 个拷贝的同时突变，突变的最高效率为 81.8%。$PSY1$ 纯合敲除突变体呈现了明显的白化表型；利用相同技术对受外源赤霉素强烈诱导的 $DlmGRG1$ 基因进行定点敲除，获得 $DlmGRG1$ 纯合的麻竹突变体，突变体的株型和高度发生了明显改变，其节间长度明显增长。

（2）分子标记辅助育种

为了缩短育种周期，加快种质创新的速度，育种家们早在 20 世纪 90 年代就开始将分子标记技术引入杂交育种中，对性状的选择逐渐实现了由表型选择向基因型选择的过渡。分子标记辅助育种对开花周期非常长的竹类植物而言，更是具有特殊的意义。但是到目前为止，分子标记在竹亚科上的运用范围还比较窄，大多局限于经济价值较大的竹种，如刚竹属竹种等，主要用于系统发育和种质鉴定，而在遗传图谱的构建方面基本还处于空白。

4.3　实生苗培育

实生苗是指以种子为繁殖材料培育的苗木。竹林从实生苗经长期的无性繁殖（竹鞭扩展、母竹移栽）和营养生长，在自然环境条件和人为生产经营活动等影响下，不定期地进入生殖生长，开花结实。然而，经济竹种普遍存在花而不实的现象，虽持续有零星开花，但很少结实或不结实。不少竹种有大面积开花，结实率也高，但结实后植株死亡，为 1 生 1 次结实竹种，如刚竹。栽培型竹种比野生型结实率低，种子大小及实生苗之间存在较大变异。因此，很多竹种的实生苗培育受种子采收数量与质量的限制。

4.3.1　种子成熟与采收

竹类植物的种子分为颖果型、坚果型、浆果型 3 种类型，各种果实的形状、大小和质量存在很大差异，成熟期一般为 4~10 月。种子成熟与区域的气候条件有关，高温、干旱可促进种子成熟。在广西桂林，毛竹种子一般在 8 月底、9 月初成熟脱落，采种可在整株植株大部分种子成熟时砍伐采种，这样一方面可减少其他植株开花的可能性，另一方面保证种子的及时采收，降低采种难度。采种前清理干净结实植株根部附近的枯枝落叶、杂草、杂灌，在地上铺上采种布或薄膜，可方便种子的收集，防止砍竹震动造成种子脱落于林地。种子收集后要及时阴干（忌晒，否则种子发芽率将显著降低）、脱粒、净种。

4.3.2　种子质量与贮藏

成熟的毛竹种子没有休眠期，宜随采随播。如需春季播种育苗的应把种子拌匀防虫药粉，放在阴凉、干燥、通风的地方。种子常温下贮藏时间不宜超过半年，否则发芽率将显著下降。在 0~5 ℃低温下，可贮藏 1 年时间。经过净种的毛竹种子净度可达 90% 以上，种子千粒重约为 20.0 g，种子发芽率为 50%~70%。

4.3.3　播　种

竹子种子育苗一般有点播法和芽苗移栽法两种，但由于竹子种子一般较小，发芽率低，所以一般以芽苗移植育苗为主。

（1）苗圃地的选择

选择苗圃地时，以水源方便、土壤疏松肥沃、空气湿润的阴坡、半阴坡为首选，有少量碎石砾的土壤更好。也可选土质好的平地，但光照过强的地方要搭遮阴棚。

(2)育苗床的整理

整理育苗床时，对育苗床进行深翻碎土，拣去草根、石块后起畦。床面宽 1 m，高 15~20 cm，留足步道和排水沟。育苗床整好后，有条件的可在床面铺 2~3 cm 厚的菌根土（可从该竹种的林分中取根际土壤），以提高种子的场圃发芽率，使幼苗出土整齐苗壮。

(3)种子的处理

种子常用敌克松拌种或杀虫双粉剂拌种保存，以防虫蛀食。播种前清洗掉拌种药粉，然后用 0.2%~0.5% 的 $KMnO_4$ 浸种 2~4 h 即可。或将清洗干净的种子用 40 ℃温水浸种 24 h 作催芽处理。健康状况良好的种子也可不做处理直接播种育苗。

(4)播种

播种方式有撒播和条播两种，一般以撒播为主。毛竹播种量为每亩 10~15 kg，用草木灰覆盖，以不见种子为宜。用草或薄膜覆盖床面，保持适宜水分条件，有利于种子萌发。

4.3.4 种子萌发与幼苗生长

播种后要保持苗床适宜的水分条件，秋播的应早晚各淋水 1 次，春播的应根据天气及苗床湿度适当减少淋水次数。播种后浇透水，用薄膜覆盖的可不用淋水，但薄膜要紧贴床面，避免苗床土壤温度过高而影响种子萌发。秋播一般在播种后 7~10 d，种子开始发芽，15 d 左右为发芽盛期，发芽持续期约为 30 d。在发芽盛期需保证足够的水分供给，及时揭掉薄膜和除去杂草，草可分 2~3 次除去。遇冬冷春寒天气可搭塑料小拱棚保温。小苗长出 2~3 片叶后，可适当淋尿素水进行追肥，浓度 0.1%~0.2%，每隔 1 周追肥 1 次。

4.3.5 竹苗的抚育管理

(1)小苗移栽

小苗移栽前，圃地应施好基肥，每亩农家肥 1 500~2 000 kg，混合 P 肥 30~40 kg 后堆沤腐熟，穴施或撒施均匀。毛竹秋播的种子到 2~3 月，小苗已长到 5~10 cm、4~6 片叶子，此时可选择阴雨天气移栽到苗圃上；春播的种子在 4 月小苗长到 5 cm 左右、2~4 片叶子时可移栽到苗圃地上。小苗移栽时按 30 cm×30 cm 株行距开穴，每穴移栽小苗 2~3 株，移栽后浇透水。

(2)苗圃地管理

小苗移栽后应保证水分供给，1 周后可长出新根。移栽后 15~20 d，可用 0.2%~0.5% 尿素水或 10%腐熟人畜粪尿薄施水肥，1 个月左右小苗进入分蘖期。小苗进入分蘖期后，分蘖苗高生长停止不久，新的分蘖芽又形成。毛竹苗一般每月分蘖 1 次，每次 1~3 苗。为了保证分蘖苗对养分的需求，每隔 10~15 d 追肥 1 次，浓度可逐步加大到 1%。也可用干施法，穴施尿素 10~15 g，离根部 10~15 cm 施放，施后覆土。干施法应保证每月施用 1 次，同时做好除草工作，以防杂草抢肥。毛竹实生苗分蘖旺期一般在 8~9 月，为保证幼苗的分蘖生长，根据苗圃地土壤养分状况用干施法追施 2~3 次 P、K 肥，每穴用量为 15~20 g。10 月底以后，分蘖逐步停止，停止追肥。此时，合格的分蘖苗为每穴 10~15 株，多可达 20 株以上，冬春可出圃造林，也可进一步扩繁，以苗育苗，扩大苗源。

4.4 营养繁殖苗培育

营养繁殖苗是指利用竹子的再生能力，以其营养器官(竹鞭、秆、枝等)的一部分为繁殖材料，在一定条件下人工培育而成的完整新植株。经过营养繁殖获得的新个体，能够保持母本的优良性状，后代性状整齐一致。

4.4.1 竹子再生能力

竹子再生是指竹子的离体器官或组织具有恢复竹子其他部分的能力，这是以细胞中遗传物质的全能性为基础的。散生竹的竹鞭上有根点与笋芽，能生根长笋；丛生竹的主枝和次生枝犹如一株母竹，枝蔸如同竹蔸，枝条如同竹秆，具节、节间和节芽，节芽能萌发抽枝长叶，从而制造营养供根系的生长和笋眼的萌发。散生竹的竹鞭、丛生竹的主枝和次生枝都可以再生形成一个完整的竹株。

4.4.2 竹子营养繁殖的种类与方法

(1)连续分株育苗

利用丛生竹或散生竹实生苗幼苗合轴丛生、分蘖的特性，可进行连续分株育苗。在春季，将1年生竹苗整丛挖起，2~3株分为一小丛，尽量不损伤分蘖芽、根系和竹鞭，剪去叶子的一半，按株行距30 cm×30 cm在苗圃地上移栽，移栽后浇透水。苗圃管理同实生苗圃地管理一致。1年后每丛竹苗可达10~15株，苗高1 m以上。翌年，按照起大苗留小苗的原则继续分蘖繁殖，如此循环往复，每年可不断生产大量带鞭优质竹苗。

(2)埋鞭育苗

散生竹地下茎的再生能力很强，实生分蘖苗、分株苗起苗造林后，苗圃地内常留下部分弱小苗及竹鞭，通过适当整理苗床，及时追施N肥，把弱小苗进一步培育成壮苗。残留竹鞭截成保留3~4个芽苞、长15 cm左右的鞭段，在30 cm沟距内平放，芽向两侧，覆土厚度为鞭径的3倍，浇透水，并盖草保温，加强圃地管理，当年每丛可分蘖5~6株，翌年春季可出圃造林。

(3)压条育苗

实生分蘖苗、丛生竹的节芽都有较强的萌蘖生根能力，在5~6月，选择尚未展叶的分蘖苗丛，轻轻向外压倒，使其基部和中部埋入土中，梢部向外压实，埋入土中的节在1个月左右即可生根。分蘖苗埋入土中的基部和中部生根后，剪去梢部，促使土中各节抽枝成苗。

(4)带蔸埋秆育苗

丛生竹的主秆和竹蔸具节，节芽能萌发抽枝长叶并制造营养供根系的生长和笋眼的萌发。选择1年生、健壮无病的母竹，带蔸挖取，留秆长0.8 cm左右。采用平埋或斜埋的方法育苗，平埋时，"烟筒蔸"的切口向下紧贴实地，深度3~5 cm；斜埋时，母竹秆与苗床呈15°倾斜。对绿竹、青皮竹等进行带蔸埋秆育苗实验，结果表明，绿竹斜埋育苗的成活率为 100%；青皮竹平埋育苗的成活率为 82%~97.8%。应用绿色植物生长调节剂（GGR）3 号，配成 30 mg/kg 溶液，拌黄心土调成泥浆，硬头黄竹、青皮竹竹蔸蘸泥浆后栽植培育竹苗，可增加产苗量，GGR 投入产出比为 1：（9.85~14.82）。

砂壤土比红壤土疏松透气，更有利于丛生竹带蔸埋秆育苗成活和出笋成竹。

（5）扦插育苗

枝条扦插和埋节是丛生竹育苗的两种主要方法。选用 1~2 年生丛生竹子中部和中下部节位的竹枝，剪去多余的侧枝，仅留主枝和次生枝；竹秆以竹节为中心，每个竹节只留 1~2 个枝条，节上下部横切面锯断、锯平制成插穗。扦插时间一般在每年的 3 月中旬至 5 月上旬。研究表明，绿竹主枝和次生枝扦插育苗的成活率平均可达 76.5%，高可达 86.4%，成竹丛率和发笋成竹率都在 95% 左右，即使在 5 月较晚时间扦插，次生枝扦插成活率也能高达 87.5%。

4.4.3　竹子营养繁殖的环境控制

（1）温　度

一般来说，土壤温度比大气温度高 2~3 ℃，对根系的生长最为有利。根系生长的适宜土温因竹种而异，多数竹种为 20~25 ℃。很多竹种都有其生根的最低温度，只要达到其生根温度的最低要求，即能开始生根。

（2）湿　度

离体器官最易失去水分平衡，因此在插壤过程中应保持适度的水分以利生根，并保持空气相对湿度。嫩枝扦插对空气湿度的要求更高，为了保持插条不枯萎，最好保持 90% 以上的湿度。

（3）土壤的通气条件

插穗的生根涉及一系列生理代谢过程，需氧气参与，因此，保持扦插育苗地土壤的疏松透气，可避免插条发生窒息腐烂。

（4）光　照

光照能促进常绿植物的穗条生根。同时，强烈的光照会增加穗条的蒸腾失水量，易使插穗失去水分平衡，降低成活率。合理调控光照强度，保持插穗水分平衡，是保证扦插成活的关键。生产上可采用自动间歇喷雾系统进行扦插育苗，既增加了空气相对湿度，降低插条的蒸腾失水，又不影响光照，可极大地提高扦插成活率。

（5）扦插基质

扦插土壤（基质）对插穗生根影响很大，砂质壤土或腐殖质壤土，土质疏松透气，土温较高，并有较好的保水能力，有利于插穗生根成活。对于一些生根难度较大或生根较慢的竹种或气候十分干燥、风特别大、比较寒冷的地区，进行扦插育苗时，在普通的土壤上扦插成活较为困难，需要一些特殊配制的基质和设施才能满足其生根的要求。配制扦插基质的材料有砂、炉渣、珍珠岩、蛭石、泥炭和泥炭藓等。

在竹子无性繁殖过程中，为保证良好的环境条件，特别是水热条件，每日要喷水 2~3 次，气温高时每天 3~4 次，但每次水量要少，以达到降低气温，增加空气湿度，而又不使插壤过分潮湿的目的。在生根初期，空气湿度应保持在95%以上，新根生长点组织形成后可降低至80%~90%。环境温度控制在18~28 ℃为宜，超过30 ℃时应采取喷水、遮阴等降温措施。离体器官(组织)生根以后，可加大透光强度，降低土壤水分含量，使其逐渐接近自然环境。

竹子种苗质量是造林成活及成活后的快速繁衍成林的重要保障。根据造林地的立地条件和林分培育目的变化，筛选与之相适应的种苗类型，控制种苗形态及生理状态，是竹类种苗质量控制的关键。如何根据造林地立地条件、商品化种苗生长环境的变化和苗木质量动态特性，采用多种指标，建立完整的苗木质量综合评价和保证体系是今后一段时期苗木质量研究所要解决的问题。

案例：常见地被竹容器育苗技术

地被竹是指一类自然生长高度低于100 cm，具有一定的扩展能力，能迅速覆盖地面的低矮型竹类植物，常见有菲白竹、箬竹(*Indocalamus tessellatus*)、鹅毛竹(*Shibataea chinensis*)、黄条金刚竹、翠竹(*Sasa pygmaea*)、菲黄竹、铺地竹、美丽箬竹(*Indocalamus decorus*)等。

地被竹的地下茎多为复轴混生型，高生长迅速，群落景观效果极佳，具有护坡固土能力强、生态适应性强、能抗污染和病虫害等诸多优点。地被竹的枝叶茂盛，植株柔韧、浓密，出笋成竹能力强，不易折断且耐修剪。因为其适应粗放管理、后期维护成本低等特点，已逐步成为替代草坪类植物的良好材料。地被竹可采用多种方式进行育苗，其中容器育苗法具有育苗时间短、规格整齐统一、移栽不伤根、运输方便、苗木成活率高的优点，已成为越来越普遍的竹苗培育方法。同时，容器苗一次成景后，可多季节绿化，景观效果好，在园林绿化、造景、庭院美化及河湖堤岸、高速公路护坡等方面应用广泛。

一、育苗容器

1. 容器种类和形状

(1)控根塑料杯

控根塑料杯是用硬质塑料制成六角形、方形或圆锥形，底部有排水孔的容器。其中以无底的六角形最为理想，有利于根系舒展。经过改良以后的圆筒状或圆锥状容器，其内壁表面均附有2~6个垂直突起的棱状结构，根系可沿棱向下伸展，根尖抵达底端排水孔口，遇空气干燥作用而得到控制。

(2)纸质软盆

纸质软盆用一次性纸质餐具的设备生产，其原料全部采用白水回收的残渣浆和脱墨废纸浆，并加入一定量的化学助剂，制成的不足0.5 cm厚的纸质花盆。纸质软盆盛湿泥后，可保持6个月坚挺不软。

(3)Fertiss无纺布育苗容器

Fertiss无纺布育苗容器是用无纺布等易穿透材料根据容器尺寸大小的不同调整进料口，从而制作出口径大小不同的袋状有底容器。该容器供不同的苗木育苗使用，移栽前无须去掉。

2. 容器规格

容器规格相差很大，主要受苗木大小和育苗方式的影响，分小型直径 10 cm×12 cm、中型直径 20 cm×24 cm、略大些直径 25 cm×30 cm 等型号。

3. 容器性质和使用方法

（1）可降解容器

可降解容器包括泥质容器、纸质软盆、Fertiss 无纺布育苗容器等。造林时，可降解容器与苗木不必分开，能一起栽植入土，在造林地或园林地土壤中逐渐降解。

（2）不可降解容器

不可降解容器包括塑料薄膜容器、硬塑料杯、塑料穴盘等，此种容器不能与种苗一起栽植入土，需去掉容器后方可进行绿化造林，一般可多次重复使用。但塑料薄膜容器壁薄，不可多次重复使用。

二、育苗地条件

育苗场地应地势平坦、运输方便，距造林地近，浇灌和排水设施良好，管理方便。

三、育苗基质

1. 基质配制

（1）配制原则

基质的取材要方便，成本要低，透气、保湿、无毒、重量轻、养分足、不含杂草种子和病虫。在配制基质时，应充分混合各种原料，使其性状一致，均匀分布，避免出现养分或水分分布不均的现象，导致竹苗生产不良。竹种不同，其生物学特性并非完全一致，培养基质也应有所差异。

（2）配制要求

容器苗的盆土最好选择用疏松、肥沃、排水和持肥性良好的营养土，以酸性、微酸性砂壤土为宜，忌黏重和碱性土壤，pH 值维持在 4.5~6.5。

（3）基质配方

泥炭土：需经过细加工。

园土：肥沃疏松的黑色壤土最佳，配制前碾碎过筛，形成质地均匀的细土。

珍珠岩：选择中小颗粒型。

常用配方如下：

①园土加 5%（以重量计）干鸡粪（已充分发酵）拌匀；

②平菇生产采收后的菌土 50% + 园土 49.7% + 复合肥 0.3%，充分拌匀，堆放发酵后使用；

③泥炭土：珍珠岩：香灰泥：黄泥=1.4：0.6：4：4；

④泥炭土 50% + 森林腐殖质土 30% + 火烧土 18% + P 肥 2%；

⑤红黄壤：腐殖土：砂=4：4：2。

2. 基质消毒

（1）药剂消毒

①$FeSO_4$。于基质中施用浓度为 2%~3% 的 $FeSO_4$ 水溶液，用量为 9 g/m³。

②福尔马林。每立方米基质喷洒 0.15% 的福尔马林溶液 20~40 kg，充分搅拌，然后

用塑料薄膜覆盖密封 24 h，揭开塑料薄膜，待药味全部散失后即可使用。

（2）高温蒸汽消毒

将基质装入透气的编织袋，并用棚膜包裹封严，通入热蒸汽，在 80 ℃ 以上温度保持 30 min，可将大多数细菌、真菌、昆虫和草籽杀死。

3. 基质装袋

基质要在装袋前洒水湿润，含水量控制在 10%~15%。基质装入容器要充分混合、紧实，一般低于容器口上沿 2~3 cm。基质不能过于紧实，避免种子缺少空气影响呼吸。将装好基质的容器整齐摆放在苗床上，容器上口要平整一致；同时固定好苗床周围的容器，避免掉落或倾倒。

四、育苗方法

1. 容器播种育苗

采种后最好立即播种或经充分干燥后低温贮存。育苗时，先将种子用清水洗净，然后用 2% 的 $CuSO_4$ 溶液浸泡 5 min，再用 3% $KMnO_4$ 消毒 2~4 h，洗净后将种子均匀播在容器中央。播后及时覆土，覆土厚度 0.5~1.0 cm，及时喷水，保持基质湿润。

2. 容器埋鞭育苗

（1）埋鞭时间

每年 3 月上旬。

（2）竹鞭挖取与处理

将地被竹地上部分贴地面剪除，沿剪除边缘用铲子挖深 30 cm 的窄沟以断开竹鞭，然后将竹鞭成块挖起，并注意保护竹鞭和鞭上的芽苞，不能随意断鞭，保证竹鞭长度尽可能地长。剔除竹鞭上的土壤，用修枝剪贴竹鞭剪去着生于鞭上的立竹茎段，选择 1~2 年生、粗壮、鞭芽饱满的竹鞭为鞭段育苗材料。将竹鞭剪成 4~6 cm 的鞭段后置于生根粉溶液中，浸泡 5~10 min 后捞出待用，原则上采用即剪即埋的方法。

（3）埋鞭方法

先在营养钵中填充基质至容器高度的 2/3 左右，再将待用的鞭段（一般选取 3~5 段）平铺于容器的基质上，覆盖基质土至离容器口沿 1 cm 左右，压实，浇水后置于遮阴棚内进行养护，注意及时灌溉和人工清除杂草，保护幼竹生长。

3. 母竹移栽容器育苗

（1）移栽时间

除笋期外均可移栽。

（2）母株移栽育苗方法

首先将大的丛状植株从苗床或容器中脱出，将其分切成每丛带 3~5 根茎秆的小株丛，带 5 cm 左右竹鞭，保留宿土。再将其分别重新栽植入容器当中。对叶片过多的茎秆或根系有损伤的小竹丛，应适当去除一部分叶片。

五、苗期管理

1. 除 草

人工除草，应遵从"除早、除小、除了"的原则，做到容器内、床面和步道上无杂草，人工除草在基质湿润时连根拔除，要防止松动苗根。不宜采用化学法除草。

2. 水分管理

地被竹喜湿润，忌积水。最佳空气相对湿度为80%~95%。容器苗第1次水要浇透、浇足，保持盆土湿润，"干透浇透"，不能浇水过多，否则易导致其烂鞭烂根。从幼苗开始生长到成活期间，要经常给叶面和环境喷水。若发现容器内育苗基质缺水而引起竹叶卷曲，应及时补充水分，促使竹叶快速重新展开。春秋两季可每2~3 d浇水1次；夏季通常每天浇水1次，在高温的中午前后，采用喷雾补湿方式，对竹叶喷施2次，至竹叶出现大水滴；雨季则应及时排水，竹苗不得淹水受渍；冬季喷水维持盆土湿润即可，以免"干冻"。

3. 温度调控

地被竹的生长适温为15~25 ℃。盆栽地被竹植株较耐低温，冬季最好将其置于大棚中，以盆土不结冰为宜。盛夏期间，当环境温度达30 ℃以上时，搭棚遮阴、叶面喷水，使其能始终维持最佳的生长状态。

4. 光照调控

地被竹苗期要求有阳光充足的环境，但不可烈日暴晒。春季和秋季让其接受全光照，冬季则应朝南放置；盆栽自春末至初秋，应置于遮阴棚下，或放置于大树的浓荫下，尽量避开强光直射，以免叶片出现枯黄。

5. 施肥管理

基肥以有机肥为主，如饼肥、畜粪或肥沃的塘泥。可在配制培养土时加入8%的饼肥或12%的猪、牛粪，于生长季节每月浇施1次稀薄的有机肥，且可在其中加入0.2%的KH_2PO_4。在地被竹生长旺盛期的5~8月，应追施2~3次薄肥，以N肥为主。对于叶片上有斑纹的地被竹种类，可在春季追施1~2次P肥、K肥。当气温高于30 ℃、低于15 ℃时，不可进行追肥，否则容易引起烧苗。

6. 矮化修剪

一般在每年的2月(未出笋)和10月左右将地被竹的地上部分沿地表进行修剪，或根据不同的地被竹种选择在不同的株高(如15 cm、30 cm等层次)进行修剪封顶，促进竹苗根系生长和地下系统发育，提高苗木的观赏价值。

7. 病虫害防治

遵循"预防为主，综合治理"的原则，发生病虫害要及时防治，必要时应拔除病株。药剂防治要正确选用农药种类、剂型、浓度、用量和施用方法，充分发挥药效而不产生药害。防治病虫害应符合《林业育苗技术规程》(DB33/T 179—2016)有关要求。

8. 出圃前管理

出圃前半个月，应逐步减少喷水量。前6 d停止喷水，以减轻重量，避免土球松散。

六、苗木出圃

1. 出圃要求

容器苗出圃规格根据地被竹出笋成竹、立竹生长规律等确定。应具备根系发达，根团形成良好，苗干直立，色泽正常，长势好，无机械损伤，无病虫害，新枝叶约占整个容器面的2/3等出圃条件。年末(12月)调查，成活率100%，每盆成苗13株以上，即可出圃。18月龄后，每盆容器苗都达到30株以上，达到出圃要求。

2. 起 苗

起苗与栽植最好同步进行，要由专人负责起苗与运输，随起随栽。起苗后应迅速将苗木装箱运至栽植地点。对于不能及时栽植的苗木要在阴凉之地假植，尽量减少苗木暴露在空气中的时间，以防失水太多。起苗时要注意保持容器内根团完整，防止容器破碎。切断穿出容器的根系，不能硬拔，严禁用手提苗茎。

3. 苗木检验

要进行竹苗分选，剔除弱苗、废苗、病虫苗，选生长健壮、景观效果好的竹苗。具体方法参照《商品竹苗质量检测方法》(LY/T 2440—2015)中的规定执行。

4. 苗木分级

苗木在检验后、包装运输前还要进行分级，以《主要商品竹苗质量分级》(GB/T 35242—2017)中的标准执行。

5. 包装和运输

(1)苗木包装

对于有底的容器袋，装袋移植时应先将袋打开，然后把苗木提起使之悬空放进袋中央并同时使根系舒展开来，然后从苗木四周填土至苗木根茎以上2 cm的位置时压实，切记不能只从一侧填土将苗木挤向容器袋的另一侧。对于无底的容器袋，装袋移植时应先将少量营养土湿润至手握成团不易松散的状态，然后打开容器袋将袋底部捏在一起，装入少许湿土，上下用力挤压成圆饼状，展开袋上部放入苗木后填土。

(2)苗木运输

长途运输需用汽车等机具装运，而短途运输一般则采用人工挑运。运苗工具最好能设计箩筐类的形状或专用育苗托架，1担可装120~150袋，约能造林1亩。在装运的过程中均应避免苗木被挤压和野蛮装卸等问题。

七、档案管理

为掌握情况，积累资料，应建立健全育苗技术档案及管理制度。档案管理的内容包括：地被竹容器育苗技术，苗期管理，出圃苗木数量、规格，总产苗量，各项作业的用工量和物料消耗等。同时保证育苗档案必须由专人负责填写和保管。

4.5 竹子组织培养技术育苗

植物组织培养快速繁殖技术具有繁殖系数高、病虫害轻、节省能源等优点，是一项林业种苗繁殖的技术。竹类植物通过组织培养技术快速繁殖，与传统的母竹移栽、埋鞭、埋秆、枝节扦插等方法相比，具有繁殖系数大、种苗体积小、便于运输、更利于实现工厂化生产等特点，可以在短期内获得大量种苗，满足市场日益增长的需求。近30年来，竹类植物组织培养发展较为迅速，已有30余属100多个竹种开展了组织培养技术研究，其中外植体的选择几乎包含了所有器官和组织。竹类植物组织培养主要通过直接器官发生途径诱导不定芽或不定根，再生完整植株，繁殖速度快，能较好维持母本特性，适合大规模商业化生产种苗；另外，有少数丛生型的竹类植物通过愈伤组织途径，建立组织培养繁殖技术体系，但其培养过程中容易发生体细胞无性系变异，通常只为遗传转化技术研究或次生代谢产物生产等提供技术支撑，不建议用于种苗生产。也有关于竹子原生质体培养或悬浮细胞培养的报道，但目前尚未通过该途径获得再生植株。

4.5.1　组织培养快繁途径

竹类组织培养目前多用于种质资源保存、快速繁殖、遗传转化再生体系建立，快速繁殖途径主要有以下 3 种：

（1）种胚培养

植物种胚培养是在无菌条件下将种子的成熟胚或者未成熟胚分离出来，在合适的培养基上发育成正常植株的组织培养技术。通过这一技术可以有效克服败育、种子休眠以及远缘杂种不能正常发育等障碍，获得正常的植株。较早的丛生竹组织培养都是通过种胚离体培养，例如，麻竹、马来甜龙竹、巨龙竹等曾经成功获得了无菌种胚萌发的试管苗；而混生型竹种由于开花结实较少，因此离体胚培养相关报道也较少。目前，亚热带地区出现了毛竹、雷竹等竹种大面积开花现象，这为散生型竹种采集种子提供了便利，因此相继出现了关于毛竹、雷竹等种胚离体培养成功的报道。

以离体胚为外植体，萌芽率高，侧芽增殖效果好，生根容易。然而，多数竹子至今未见开花或开花后并未结实，成为种胚培养大规模繁殖的制约因子；另外，种胚获得的试管苗移栽初期生长缓慢，移栽造林后容易出现无性系变异，给生产和造林易带来不利的影响，因此无菌播种或者种胚试管苗不适合于种苗规模生产。

（2）以芽繁芽

以芽繁芽是指在一定的条件下，将幼竹或成年竹的鞭芽、秆芽和枝芽等部分器官直接置于适宜的培养基上，不经过愈伤组织阶段直接产生丛生芽或不定芽，再将这些芽丛切分成每丛 2~3 株，继续增殖培养，实现竹苗在试管内大量繁殖。利用此繁殖方法，竹苗质量好、整齐度高、不易发生变异且适用于所有竹子，因此应用最广泛，已有很多竹种开展组织培养工厂化生产。

以芽繁芽技术取材受季节限制，成功率与外植体生理状态、培养条件直接相关。不同竹种间繁殖能力差异大，多数竹种初代培养容易褐化，且已成为影响植株再生的重要因子。例如，散生竹再生能力最弱，混生竹次之，丛生竹相对容易，致使 3 种类型竹类组织培养技术研究进展差异较大。

（3）愈伤组织培养

愈伤组织培养技术是指诱导植物外植体脱分化产生拥有大量薄壁细胞团块的组织，并对其培养的技术。竹子种子、幼胚、花药、茎尖分生组织、花序组织等都已经成功诱导出胚性或非胚性愈伤组织，愈伤组织继代增殖，然后可以分化出大量的竹苗或竹芽。愈伤组织还是悬浮细胞培养的细胞和原生质体的来源，可以用来研究植物脱分化与再分化、生长发育、遗传变异、育种及次生代谢产物的生产等。因此，国内外竹子愈伤组织的研究报道较多，但是愈伤组织成功诱导并再生植株的竹种多为丛生竹，散生竹中毛竹愈伤组织再生体系已建立。

4.5.2 组织培养技术育苗

经济竹类组织培养技术流程主要包括外植体的选择与消毒、培养基主要成分的筛选、生根壮苗与移栽驯化等技术。

4.5.2.1 外植体的选择与消毒

（1）材料选择

竹类植株的各个器官均可作为外植体，包括顶芽、秆或枝的侧芽、鞭芽及其茎尖分生组织、成熟或幼嫩种胚、根、叶片、花序、花药及原生质体等。绿竹、凤凰竹（*Bambusa multiplex*）、翠竹和罗汉竹以茎尖为外植体诱导出愈伤组织；秆芽、枝芽作为外植体应用最广泛，大多数竹子组织培养都是由此开始的。Prutpongse 等曾用 67 种竹子为实验材料，外植体分别选用种子、花序、带节的茎段和叶片，其中 54 种竹子离体快速繁殖获得成功。毛竹、雷竹种胚离体培养可以获得直接再生植株或脱分化形成愈伤组织；孝顺竹花序轴可诱导出愈伤组织，并获得再生植株；麻竹单核中期或双核早期的花药离体培养也成功获得了再生植株。

除了外植体种类对竹类组织培养有影响，不同类型竹种再生能力差异也较大。丛生竹组织培养再生体系建立相对容易。混生型竹类植物地下茎复轴混生，地上部分偏向丛生型的竹种，其组织培养再生能力较好，如菲白竹等地被类竹种；而地上部偏向散生状的竹种，其组织培养再生能力较差，如唐竹属、寒竹属（*Chimonobambusa*）等竹种。目前，散生竹只局限于少数竹种的离体种胚培养或茎尖组织培养，还未见到利用其他外植体再生植株成功的报道。

外植体生理状态也是竹类植物离体再生的关键。首先，母竹生长环境适宜、水肥管理得当，植株生长势良好，组织培养过程中培养基及植物生长调节物质的适用范围广，容易获得再生植株。其次，春季幼嫩的器官或组织代谢旺盛，污染率低，再生能力较好。因此，选择生长良好的母竹幼嫩组织或器官作为外植体，有利于组织培养技术体系的建立。

（2）外植体消毒

在竹类组织培养过程中，外植体的消毒非常重要。首先，由于竹类植物的表皮细胞具有非常致密的乳突，乳突间的缝隙内会镶嵌大量的尘埃及各种菌类的孢子，且乳突表面还有一层蜡质状的物质，阻碍消毒液的渗透，因此，竹子的外植体灭菌较为困难，在培养 20 d 后，尚能出现污染现象；其次，竹子组织内含有较丰富的酚类物质，消毒过程中极易引起褐化，且组织上残留的消毒液又难清洗干净，培养材料极易受到毒害。所以，取材前植株净化、材料的清洗、消毒液种类与消毒时间的选择尤为重要。

竹子各外植体结构及表型特点不同，消毒方式不尽相同。但是无论取何种外植体，选择健康母株，取材前进行精细管理与净化处理尤为重要。例如，菲白竹、花秆绿竹（*Bambusa oldhamii f. variegata*）等组织培养取材前，均采用隔日杀菌剂喷雾净化处理，效果良好。下面分别介绍竹子不同的外植体灭菌的一般程序：

①种子消毒　挑选低温贮藏后成熟饱满的种子，先用洗洁精清洗，然后用自来水冲洗10~12 h后，置于超净工作台无菌的烧杯内。有时先用70%或者75%乙醇表面消毒30~60 s，再用加有Tween的0.5%~1.0%次氯酸钠浸泡10~15 min，用真空泵抽滤灭菌效果更好，最后用无菌水冲洗3~5次。消毒完毕置于解剖镜下，用刀尖切取胚接种到培养基上。

②秆芽、枝芽消毒　首先，田间取材时，剪下枝条插到装有蒸馏水容器里，以免幼嫩材料迅速失水影响外植体活力。其次，成熟枝条上选用竹秆节上饱满的芽苞或选用叶片没有全部展开的枝条作为外植体，带到实验室后立即剪掉叶片，剥去箨壳，成熟饱满的芽裸露，而幼嫩芽需留1层箨壳以免消毒剂毒害。然后，用洗洁精洗涤后冲水2 h，箨壳有毛的成年竹秆，有时用苯扎溴铵溶液浸泡3~5 h后，再用70%或者75%乙醇表面消毒30~120 s，用无菌水清洗1次后，置于0.5%升汞或者1.0% NaClO中，再用无菌水冲洗3~5次，显微镜下切割前用无菌滤纸吸干材料表面残留的水分。

③花药或小穗消毒　竹子花芽的颖壳并未完全包裹花药、小穗轴等，可能附着大量灰尘或者微生物，且花药表面布满小孢子，如果接触到消毒液体，容易被毒害或散落，消毒非常困难。可借鉴大豆种子消毒方式，采用氯气消毒法，把即将消毒的花序表面用酒精擦拭后，置于充有氯气的密闭容器里，氯气浓度与时间根据花序大小、数量而定。

4.5.2.2　培养基主要成分筛选与配制

培养基成分是竹类组织培养成功的关键因素。其中，基本培养基及其盐分浓度、植物生长调节物质的种类与浓度影响较大。

(1)基本培养基

竹子组织培养基本培养基主要为MS、N6、B5等培养基。但通常会通过改变MS培养基的成分中大量元素或微量元素，如硫胺素、烟酸、吡哆醇、甘氨酸、肌醇、酶蛋白水解物、蔗糖等的含量来改良MS培养基。固体培养基的凝固剂多采用琼脂粉或进口水晶洋菜(Gelrite)。在培养初期，Gelrite表现出良好的抗褐化性，但是价格较高，诱导芽生成后可改用琼脂粉或琼脂条，以降低成本，二者对侧芽增殖系数的影响差异不大。与固体培养基相比，液体培养基可省去凝固剂。液体培养基一般用于细胞或原生质体培养，器官培养芽丛容易玻璃化，但可以结合纸桥法共培养，以抑制试管苗玻璃化。目前，已用N6基本培养基进行了麻竹花药组织培养；用B5基本培养基对多种竹子进行了合子胚培养；用1/2改良MS基本培养基通过体胚再生途径诱导缅甸刺竹(*Bambusa burmanica*)植株的再生；用3/4改良MS培养基对麻竹等多种竹子进行了离体快繁。为了防止或减少外植体在培养基中出现严重褐化现象，可以在培养基中加入250 mg/L PVP(聚乙烯吡咯烷酮)或2~3 g/L活性炭。

(2)植物生长调节物质

在培养基中添加不同种类和浓度的植物生长调节物质，可诱导愈伤组织、胚状体、不定根、芽等器官或组织的生成，再生植株。不同竹种、不同的培养阶段对植物生长调节物质种类及浓度的要求不同。竹子组织培养中应用的生长调节剂有2,4-D、KT、NAA、BA、IBA、BAP、Picloram(4-amino-3,5,6-trichloropicolinic acid)和thidiazuron。常用的有2,4-D/KT组合、NAA/BA 组合。诱导愈伤组织通常在培养基中添加 1~3 mg/L 2,4-D，低于 0.3 mg/L 或超过 10 mg/L 的诱导效果一般较差。Picloram 在诱导愈伤组织的阶段具有一定促进作用，但是在培养过程中，培养细胞过了对数生长高峰后细胞数量急剧下降，因此，Picloram 可能对竹子细胞培养有不可逆的抑制作用，毛竹种胚在添加 Picloram 后多次继代培养导致细胞死亡也证实了这一点。NAA 与 KT 结合使用，在培养初期能诱导产生丛生芽，但增殖系数不一定高。KT 浓度对丛芽增殖影响较大，用量超过 5 mg/L 时，增殖率有所下降，应适量使用。低浓度的 BA 与 NAA 结合对生根有促进作用。

4.5.2.3　生根壮苗与移栽驯化技术

竹子试管苗具有良好的根系，会促进侧芽增殖，这是组织培养快繁成功的关键。不同竹种生根能力差异很大，侧芽增殖容易的竹种，培养一段时间后可以自然生根；初代培养困难的竹种，生根能力很差。部分竹种即使不定芽增殖能力较强，试管苗的生根能力也可能较差，需要通过生根粉或 IBA 浸泡处理后才能生根。利用高浓度糖诱导竹鞭生成，使芽与根同时在鞭节萌发，试管苗粗壮，有利于提高移栽成活率。

生根良好的试管苗，即可驯化移栽。试管苗驯化初期，要尽量设置与试管内环境接近的环境条件，循序渐进地驯化：可以用透明袋套在小容器中，每隔两天剪口，或者根据小苗适应情况慢慢脱去套袋。移栽后期，要精心养护，保持水分供需平衡，调整良好的光照条件，防止菌类滋生，提高试管苗移栽成活率。

复习思考题

1. 散生竹和丛生竹的染色体数目的主要类型和特点是什么？
2. 木本竹子染色体基数的不同观点有哪些？
3. 竹子基因组的大小与染色体数目的关系是什么？
4. 竹子遗传多样性研究的 DNA 分子标记技术有哪些？
5. 竹子种苗培育方式有哪些？
6. 竹子埋鞭育苗要注意哪些技术环节？
7. 竹子组织培养育苗的流程和注意事项包括哪些？
8. 竹子组织培养快繁技术的 3 个途径是什么？

推荐阅读书目

1. 陈瑞阳，2003. 中国主要经济植物基因组染色体图谱：第四册[M]. 北京：科学出版社.
2. 王蒂，2004. 植物组织培养[M]. 北京：中国农业出版社.

第5章　散生竹培育

【内容提要】中国是世界散生竹分布的中心，散生竹不仅种类繁多，而且种植面积广。其中有许多经济意义极为重要的竹种，例如毛竹、雷竹、刚竹、淡竹等。散生竹种不仅在服务地方经济、增加竹农收入等方面起到重要作用，同时，兼具重要的生态价值和社会价值，比如散生竹大部分以成片竹林的形式存在，在水土保持、水源涵养、碳汇等方面发挥重要作用。因此，高效地培育目标散生竹种至关重要。本章将从散生竹营造、幼林管理、成林管理3个方面来介绍散生竹的培育，并以毛竹和雷竹为例着重介绍散生竹的高效培育。

5.1　散生竹林营造

散生竹地理分布广泛，分布区内地理条件和气候条件较为复杂。但散生竹地下鞭根系统发达，其特有的觅养行为和生理整合作用使其对土壤条件和地形因素要求不高，具有较强的适应性，故散生竹营造对立地的要求相对较低。一些散生竹种只分布于特定的生态系统中，例如，摆竹（*Indosasa shibataeoides*）构成了广西亚热带常绿阔叶林的第2层；八月竹（*Chimonobambusa szechuanensis*）主要生长在峨眉山常绿落叶林中；铁竹仅分布在云南的金平县；髯毛箬竹（*Indocalamus barbatus*）仅分布在广西的大瑶山等。因此，散生竹的营造也需要考虑适地适竹。各散生竹种生长规律和繁殖特点大同小异，营造技术也大致相同，主要包括造林地的选择、整理和不同的造林方法。

5.1.1　立地选择

立地选择是散生竹林营造的重要基础，在立地选择前对立地条件进行科学合理的分析有利于充分利用自然资源的潜力，有效提高散生竹林的营造速度。在进行立地选择时，有许多立地因子需要进行事先考察，比如海拔、坡位、坡向、坡形、坡度、土壤厚度、土壤质地、母岩等。

（1）气候因素

影响散生竹类生长的气候因素主要是生长季的干旱和冬季的严寒。如"南竹北移"的引种过程中，冻害是限制竹子引种的主要因素。因此，立地的选择需考虑适宜散生竹生长的气候条件。如我国长江以南至南岭以北地区，是散生竹分布的中心，这一地区的气候条件一般都适于散生竹生长。因此，竹林营造需要考虑大气候条件是否适宜目的散生竹的生长。

(2) 土壤因素

散生竹具有强大的鞭根系统，但土壤的深度、酸碱度、水肥条件等因素会影响其生长状态。在选择立地时需考虑选择土壤深度较厚(> 50 cm)，有机质含量较高，酸碱度适宜的土壤。我国土壤类型丰富，碱性土壤有较大的分布，但散生竹在碱性土壤上生长不良，因此，在竹林立地选择之时，宜考虑酸性或微酸性的土壤，即土壤 pH 值在 4.5 ~ 7.0 为宜。

(3) 地形因素

地形因素是影响小气候和土壤条件变化的原因之一，如海拔、山脊、山谷、洼地等。散生竹分布的中心区，最好选择海拔在 800 m 以下的区域。高山地区、干燥多风的山脊、容易积水的洼地，往往不适宜散生竹的生长。如毛环竹在山地造林中最好选择山谷和中下坡，不宜选择在上坡。毛竹的经营同样适合在下坡(含山谷)的小环境。

5.1.2 立地整理

立地整理是竹林营造的重要环节，通过整地可以创造适宜散生竹生长的环境条件，有利于提高造林成活率并加快成林。当然实际整地应当视土壤具体情况而定，如果林地土壤肥沃疏松、土层深厚，在造林前可不必整地，直接进行开穴种植；如果林地条件较差，如积水、板结的退耕地，或者未开荒的荒地，则在造林前必须进行整地。在整地之前首先对林地进行清理，如铲除杂草、灌木丛等。具体整地方法可分为 3 种，即全面整地、带状整地和块状整地。

(1) 全面整地

全面整地就是对坡度在 20° 以下的造林地全面翻土，深度为 20~30 cm，以便除去土中的大石块和粗的树蔸、树根等。翻土时，将表土翻入底层，心土在上。全面整地能彻底改变造林地的环境条件，有利于散生竹造林成活和成林；造林后 2 ~ 3 年内可以竹农混作，以耕代抚，既能促进竹鞭和新竹生长，又可增加粮食收益。随着我国农业机械化的发展，在劳力和资金充足的情况下，建议进行全面整理。对于山地，由于坡度高，全面整地容易引起水土流失及土壤养分流失，不利于地上植物的生长，一般不提倡。带状整地和块状整地可满足竹林营造需要。

(2) 带状整地

带状整地就是呈长条状翻垦造林地的土壤，并在整地带之间保留一定宽度的不垦带的整地方法，坡度在 20°~30° 可以使用。带状整地前，须确定好整地宽度及带间距离。整地带宽度及带间距离一般为 3 m 左右，具体根据造林的竹种而定，翻土深度为 30~40 cm。翻土时同样应除去土中的大石块、树蔸、树根等，并注意将表土翻入底层。

(3) 块状整地

坡度在 30° 以上的陡坡上，全面整地和带状整地都易引起水土流失，可进行块状整地。

根据造林竹种、密度和株行距离等，确定栽植点。清除各栽植点周围 2 m 内的杂草、灌木；再按造林竹种不同，确定栽植穴的规格(见下文整地挖穴规格和要求)，挖栽植穴。

按照以上不同方式整地后，我们需要对栽植穴进行挖掘。栽植穴的规格一般为穴长为 0.5~1.0 m，宽为 0.3~0.6 m，深度为 0.2~0.5 m；挖穴时，将心土和表土放置于穴两侧。在造林前需要根据实际造林的散生竹竹种、造林的方法、造林的密度等确定栽植穴的具体尺寸和挖掘的深度。如毛竹移竹造林穴长为 1.0 m，宽为 0.5~0.6 m，深度为 0.4 m 左右；毛竹移鞭造林穴长为 0.8~1.0 m，宽为 0.3~0.5 m，深度为 0.2~0.3 m；毛竹实生苗造林穴长为 0.5~0.6 m，宽为 0.5 m 左右，深度为 0.3~0.4 m 为宜。刚竹、淡竹、石竹(*Dianthus chinensis*)、水竹等中小型散生竹造林穴长为 0.8~1.0 m，宽为 0.4~0.5 m，深度为 0.3~0.4 m 为宜。

5.1.3 造林方法

散生竹的造林方法和传统的林木造林方法有所差别。林木造林方法一般包括播种造林和植苗造林。但因为散生竹生长的特殊性，通过竹笋发育形成新的成竹，因此，散生竹造林通常可以分为母竹移植造林、移鞭造林和实生苗造林 3 类。

5.1.3.1 母竹移植造林

母竹移植造林包括母竹的选取、挖掘、运输、栽植等环节，其中母竹的优劣对造林质量影响很大。散生竹的母竹质量主要反映在年龄、粗细、生长状况、病虫害情况等方面。

(1)母竹的选取

母竹移植造林不是靠母竹本身长大成材，而是靠母竹所连的竹鞭，重新抽鞭发笋，蔓延成林。故移竹造林要将母竹所连的竹鞭一起移植，才能达到造林的目的。

母竹年龄应是 1~2 年生。1~2 年生母竹所连的竹鞭一般处于壮龄阶段(即 3~5 年生)，鞭色鲜黄，鞭芽饱满，鞭根健全(图 5-1)，容易栽活和长出新竹、新鞭。3 年生以上的竹子不宜选为母竹，因为老竹(竹龄 3 年生以上)必连老鞭，鞭色黄棕或深棕(图 5-2)，鞭芽不齐(多数腐烂)，鞭根稀疏，不易栽活，虽然有的能栽活，但因竹鞭上活芽不多，出笋、行鞭和成林都较困难。大型竹种宜选小一些的母竹以利运输，容易成活；小型竹种宜选粗一些的母竹，以便提前高产；中型竹种宜选粗细适中、胸径 4 cm 左右靠近林缘，便于挖掘、分枝低、竹节正常、枝叶茂盛、无病虫害、无开花、生长健壮的竹株。

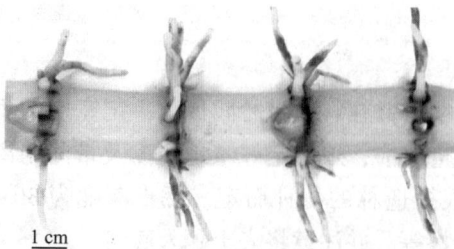

图 5-1　壮龄阶段鞭根(雷竹)　　　图 5-2　老龄阶段鞭根(雷竹)

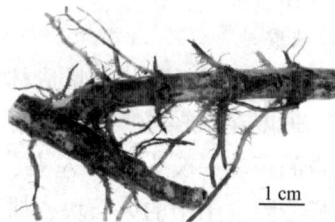

（2）母竹的挖掘

挖掘母竹的工具常用锋利的山锄，挖掘前要先判断竹鞭的走向，一般在最下一盘枝条方向的 30°范围内。先在距竹蔸 30~50 cm 处挖开表土，找寻竹鞭，留来鞭 30 cm、去鞭 50 cm，断鞭时要面向母竹，使断面光滑。挖掘时切忌握秆摇动，否则容易损伤竹秆和竹鞭的连接处（称为"螺丝钉"），破坏鞭与秆连接的疏导组织，影响成活。鞭蔸多带宿土，呈橄榄球状。留枝 4~5 盘，砍去梢端，要求切口平滑。

（3）母竹的运输

母竹运输根据实际的运输距离而定。如气候潮湿，就近种竹，随挖随种，种后浇水管理及时，可留多枝，如 8 盘左右，对鞭生长和来年出笋量都大有好处；远距离运输母竹必须用稻草、蒲包、麻袋、尼龙薄膜包扎，运输途中要浇水护苗。在挑运、抬运、装卸车时，要防止损伤母竹。切不可把母竹扛在肩上，这样容易使"螺丝钉"受伤，不易栽活。

（4）母竹的栽植

母竹运到造林地后，应立即栽植。种植时先将母竹放入穴中，母竹鞭根与穴长方向平行放置，使来、去鞭舒展，不必强求竹秆直立成行。深度以竹蔸根盘表面低于穴面 3~5 cm 为宜，先覆盖表土，后填心土，分层填土、踏实，使鞭根与土壤紧密结合，切忌竹蔸与土壤间不留有空隙，踩踏时注意不要太用力，以免损伤鞭根。栽后应浇定根水，再覆盖松土至高出地面 5~10 cm，表面盖上茅草。大、中型竹种栽后要设支架支撑固定母竹秆，防止风吹摇动而影响成活。为了使竹鞭在林地均匀伸展，在栽竹时，最好每株母竹的来去鞭方向相互交错排列，不要都顺着一个方向。低洼林地需开好排水沟，以免积水烂鞭。

5.1.3.2　移鞭造林

散生竹类的繁殖主要依赖竹鞭上的芽生长发育成新鞭和新竹。因此，在母竹不足的情况下，也可以采取移鞭造林。

（1）竹鞭的挖掘

竹鞭的挖取应选择在正常生长的竹林中进行，选取 2~3 年生、生长健壮、鞭芽饱满的黄色竹鞭，并分割成长为 60~80 cm 的鞭段。起鞭时注意不要撕裂和损伤鞭芽，切口要齐，留根要多，多带宿土，以保护鞭根。

（2）竹鞭的运输

同母竹造林一样，就近种竹，随挖随种。远距离移鞭时，应进行包扎，即用稻草或蒲包将母鞭和宿土一起包扎好。运输时，注意保持潮湿。

（3）竹鞭的栽植

埋鞭栽植前，可适当抹去部分瘦弱或过密的鞭芽或已被碰损的鞭芽，保留 3~5 个健壮的饱满芽。将竹鞭卧平种植于穴中，笋芽芽尖朝上，再覆土压实。盖土厚度 10 cm 左右，略高于地面，并覆草防止水分蒸发，四周开好排水沟，防止积水烂鞭。在长出细小新竹时，为防止枯萎，可剪除三分之一的竹梢。

移鞭造林有许多优点，如该方法简单易行，不需要母竹，运输方便，适合在搬运困难的林地造林使用。但是移鞭造林也有许多不足，如切鞭时根受伤多，不易长新根，造林成活率低，竹鞭上长出的新竹细小，成林或成材时间较长，同时移鞭造林若当年不生长出新竹，母鞭得不到光合作用制造的养分供应，就会失去生命力，翌年就不会再生新竹。

5.1.3.3　实生苗造林

一般情况下，只要竹种能收集到种子，就可以进行种子育苗造林。

（1）种子的采集和处理

竹子种子成熟后，容易自竹株上掉落，因此应及时采种。可在整株植株大部分种子成熟时砍伐采种，及时阴干（忌晒，否则种子发芽率将显著降低）、脱粒、净种后，即可用来装运、储藏或播种。如需运输，则应保证在运输途中不能受潮发热，影响种子质量。如需储藏备用，种子宜用冷藏，将种子装袋存放在冷冻、干燥、通风的种子储藏库中，如没有条件可存于冰箱中。种子贮藏一般不宜超过半年。贮藏过久，发芽率会显著降低。

（2）播　种

播种育苗，可用撒播、条播和穴播的方法，但为了节约种子和便于幼苗的管护工作，以穴播较好。穴播的株行距为 20 cm×25 cm，可在苗床上按 25 cm 的距离开播种沟，然后在沟中按 20 cm 的株距点播。每穴播 10 粒左右。覆土 0.3~0.5 cm，再用 1 层草覆盖表面，这样有利于保持土壤湿润，防止表土层板结，抑制杂草生长。

（3）实生苗造林

实生苗造林具有挖掘、运输、栽植方便、成本低、苗木适应性强、造林成活率高等优点，但成材成林速度慢。一般采用 1~2 年生实生苗造林，若用分蘖苗可以 3~4 株一丛栽植，剪去 1/3 枝叶和过多的侧根、须根。如用已经发鞭的苗木，则应多带宿土，保护好鞭芽，留来鞭、去鞭各 15 cm，竹秆留枝 2~3 盘，若分离困难或苗木来源多，也可 2~3 株一丛栽植。栽植深度 15~20 cm，填土高出地面 3~5 cm，培成馒头形。

竹林营造技术多种多样，但无论何种方法都必须根据造林地区的气候、土壤、地形、种源等具体情况，因地制宜地选择使用。

5.2　散生竹幼林管理

从竹子营造到郁闭成林这段时间的管理称为幼林抚育管理。竹林的幼林抚育管理不仅直接影响造林的成活率和成林速率，而且直接关系到造林的成败。通常情况下，毛竹从造林到成林所需时间较长，实生菌造林的成林时间可长达 10 年。而中小径散生竹新造竹林是 1 年种、2 年养、3 年成林、4~5 年出效益，因此，要根据竹种类型采取相应的抚育管理措施。

从母竹种植至成林，竹林管理的主要目的是扩鞭成林和林地空间的利用，除做好除草松土、施肥、灌溉排水等常规管理外，主要是留笋养竹。

（1）水分管理

除母竹栽种时要浇定根水外，母竹栽植后的第 1 年，水分管理至关重要。若遇天晴不雨、土壤干燥、竹叶萎蔫，必须及时灌溉补充水分，帮母竹尽快恢复生机。在孕笋行鞭阶段，也要保持土壤湿润，做好保湿工作，必要时需人工灌溉。

(2) 竹农间作

新造竹林 1~2 年内，可进行竹农间作，以耕代抚，这样既能促进新竹生长，又可获得一部分农作物收入。间种作物最好为能起固氮作用的豆类植物或能改良土壤的绿肥、蔬菜、瓜果类，忌种高秆作物及耗肥量大的作物。竹农间作时，必须以抚育竹林为主，整地、除草、施肥、收获等过程均须保证对竹子生长有利，如松土时，在母竹附近要深松土并施用腐熟的有机肥，促使行鞭和行深鞭；除草时，不伤鞭根和笋芽；间种作物收获时，应将草秆铺于林地，翻入土中，以增加林地肥力。随着竹鞭根的蔓延，应逐渐缩小间种面积。

(3) 除草松土

新造竹林比较稀疏，林地光照充足，杂草丛生，不但消耗竹林的水分和养分，而且直接妨碍新竹的生长。因此，在新竹林郁闭前，每年要除草松土 1~2 次。第 1 次在 6 月，这时新竹已长出，将除下的杂草铺于地面，可保持地面湿润，增强抗旱能力，待杂草腐烂，可增加肥力。第 2 次在 8~9 月，这时竹子正在行鞭长芽，需要消耗大量水分和养分，除草、松土有利于鞭芽生长，但注意不要损伤竹鞭、笋芽。

(4) 施　肥

为了提高造林成活率，促使新竹行鞭长芽，提早成林，需要不断地为林地补充养分。新造林应在当年 7 月施速效型肥料，如每隔 7~10 d，每株施尿素 50 g，或每株施用经过腐熟的厩肥 10~15 kg。9 月施迟效性的有机肥，如厩肥、土杂肥、塘泥等，这既可增加土壤肥力，又可增加土温，保护鞭芽顺利越冬。

(5) 留笋养竹

母竹种植当年长成的小竹往往较细，应该去除，翌年就可留笋养竹。为了协调竹子和地下鞭生长对养分需求的矛盾，幼林期留笋养竹应遵照 "稀、壮、远" 原则。

①稀　留笋成竹越多，幼竹所需养分越多，会导致地下鞭因营养缺乏而生长缓慢，发鞭能力降低。因此，留笋成竹应稀。一般翌年母竹和留笋成竹比为 1：(1~2)；第 3 年为 1：(2~3)。3 年留养使立竹度达到 600~800 株/亩。

②壮　在所发竹笋中应选择生长最为强壮的竹笋进行留养，这会使所成竹更为强壮。

③远　受竹子养分运输极性的影响，通常离母株较近的笋芽先萌发，若对此笋进行留养，则离母株较远的笋芽会因营养条件不足而败育或潜育。且留养新竹过于靠近母竹，不利于扩鞭和竹林满园。

5.3　散生竹成林管理

竹林培育管理的主要目的是获得最大量的优质竹材和竹笋，或最佳的竹林生态效益。但大多数竹种，其笋是可食用的，因此，可以作为笋材两用林甚至笋用林进行培育，如毛竹，其冬笋、鞭笋和春笋经济价值甚高，定向培育类型有材用林、笋用林和笋材两用林等。由于竹类植物是无性繁殖生长的，与普通农作物和林木依靠品种改良大幅提高作物单产和木材产量的情况不同，竹林生产力的提高主要依赖于土壤的水肥管理和建立合理的群体结构。

生产上通常根据竹种个体大小、生长习性和集约管理程度的不同将散生竹种划分为毛竹林和中小径竹林，再形成不同的经营管理策略。毛竹林经营管理策略将在本书 5.4.3 和 5.4.4 做详细论述，本节重点阐述中小径竹林的成林管理。中小径竹通常指竹秆中、小型的散生竹和混生竹种，主要包括刚竹属、酸竹属（Acidosasa）、方竹属等属的一些笋用竹种。这类竹种因具有产量高、大小年不明显、笋味鲜美、经济效益高等特点，激发了各地引种和经营的积极性，栽培面积逐年扩大，结合培育实践，形成了丰产管理策略。

5.3.1 竹林结构调控

通过母竹留养和老竹的删伐而建立合理的竹林结构，使林内的光、水、肥得到合理利用，从而达到丰产稳产的效果。

（1）母竹留养

散生竹林的合理年龄结构因竹种、立地条件等的不同而不同，常规来说，其合理的年龄组成为 1 年 : 2 年 : 3 年 : 4 年 = 3 : 3 : 3 : 1，立竹度达到 800~1 000 株/亩，每亩每年（度）留养新母竹 250~300 株为宜。

母竹留养宜在出笋盛期，因为盛期所发之竹最为健壮。留母过早，养分消耗多，竹笋产量受到影响；晚期竹笋生长弱，留母竹过迟，母竹质量差。

母竹留养应选择无病虫害的壮笋，根据竹林所需竹株大小的要求留养。留养时注意保持竹林母竹分布均匀，提高竹林的均匀程度。

（2）竹林删伐

通过新竹留养和老竹采伐，保持合理的立竹度，是获得竹笋高产的重要措施。竹林砍伐应在新竹成林后的 6~7 月结合松土进行。

（3）钩 梢

钩梢的目的在于降低竹林高度，防止风倒雪压。在风雪危害少的地方，可不进行钩梢。中小径散生竹能忍受零下十几摄氏度的低温，但大雪往往对竹子造成很大的危害。在大雪的年份，竹林遭受雪压危害的程度达 50% 以上。当年的新竹由于木质化程度低，压倒、压断的程度高于老竹。此外，台风对竹子也会造成很大的危害。因此，合理钩梢可减少冰雪、大风的危害。钩梢后，如遇上大雪，仍应及时进行人工摇雪，以减少雪压损失。6 月新竹展枝放叶后，用刀钩去竹梢，合理留枝 15~16 档。

5.3.2 施肥管理

施肥是竹林管理的重要环节，根据林地养分状况、竹子生长发育规律，一般采用两次施肥法。

①发鞭长竹肥 施肥时间在每年的 5~6 月，施用复合肥，其 N : P : K = 6 : 1 : 2，按 30% 有效量计算，亩用量为 60~80 kg，撒施在林地地表，并可混施有机肥（厩肥、饼肥等），结合林地翻耕，翻入土中。

②笋芽分化肥 施肥时间在每年的 8~9 月，施用复合肥，其 N : P : K = 2 : 1 : 2 或

1∶1∶1，按 30% 有效量计算，亩用量 15~20 kg，撒施在地表，结合林地浅耕(深 10 cm)除草翻入土中。

5.3.3 水分管理

竹子生长过程中对水分的需求很大，其中笋芽分化期和孕笋期林地的水分状况是翌年发笋的主要限制因素之一，直接影响翌年发笋的多少和竹笋单株的大小。集约经营度较高的林地宜在干旱时进行水分管理。

水分管理关键时期为笋芽分化期(每年 8~9 月)。连续干旱 25~30 d，进行 1 次灌溉。可利用山地自然水源，通过建蓄水池等方法蓄水浇灌，或利用灌溉设施进行灌溉。灌溉方法可采用浇灌或滴灌。其中滴灌设施主要技术参数为：滴灌间距 2.0 m×0.3 m，一次灌溉时间 2.5~3.0 h，亩用水量 2.5~3.0 t。自然灌溉的亩用水量为 10.0~12.0 t。

5.3.4 土壤管理

培土是竹笋生产的重要措施之一。培土后土壤疏松深厚，可以延长竹笋在地下生长的时间，保持竹笋的鲜嫩，并增加竹笋的粗生长和高生长，从而提高单位面积产量。不同深度竹鞭对应的竹笋平均重量是不同的，竹笋个体重量随竹鞭深度的增加而增大。各出笋时期的竹鞭分布深度不同，出笋早期的竹鞭深度一般在 6~20 cm，中期在 6~30 cm，后期在 16~40 cm。早、中、后 3 个时期的发笋深度有依次下延的现象，每期下延 10 cm 左右。因此，培土宜分期逐渐加厚，而不是把所有的竹鞭覆埋在同一深度里；要避免竹鞭拥挤，以创造良好的地下空间结构。瘠薄土层培土宜厚些，土层深的培土可薄些。每年一次性培土厚度约 5 cm，不宜超过 10 cm。培土可结合施肥进行，尤其是施用有机肥后，培土覆盖，能促进肥料分解和防止肥料的流失。

林地土壤管理分别在每年的 5~6 月和 8~9 月进行。5~6 月，新竹已基本完成展枝发叶，此时应进行土壤深翻，全林深翻 25~30 cm，并结合施肥将肥料翻入土层；8~9 月的主要工作为施笋芽分化肥和削草松土，并通过松土将肥料翻入土中。同时，可根据竹林结构要求，伐除老龄竹和病残竹，挖掉竹蔸，保持林地卫生状况良好。

5.3.5 地下结构管理

竹林地下结构管理是竹产业发展的关键环节，它直接影响到竹林的生长速度和经济效益。通过科学的管理措施，可以有效促进竹鞭的生长和扩展，提高竹笋的产量和质量。

(1)竹鞭管理

竹鞭的生长延伸速度快，每年可延伸 2~3 m，最长可达 7~8 m。但由于笋用竹林土壤疏松，施肥量大，竹鞭若不做适当处理，将会出现两种情况：一种是竹鞭生长旺盛，形成大量的长鞭段，有效发笋鞭段比例不大；另一种是竹鞭受趋肥性影响，大部分竹鞭分布在土壤表层，不能深入土中。通过松土、施肥、断鞭和埋鞭等措施可以控制竹鞭延伸生长，调整竹鞭在地下空间的分布。此外，结合土壤深翻，清除老龄鞭，并对浮鞭进行埋鞭处理。埋鞭方法为开掘深度 25 cm、宽 20 cm 的沟，将鞭置于其中，鞭梢向下，先覆土 8~

10 cm，逐渐踏实，继续覆土耙平即可，如镇压不实，往往降雨后又会上浮。

（2）竹蔸处理

竹蔸在林地中占据了一定的空间，自然腐烂所需时间较长，砍竹后应挖去竹蔸。老竹蔸如不挖去，留在林内一时难以腐烂，使土地利用率下降，影响竹鞭的延伸和竹笋的出土。

5.4　毛竹林培育

毛竹是我国分布最广、面积最大的经济竹种。毛竹也是我国乃至全球开发利用最为全面，经济规模最大的经济竹种，在整个经济竹类中占据主导地位。《2021 年中国林草生态综合监测评价报告》显示，中国现有毛竹林面积 527.76 万 hm²，占竹林总面积的 69.78%。毛竹具有秆形通直高大、收缩量小、弹性大、韧性强等一般木材所不及的特点，被广泛应用于农业、建筑业、造纸、竹编等行业，并且随着科学技术的发展，竹炭、竹纤维、竹质胶合板、竹地板等现代利用也得以深度开发。同时，毛竹笋富含纤维及多种营养成分，味美可口，是优质的绿色保健食品。毛竹林培育见效快、收益高，在长期的生产实践中，已积累了丰富的技术经验，且为竹产区农户普遍接受。

毛竹不仅为社会提供了丰富的产品，而且对山区经济发展和农村劳动力就地转移消化发挥着重要作用。对毛竹林的培育利用要科学处理经济效益与生态效益、笋竹生产与多功能的关系。

5.4.1　毛竹的生物学特性

5.4.1.1　毛竹笋—幼竹的生长规律

一般在夏末秋初，毛竹林地下鞭的鞭芽开始孕育为笋芽，到冬季笋芽膨大生长，形成冬笋。翌年春天，地下鞭上膨大的芽破土而出称为春笋。

（1）毛竹春笋期的发笋节律

毛竹的春笋期一般为 30~45 d。该期间内林地的出笋数量与时间进程表现为"少—多—少"的节律。早期出笋少，笋个体也较小；中期笋的数量迅速增加，笋个体大；后期的笋长势弱，数量逐渐减少。发笋数量和发笋时间的进程关系表现为"S"形生长曲线，可以用 Logistic 方程进行拟合，并根据出笋数量随时间的增长速度将毛竹出笋期划分为初笋期、盛笋早期、盛笋后期和末笋期 4 个时期。

（2）毛竹笋出土前后的生长规律

在竹笋出土前，竹笋的横向生长速度较快，高生长相对较慢；竹笋一旦出土，出土高度超过 5~8 cm 后，竹笋的横向生长就停止，而高生长速度加快。毛竹的地下鞭多分布在 25~35 cm 处，鞭越深，其横向生长时间越长。鞭深每增加 5 cm，单株笋可增加 250 g 左右。竹笋从出土 5~8 cm 到完成高生长只要 45~65 d，成竹高达 15 m。可以说竹子是世界上生长速度最快的植物之一。为保证春笋的品质和单株笋有较大的个体，一般在竹笋出土 5~8 cm 时进行采收，此时的竹笋横向生长达到最大，竹笋幼嫩，营养品质好。

5.4.1.2　毛竹幼竹—成竹的生长规律

毛竹竹笋完成高生长并展枝发叶形成新竹后，竹子的秆型生长结束，至此，竹秆的高度、粗度和体积不再有明显的变化，但竹秆的组织幼嫩，幼秆干物质质量仅相当于老化成熟后竹秆的 40% 左右，其余的 60% 要靠成竹生长来完成。根据成竹的生理活动和物理力学性质的变化，可以分为 3 个竹龄阶段，即幼龄—壮龄竹阶段、中龄竹阶段和老龄竹阶段，相当于竹秆材质生长的增进期、稳定期和下降期。

（1）幼龄—壮龄竹阶段

幼龄—壮龄竹阶段的竹子随着竹龄的增加，经过根系发展和竹叶更新，竹子的叶绿素、糖分等营养物质都处于高水平状态，是竹林生理代谢最旺、抽鞭发笋最强时期。此时竹秆细胞壁逐渐加厚，内含物逐渐减少，干物质逐渐增加，竹材的物理力学性质也不断增长，竹秆的材质生长处于增进期。

（2）中龄竹阶段

中龄竹阶段竹株的营养物质含量和生理活动强度均处于高水平的稳定状态，之后会出现下降趋势，且其所连的竹鞭也逐渐老化，开始失去抽鞭发笋的能力。竹秆的材质生长到了成熟时期，容重和力学强度都稳定在最高水平。

（3）老龄竹阶段

中龄以后的竹子，生活力衰退。由于呼吸的消耗和物质的转移，竹秆的重量、力学强度和营养物质含量也相应降低，形成生理上的收支不平衡和材质生长上的下降趋势。

笋材两用林从幼竹到换叶 3 次的 5 年生竹子都处于生理旺盛的幼龄—壮龄阶段；6~8年生为中龄阶段；9~10 年生及以上属于老龄阶段。毛竹笋材林的培育应留养幼龄—壮龄竹，砍伐中、老龄竹。

5.4.1.3　毛竹林的大小年现象

毛竹林春笋的数量（或产量）一年多一年少，循环交替形成大小年现象。毛竹林间歇性的留笋成竹，即春笋大年进行新竹留养，形成全林周期性的换叶节律。集中换叶年为竹笋小年，发笋数量少，产量低；不换叶年为竹笋大年，发笋数量多，产量高。形成大小年现象的主要原因是 1 龄以上毛竹叶的生活期为两年，毛竹新叶的光合能力比老叶强，一定范围内 1 龄新叶的立竹越多，竹叶的光合产物就越多，地下鞭等贮藏的物质也就越丰富，导致同步形成养分的大小年分配规律，从而形成了竹笋数量和产量的大小年现象。

5.4.1.4　毛竹叶片的生长节律

毛竹的大小年现象与毛竹的换叶规律紧密相关。在毛竹叶片的一个换叶周期（生活期）内，伴随着毛竹叶片的生长—衰老—脱落，叶色的变化节律与竹林的发笋、地下鞭生长、笋芽形成（分化）和竹笋孕育等生长过程紧密相关。生产上可以通过叶色变化制订各项技术措施。

一个换叶期内，当年生（1 年生）新竹的叶色会经历"二黄一黑"的变化节律。新竹换叶的周期一般为 10 个月，即春季发笋至 5 月底，幼竹开始展枝发叶，叶色呈黄绿色（黄色）。随着毛竹林的营养积累，8~9 月，叶色转为墨绿色（黑色），并于当年冬天（翌年 1~4 月）枯黄（黄色）脱落。

一个换叶期内，一年生以上毛竹的叶色变化节律为"三黄二黑"，周期为2年，即当年4月老叶脱落，新叶逐渐展开，叶片从针叶形长至长度为6 cm左右的幼叶(幼叶期)，叶片呈黄绿色(黄色)；随着光合作用等代谢活动的加强，营养不断积累，至当年的7~8月，叶色转为墨绿色(黑色)，叶片完全长成为成熟叶(成叶期)；当年11月以后，叶片营养不断向下运输至鞭根系统，并伴随着竹笋孕育、鞭—竹生长对营养的消耗，毛竹叶色由墨绿色转为褐黄色(黄色)；冬春笋采收和留笋成竹至翌年的4月底至5月初结束，叶片得到恢复性生长和营养积累；到翌年8月以后，叶色又转为褐绿色(黑色)，并在12月以后逐渐枯黄(黄色)脱落。

5.4.1.5　毛竹地下鞭的生长规律

毛竹林在春笋小年的春季换叶(幼叶期)后，鞭梢或断梢附近的侧芽抽发出的新鞭梢开始延伸生长，以6~7月的生长速度最快，到10月竹林开始大量孕笋而逐渐停止；翌年在新竹抽枝发叶后，竹鞭一般在5月底萌动，7~8月生长最旺，到11月底停止，冬季鞭梢停止生长或萎缩裂断。

在疏松肥沃的土壤中，鞭梢生长快，年生长量可达5~7 m，鞭梢的生长方向变化不大，起伏扭曲也小，形成的竹鞭鞭段长，岔鞭少，侧芽饱满，鞭根粗壮；在土壤板结或石砾过多、干燥瘠薄或灌木丛生的地方，土中阻力大，竹鞭分布浅，鞭梢生长缓慢(年生长量为2~3 m)，起伏度大，而且经常折断，形成的鞭段较短，岔鞭多，侧芽瘦小，鞭根细弱。

"大年发笋，小年长鞭。"大小年分明的毛竹林大年出笋多，鞭梢生长量小；小年出笋少，鞭梢生长量大。春笋小年的鞭梢生长量一般是大年的4~5倍。

(1)毛竹地下鞭的趋性生长

毛竹地下鞭的延伸生长有趋肥、趋松、趋湿等趋性生长(觅食行为)特点，即毛竹的地下鞭梢会主动搜寻土质疏松、养分充足和水湿条件良好的土壤环境，并向这些土壤空间延伸生长。如竹林采伐后，枯枝落叶的堆放处由于枯枝落叶的腐烂可以保湿增肥增温，翌年6月以后就可以在堆放处的土壤表层发现许多鞭梢在此蔓延。毛竹通过改变地下鞭的延伸角度(分枝角度)对土壤的异质状况产生了可塑性响应，在生产上可以通过调整施肥区位和深度、埋鞭和覆土等措施，诱导地下鞭在一定林地空间的生长和分布。

(2)岔鞭和跳鞭

毛竹地下鞭上侧芽萌发形成的新竹鞭称为岔鞭。调查发现，地下鞭切断(裂断)可以刺激断点附近地下鞭侧芽萌发成为新的岔鞭，其中，岔鞭在地下鞭切断(裂断)当年和翌年发生的数量最多，且发鞭的位置一般集中在断点附近的1~8个芽节，占到总岔鞭数量的56.1%~72.9%。因此，切断鞭梢或竹鞭可以促发岔鞭的形成。生产上可以采取断鞭技术增加地下鞭断裂的断点，促进岔鞭形成，增加地下鞭的鞭段数量。在毛竹鞭笋的定向培育中，通过"壮鞭弱挖、弱鞭强挖"的方法促进岔鞭萌发，实现一个鞭段上的鞭笋多发并分批多次采挖。

毛竹鞭梢在土中横向生长，碰到纵横交错的老竹鞭或其他障碍物时会钻出地面，在阳光的影响下又钻入土中，形成裸露在地表呈弓形的竹鞭，这种现象称为跳鞭(浮鞭)。跳鞭露出地表的部分，一般较其土中相连的竹鞭细小且节密，侧芽很少萌发，少具鞭根。毛竹林地的跳鞭应采取埋鞭等经营措施覆土保护，不能随意挖断，否则会割断竹子地下输导系统，影响竹林的正常行鞭发笋。

5.4.1.6　毛竹地下鞭的鞭龄识别

不同鞭龄的毛竹地下鞭具有不同的发笋能力。根据地下鞭的发笋能力，可以将竹鞭划分为幼龄鞭、壮龄鞭和老龄鞭（表 5-1）。

表 5-1　毛竹竹鞭年龄的判断标准

年龄阶段	鞭箨	鞭体色泽	根系	其他
幼龄鞭	鞭箨包被或大部分包被	淡黄色，有光泽	根系一般，通常只有一级支根	—
壮龄鞭	鞭箨部分腐烂，在鞭体上少量存留	金黄色，光泽亮丽	鞭根分枝多，有大量的细根和根毛，生长旺盛	鞭体上开始少量出现黑斑
老龄鞭	鞭箨完全腐烂，在鞭体无存留	枯黄色，没有光泽	鞭根分枝多而粗壮，但细根脱落	鞭体上较多黑斑和人为破损

幼龄鞭（新生鞭）的鞭体呈淡黄色，组织幼嫩，水分含量很高，为鞭箨所包被，正在进行充实生长，除在粗壮鞭梢的断点附近会发鞭外，一般不抽鞭也不发笋。

2 年生以上地下鞭的鞭箨逐渐腐烂，鞭段由黄色变为金黄色，鞭体组织逐渐成熟，鞭上的侧芽发育完全，鞭根分枝多且生长旺盛，竹鞭逐渐进入壮龄期（一般为 4~7 年生）。壮龄竹鞭的养分丰富，侧芽肥壮膨大，生活力强，孕笋数量多、质量好，是毛竹林更新和繁殖的主体。

随着鞭龄的不断增加，地下鞭段成为老龄鞭，鞭段由金黄色变为枯黄色至褐色，鞭体的水分和养分含量锐减，地下鞭的侧芽在长期休眠之后，逐渐失去萌发能力并开始死亡腐烂，鞭根梢端断脱，侧根和须根死亡并逐渐稀疏，吸收作用显著下降。因此，毛竹林的出笋以壮龄竹鞭最多，出笋量随鞭龄增加而逐步降低。

毛竹林随着水肥条件的持续改善，地下鞭的发笋能力显著增强。毛竹笋用林的 2~3 龄鞭就有较强的发笋能力，4~7 龄鞭的发笋能力最强；而毛竹材用林的 4~5 龄鞭具有一定发笋能力，但随着鞭龄增长一直保持较低的发笋率。

5.4.1.7　毛竹的竹林结构特征

毛竹林按建群树种组成不同分为纯林和混交林。毛竹的竹林结构由地上部分的立竹结构和地下部分的地下鞭根结构两大部分组成，其中，立竹结构包括立竹度、立竹大小、年龄结构和冠层结构等。

（1）立竹度与分布均匀度

描述立竹结构的立竹度（又称为经营竹林密度或经营立竹度），是指竹材采伐后至翌年留笋成竹前竹林的立竹数量。毛竹林的立竹度随大小年现象而出现动态变化。以笋期竹林数量为 150 株/亩的毛竹林为例，在毛竹林一个大小年周期（2 年）内，其立竹数量在 150~210 株/亩变化。此外，毛竹的胸径大小、年龄结构和冠层结构都是以立竹度为基础的。

立竹分布均匀度是衡量立竹在林地上分布状况的指标。立竹在林地上的分布较为均匀，竹林对环境资源利用就更充分。对浙江省龙泉、遂昌共 18 个样地的调查发现，毛竹林均匀度具有尺度效益，即 3 种经营强度的毛竹林(笋用林、笋材林、材用林)在直径大于 4 m 的空间尺度上，立竹均呈现为随机分布，而在直径小于 3 m 尺度上趋向于均匀分布。同时发现，在直径小于 3 m 的小尺度上，新竹(新分株)与母株的空间关联性趋向于正关联，表现出新分株在空间位置上对母株空间格局具有一定的依赖性或受母株影响生长限制。这种作用是毛竹冠层对光、温、水、气、热利用效率与竹林克隆整合、克隆特化等形成低耗费高收益等共同作用的结果。判断立竹分布均匀与否，可以参考林内林地较大空隙(林窗)的数量。一般当林内直径大于 6 m 的林间空隙较多时，林地的均匀度太低，反之林地立竹分布较为均匀。

(2)立竹大小和整齐度

毛竹林的立竹大小用立竹的平均胸径表示。立竹大小直接关系到植株叶面积和根系面积的大小。一般而言，立竹个体越大，冠幅越大，制造有机物质的能力就越强。同时，立竹个体大小还关系到它的利用价值。

立竹整齐度是反映林分中立竹个体大小差异程度的指标。一般用竹林平均胸径和平均胸径标准差的比值表示。整齐度越大，竹林大小差异越小。因毛竹的胸径大小与株高、枝下高成异速生长关系，即高大的竹株林冠占据着林分的中上层，而较小竹株在中下层，立竹个体大小的组成使林冠厚度得以增厚，因此，以培育目标竹株的大小为基础，适当保持立竹个体大小差异有利于林分对光能的利用。

(3)年龄结构

毛竹林的立竹年龄包括立竹个体年龄和竹林立竹年龄结构组成。立竹单株年龄是指该竹株从笋出土长成新竹存活至今的时间，竹林立竹年龄结构组成是指组成该片竹林的立竹年龄的组合关系。通常毛竹林是由不同年龄的立竹所构成，因此毛竹林是异龄林。毛竹的年龄结构用各立竹个体年龄的数量相对比值表示。如一片竹林 1 度竹(1 龄)有 60 株，2 度竹(2~3 龄)有 60 株，3 度竹(4~5 龄)有 30 株，则其立竹年龄结构组成为 1 度：2 度：3 度=2：2：1。

立竹年龄的判定有观秆法、枝痕法、号竹法等。生产上可以采用号竹法来辨认立竹年龄，就是用特制的涂料(捏油笔)在每年新发竹子的竹秆上标记发竹年号，年年如此，这样就容易识别该立竹的年龄，方便对毛竹林竹材采伐管理。

(4)冠层结构

毛竹林的冠层结构是不同大小、不同高矮的立竹竹冠在林中空间的组合分布，体现为冠层厚度、形态和疏密程度等。竹林的冠层结构反映了竹林利用光能的效率，直接影响竹林的更新生长和经营产量，同时也关系到竹林截留降水、地表径流以及固碳释氧和调节气候等能力。毛竹林在笋—幼竹期通过退笋(退竹)控制成竹的数量，进而影响竹林的冠层结构，而退笋(竹)即为竹林的自疏现象。

通过择伐对竹材进行砍伐利用，通常不会出现毛竹成竹个体死亡的自疏现象。但毛竹林的密度过高时，林冠光资源竞争加剧，特别是立竹下部光照强度明显减弱，枝叶生长空间受到限制，会导致立竹下部叶片和枝条过早地衰老脱落，出现个体对竞争的可塑性生长及异速生长关系的改变。

5.4.2　毛竹林分类经营类型区划

毛竹的秆、枝、叶、竹笋、竹箨、竹鞭、竹根等皆可利用。丰产毛竹林每度可产鲜笋 0.75~1.25 t/亩、竹材 1.0~2.5 t/亩，甚至更高。竹材、竹笋及其他产品原料通过加工后可增值几倍至十几倍。农户除直接从经营竹林中获取收益，还可参与笋竹加工生产，开展竹旅融合等服务业，获取多种来源的经济收益。

毛竹林的分类经营就是依照竹林的主导功能和经营目标对林地进行分类，根据划定的类型采取相应的社会、经济和技术手段实施经营管理。在生产实践中，一是按照竹林主导产品的结构确定经营类型，如主导产品为竹笋的笋用林、笋材兼营的笋材两用林和以竹材主导的材用林；二是根据目标市场对笋竹产品的功能定位，确定经营模式，如笋用林可以分为早冬笋、晚冬笋、早春笋、晚春笋、夏秋鞭笋等实施开发利用，材用林则根据市场需求和林地条件，可以进行大径竹材定向培育；三是根据毛竹林下空间结构，拓展林下经济。毛竹林下空阔，林地具有一定郁闭度，小气候特征独特，利用竹林环境，可以开展"林下种植""林下养殖"等林下经济，结合当地实际和特点，采取适宜模式，撬动林下空间资源，发挥林下经济优势，增加林地经营效益。

在一定时期内，以获得经济效益最大化为目标的毛竹林经营，必须建立优质丰产高生产力水平的竹林结构，通过土壤管理、增施肥料、病虫害防治等技术措施，改善竹林生长条件，为竹林经济产量的提高和产品品质的改善提供适宜的条件和环境。如毛竹材用林定向培育，对竹笋(包括冬笋和春笋)的选留，竹笋采收和留笋成竹就是林分结构调整的重要技术手段之一，这样既可以通过充分采挖利用竹笋产品，提高了竹林生产经济收入，实现竹林经营效益最大化，又可以根据竹材加工利用对竹材质量和性状的特殊要求，对竹林实施大径竹材、渔用竹材等功能型定向培育。

5.4.3　毛竹笋用林培育技术

毛竹笋用林是指以竹笋为主要目标产品的一种经营类型。毛竹笋可分为冬笋、春笋和鞭笋，笋用林又可以划分为冬笋型、春笋型和鞭笋型等多种笋用林经营类型。毛竹笋用林的生产是一种集约化经营程度高，劳动力和肥料等农资投入大，笋竹产出和经济效益高的生产经营方式。毛竹笋用林培育关键技术环节如图 5-3 所示。可以看出，毛竹笋用林培育是以竹笋安全生产为基础，涉及土壤、水分和竹林结构管理等方面的一整套技术体系。其中，水肥管理和竹林结构管理是竹笋丰产的基础，竹笋合理采收是实现以冬笋、春笋或鞭笋为主要目标产品的重要技术途径。

5.4.3.1　立地选择

(1) 林地条件

土壤深度在 60 cm 以上，疏松、湿润、肥沃、通气排水良好的壤土或砂质壤土，pH值在 4.5~7.0。地形应选择在山谷平地、坡度平缓(一般小于 15°)的阳坡或半阳坡，或地下水位在 80 cm 以下的平地(台地)。

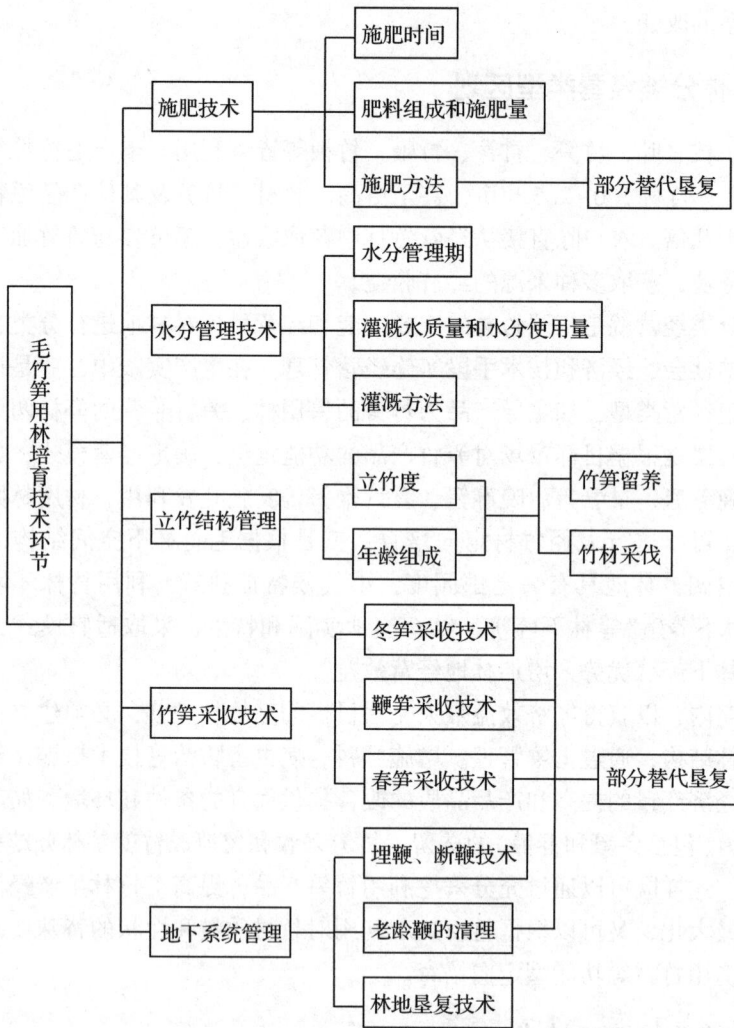

图 5-3 毛竹冬笋型笋用林培育的关键技术环节

毛竹冬春笋的出笋期受气温制约，发笋期的平均气温高则出笋早。实施毛竹冬春笋定向培育的基地，选择在低海拔区域的山谷、山麓和山腰地带，可以提早出笋上市，如在浙西南山区，海拔 600 m 以下的毛竹林较海拔 800 m 以上的可以提早采收冬春笋 7~15 d。反之，选择较高海拔区域可以延迟出笋。在生产实践上，可以根据目标产品的市场定位选择林地海拔，如培育早冬笋、早春笋，宜选择低海拔地带；晚春笋则可以选择较高海拔地带。

（2）交通便利

毛竹笋用林经营集约度高，无论是生产原料的供给，或是产品生产、产品销售，都需要有比较便利的交通条件，才能保证竹笋质量，降低劳动生产成本的投入。

（3）临近水源

毛竹笋用林需临近水源或通过灌溉基础设施实施林地灌溉，以便在笋芽分化和孕笋期干旱少雨时，实施人工灌溉。

（4）规模与设施

要产生一定的经济效益，必须形成一定规模的笋用竹林。经营区竹林面积一般不少于 30 hm²，才能充分发挥道路、灌溉等基础设施的功能，降低生产经营成本。

（5）绿色生产要求

竹笋作为一种蔬菜，栽培经营应保证其食品卫生质量，因此，毛竹笋用林基地的空气、土壤和灌溉水应符合竹笋绿色生产的要求。按照无公害毛竹笋的生产技术规范，空气环境质量应符合《环境空气质量标准》（GB 3095—2012）规定的二级标准要求，土壤环境质量应符合《土壤环境质量　农用地土壤污染风险管控标准（试行）》（GB 15618—2018）规定的二级标准要求，灌溉水应符合《农田灌溉水质标准》（GB 5084—2021）规定的要求。

5.4.3.2　施肥技术

（1）施肥时间和肥料组成

毛竹笋用林施肥就是通过有机肥和化肥配合施于土壤中，保持和提高土壤肥力，提供毛竹生长所需养分的一种技术手段。科学施肥是毛竹林培育丰产、稳产、低成本的重要技术措施。毛竹林的施肥可以根据竹林的最大营养效率期和营养临界期来确定施肥时间，按照测土推荐施肥的"三肥"原则决定肥料的组成和用量，即"调控施用 N 肥"，确保消耗最大的 N 肥量；"监控施用 P、K 肥"，考虑 P 肥、K 肥与 N 肥的丰缺平衡和分布的空间变异特征；"配合施用有机肥"，不单一施用化肥，把化肥施用和有机肥施用结合起来。

最大营养效率期就是养分能发挥其最大增产效能的时期。这个时期，毛竹对养分的需要量和吸收量都最大，需肥量最多，是竹林施肥的关键期。毛竹笋用林的最大营养效率期为幼叶期，也就是春笋小年的 4~5 月，当全林基本结束换叶，幼叶长至 6 cm 左右时开始施肥，肥料用量为度（每两年）施肥总量的 60% 左右。对土壤养分达到或超过养分指标要求的毛竹林地，推荐的养分配方为 N：P：K =（5）6：1：2，按照 30% 有效量计算，每亩施肥量为 75 kg。幼叶期施肥是竹林最重要的一次施肥。

营养临界期是指作物在某一个生育时期对某种养分的需求特别迫切，如果该时期缺乏这种养分，作物的生长和产量会受到严重的影响，即使以后补充这种养分，也难以弥补损失。营养临界期施肥是指在竹子的营养临界期给予适量的肥料以满足其生长发育的需求。第一个营养临界期施笋芽分化肥，即春笋小年的成叶期，一般在 8~9 月，此期地下鞭芽开始分化孕育为笋芽，即竹林处于笋芽分化期，此时期毛竹对养分需要总量并不大，但对部分营养元素的要求很迫切。因此，以施肥补充笋芽分化所需的 P、K 等元素为主，推荐的养分配方为 N：P：K = 15：5：15，按照 45% 有效量计算，每亩施肥量为 15 kg。第二个营养临界期施冬笋孕育肥，11 月以后，毛竹林叶色由深绿转为褐黄色时，此时地下笋芽膨大，发育为冬笋，可以增施有机肥，提高土壤墒情，促进冬笋孕育生长。

此外，在春笋大年，当笋期结束后，结合挖笋进行笋穴施肥，及时补充养分，促进幼竹生长和林分恢复。

（2）施肥方法

毛竹作为克隆性植物，当林地存在养分资源异质性时，毛竹的鞭根可以对高养分土壤作出反应，出现鞭根特别是吸收根的生物量和活力显著提高的现象。这种对局部丰富资源的趋富特化，一定程度上增强了毛竹对土壤养分资源的吸收利用。因此，毛竹林的施肥方法应利用和发挥地下鞭根的特化分工效应，有效提高竹林生产力并降低施肥的劳动力投入。

最大营养效率期的施肥方法宜采用沟施法和穴施法。沟施法是沿水平带开中沟，深度为 20~25 cm，沟宽为 25~30 cm，沟与沟的间距在 2.0~2.5 m。穴施法是在林地中依照自然地势开鱼鳞坑，深度为 20~25 cm，大小为 30 cm 见方，鱼鳞坑间距为 2.0~2.5 m。按有机肥、化肥混施的原则，将根据测土推荐的配方肥均匀撒在沟中或穴中并覆土。在开沟或挖穴时，遇到竹鞭时应回土覆盖，不可将肥料直接撒在竹鞭之上。应用上述施肥法会造成林地中养分空间资源的差异，毛竹的趋富特化使营养充足的地方生长发育较多鞭根，以吸收更多营养，并通过克隆整合将养分输送至整个竹林系统加以利用。

营养临界期内的施肥方法因临界期的不同而不同，8~9 月的笋芽分化肥，应将肥料均匀撒施在林地并浅垦，垦复深度为 5~10 cm。而 10~11 月的冬笋孕育肥，以有机肥为主，可直接撒施在林地，也可通过挖深穴施入土中。

春笋采挖后期，可以结合春笋采收施用春笋肥，即在挖笋的笋穴中将有机肥、化肥混合施入并覆土回填。

毛竹鞭笋型笋用林应在幼叶期（最大营养效率期）施重肥，在 6~10 月鞭笋采挖期间增施"发鞭肥"，分别在 7 月上旬和 8 月下旬结合鞭笋采挖进行穴施或沟施，施入上述配方肥或比例为 2:1 的尿素+复合肥（N:P:K = 15:15:15），总施肥量为 35 kg/亩左右。

5.4.3.3 水分管理技术

俗话说"有没有笋看水，产量高低看肥"，土壤水分是毛竹 8~9 月的笋芽分化期和 10 月以后孕笋期的限制性因子。如果该时期土壤干旱缺水，那么来年竹林的笋竹数量和产量将大大降低。因此，毛竹笋用林的水分管理主要在笋芽分化期和孕笋期。

（1）竹林灌溉系统

竹林灌溉系统可以采用自然水源或建池蓄水，然后利用水的自然落差压力进行喷灌。从竹笋安全生产和引水灌溉的经济合理性出发，竹林灌溉系统需满足：

①水质无污染，符合竹林灌溉对灌溉水的要求。

②实施灌溉的竹林附近具备水源，通过较简便的引水措施能够到达相应的位置，满足灌溉的需要。或者在毛竹林地修建蓄水池，在水源充足时，一般 1 m³ 的蓄水量可以满足 2 亩竹林的灌溉要求。根据竹林地的大小，可以对灌溉系统划分轮灌组，以使灌溉面积与水源的供水量相协调。

③用水过滤，对引入的灌溉水用筛网初步过滤或沉淀处理池。蓄水池的水进入管网灌溉前，用 80~100 目网筛过滤，以滤去泥砂及枯枝落叶等杂质。

（2）竹林灌溉技术

以山地黄红壤中壤土的毛竹林为例（下同），在该区连续干旱 18~22 d，土壤相对含水量在 55% 以下，就需要进行一次灌溉。

毛竹林灌溉可采用喷灌法，喷头的顶部应高出地面 1.6~1.8 m，这样喷出的水既不至于被较高的上坡阻挡，也不会被下坡方向的竹叶所阻挡。竹林喷灌通常采用旋转式喷头，可采用非全覆盖喷灌方式，即相邻喷头最大间距是各自喷洒半径之和的 1.2 倍，如喷头射程为 8 m 时，两喷头之间间距可为 20 m；一次灌溉的时间为 6.5~7.0 h，每亩用水量为 5~6 t，灌溉后耕作层(0~25 cm)土壤的相对含水量达到 85% 以上。在选择喷头时应注意，喷头的喷灌强度不能大于土壤入渗率，以减少地表径流和水土流失。

毛竹林灌溉也可以使用沟灌法。在林地顺坡开挖"之"字形灌水沟，灌溉水进入灌水沟后，在流动的过程中借土壤毛细管作用从沟底和沟壁向周围渗透而湿润土壤。根据土壤透性、灌水沟坡度等因素控制入沟灌溉水的流量，保证水分渗透到中层土壤(土层深 25 cm)，提高水分利用效率。

5.4.3.4 立竹结构管理技术

(1) 立竹胸径管理

竹笋的定向培育应根据市场对竹笋大小等性状的需求，选留或择伐一定大小笋(竹)，以保持竹林有适宜的立竹大小，培育高质量的竹笋产品。毛竹胸径大小与竹秆、竹笋、地下鞭呈异速生长关系，即竹子越大，竹秆越高，竹冠层在林内越占据上层空间；竹子越大，竹笋越大，地下鞭越粗，相应的鞭笋也越大。

根据浙江省笋用林定向培育的实践，各类型笋用林宜保留的平均胸径不同，春笋型笋用林的平均胸径为 8~9 cm，冬笋型笋用林为 9~10 cm，鞭笋型笋用林为 10~11 cm。

(2) 年龄结构管理

毛竹笋用林的年龄结构在调整期为 1 度竹：2 度竹：3 度竹 = 1：1：1；稳定期为 1 度竹：2 度竹：3 度竹 = 2：2：1，或者将 3 度竹的比例降至更低。

毛竹林留笋成竹后，新竹的秆高和粗度不再发生明显变化，但竹秆、枝叶和根系等器官和组织仍处于生长发育过程。根据竹子生理活性和材质变化，一般将不同年龄竹子划分为 4 个阶段：

①幼龄竹(1~2 龄竹) 竹秆组织逐渐成熟，生理代谢活动旺盛，各组织器官充实生长，如根系生长、更换新叶和干物质积累等。

②壮龄竹(3~5 龄竹) 组织器官充实生长基本结束，生理代谢活动最为旺盛，为材质生长增进期，竹子的抽鞭发笋能力强。

③中龄竹(5~7 龄竹) 竹株养分含量和生理代谢强度开始下降，抽鞭发笋能力降低，材质生长进入成熟期。

④老龄竹(8 龄以上竹) 生长势减弱，材质下降，同时随着竹子年龄增大，其所连地下鞭的侧芽已大部分萌发出笋或败育而腐烂脱落。

在竹秆进入中龄阶段就可以采伐，并通过保留幼壮龄竹和每年留养一定数量的新竹，保持林分具有合理年龄组成的立竹结构。不同年龄毛竹的生长发育进程受林分养分供给能力的影响。一般养分供给能力越强，壮龄竹数量稳定，幼龄竹株成为壮龄竹的年龄就越小。因此，随着竹林集约经营程度的提高，毛竹笋用林年龄结构可以更加低龄化。

(3) 立竹度管理

毛竹笋用林适宜的立竹度见表 5-2。毛竹林每年留养新竹，择伐部分中老龄竹，使得竹林立竹度较为稳定。在一定立竹度范围内，毛竹林叶面积与林分的光合作用效率呈同步增强趋势，立竹度越大，竹叶制造的光合产物就越多，地下鞭、蔸、秆等贮藏器官贮藏的物质就越丰富，竹林的出笋数也就越多。当竹林立竹度过大，留存的母竹密度超过了生境的承载能力，则出笋量显著减少，甚至不出笋，竹冠下层出现枝叶枯死的自然稀疏现象。

毛竹林的发笋还受到竹林地下空间、林内光照和地温的影响。一个竹蔸及竹根平均占用 0.26 m² 的林地(水平面积)，竹蔸数量越大，林地空间越拥塞，地下鞭的延伸生长越困难，导致鞭及鞭芽数量减少，发笋数量下降。立竹度为 100 株/亩左右的林地，林内光照强和地温高，出笋时间比 190 株/亩的竹林要提前 10 d 左右。要扩大地下空间增加林内透光度及温度，就需要适当地减少地上立竹。因此，对立竹度的管理，就是调整优化立竹数及其空间分布，使各因子间相互协调，以发挥其目标产品的最佳生产力。

表 5-2　毛竹笋用林立竹结构管理表

经营类型	立竹度(株/亩)		胸径 (cm)	年龄结构 (各度竹子比例)
	调整期	稳定期		
春笋型笋用林	140~160	160~180	8~9	
冬笋型笋用林	120~140	150~160	9~10	调整期：1：2：3为1：1：1 稳定期：1：2：3为2：2：1
鞭笋型笋用林	120~140	140~150	10~11	

5.4.3.5　竹笋采收技术

（1）毛竹林春笋采收技术

毛竹春笋出土 5~8 cm 为春笋最佳采收期。此时竹笋横向生长达到最大，单个竹笋个体较大，笋肉爽嫩，品质优良。春笋的采挖主要涉及掘土、断笋、起笋和覆土回填 4 个方面。

①掘土　根据地势将竹笋一侧的土挖开，直到竹笋和竹鞭相连接的部位从土中露出。掘土时看到竹笋基部逐渐变细，与竹鞭连接，这个连接点为笋柄，俗称"螺丝钉"，其大小通常只有几毫米。竹笋(成竹)就是通过这个连接点形成鞭竹相连，鞭出笋成竹，竹养鞭发笋。在掘土时遇到地下鞭的阻隔，可以切断老龄鞭，但尽可能保留壮龄鞭。

②断笋　从竹笋基部接近"螺丝钉"的笋柄处截断，可采挖出完整竹笋，并易于保鲜存放。特别注意的是挖笋不伤鞭。如果从笋体其他部位截断，残留在土中的笋基不仅继续从竹鞭中吸收消耗养分，而且较大切口会形成伤流，耗费鞭竹系统中的养分，影响竹林的发笋成竹。

③起笋　由于竹笋和土壤结合得非常紧密，有些春笋长有粗壮根系且会扎进周围的土壤，截断"螺丝钉"后要掌握好起笋力度和方向，保持笋体完整起出来。

④覆土回填　在发笋的中后期，可以在挖笋的笋穴中适当追施肥料。先回表土覆盖竹鞭，再施入肥料，最后笋穴覆土回填。

（2）毛竹林冬笋采收技术

毛竹地下鞭上的芽在秋冬季(10月)开始膨大，当单个重量超过 3 两(150 g)时，就可以采挖食用，称之为冬笋。冬笋虽然藏在土中，但在土壤中的分布是有规律的，只要方法得当也很容易被采挖。

①"先看竹子后挖鞭，追到十八步边" 一是看竹子，毛竹冬笋通常孕育在壮龄竹的壮鞭上，因此在竹林中选择 3~5 龄的壮龄竹，孕育冬笋壮龄竹最下端的竹枝上有数片枯黄色竹叶；二是寻竹鞭，竹鞭在地下的生长方向一般与毛竹最下端交互生长的两竹枝呈垂直方向，据此判断竹鞭位置；三是找冬笋，在壮龄竹去鞭方向，离竹子 80~120 cm 的地方 (18~25 个节) 通常有冬笋着生。

②裂缝寻笋 从 10 月中旬开始，在孕笋竹株的周围仔细观察，一般冬笋生长拱起导致地表泥块松动或有裂缝、脚踏感到松软的地下，有冬笋的可能性很大。

③沿鞭翻笋 就是在竹林中寻鞭找笋。可以按"下山鞭—鞭长、笋少""上山鞭—鞭短、笋多"的规则寻鞭找笋；或按照"嫩鞭追后，老鞭向前牵"的规则找笋，即幼龄鞭追来鞭方向，老龄鞭追去鞭方向；或按照"老鞭开叉追新鞭，追到十八步边"的规则找笋，即沿老竹鞭往前找到新发竹鞭，从新发竹鞭的起点 (鞭柄) 到第 18 节，一般在 80 cm 左右有冬笋生长。

冬笋采收时应注意的是挖笋不伤竹鞭、鞭芽和鞭根，更不能挖断竹鞭；同一竹鞭相邻位置可能会长出多个冬笋，可以全挖或挖大留小，促进小笋或笋芽发育成大笋。只要冬笋采挖合理，笋越挖越多。

(3) 毛竹林鞭笋采收技术

毛竹地下鞭鞭梢肥壮、幼嫩的部分就是"鞭笋"。

毛竹春笋小年的 5 月前后 (幼叶期)，地下鞭开始萌发生长。在毛竹林地，当看到因鞭梢顶端向上或平展斜伸生长使表土开裂或表土拱起和有的鞭梢露出地面时就可以采挖鞭笋了。

挖鞭笋时，先将表土铲开，然后截取顶端鞭梢，截断位置在鞭箨紧密包被和鞭箨松散的交接处，长度一般在 30~40 cm。最后覆土填平笋穴。

大暑前 (7 月中下旬) 露出地面的鞭为"梅鞭"，大暑后露出地面的鞭为"伏鞭"。梅鞭生长期长，鞭粗壮有力，发笋力强；伏鞭生长期短，比较细弱，发笋少。因此，大暑以前的梅鞭一般按照 40%~60% 的比例采挖，其他梅鞭深埋，以促进鞭体生长；伏鞭则可以尽数采挖，采收至 10 月中旬结束。

采挖鞭笋的断口要平滑，对壮鞭弱挖、弱鞭强挖，不伤鞭、不伤芽以促进岔鞭萌发。长势旺盛而粗壮的地下鞭被采挖以后，在其断点附近的 1~7 个芽，经过一定时间的孕育生长会再次萌发 1~3 个岔鞭 (新鞭)，待岔鞭生长到一定长度后就可以再次挖鞭笋了。在鞭笋期遇干旱少雨时要进行水分灌溉，保持表土湿润，促使多发岔鞭。

5.4.3.6 地下鞭管理技术

在毛竹林的生产实际中往往看到，经过 2~3 年的调整期或更长时间，林分立竹结构显著改善，垦复、施肥措施使得竹子的叶色墨绿，生长势旺盛，但是竹笋产量特别是冬笋产量依然很低，其主要原因是地下鞭芽结构还待调整优化。加强地下鞭根系统管理是笋用林培育的关键技术手段。

(1) 竹鞭清理

结合林地垦复、施肥、挖鞭笋等各项技术措施，挖除老鞭、死鞭、霉鞭和细弱的浅鞭。清理已经腐烂可以挖除的竹蔸。

（2）断鞭处理

断鞭为一种鞭梢处理方法，是指切断鞭梢以控制竹鞭的延伸生长，从而培育有效鞭段，并促发鞭梢断点附近的鞭芽萌发生长新鞭。断鞭可结合对鞭笋的采挖利用进行。

毛竹地下鞭冬季停止生长的鞭梢，除部分死亡外，来年春季继续延伸生长。春笋大年的毛竹林在新竹展枝发叶后，鞭梢进入快速生长期并延续到 10 月，而后生长速率减缓并逐渐停止。鞭梢（地下鞭）的年生长量可达 4~5 m。新竹展叶后的 6 月，地下鞭梢受竹林不同发育期营养物质分配策略的制约，会像退笋一样发生自然稀疏，鞭梢死亡率高，可达 30%左右（包括冬季留存鞭梢死亡）。因此，断鞭一般在 7~10 月进行，10 月以后断鞭不易再抽发新鞭，断鞭措施即停止。

春笋小年的毛竹林，在竹子换叶结束后即迅速进入快速生长期，并一直延续到 8~9 月的笋芽分化期，而后生长速度减缓并逐渐停止。同样，在 8~9 月受笋芽分化期营养物质再分配的制约，鞭梢会自然稀疏而死亡（10%左右）。鞭梢的年生长量可达 6~7 m，特别是通过施肥和垦复等经营措施，竹鞭生长旺盛，且更易长为长鞭段。断鞭一般在 6~9 月进行，9 月以后则停止断鞭。

根据竹林地下鞭的结构状况，对幼壮龄鞭所占比例大的竹林，切断鞭梢部分宜短，一般控制在 30~35 cm，以迅速增加发笋鞭段；老龄鞭段所占比例大的竹林，断鞭宜长，一般控制在 45~50 cm，以促进断点附近鞭芽多萌发新鞭，较快增加幼壮龄鞭的数量。在新老鞭比例适中的情况下，粗壮鞭的断鞭要短，细弱鞭的断鞭要长，保证新发鞭段具有较强的生长势。

（3）埋鞭处理

地下鞭浮于地表不能深入土中，缩小了吸收营养的面积，造成竹鞭营养不良，笋芽分化减少，而且影响到竹笋单株重量和质量，可以用埋鞭覆土的方法调整竹鞭分布，促进地下鞭在林地的合理分布。埋鞭方法是埋鞭时先掘宽 20 cm 的沟，将鞭置于其中，鞭梢向下，而后先覆土 8~10 cm，然后踩紧，再将挖起的深土埋上。埋鞭的深度一般以 20~25 cm 较好。

5.4.4 毛竹材用林培育技术

5.4.4.1 劈山垦复措施

以竹材定向培育为目标的毛竹林林分的立竹度大，郁闭度高。毛竹林劈山垦复可以根据林地实际状况，间隔 2~3 度（3~5 年）实施一次劈山；间隔 3~4 度（5~7 年）进行一次带状（块状）垦复。

（1）林地劈山除杂

在杂灌草茂盛、种子未成熟前（7~8 月）人工或机械劈山一次，将劈倒的杂灌草铺设于林地培肥土壤。竹林立竹度大且林内杂灌草少时一般不劈山。禁用化学除草剂。在劈山除杂灌草时，对毛竹林中的窄冠或珍贵树种可有目的地保留，逐步建立起 8 竹 2 树或 9 竹 1 树的竹针、竹阔混交林。

(2) 林地深垦

每隔 5~7 年完成对全林的一次垦复，垦复深度 25 cm 以上。垦复时间一般在新竹抽枝展叶完成后进行，毛竹林大小年的垦复年份选择在发笋成竹年。一般采取带状轮垦或块状垦复，带宽和带距为 3~5 m。结合垦复，将肥料撒于林地，垦复深翻入土。

5.4.4.2　施肥管理

毛竹材用林实施短周期采伐，竹材产量高兼或挖笋，收获的竹材和竹笋将从林地中带走大量的养分元素。施肥是维持毛竹林地生产力的重要技术措施。毛竹材用林一般采取全年一次性施肥法，施肥时间为毛竹林小年的幼叶—成叶期（4 月底至 8 月），即毛竹采伐全部结束，新换叶已完全展开后进行。施肥还可以结合毛竹材用林各项技术措施的实施而进行，以节约林地施肥的劳动力投入。施肥方法有沟施、鱼鳞坑施、株穴施、撒施、竹蔸施和笋穴施等。

(1) 毛竹林小年的幼叶—成叶期施肥

这一时期采取沟施、鱼鳞坑施或株穴施。其中，沟施和鱼鳞坑施的沟（或鱼鳞坑）间距在 3.0~3.5 m，深度为 25 cm 左右，宽度为 30 cm。可以将沟施、鱼鳞坑施和株穴施结合实施，林地土壤紧实的地块多采用沟施，施肥的同时起到深翻垦复的作用；在林地土壤疏松透气的情况下，采用鱼鳞坑施或株穴施，可以节约劳动力投入。每度的施肥量为施 N 量 6~8 kg/亩（相当于尿素 15~20 kg）、施 P 量 1.5 kg/亩[相当于 $Ca(H_2PO_4)_2$ 12 kg]、施 K 量 2.5~3.0 kg/亩（相当于 KCl 4~5 kg），或选用毛竹专用肥或复合肥等。

(2) 其他施肥方法

笋穴施肥是在对春笋的采收时，同时在笋穴施肥。伐蔸施肥是结合竹材采伐，用打通或砍破节隔伐蔸，施入以 N 肥为主的化肥并加土覆盖伐蔸。笋穴施和伐蔸施的施肥量为 150~200 g/穴，肥料组成以 N 肥为主，适当配合 P、K 肥。竹腔施肥，即 5~6 月在立竹竹秆基部 10 cm 以下处，用电动钻孔机钻孔，用连续注射器注入毛竹增产剂稀释肥液，后用黄心底土封闭针口。

5.4.4.3　毛竹林结构管理

毛竹竹林结构是竹林生产力的核心。毛竹林地下鞭根系统吸收土壤中的养分和水分，竹林的林冠层通过光合作用利用太阳光制造养分，并通过克隆整合在毛竹林内（克隆系统）进行养分的再分配，从而实现竹林的繁衍更新。毛竹林地上部分通过竹笋采收与留养、竹材采伐等技术措施培育形成一定的立竹结构；地下部分则通过地下鞭管理优化地下鞭根系统，为竹林丰产提供基础。

毛竹材用林应按照"适当挖冬笋、选挖大年笋、禁挖鞭笋"的规则进行竹笋采挖，并同时按照"留早、留壮、留匀"实施竹笋（新竹）留养。

适当挖冬笋。对冬笋的采收可以选择在市场冬笋价格较高时期，通过寻找竹笋生长拱起地表开裂的方法（裂缝寻笋），分期多次挖尽浅表冬笋，适当挖中层土的冬笋。

选挖大年笋。在毛竹林春笋发笋期，越早出土的竹笋成竹越大越壮。为保证材用林的竹材生长，除浅表的早春笋，因地下鞭入土较浅，竹笋成竹也较小，同时早春笋价格较高，可以及时采挖利用，大部分的竹笋应按照"留早、留壮、留匀"的要求，在出笋高峰期前即选留成竹。

5.4.5 毛竹低产低效林改造

5.4.5.1 毛竹低效林的成因与经营对策

毛竹低效林可划分为生态低效类和经济低效类(图5-4)。生态低效类竹林是指以发挥生态效益为主要目的,但是由于种种原因达不到可持续发展对生态功能要求的竹林;经济低效类竹林是指以发挥经济效益为主要目的,但达不到各类经济指标的竹林。

毛竹林产量是衡量或评价竹林立地条件和经营水平的最根本指标。追求经济效益最大化是竹林经营者组织生产活动的根本目的。综合产量指标和林地收益指标,将经济低效类竹林分为低产低效型和丰产低效型。低产低效型竹林是指竹林目标产品的产量低,导致林地收益低的毛竹林;丰产低效型竹林指产品虽然产量高,但综合产值、成本和利润指标等分析,林地收益和生产效率低的毛竹林。

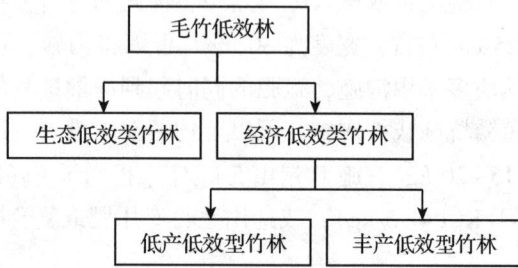

图5-4 毛竹低效林分类

根据对浙江省遂昌、龙泉和福建省永安等3个县(市)的1 200余农户的调查,构建了毛竹经济低效林成因问题树(图5-5)。

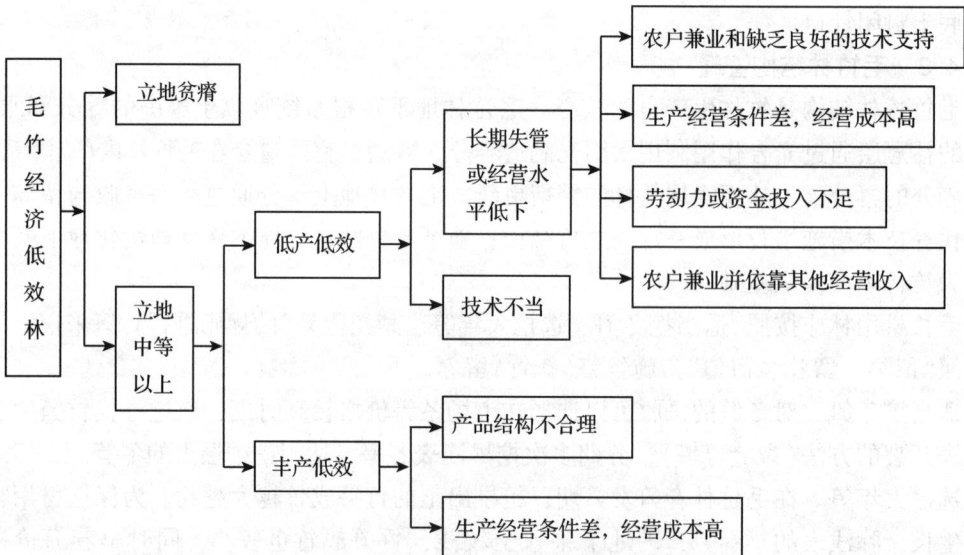

图5-5 毛竹经济低效林成因问题树

从毛竹经济低效林成因问题树可以看出，造成毛竹林经济低效的主要原因包括：一是长期失管、管理粗放或技术不当，甚至处于自生自灭、靠天收获的状态，致使产量低、效益差；二是生产技术及林地基础设施落后，或笋竹产品价格低而生产成本走高，致使丰产低效；三是立地限制，不适宜开展人工经营的毛竹林。

竹林的分类经营和定向培育是降低相对投入的重要经营策略。实施分类经营，可发挥竹林最大自然生产力，提高单位投入的经济产出。生产经营者可通过采取先进的经营技术和管理手段，如优化营林措施、开设竹山便道、改善生产条件等手段，降低竹林经营的相对投入，从而实现竹林经营的效益最大化。

5.4.5.2　毛竹低产林改造的主要技术环节

毛竹低产林改造，从技术上讲，主要解决两个方面的问题：一是根据林分状况和立地条件改善竹林结构，更大发挥竹林生产力；二是通过土壤管理，为竹林生长提供良好的生长环境和养分条件。其主要技术环节包括：

（1）竹林清理

将竹林中低值乔木、灌木和对毛竹生长有妨碍的"霸王树"清除掉，适当保留价值高或对林地肥力维护效果好的落叶阔叶树，给竹林生长创造一个良好的空间环境。

（2）劈山抚育

将竹林内杂草灌木用割灌机、刀劈或镰刀刈倒，平铺在地面使其自然腐烂，为竹林提供养分。

在毛竹低产林改造初期，每度进行1~2次，采用割灌机等机械手段或人工劈杂抚育。林地劈杂处理一般在春笋大年的幼竹展枝发叶后进行，此期气温高，湿度大，杂草嫩，易腐烂，肥效高。过早劈山，杂草尚未充分生长，劈下后肥效不高，而且劈后仍会大量萌发。过迟劈山，杂草种子已成熟，劈后不易腐烂，而且来年种子萌发后，林内杂草更多。劈山要做到柴蔸留矮，杂草劈尽。在劈山时，还应砍除细弱、畸形和病虫害严重及风倒、雪压、断梢的竹子。

对山坡竹林的上部或竹山的山顶、山脊部分，应保留阔叶、针叶树，乔木林或灌木林，以形成山顶戴帽式的块状混交或复层经营；竹林边缘应保留混生树木和适量灌木，形成边缘保护带，从而加强林地生态保护。

（3）深翻垦复

对林地实施带垦或块状垦复，深度在25~30 cm，将林地中树蔸、伐蔸和老龄鞭挖除，为孕笋长竹创造一个疏松的林地空间。

毛竹低产林的林地垦复技术关键是"深垦"，即垦复深度要达到25 cm。垦复一般在春笋大年的8~9月进行。垦复时将杂草翻埋土内，并深埋跳鞭。垦复时宜去除老鞭、伐蔸、石头等。同时，在劈杂后及垦复前，可撒施化肥（以 N 肥为主），并通过垦复深翻入土。若垦复深度不够，特别是简单的浅锄，垦复深度不到15 cm 时，鞭鞘趋松生长会导致竹鞭上浮，不仅不能达到低产改造为丰产的目的，甚至使新发的竹笋、发笋成竹逐年变小，导致毛竹林分退化。对不垦复的地块进行劈杂会减少杂灌对竹林水分和养分的消耗。割灌的残落物可堆放林中进行腐解，增加林地养分。

林地垦复要遵从"渐进"模式，即按照一次 30% 左右林地面积的比例，采用条带状对林地进行深垦。通过 2~3 度，即 3~5 年持续的条带状垦复，结合竹笋采挖等其他土壤管理措施，完成林地的全面垦复。采用渐进垦复不仅可以发挥毛竹林地空间异质条件下的低耗费高收益机制，而且可以降低一次性投入，并使笋竹产量持续稳定上升。

(4)适时追肥

施肥可补充林地养分，改善土壤养分状况和土壤质量，提高竹林生产力。在毛竹林的长期生产经营过程中，采伐竹材和采挖竹笋会从林地带走大量养分，通常只有枝叶等采伐剩余物向林地归还养分，容易造成林地养分亏缺，导致林地生产力下降。通过施肥补充林地养分是提高林地生产力最直接和有效的手段。

以测土推荐配方为基础，在土壤养分中庸的林地，N：P：K = 5：1：2，亩用量在 60~75 kg(以 30% 有效量计)。

结合林地深翻垦复的施肥以垦复时间为准，一般在春笋大年新竹展枝发叶之后进行；其他施肥的最佳时间均为春笋小年的幼叶期。

施肥方法方面，第一次施肥可以结合林地深翻垦复进行，将肥料撒施在条带状垦复带上，通过深翻将肥料和劈山的杂草一同埋入土中。也可以采用株穴施配合鱼鳞坑施(笋材两用林定向改造)、沟施法配合鱼鳞坑施(笋用林定向改造)和鱼鳞坑施(材用林定向改造)等方法施肥。

在林地进行具体施肥作业时，施肥量可以按如下方法控制：沟施法，坡度在 20° 左右的山地，按照 2.0~2.5 m 间距开沟，即每亩总沟长在 320 m 左右，施肥量为 60 kg/亩，则开设长度为 1 m 的水平沟内的施肥量为 0.18~0.20 kg；株穴施法，按照立竹数量计算，如立竹量为 140 株/亩，施肥量为 60 kg/亩，则每株穴施肥量为 0.43 kg。

(5)护笋养竹和合理采伐

改善竹林立竹结构，可提高毛竹林自然生产力，并通过采收笋竹产品获取经济效益。毛竹低产竹林一般经营管理粗放，立竹度低，亩均立竹在百株左右甚至更少；小径竹多、大径竹少；老龄竹多、壮龄竹少。实施毛竹低产林改造应适时、定量地留笋养竹，并通过合理采伐，改善毛竹林的立竹结构。

适时留笋养竹指的是按照"早期疏笋、中期选留、后期挖笋"的方法进行留笋养竹。即按照毛竹林的发笋节律，在发笋盛期 5 d 左右的时间内选留长势旺盛、大小适宜的竹笋；为保证竹株(笋—幼竹)在林中分布相对均匀，林中的空阔地块可通过早期疏笋提前留养，后期笋可全部采挖。对早期笋的采挖利用是提高毛竹低产林经济效益的重要手段。此外，毛竹林地的竹笋萌发生长存在非对称性竞争现象，即较早出土或生长势更强的竹笋，优先利用养分利己生长，并抑制较晚出土或生长势较弱的竹笋生长。因此，只要适时采挖和留养，挖笋不伤鞭，挖笋措施就是合理而有效的。而传统的护笋养竹，甚至全面禁笋，不仅不能充分采挖利用竹笋资源，还将造成大量的退笋退竹，在技术和经济上都是不可行的。

定量留笋养竹指的是笋竹的留养数量根据原有立竹度和经营目标确定。对林分密度较低的竹林，一般按照上一度留养株数增长 30% 左右为目标，逐步提高留养新竹的数量。以原有经营密度为每亩 120 株为例，改造第 1 年，留养数量为每亩 60 株左右，退笋率 10%~

15%，保证50株左右竹笋可成竹。改造第3年(2度)，留养数量可增加至每亩80株左右，保证60~65株竹笋成竹。经过2~3度留养，可实现竹林立竹度为150~160株/亩的目标。

竹林采伐既是择伐竹材利用，也是竹林的抚育措施。采伐时间一般在春笋大年的立冬后至翌年的清明前；对密度过大的竹林，可以在新竹展枝发叶后(又称杨梅红伐竹)对过密处进行择伐，从而调整局部林地的立竹数，腾出林地空间以利新竹的生长；春笋小年的清明后则严禁竹材采伐。采伐的目标竹时，应根据定向改造的要求确定采伐数量，按照"砍老留壮、砍小留大、砍密留疏、砍劣留优"的原则实施采伐。空阔地应保留空膛竹。伐后将竹蔸的竹节打通或劈破，以加快竹蔸腐烂。

(6)防治病虫害

防治病虫害是提升毛竹林产量和生态质量的关键环节。在毛竹低产林改造过程中，需采取一系列综合性措施应对病虫害的挑战。监测和预警系统是防控工作的前提，通过定期监测竹林健康状况，使用诱捕器和性信息素等工具，及时发现并预警病虫害发生风险。并调整竹林立竹度，优化林分结构，以减少病虫害滋生的环境条件。同时，注重利用天敌与寄生虫，减少化学农药的使用，保护天敌，维护生态平衡。化学防治作为最后手段，须选择环境友好型农药合理施用。此外，加强竹林卫生管理，及时清理枯落物，减少病虫害越冬场所。

以上措施可改善竹林环境，调整竹林结构，创造最佳生境，提高土壤肥力，达到增加竹笋材产量、提高经营效益的目的。

5.5 雷竹林高效培育

雷竹为刚竹属植物，笋粗壮，笋肉白色，质脆，味甘，含水量多，风味好，亩产750~1 000 kg，高可达3 000 kg以上，是中国特有的优良笋用竹种。雷竹原产浙西北丘陵平原地带，以临安、余杭和德清最多；此外，浙江杭州、安吉、余姚、鄞州和安徽的宁国等地也有分布。由于雷竹出笋早、产量高，同时覆盖提早出笋技术的应用使雷竹笋价格进一步提高，经济效益显著，因此，雷竹在浙江及江西、上海、江苏、安徽、福建等南方各地得到了大面积推广，在调整农村产业结构、实现山区农民增收过程中发挥了重要作用。

5.5.1 雷竹生物生态学特性

掌握雷竹的生物生态学特性，并进行引种区划，可以为雷竹的引种推广提供科学依据。

5.5.1.1 雷竹笋出土生长规律

雷竹的笋期为2月中下旬至4月中下旬，在刚竹属中出笋最早。据1991年对浙江临安吴马村雷竹林的观察，雷竹笋自2月15日开始出土至4月27日停止，笋期前后历时72 d。出笋较集中的时间出现在3月11日至4月3日，这24 d是竹笋产量形成的重要阶段。在此期间，除留养足够的母竹外，连同初、末期的竹笋均可挖掘食用。

雷竹出笋数量与气象因子密切相关。在调查的雷竹出笋的72 d内，平均气温为8.67 ℃

时，平均出笋数 8 197 株/hm²；当平均气温降至 6.87 ℃时，出笋数量下降到 6 099 株/hm²；当气温升至 10.0 ℃时，出笋数也上升至 9 124 株/hm²；当气温升至 13.0 ℃时，雷竹出笋数最多。在出笋期间，气温平均每降低 1 ℃，减少出笋数量 64~78 株/hm²。

降水对雷竹出土生长也有影响。春季雨后，温度上升，往往有大量竹笋出土。但久旱不雨，土壤过于干燥，即使温度适宜，雷竹笋仍出土缓慢，数量少。雷竹笋期的月降水量应不少于 105 mm。

5.5.1.2 雷竹秆形生长规律

雷竹笋出土后，进入秆形生长阶段。竹子秆形的高生长过程均可分为 4 个阶段：初期、上升期、盛期和末期。

在生长初期，竹笋出土以后，基部萌发根系，高生长非常缓慢，历时 15 d 左右，日高生长量为 2~4 cm。竹笋经初期生长，根系大量萌发，生理代谢活动逐渐活跃，生长速度逐渐加快，进入竹笋高生长的上升期，历时 7~9 d，日高生长量为 10~20 cm。盛期是竹笋高生长最旺盛的时期，根系继续伸长，基部竹节的秆箨开始脱落，历时 15~20 d，日高生长量为 20~30 cm，最大可达 50 cm 以上。随后竹笋高生长进入生长末期，幼竹枝条迅速伸展，而高生长速率则显著下降，最后停止，此时笋箨全部脱落，幼竹顶部稍弯曲，直到全竹枝叶长齐，形成新竹。末期生长历时 12~14 d，日高生长量为 7~12 cm。5 月中旬以后，幼竹高生长基本停止，幼竹秆形生长完成。不同出土时间长成的幼竹，其竹高和胸径存在一定的差异。在雷竹秆形高生长过程中，昼夜生长呈"昼慢夜快"的规律。

雷竹高生长与气象因子关系密切。气温对生长量的影响较大，尤其盛期高生长的节律变化与气温节律变化比较一致，即随着温度的升高，高生长加快。但进入高生长末期后，气温持续上升，而高生长量却逐渐下降，两者的相关性不明显。雷竹高生长的适宜温度为 17~19 ℃。降水量对高生长的影响主要表现为湿度增大有利于竹子生长，但在春季，月降水量较高，一般不少于 130 mm，雷竹高生长需要的水分已基本上得到满足，因此降水量对竹子生长影响不大，一般不需要灌溉。

5.5.1.3 雷竹枝条生长规律

当雷竹秆形生长高峰期过后，下部秆箨渐次干缩脱落，枝条自下而上开始抽枝，并逐次展开。雷竹枝条开始展开到结束所需的时间因光照、温度、土壤条件而有所差异，一般需 15~25 d。在生长初期，枝条生长极为缓慢，日生长量只有 1~2 cm；当枝条生长进入高峰期，日平均生长量可达 6~10 cm，高者可达 15 cm；高峰期过后，枝条生长逐渐缓慢，日生长量约 1~2 cm。雷竹枝条生长规律也遵循"慢—快—慢"的规律，全期生长量为 65~158 cm，平均日生长量为 3~7 cm。雷竹每个枝条的侧枝抽发，也遵循"慢—快—慢"的规律。

枝条生长与温度、湿度、降水等气象因子的相关性不显著，这是因为枝条生长时间为 5 月上中旬，此时的气象条件已满足生长要求，而极端因素又不可能出现，致使气象因子影响不大。但养分条件成为主导因子，养分充足时枝条的生长量大。

5.5.1.4 雷竹叶片生长规律

雷竹的展叶过程就全竹来说，上下枝条几乎同时展开，而对某一枝条来说，则遵循自下而上的规律进行，当下面侧枝的叶子已全部展开，上面侧枝的叶子还在分化和伸长之中。雷竹展叶开始到结束需 15~21 d。

雷竹每年换叶 1 次。一般在春季的 2 月底或 3 月初，叶芽就开始发育，6 月初新叶基本长成。竹叶的生长过程，需经历 4 个时期：

①叶芽分化期　由枝顶或其侧芽分化出叶原基，再分化形成叶柄和叶鞘的原始体。3月初，平均气温 6 ℃左右时，叶芽开始分化。

②伸长期　在 3 月中下旬，已分化的叶原体细胞增大、伸长，逐渐形成针状叶，经 2~3 d 生长，针状叶长至 3~4 cm，膨大呈卷筒状，叶子逐渐展开，进入幼叶阶段。

③功能期　从 5 月下旬至 6 月初，叶片完全展开，进行正常的光合作用，同时叶片继续增大加厚生长，由长 3.5~4.2 cm、宽 0.7~0.9 cm 倒卵形的幼叶，长至长 6.0~17.0 cm、宽 0.8~2.2 cm 的带状披针形的功能叶，历期达数月之久。

④衰老期　细胞内原生质逐渐破坏，叶片、叶鞘开始自下而上枯黄，叶柄与叶梢间形成离层，叶片脱落。雷竹每月都有少量落叶，而以 5~6 月落叶数量为最多，达 60% 以上，此时也是换叶的高峰期。

叶片生长时的旬平均气温基本在 20 ℃以上，已满足叶片生长的需要，但温度的突变对叶片生长仍有一定的影响。该期间降水量基本上可达到 90 mm，且分布较均匀，能满足叶片生长的要求，所以降水对叶片生长的影响不显著。

5.5.1.5　雷竹鞭生长规律

在一年之中，竹鞭的各个生长阶段均受温度、水分的影响，其生长量差异很大。竹鞭活跃生长期开始和停止的月平均气温为 13~16 ℃；隆冬季节温度过低，竹鞭生长停止而处于休眠状态；开春后，温度上升至 6 ℃左右，鞭芽即开始萌动分化生长，由于温度尚低，生长量较少；当 5 月下旬或 6 月初，温度上升至 20 ℃以上时，竹鞭快速延伸，随着气温进一步升高，生长逐渐加速；至月平均气温 30 ℃左右时，生长速率最快，日生长量达 2~3 cm，在江浙一带，此时正处在梅雨季，雨水比较充足，但如果遇上空梅，高温干旱，就会影响竹鞭生长，需浇水灌溉；在 7~8 月，气温已较高，降水量对竹鞭生长的影响较大。据观察，竹鞭生长最适宜的月降水量为 140~160 mm，不宜低于 100 mm。雷竹喜湿润土壤，但又怕积水，积水易造成烂鞭。

5.5.2　雷竹适宜引种区区划

5.5.2.1　雷竹引种区划因子的选择

引种雷竹，首先要考虑引种地的气候条件是否适宜雷竹的生长，如果引种地的气候条件与原产地基本相同，引种可望获得成功。雷竹原产地——浙江杭州临安区、余杭区和湖州市德清县一带，其气候特点是：年平均气温 15.4 ℃，1 月平均气温 3.2 ℃，极端最低气温 -13.3 ℃，7 月平均气温 29.9 ℃，极端最高气温 40.2 ℃，全年大于 10 ℃的活动积温为 5 100 ℃左右，年无霜期 235 d 左右，全年日照 1 850~1 950 h，全年降水量 1 250~1 600 mm，有明显的春雨期、梅雨期和秋雨期。

按照以上各气象因子，查阅《中国地面气候资料》和有关文献，结合雷竹生物学特性，选取以长江中下游为中心的华北、华中、华东、华南、四川盆地和云贵高原的81个气象站作为样点，以历年来各气象因子的平均值为资料，包括1月平均气温、年平均气温、极端最低气温、全年大于10 ℃的活动积温、无霜期天数、春季降水量、秋季降水量、全年降水量和全年日照时数，以雷竹原产地临安作为固定样点，采用模糊相似优先比作为评定两个样点的相似程度，比较81个样点与固定样点之间的相似程度，确定引种区域的划分。依据相似程度编号的加权值，结合雷竹生物学特性及生态学特性，划分适生区域。

5.5.2.2　雷竹适生区域划分

研究人员通过对气温和降水量等9个气象因子进行模糊相似优先比方法，计算出以长江中下游为中心的81个气象站与雷竹原产地之间的相似程度，结合雷竹生物学特性和实际生产经验，划分出了雷竹的适宜引种区。

(1)最适宜引种区

最适宜引种区集中在长江中下游一带，包括浙江大部分地区、上海、江苏太湖流域、安徽南部、江西北部、湖北江汉平原和湖南中北部。这些地区气候温和，雨量充沛，有明显的春雨期和秋雨期，气候条件与原产地十分相似，很适宜雷竹的生长。

(2)适宜引种区

适宜引种区围绕最适宜引种区形成三面包围，北部包括江苏南部、安徽巢湖和大别山一带；南部包括浙南山区、福建北部、江西和湖南的南岭以北地区；西部包括贵州乌江流域、湖北汉水流域和陕西的汉中、安康一带。这些地区的气候特点是：年平均气温15~18 ℃，1月平均气温2~6 ℃，极端最低气温-15 ℃以上，全年大于10 ℃的活动积温在4 500 ℃以上，春季降水量在250 mm以上(除汉中、安康外)，秋季降水量在180 mm以上。这样的气候条件基本能满足雷竹生长的要求。陕西的汉中和安康一带雨量偏少，若能在春季供水，引种可望成功。

(3)尚适宜引种区

尚适宜引种区围绕适宜引种区形成外围圈，北部为淮河流域至秦岭一带，南部为珠江流域、福建中南部及台湾岛，西部为四川盆地和云贵高原地区。这些地区的气候特点各不相同，北部气温低，雨量少，对雷竹生长很不利。考虑到同是刚竹属的桂竹能在陕西的秦岭南坡良好生长，那么与桂竹相近的雷竹引种到黄河流域也是有可能的。只是桂竹出笋期迟，正好赶上黄河流域的雨季，雷竹出笋早，恰遇春季干旱。若在春季进行灌溉，供给足量的水分以满足出笋长竹需要，引种也是可以的。相反，南部珠江流域、福建和台湾等地，气候温和，雨量充沛，虽与原产地的气候条件有较大差异，但温暖湿润的气候条件适合于雷竹生长。1996年广东仁化引种雷竹近700 m²，成活率达98%，可见，南部引种雷竹是可能的。西部的四川盆地春季雨量偏少，云贵高原干雨季明显，降水量的季节分配不均，将影响雷竹的生长。以上这些地区引种雷竹，要注意灌溉，以确保引种成功，并取得较高产量。

(4)不适宜引种区

除上述3个适生区域外，其他地方不提倡引种雷竹。

5.5.3　雷竹丰产培育技术

5.5.3.1　土壤及肥水定量管理

（1）土壤管理

培土是竹笋生产的重要措施之一。培土后土壤疏松深厚，可以延长竹笋在地下生长的时间，保持竹笋的鲜嫩，并增加竹笋的粗生长和高生长，从而提高单位面积产量。不同竹鞭深度对应的竹笋平均重量是不一样的，竹笋个体重量随竹鞭深度的增加而增大。各出笋时期的竹鞭分布深度不同，出笋早期竹鞭深度一般在 6~20 cm，中期竹鞭深度在 6~30 cm，后期竹鞭深度在 16~40 cm。早、中、后 3 个时期的发笋深度有依次下延的规律，每期下延 10 cm 左右。因此，培土宜分期逐渐加厚，而不是把所有的竹鞭覆埋在同一深度里；要避免竹鞭拥挤，以创造良好的地下空间结构。一般来说瘠薄土层培土宜厚些，土层深的培土可薄些。每年一次性培土厚度约 5 cm，不宜超过 10 cm。培土可结合施肥进行，尤其是施用有机肥后，培土覆盖能促进肥料分解和防止肥料的流失。

林地土壤管理分别在 5~6 月和 8~9 月进行。5~6 月的工作通常在新竹已基本展枝发叶后进行，主要工作有：

①竹株采伐和清理　根据竹林结构要求，伐除老龄竹和病残竹，挖掉竹蔸，并清理出林外，保持林地良好的卫生状况。

②土壤深翻　全林深翻 25~30 cm，并结合施肥将肥料翻入土层。

③地下鞭管理　结合土壤深翻，清除老龄鞭，并对浮鞭进行埋鞭处理。埋鞭方法为，开掘深 25 cm、宽 20 cm 的沟，将鞭置于其中，鞭梢向下，先覆土 8~10 cm，逐渐踏实，继续覆土耙平即可，如镇压不实，降雨后又会上浮。8~9 月的主要工作为施笋芽分化肥和除草松土，并通过松土将肥料翻入土中。

（2）定量施肥调控技术

施肥是雷竹笋用林管理的重要环节，根据林地养分状况、林地产量要求和竹子生长发育规律，一般采用测土平衡配方的"四次施肥法"。

①发鞭长竹肥　施肥时间在 5~6 月，$N:P:K=6:1:2$，按 30% 有效量计算，亩用量为 60~80 kg，撒施在林地地表，并可混施有机肥（厩肥、饼肥等），结合林地翻耕，翻入土中。

②笋芽分化肥　施肥时间在 8~9 月，施肥种类为 $N:P:K=2:1:2$ 或 $1:1:1$，按 30% 有效量计算，亩用量 15~20 kg，撒施在地表，结合林地浅耕除草（10 cm）翻入土中。

③孕笋肥　施肥时间在 11~12 月，施肥种类为有机肥或绿肥，可不经堆沤，撒施在地表，亩用量 1 500~2 500 kg。

④养竹肥　施肥时间在 3 月初，施肥种类为 N 肥，如尿素、NH_4HCO_3 等，亩用量 10~15 kg，结合挖笋，将肥料施在笋穴中，加土覆盖，以补充笋期对大量 N 的需求，提高成竹率。

（3）水分定量调控管理技术

竹子生长过程中对水分的需求很大，其中，笋芽分化期和孕笋期的林地水分条件状况是翌年发笋的限制因子，直接影响翌年发笋的多少和竹笋单株的大小。经营集约度较高的林地宜在干旱时进行水分管理。

水分管理关键时期为笋芽分化期（8~9 月）。连续干旱 25~30 d，需进行 1 次灌溉。

可利用山地自然水源，通过修建蓄水池等方法蓄水浇灌，或利用灌溉设施进行灌溉。灌溉方法可采用浇灌或滴灌。其中滴灌设施主要技术参数为：滴灌间距 2.0 m×0.3 m，一次灌溉时间 2.5~3.0 h，亩用水量 2.5~3.0 t。自然灌溉的亩用水量为 10~12 t。

5.5.3.2 立竹结构调控

通过母竹留养和老竹的删伐建立合理的竹林结构，调整林内光、水、肥的合理利用，以达到丰产稳产。

（1）母竹留养

雷竹林的合理年龄组成为 1 龄：2 龄：3 龄：4 龄 = 3：3：3：1，立竹度达到 800~1 000 株/亩，每年留养新母竹 200~250 株为宜。

母竹留养宜在出笋盛期，因为盛期所发之竹最为健壮，而晚期竹笋生长弱。因此，留母竹过早，养分消耗多，竹笋产量受到影响；留母竹过迟，母竹质量差。

母竹留养应选择无病虫害的壮笋，根据竹林所需竹株的要求留养。留养时注意保持竹林母竹分布均匀，提高竹林的均匀程度。

（2）竹林删伐

通过新竹留养和老竹采伐，保持合理的立竹度是获得竹笋高产的重要技术措施。竹林砍伐在新竹成林后的 6~7 月结合松土进行。

（3）合理钩梢

钩梢的目的在于降低竹林高度，防止风倒雪压。在风雪危害少的地方，可不进行钩梢。雷竹能忍受零下十几摄氏度的低温，但大雪往往对竹子造成很大的危害。据调查，在大雪的年份，雷竹遭受雪压的程度达 50%以上。当年的新竹由于木质化程度低，压倒、压断的程度高于老竹。此外，台风对雷竹也会造成很大的危害。因此，合理钩梢可减少风雪的危害。钩梢后，如遇上大雪，仍应及时进行人工摇雪，以减少雪压损失。6 月新竹展枝放叶后，用刀钩去竹梢，合理留枝 15~16 档。

5.5.3.3 地下结构管理

（1）竹鞭管理

萌发竹笋最多的是壮龄鞭。竹鞭的生长延伸速度快，每年可延伸 2~3 m，最长可达7~8 m。由于笋用竹林土壤疏松，施肥量大，竹鞭若不做适当处理，将会出现两种情况：一种是竹鞭生长旺盛，形成大量的长鞭段，有效发笋鞭段比例不大；另一情况是竹鞭受趋肥性影响，大部分竹鞭分布在土壤表层，不能深入土中。通过松土、施肥、断鞭和埋鞭等措施可以控制竹鞭延伸生长，调整竹鞭在地下空间的分布。

（2）竹蔸处理

竹蔸在林地中占据了一定的空间，自然腐烂难，砍竹后应挖去竹蔸。老竹蔸如果不挖去，留在林内一时难以腐烂，使土地利用率下降，影响竹鞭的延伸和竹笋的出土。

5.5.4　雷竹林促成栽培

雷竹在 2 月中下旬至 4 月中下旬自然出笋，通过研究雷竹笋芽萌发情况提出了"笋芽四季萌发理论"，并提炼出了促成栽培技术。通过改变外部环境条件，促进雷竹笋芽萌发，促使雷竹笋在元旦前后出笋，使笋期大为提前，显著提高了竹林的经济效益。

5.5.4.1　雷竹林促成栽培技术原理

竹类植物地下茎既是竹株间相互连接，进行有机营养物质合成、积累、分配、消耗等生理活动的重要器官，又是竹林延伸扩展维系竹林稳定的器官。地下茎(竹鞭)侧芽顶端分生组织经过细胞分裂增殖，可逐步膨大发育成笋。

对散生竹类的大量研究和实践表明，在适宜的水肥管理条件下，地下鞭侧芽有四季萌发规律，并且竹笋的产量与地下竹鞭的结构密切相关。因此，研究竹林地下鞭侧芽、笋芽萌发规律，可充分挖掘竹林生产潜能，获得最佳经济产量，从而为竹林高效丰产培育和更新提供依据。

(1)笋芽四季萌发理论的提出

笋芽是指竹子地下鞭的侧芽膨大形成竹的前体。关于笋芽萌发，一般认为，竹笋在地下阶段生长慢，时间长，有的竹种还跨越两个年份，夏末秋初壮龄竹鞭上的部分肥壮侧芽开始萌发分化为笋芽。笋芽顶端分生组织经过细胞分裂增殖，进一步分化形成节、节间、笋箨、侧芽和居间分生组织，并逐渐膨大，芽弯曲向上伸长。传统的笋芽萌发理论只揭示了笋芽成笋的基本时间及生长过程，因此，为保证春笋的成竹，传统的经营要求禁挖冬笋。20 世纪 90 年代开始进行雷竹林的早出丰产技术研究，发现对单个笋芽来说，笋芽是一次萌发形成的，但众多的笋芽在鞭上排列分布的部位不同，分布的竹鞭年龄不同，分布的深度不同，笋芽的萌发不可能一次进行。经过十多年的竹林营养循环、激素水平及鞭芽分布结构等研究，科研人员提出了"笋芽四季萌发理论"，即竹子地下鞭侧芽具有四季萌发的潜力，只要条件适宜都可能萌发成笋。

(2)笋芽四季萌发理论提出的依据

①竹鞭侧芽的萌发规律　竹林地下结构是一个非常复杂的鞭根系统。样方调查结果表明，雷竹林地下鞭侧芽存在鞭侧芽活芽二分之一分布定律，即地下鞭侧芽中活芽、死芽各占二分之一左右。并且芽的地下垂直分布存在一定的规律，即 11~30 cm 是鞭侧芽主要分布层，随着深度增加，未发芽的活芽减少，烂芽增多。1 年生鞭的侧芽有少量的萌发成笋，大量笋是由 2~3 年生鞭的侧芽形成的，但能萌发成笋的侧芽仅占侧芽总数的 5.6%。因此，在竹地下鞭侧芽中，1 年生鞭的侧芽除少量能在当年分化成笋芽且萌发成笋外，大量的侧芽以活芽存在，等第 2、3 年条件适宜再萌发，萌发芽的量占总芽的比例仍较小，大量的侧芽因条件不适宜而成为烂芽，侧芽的利用有很大潜力。

②外部环境可促进竹鞭侧芽成笋　竹鞭笋芽、鞭芽从芽的结构上看没有本质上的差异，都有原套原体结构。但侧芽能否分化成笋，与温度、水分及肥力平衡等外界环境有十分密切的关系，不同竹种笋芽萌发对温度有不同的要求(表 5-3)。

表5-3 不同竹种笋芽萌发所需的温度

竹　种	雷　竹	毛竹、哺鸡竹	淡竹、刚竹
萌发温度（旬平均，℃）	8	10	15

水分同样对笋芽的形成与萌发有很大的影响。久晴不雨的干旱气候会影响笋芽的分化形成，例如，1968年江苏宜兴地区的大幅减产，就是1967年的干旱造成的。因此，竹林可以通过对地温及水分的调节促进笋芽萌发成笋。

③植物内源激素对竹鞭侧芽分化的调节作用　植物激素对植物生长发育有调节作用，竹子地下鞭芽的发育同样受植物激素的调节。在竹鞭侧芽分化过程中，鞭梢与基部的生长促进类激素含量与ABA的含量呈相反的变化规律。研究发现：1年生鞭基部侧芽膨大形成笋芽时，高IAA含量符合雷竹快速生长的要求，但细胞分裂素与笋芽早期形成更相关；笋芽生长后，生长素与赤霉素含量对笋体的膨大与快速生长的影响更大；而鞭芽的形成主要由鞭梢部较高的生长素含量、低ABA含量及基部较高ABA含量和低生长促进类激素含量所引发。

因此，笋芽萌发实质上是芽的萌动过程，温度是影响芽萌动的重要外部因子，激素的变化是对外部温度变化的一种应答。随着温度的提高，竹子的代谢增强，生长促进类激素的增长与ABA的减弱促进了芽的萌发。雷竹通过覆盖提早出笋就是一个很好的实例。

5.5.4.2　雷竹林促成栽培技术

在浙江等地通过在冬季进行保温、施肥和浇水处理，满足雷竹笋芽萌发所需的温度、水分和养分的需要，使雷竹提早出笋。由于春节前雷竹笋价格高昂，采用该技术可使春笋冬出，笋期提前，极大地提高了雷竹栽培的经济效益。此外，还可在秋季对雷竹林进行覆盖，使雷竹在秋季出笋，也能产生良好的经济效益，但该技术需把握好覆盖厚度，以免灼伤竹林地下结构。冬季促成栽培技术具体如下：

（1）覆盖保温

①覆盖材料　一般采用竹叶、稻草、谷壳等。微生物繁殖、分解有机物的作用，使覆盖物在发酵时产生热量，提高土壤温度，促进笋芽萌发生长。酿热物发热温度高低和持续时间取决于覆盖材料、覆盖厚度及好气性细菌的活动强弱，覆盖酿热物的碳氮比（C/N）是衡量酿热材料酿热性能的主要指标。竹叶C/N为20~30，属中温型酿热物，发热正常而持久；稻草等C/N为70左右，属低温型酿热物，发热时间持久，但发热慢，温度低，所以出笋时间要长；相反，菜饼、豆饼等C/N均在6以下，为高温型酿热物，其特点是发热快，温度高，出笋需要的时间短。因此，可以根据酿热物的酿热特性和C/N，调整、控制覆盖材料厚度，以维持适宜的发热时间和温度，从而收到良好的酿热效果。

②覆盖时间　各种覆盖处理出笋所需的时间是不同的。应根据覆盖材料有计划地安排，必要时辅以高温型酿热物以起到临时增温的作用，确保能在预定的时间内出笋，从而取得良好的经济效益。一般覆盖时间在11~12月。

③酿热物增温处理方法　酿热物的含水量应保持在70%左右，倘若水分不足，则不会发热，发热也不会持久；水分过多则通气不良，发热困难，反而降低温度。另外要考虑酿

热物的厚度，一般中温型酿热物以 20 cm 左右为宜，低温型酿热物以 25~30 cm 为宜。适当添加高温型酿热物，可以减少覆盖用量，减薄厚度。控制地表温度在 15~20 ℃，发热太强，升温过高，将发生烧鞭现象。

（2）水分管理

因林地地表被有机物覆盖，自覆盖之日起至翌年 3 月，长达 5 个月的时期内，林地不能得到自然降水和人工灌溉水分的补充，而竹林的生长和发笋对水分需求量很大，因此，覆盖前应给予林地补充充足的水分。一般用量控制在 10~12 t(轻壤土)。林地水分状况和土壤类型密切相关，林地土壤黏重且作业地块较大(超过数亩)时，林地透气性差，此时过多的水分将导致林地土壤空隙减小，使鞭根和笋芽窒息，影响竹林的生长和发笋。因此，水分管理要适量，保证林地有足够水分和良好的透气性。

（3）竹林结构动态管理

实施覆盖栽培的雷竹林的立竹度应保持 800~1 000 株/亩，竹株钩梢留枝 15~16 档，竹株胸径 2~4 cm，年龄组成为 3 年生以下的竹株超过 70%。

覆盖竹林要特别注意建立合理的母竹留养制度，可实行以下两种留养母竹的方法：

①每年留养一定数量母竹，形成均年竹林结构　该实施方法为在笋期过半后，减少覆盖物厚度或清除覆盖物，降低土壤温度，延迟竹笋出土，以利母竹留养。该留养方法基本能每年留养一定立竹，保持竹林结构稳定。但该留养方法降低了当年的早期笋产量，影响经济效益，而且留养的母竹通常生长势较弱，影响立竹质量。

②不覆盖年留养母竹，覆盖年不留　通过对林地间歇实施覆盖栽培，在覆盖年不留养或极少留养母竹，不覆盖年留养健壮母竹，以保证母竹和竹林的旺盛。目前可采用两年覆盖，一年休闲留养母竹，使竹林中 1~3 年生保持较高比例(75%)，立竹生活力旺盛。

注意适时留养，通过及时去除覆盖物(2 月中旬)，用物理方法降低温度，在 3 月中旬留养健壮的后期笋。留养的母竹通过母竹复壮处理，提高抗寒能力，主要措施为竹笋套袋作物理保温处理和在竹笋基部施复合肥(用量是 30~50 g/株)，促使竹笋复壮。

（4）地下鞭更新与调控

实施覆盖栽培的雷竹林竹鞭提前 1 年进入壮龄期，每年发笋消耗鞭上的壮芽数量比常规经营的笋用林多。由于壮龄鞭上的壮芽迅速减少，壮龄鞭易较快进入老龄期，因此，应及时清除覆盖物，每年 5~6 月对林地全面深垦、深施肥，控制地下鞭在不同的地下层分布，并尽可能将老龄鞭清除，以保证地下鞭系统具备良好的发笋能力，保证竹林的持续丰产。

（5）竹笋采收

采用笋锹采收，扒开覆盖物，在竹笋一侧挖开部分土壤，让笋锹沿竹笋壁向下，在"螺丝钉"上方斜用力，采收竹笋，不可伤及竹鞭。

（6）覆盖栽培注意问题

①后期覆盖物清除　覆盖栽培竹林 3 月以后只有零星竹笋发生，之后地下鞭进入生长旺季，留养的母竹开始发根展枝长叶。及时去除覆盖物对土壤通气、保护母竹、防止地下鞭向上生长和烂鞭等都有积极作用。

②覆盖栽培作业制度　为使竹林连年取得良好的经济收入，竹农通常连年实施覆盖栽培。大部分林地连续实施覆盖超过两年，甚至部分林地已连续7~8年实施覆盖栽培，这样会使竹林不能得到及时更新，竹林衰退。一般雷竹成林宜采用三年二覆盖为好，以保证雷竹笋用林的可持续经营。

5.5.5　雷竹退化林改造

经过一定时间的经营后，尤其是连年覆盖后，竹林逐渐开始退化。竹林地下鞭根纵横交错，土壤板结，老鞭竹蔸来不及腐烂，拥塞林地，新鞭越来越少，越来越浅；地上部分竹林出笋减少，产量降低，新竹少，老竹多，抗病虫能力减弱，病虫危害严重，竹林出现开花、退化、衰败。在竹林经营管理中，积极采取应对措施，对退化竹林及时更新、复壮具有重要意义。

5.5.5.1　雷竹林退化状况分析

雷竹林的立竹结构、地下鞭、竹林开花和竹笋产量与品质状况等指标均可以反映出雷竹林的退化状况。

（1）立竹结构

①立竹度　通过对雷竹主产区——浙江杭州临安区雷竹林的退化情况进行调查，结果发现调查区覆盖栽培林地的平均立竹度为1 133株/亩，最高达到1 600株/亩，变异系数为31.1%，各样地间的立竹度变异极大，但均高于实施覆盖栽培经营竹林的合理立竹度（800~1 000株/亩），这是因为实施覆盖增温栽培导致母竹留养困难、地下鞭黑变，竹农通常采用提高竹林立竹度、改变母竹留养技术等方法改变竹林结构，以保持丰产。

②年龄组成　丰产竹林的合理年龄结构必须是1~3年生的母竹占70%以上。调查区1~3年生母竹所占比例小于70%的样地达32%，其中陈家坎村高达45%，说明调查地竹林立竹年龄组成已出现严重失调。

③竹林胸径　76%样地的平均胸径在3~5 cm，有89.1%样地胸径的整齐度在7以上，为整齐的竹林。整体经营水平基本上能保持竹林的合理胸径。但发现有18%样地的立竹平均胸径小于3 cm，10%样地胸径的整齐度小于7，平均胸径和整齐度呈下降趋势。

（2）地下鞭

①竹鞭和鞭芽数量　覆盖竹林样方内鞭段数为9.1条/m²，总鞭长为6.06 m/m²，总芽数为181个/m²，其中壮芽占总芽数的6.3%，弱芽数为45.0%，和未覆盖竹林地相比，总鞭长和幼壮鞭的比例明显下降，竹鞭侧芽的绝对数量远低于未覆盖丰产竹林芽的数量，仅为丰产竹林单位面积芽数的53%。竹鞭和鞭芽状况是笋芽孕育和萌发的基础，其数量显著降低，表明目前采用覆盖栽培经营的雷竹林地下鞭结构状况较差，持续生产力降低，覆盖措施已对竹林产生负面影响。

②竹鞭在土层中的分布　覆盖地竹鞭主要分布在0~30 cm土层中，30 cm以下土层很少有成活的竹鞭，其中0~10 cm和10~20 cm土层中的竹鞭分布都在25%以上，说明覆盖使竹鞭分布明显上升，部分样地的地下鞭几乎都分布在土层0~10 cm处。

（3）竹林开花

雷竹为零星开花竹种，开花率一般在3%以下。受覆盖栽培影响，覆盖强度越大，连年覆盖时间越长，开花越严重，调查发现，覆盖2年以上雷竹林的平均开花率高达11%。随着开花的进行，雷竹植株出现大量枯死。

（4）竹笋产量与品质

在覆盖早期，雷竹笋产量可明显提高，一般到第5~6年以后，如经营管理不当，竹林开始退化，竹笋产量持续下降，平均单株笋重也有所下降。据统计，杭州市临安区退化严重的雷竹林（竹笋亩产量小于250 kg）超过25 000多亩。此外，随着全年施肥量的增加，雷竹笋的口感与品质也明显下降。

5.5.5.2 引起雷竹林分退化的经营技术分析

（1）母竹留养情况

覆盖栽培的林地在出笋高峰期因外界气温较低，不宜留养母竹，而清明前后竹林已几无健壮竹笋出土，因此，留养母竹困难已成为林分退化的重要原因。目前，在调查地区实行的留养母竹的方法主要有3种：第一种为每年留养一定数量母竹，形成均年竹林结构（占经营农户的45.4%），但因留养困难，新竹生活力弱，导致立竹结构严重失调；第二种是不覆盖年留养母竹，覆盖年不留（占36.4%），该方法如实施恰当，掌握留养的年份和保留合理的立竹度，效果较好；第三种为根据其他因素留养，主要是指从经济效益出发，如考虑到市场价格等，留养在出笋末期的母竹或经济效益较高时连年不留养。

（2）覆盖增温栽培技术

①覆盖物厚度和覆盖时间　据调查，临安地区，73.3%的竹农采用的覆盖物厚度在20~30 cm，该覆盖厚度增温保温效果较好。厚度小于20 cm（经营农户占20%）的覆盖物对竹林基本无损害，只是出笋时间稍微推迟。覆盖物厚度大于30 cm，则易损伤立竹，出的笋长而细，品质差，且易引起地下鞭腐烂等。覆盖一般从当年的11~12月开始，持续到翌年的3月。因覆盖物在地表层发酵增温耗氧和覆盖的物理隔离效果，林地长期处于高湿和缺氧状态，不仅影响竹鞭和根系的生长，造成烂鞭，使地下鞭系统严重退化，而且使厌氧微生物大量滋生，破坏了土壤结构。

②后期覆盖物清除　覆盖栽培的末期在2月底至3月初，3月以后只有零星竹笋发生，之后地下鞭进入生长旺季，留养的母竹开始发根展枝长叶。及时去除覆盖物对协调土壤通气、保护林地的母竹、防止地下鞭向上生长和烂鞭等都有重要作用。经调查，目前未及时清除覆盖物的占41.4%，使地下鞭上浮，母竹竹蔸根系露出地表，地下鞭生长不良、腐烂。此外，大量的厌氧微生物的代谢产物影响了土壤的生化特性，使林地退化，影响雷竹的生长。

③覆盖栽培作业制度　为使竹林连年取得良好的经济收入，竹农实施覆盖栽培通常强度过大及连年实施覆盖作用。84%的样地连续实施覆盖超过2年，部分样地已连续4年实施覆盖栽培，使竹林得不到及时更新，竹林衰退。

（3）过量施肥

为保证竹林高产，农户通常过量施肥。据调查，浙江杭州临安区雷竹林的化肥施肥量在400~800 kg/亩，其中锦城、高虹、横畈、千洪、于潜和西天目区域的施肥量多为400~600 kg/亩，而太湖源镇的施肥量多为600~800 kg/亩，部分农户施肥量超过1 000 kg/亩。

过量地使用化肥不但造成资源的浪费，还使土壤发生了劣变，雨水的冲刷还将导致下游水体的富营养化。

5.5.5.3 衰败退化竹林的更新改造

①合理留养母竹，控制立竹度 800~1 000 株/亩，保证竹林结构合理。

②于 6 月或 12 月，深翻松土 20~30 cm，挖去老鞭和老蔸；每 4 年加客土 1 次，厚度 6~10 cm。如竹林退化较严重，可全面垦复深翻竹林土壤 30~40 cm，并挖去老竹，保留 1~2 年生健壮母竹 200~300 株/亩。如土壤酸化严重，结合垦复，加施生石灰 100 kg/亩。

③控制化肥用量，推广使用有机肥、生物肥。

④控制竹林覆盖时间与温度，采用"六年四覆盖"或"三年二覆盖"技术，及时搬除、清理覆盖物。

⑤对于严重退化竹林，全部挖去竹子，深翻土壤 40~50 cm，把表土翻下去，心土翻上来，开深排水沟，并重新造林。

⑥对于立地条件较差，确实不适宜再发展雷竹的，可改种其他经济作物。

复习思考题

1. 散生竹林营造的主要影响因素有哪些？
2. 散生竹幼林和成林管理的要点是什么？
3. 毛竹林和雷竹林的生物学特性是什么？
4. 毛竹笋用林、材用林培育技术的异同点是什么？
5. 雷竹林的丰产培育技术是什么？
6. 雷竹林更新改造有哪些技术环节？

推荐阅读书目

金爱武，朱强根，谢锦忠，等，2019. 毛竹定向培育技术[M]. 北京：中国农业出版社.

第6章 丛生竹培育

【内容提要】丛生竹主要分布在热带和亚热带地区，尤其是东南亚地区。丛生竹快速生长和高产量的特性使其成为生产各种商品，如家具、建筑材料以及日常用品的重要原料来源。丛生竹的根系结构复杂，能够稳固土壤，减少侵蚀，对生态恢复和保护起到关键作用。此外，丛生竹还具有极好的碳吸存能力，对于缓解气候变化也有积极影响。因此，丛生竹的高效培育具有重要意义。本章将从丛生竹营造、幼林管理、成林管理3个方面，并以绿竹和纸浆竹林为例着重介绍丛生竹高效培育的理论基础和主要技术措施。

6.1 丛生竹营造

丛生竹的地下茎并非长距离横走地下的竹鞭，而是由竹秆的秆基和秆柄构成。秆柄细小且节多，无根无芽，是新竹和母竹的连接部分。秆基节间短缩，状似烟斗，每节生根，节上着生一个芽眼，这些芽眼交互排列成两行。丛生竹的竹秆在地面呈密集丛状，新的竹秆通常从老竹子的秆根茎侧芽长出来，这使得丛生竹看起来都聚在一起，形成一丛一丛的景观。丛生竹一般分布在丘陵、平地、溪流两岸以及四旁地带。同时，丛生竹包括多种竹种，如孝顺竹、小琴丝竹、银丝竹(*Bambusa multiplex* f. *silverstripe*)、凤尾竹、梁山慈竹、麻竹、绿竹等，这些竹种的芽眼数量、大小和萌发能力因竹种而异。部分丛生竹(如凤尾竹)的株型矮小，绿叶细密婆娑，风韵潇洒，好似凤尾，其枝秆纤细，竹秆上端由于枝繁叶茂而显得秆细，叶细小，长约3 cm，常20片排生于枝的两侧，似羽状。丛生竹以其独特的地下茎生长方式、密集的竹秆、特定的分布范围与环境要求、多样的竹种以及特殊的株型与叶子特征而区别于其他竹类植物。

6.1.1 立地选择

丛生竹竹秆密集，根系发达且集中，没有长距离横走地下的鞭，对环境的要求相较于散生竹高。造林地的选择是丛生竹林营造成功的关键。造林地选择应遵从适地适树的原则，根据所选竹种的生物学生态学特性，从气候、地形、土壤、水分、温度、坡向、坡度等立地因子出发，选择竹种最适的造林地。

丛生竹喜生长于温暖湿润，土壤疏松、深厚、肥沃和排水良好的环境。通常可选择土层深厚、疏松肥沃的房前屋后、田间隙地、水库周围、荒山滩涂、江河沿岸上栽植，尤其在溪河沿岸的冲积土上生长最好。不同竹种因其自身的生物学特性，对造林地的选择有所差别，如巨龙竹、壮绿竹（*Bambusa valida*）等热带竹种，要求年平均气温在 22 ℃ 以上，1 月平均气温在 16 ℃ 以上，年降水量 2 000 mm 以上；青甜竹（*Bambusa stenoaurita*）、吊丝球竹等南亚热带竹种，要求年平均气温 18~21 ℃，1 月平均气温在 8 ℃ 左右，年降水量在 1 500 mm 左右。

6.1.2　造林地清理

造林地清理是在翻垦土壤前，对造林地上的杂草、灌木、杂木等植被，采伐迹地上的剩余物（伐桩、枝梢、站杆、倒木），退耕地上的秸秆、烟秆、菜梗等农作物剩余物进行清除的一道工序。其主要目的是改善造林地的立地条件和卫生状况，同时为土壤翻垦和其后的造林施工创造便利的条件。根据造林地天然植被状况，采伐剩余物的种类、数量和分布情况，造林方式以及经济条件等具体情况决定采取具体的清理方式。

（1）全面清理

全面清理是全部清除天然植被、采伐剩余物和农作物剩余物的清理方式。全面清理适用于坡度 15° 以下且水土流失轻微的平坡和缓坡地。使用的清理方法可以是割除、火烧和化学药剂处理等。

（2）带状清理

带状清理是以种植行为中心呈带状地清理其两侧植被，并将采伐剩余物或被清除植被堆成带状的清理方式。使用的清理方法主要是割除和化学药剂处理。关于带的方向，山地通常与等高线平行，平原区一般是南北走向。带的宽度视植被的高度而不同，以不影响竹子生长为宜。

（3）块状清理

块状清理是以种植穴为中心呈块状地清理其周围植被，并将采伐剩余物归拢成堆的清理方式。块状面积根据丛生竹的高度而定，使用的清理方法主要是割除和化学药剂处理。块状清理一般采用 80 cm×80 cm 和 100 cm×100 cm 两种规格。

6.1.3　造林地整地

（1）整地时间

按照整地时间与造林时间的关系，可以分为随整随造和提前整地两种方式。

①随造随整　整地与造林同时进行。采用此方法的条件，一是造林地的立地条件较好，如土壤深厚肥沃、杂草较少的耕地或土壤湿润、植被覆盖不大的新采伐迹地；二是水土流失较严重的地区。在一般情况下，只要时间允许，最好进行提前整地。

②提前整地　提前整地又称为预整地，其有利于植物枯落物和残体的腐烂分解，改善土壤结构和水分状况，增加土壤有机质含量，提高造林成活率，促进幼林生长。提前整地的时间应该适宜，一般比造林时间提早 1~2 个季度较好，一般安排在造林前秋、冬季进行。

（2）整地方式

整地的目的是清除造林地上的杂草、灌木和改良土壤理化性质。根据造林地的地形地势、土壤条件、水土流失情况和造林习惯等因素来确定整地方式。整地方式一般可划分为全面整地（全垦）和局部整地（带状整地、块状整地）。

①全面整地　全面整地是全部翻垦造林地土壤的整地方法。全面细致地整地具有便于机械施工，改善立地条件的作用大，可以缩小造林地土壤环境的局部差异，创造有利于丛生竹成活和新竹生长的环境条件等优点。但也存在投资大，费时费工，容易引起水土流失，受地形、地质、气候条件等因素制约等缺点。因此，采用全面整地方式时，连片面积不宜太大，坡面不宜过长，在山顶、山腰和山脚应适当保留植被带，以利于水土保持。无论是机械全垦，还是人工翻挖，整地深度要求在 20～30 cm，除去土中大石块、粗树根。翻土时，将表土翻入底层，打碎土块，有利于有机物质分解，底土翻到表层，以促进矿物质分化。

②局部整地　局部整地是根据造林地条件有选择性地对造林地进行整地，主要整地方式有带状整地和块状整地。

带状整地指呈长条状翻垦造林地的土壤，并在整地带之间保留一定宽度的不垦带的一种方法。适用于坡度平缓或坡度虽大但坡面平整的山地、伐根数量不多的采伐迹地和林中空地等。具体整地方法有山地带状整地和平原带状整地。在坡度较大的山地，带的方向应沿等高线保持水平，带宽一般 1 m，变化幅度为 0.5～3.0 m。在平原地区，带的方向一般为南北向，有害风的地方与主风垂直。

块状整地是呈块状翻垦造林地土壤的整地方法。块状整地灵活性较大，可以因地制宜地应用于不同的造林地，尤其是地形破碎、坡度较大的造林地段，以及岩石裸露但局部土层尚厚的石质山地、伐根较多的迹地、植被比较茂盛的山地等。块状整地适用于山地和平原。山地应用的块状整地有穴状、块状和鱼鳞坑；平原应用的块状整地有块状、坑状、高台等。

6.1.4　种植点配置与造林密度

丛生竹的种植点一般采用"品"字形、正三角形、正方形和长方形配置，长×宽×深规格一般为 100 cm×60 cm×40 cm 和 60 cm×60 cm×40 cm 两种。

造林密度主要取决于竹秆大小和立地条件，土壤肥沃宜稀，土壤贫瘠宜密；大型竹宜稀，中小型竹宜密。造林密度过密和过稀都不利于竹子的生长，栽植过稀会造成郁闭困难，杂草丛生；而栽植过密会使竹林通气透光不足，甚至引起病害，从而影响竹子的正常生长发育。龙竹、斑箨酸竹（*Acidosasa notata*）、油簕竹、黄竹等大型丛生竹在肥沃的地方采用 5 m×6 m 或 6 m×7 m 的株行距，每亩 16～22 株，在土壤条件较差的地方采用 4 m×5 m，每亩 33 株；慈竹、绵竹、大叶慈竹（*Dendrocalamus farinosus*）等中型丛生竹，在土壤条件较好的地方采用 4 m×5 m 或 5 m×6 m 的株间距，每亩 22～33 株，土壤条件较差的地方采用 3 m×4 m 的株间距，每亩 55 株。

6.1.5　造林时间

丛生竹一般在 3～4 月发芽，6～9 月出笋。因此，造林最好在 1～3 月竹子"休眠"期进行。采用移母竹造林的最好在农历的惊蛰至春分进行，选择在阴雨天气，随挖随栽。旱季、雨季分明的地方，在雨季来临前造林最好，利用雨季湿热的天气条件就地随挖随栽。但如果是实生苗造林，一年四季都可进行。

6.1.6 造林方法

丛生竹没有蔓行地下的竹鞭，而是靠竹秆基部两侧的芽萌发成竹笋并长出新秆。因此，丛生竹主要有带蔸埋秆造林、埋节造林、蔸栽造林、移母竹造林和竹苗造林等方法。

(1)带蔸埋秆造林

选择中等粗度或稍细的1~2年生且基部有饱满芽的母竹。先从母竹秆1 m左右位置伐去上部的竹秆，随后将其挖出，并包好运往造林地栽植。先将10~15 kg腐熟的有机肥与表土拌匀，回填表土后填有机肥，再将母竹平放于穴中，秆柄向下，覆表土10 cm左右，踩实后盖一层松土。此方法造林的成活率高，但是造林成本较高。

(2)埋节造林

埋节造林与带蔸埋秆造林相似，区别在于埋节造林只利用母竹的不带蔸竹节部位。选择2~4年生的健壮竹子作为母竹，大型竹胸径在8 cm以上，竹壁厚在1 cm以上；中型竹胸径在3 cm以上，竹壁厚在0.4 cm以上。剪除侧枝和枝梢，然后每两节为一段砍下，作为造林材料；再在每段节间中央位置用刀平行斜砍一个长3~5 cm且深达竹腔的砍孔，通过砍孔向内灌满清水，然后盖严砍孔。埋节造林时，每穴按照竹节的健壮程度平放1~2段，砍孔向上，枝条朝向左右，盖土5~10 cm，踏实并盖草。

对于埋节造林，竹秆相对较细或秆壁较薄的竹种，因其节段的营养物质满足不了其正常生长发育或保水性不好，而导致成活率不高，比如竹秆较细的野龙竹(*Dendrocalamus semiscandens*)和秆壁较薄的慈竹不适用于埋节造林。埋节造林对于造林时间的选择很重要，比如甜龙竹等大多数竹种的造林最佳时间为4月上旬至6月上旬。

(3)蔸栽造林

选1~2年生笋眼饱满、粗大的母竹，从基部伐倒，挖起竹蔸，栽植方法与带蔸埋秆造林相同。此方法的成活率比带蔸埋秆造林的成活率低，但运输容易。

(4)移母竹造林

母竹的选择、挖掘、浆根包扎和运输同带蔸埋秆造林，但母竹一般应保留5~8个节，种植时秆完全露出地面，人们称为"高射炮"式种植。此法竹秆裸露，蒸腾量大，易干枯，且常被风吹以及人、畜摇动，根系难以和土壤密切结合，一般成活率较低，且成本最高，故不提倡采用。此法又可分为正面斜栽、直立栽植、反面斜栽，其成活率依次下降。许多地方将母竹掘出时并不及时栽植，认为放于水中泡出白根后再定植成活高，结果却适得其反。

(5)竹苗造林

用地径0.5~2.5 cm的半年生或一年生竹苗造林，成活率高，成林快，运输方便，栽植容易，造林成本低。其方法是：大部分竹秆只留基部2~3节，然后将竹苗成丛挖起，按2~3株分成若干丛，浆根包扎好蔸部(若带一些宿土，可不进行此项工作)。栽植时，先将竹苗放入穴内，舒展根系，填土踩实轻提，再培一些松土，深度比原土印高出 3~4 cm。

(6)枝条扦插造林

枝条扦插造林的方法最早应用于杨柳科树种的人工林营造中。在 20 世纪 80 年代，广西林科所用此方法营造竹林，效益显著。扦插造林 2~3 年可成林。其方法是在雨季 6~7 月选择枝条粗壮、颜色鲜绿、枝龄在 1~2 年、芽饱满、无病虫害的主枝或次生枝，每个造林穴斜插 3~4 株，深度为 8~10 cm，光照强度稍强的地方适当覆草。15 d 左右即可发芽抽枝、长根成活。该法可以大大节省造林成本、提高造林成活率。

6.2　丛生竹幼林管理

丛生竹幼林阶段，竹林生长受环境条件制约，易受到干旱、水涝的危害以及杂草与其竞争的影响，使幼林生根、生长受到影响。此外，幼林成长期间的抚育管理会影响日后的成林及丰产关系。幼林管理可提高苗木成活率，加快成林速度，加速幼林郁闭，形成较为稳定的群落。幼林管理是一项繁重的工作，需在造林时纳入造林规划中并切实实施。

6.2.1　幼林生长阶段

(1)定植—成活阶段

移植最好在 1~3 月竹子"休眠"时进行，选取生长状况良好、健康的幼苗进行移植，一般大秆竹种的胸径为 3~5 cm，小秆竹种的胸径为 2~3 cm。在起苗时要保证根的完整性，不可生拉硬拽，否则容易对根造成损伤。根系损伤后，定植的竹苗根对水肥的吸收能力下降，对外界条件敏感，生长缓慢，从而影响发笋时间。幼苗运到造林地后，要立即栽种，可于穴中施加适量有机肥，填土 10 cm 厚，分层踩实。待根兜愈合、根系生长后，竹苗对水肥的吸收能力增强且以根提供营养为主，此阶段的幼苗需要进行妥善地水分管理，防止因缺水造成幼苗发黄枯死或因水涝造成根系腐烂。采用容器苗造林时，幼苗损伤较小，成活率较高，竹苗可较快适应造林地立地条件而继续生长。

(2)成活—郁闭阶段

丛生竹没有横行的地下竹鞭，其地下茎分秆基和秆柄两部分，节间短缩，有竹根而无鞭根。当幼苗定植后，秆基上的芽在土中或紧贴地面作不同距离的横向生长，然后膨胀生长，形成竹笋，破土生长。丛生竹抽笋的时间很长，先后经历 3~4 个月，大部分丛生竹都在 5~9 月出笋。竹笋生长初期高生长极为缓慢，每天生长量只有几毫米，最大不超过 2 cm。盛期竹笋高生长呈直线上升，每天生长量可达 30~40 cm，这时期约需 20 d。到了末期，高生长量由缓慢至停止，逐渐开始抽枝发叶。该阶段幼苗与杂草、灌木之间对水分、光照、肥力的竞争更加激烈，群落开始形成。此阶段需要加强对幼林的抚育，控制水肥、松土除草，以加快幼林郁闭度，向成林过渡。

6.2.2　幼林抚育管理

幼林抚育是提高造林成活率、加快成林速度的重要措施。造林后 1~4 年是幼林生长的关键时期，加强抚育管理，可以实现 3~4 年成林，5 年投产。

（1）补植管护

新种植的竹苗由于苗木损伤、移栽不当、自然因素以及众多外界条件影响，会有部分竹苗死亡。当苗木死亡超过一定程度后会影响竹林郁闭度，需在翌年进行补植。发笋后注意对新笋和幼竹的看护，如遇竹蔸外露、竹秆松动需及时培土覆盖。

（2）除草松土

新造林地由于林分稀疏，光照充足，容易滋生杂草，这些杂草会与幼竹争夺养分、水、光照等，还会妨碍丛生竹地下茎的发育和出笋。此外，土壤板结、干旱也会妨碍幼林成活。因此，在新竹林郁闭前，一般每年松土除草 1~2 次。麻竹在 2~3 月进行松土除草，松土除草的范围随着竹丛扩大而向外蔓延，清除杂草、灌丛，挖除老竹蔸以释放林地空间，但不要损伤笋芽。除掉的草可埋在周围再覆盖一层土，这样做既可增加养分又可保持土壤水分。版纳甜龙竹幼林一般在每年 9 月下旬至 10 月上旬松土除草 1 次，全面翻挖土壤，以使土壤疏松和熟化，宽度以距离竹丛外沿 40 cm 左右为宜。

（3）灌溉排水

竹林生长时需要人为灌溉水分，提高竹苗成活率，促进幼林生长。竹苗生长初期的蒸腾速率大，土壤干燥极大影响竹林光合作用、幼苗生长和造林成活率。幼林灌溉可采用量多次少的方法，以达到较大湿润度、减少灌溉次数。一般两次灌溉之间土壤的含水量保持在最大田间持水量的 60% 以上为宜。灌溉后要及时松土，提高灌溉效益。在雨季或低洼地带造林时，由于雨水过多或地下水位过高，往往会造成林地积水，可采用高垄、高台等方法抬高种植区域，或在林地内多修排水渠，及时排除积水，增加土壤通透性，促进幼林生长。麻竹林如遇久旱不雨，要求每隔 5~6 d 浇水 1 次，有条件的地方可引水灌溉。甜龙竹喜湿润土壤，忌积水，因此要做到干季灌溉保湿，雨季开挖排水沟。

（4）合理施肥

幼林施肥有利于改善幼林的营养状况，增加土壤肥力，促进幼林郁闭，加快抽笋和幼苗生长。施肥应结合竹林培育目标、土壤养分状况，与抚育结合进行。速效型的化肥应在春夏季节施用，以便及时供应竹子生长的需要。迟效性的有机肥料最好在秋冬季节施用，既能增加肥力，又可保持土温。丛生竹在 3~4 月笋芽萌发时施春肥 1 次，6~8 月发笋时追肥 2~3 次。施肥后需进行深耕，耕深应在 25 cm 以上，以便达到土壤疏松、利于扎根的种植条件。慈竹在 7 月中旬追施一次腐熟饼肥，用量为 50 kg/亩；同时结合抗旱追施一次尿素，用量为 10 kg/亩；为促进竹苗木质化，提高竹苗越冬抗寒能力，在 11 月上旬浇施一次浓度为 0.4% K 肥。

（5）留笋养竹

丛生竹的留笋养竹是一种重要的竹林管理技术，其主要目的是保证竹林的持续高产和竹林结构的优化。新造竹林地在前 2~3 年应以留笋养竹为主，从而加速竹林郁闭。在丛生竹林中，应选择健壮、无病虫害、生长良好的竹笋作为留养对象，这些竹笋通常具有较大的生长潜力和较好的竹材品质。留养时间一般在发笋中期。留养竹笋的数量应根据竹林的实际情况和经营目标来确定。留养过少会影响竹林的产量，留养过多则会导致立竹度过大，影响竹材品质。在选定留养的竹笋后，应及时去除其周围的杂草和灌木，保持竹笋周围的土壤疏松和湿润。同时，还要注意防止人畜践踏和病虫害的发生。在留笋养竹的过程中，还应根据竹林的实际情况进行结构调整：对于过密的竹林，可以适当间伐一些老竹和小竹，以增加竹林的通风透光性和减少病虫害的发生；对于稀疏的竹林，则可以通过补植或移栽等方式增加立竹度。麻竹林立竹度为 330~500 丛/hm² 为宜，每丛立竹数为 5~7 株最佳，投产后每丛每年留养新竹 2~4 株。

(6) 竹农间作

竹农间作是极具经济效益的抚育措施之一，既可以抚育幼竹，又可以生产部分农产品。在新造竹林的 1~2 年，林地空旷、光照充足，可以间种草药、菌类等，减少杂草滋生和水土流失。竹农间作视立地条件而定：在地势平缓、土地肥沃处行间全面开启间作；坡度较大、地势较陡处沿等高线水平间作。间作作物应与幼竹间隔 50 cm 以上，选择不与或少与竹林争水、争肥的作物，最好可与竹林互补共生，如选择具有固氮功能的豆科植物、能改良土壤的绿肥和蔬菜类作物。不可选择收获时需深翻的块茎类作物如土豆、芋头等，攀缘植物如豇豆、四季豆等，此外高秆作物如玉米会遮挡幼林光照，也不可间作。采用林间间作方式"以耕代抚、以短养长"，具有很好的经济价值与管理效益，值得推广。

6.3 丛生竹成林管理

6.3.1 竹林的结构管理

留养母竹和择伐老、弱、病竹，调整竹林的水平、垂直和年龄结构，可实现对林地光、热、水、肥资源的合理利用。

(1) 护笋养竹

竹笋是竹林生长的基础，也是重要的生态产品。丛生竹林的出笋时间较长，一般 5~6 月为出笋初期，7~8 月为出笋盛期，9~10 月为出笋末期。初期和盛期出土的竹笋数量占全年出笋总量的 80% 以上，竹粗壮，成竹质量较好，应尽量留养。末期出土的竹笋数量少，细弱，成竹质量差。在偏北地区，末期出土的竹笋，常因生长期短，幼竹尚未老化，冬季易受冻害。为了防止竹丛养分损耗，末期出土的细弱竹笋，可以割取食用。割取竹笋时，应保留竹笋的秆基。

丛生竹竹笋出土的初期和盛期正当夏季，气温高，蛀食竹笋的害虫(如笋象虫等)十分猖獗。竹笋受虫害后，轻则竹秆上留下虫孔、断梢，重则成为退笋。因此，防止虫害是丛生竹护笋养竹的关键之一。此外，在出笋季节要防止人畜和野兽危害竹笋，严禁在竹林中放牧。

(2) 结构调整

①分株密度　结合劈山砍灌应砍除细弱、畸形和病虫害危害严重的竹子以及风倒、雪压、断梢及 4 年生以上的竹子，砍竹时及时用斧头劈烂竹蔸和节隔。根据不同竹种的特性，每亩保留适宜的竹丛，且分布均匀。竹林过密，光照不足，地温低，会影响出笋时

间。一般每丛1年生竹：2年生竹=1：1为好。

②择伐技术　造林后经营管理较好的丛生竹林，一般在3~4年后有大量新笋发出。若新笋数量过大，将导致立竹度变大，新笋出土困难，影响成竹质量从而造成采伐困难。因此，应在竹丛郁闭后应及时进行疏伐：根据竹丛的大小和密度，伐去全部3~4年生以上的老秆。在疏伐过程中还应注意竹笋是否靠得很挤，或生长不良。若存在，应首先伐去。通过疏伐可以调整竹丛的空间结构，使竹丛尽量均匀分布同时向四周发散，还可以使竹笋和竹冠都变得比较疏散，有利于新笋的发生和竹秆的生长。新造的大型丛生竹林采伐强度应适当降低，老竹林视竹种和立竹度情况其采伐强度也有所不同。对大型热带丛生竹的研究发现，大多数大型丛生竹人工竹林的最佳采伐强度是在同一竹丛内保留所有1~2年生的新秆，保留绝大部分不足3年至3年生的秆，根据竹丛具体情况有选择性地伐去一定比例的3~4年生竹秆(伐去比例一般为该秆龄的25%~75%，少数可到100%)，伐去全部4年生以上老秆。

6.3.2　竹林土壤管理

土壤是竹林生长的基础，土壤中的养分和水分是竹子生长所必需的，因此，良好的土壤环境是竹林健康生长的前提。而且，土壤管理有助于提高竹林的产量和质量，通过对土壤的合理施肥、补充养分，可以满足竹子生长所需的营养物质，提高竹叶的光合作用效率，进而提高竹笋的产量和品质。同时，松土除草等措施可以减少杂草与竹子的竞争，使竹子更好地吸收土壤中的养分和水分。此外，土壤管理对于维护生态平衡以及防止退化都具有重要意义。

(1)除草松土

竹类的地下茎在生命活动过程中，除了从土壤中吸收水分和养分外，还要有足够的氧气，以便进行呼吸活动。板结的土壤透气性差，竹子生长不良。除草松土后，可以增加土壤的孔隙度，改善竹林土壤的物理性状，有利于竹子的生长。松土还可以把表层有机质翻入土内，腐烂为肥料；把土底的矿质营养翻到土表，使其风化为有效养分，以满足竹子的需要。一般竹林削山松土后，可以提高新竹产量30%~40%。

为了防止水土流失，坡度在20°以下的竹林，可以全面除草松土；坡度在20°~30°的竹林，可用等高带状除草松土，带宽及间隔距离皆为3 m左右，隔年隔带轮流除草松土；坡度在30°以上的竹林，一般不宜除草松土。

丛生竹林每隔2~3年除草松土1次。除草松土过程中应遵循以下要求：靠近竹丛和竹篼的地方要浅，一般除草6~10 cm，松土15~20 cm；距竹丛较远的行间宜深，一般除草12~15 cm，松土20~30 cm；注意用土覆盖竹蔸，以防止笋芽裸露和减少土壤水分蒸发；坡度在20°~30°的丛生竹林，除草松土时，可将竹林筑成等高梯地，有利于竹林的水土保持，例如，广东省新会县的山坡青皮竹林，筑成梯地后，松土10~13 cm，再在其内侧开一条宽30 cm、深25 cm左右的蓄水沟，将沟中的泥土均匀覆盖在梯地面上，这样既覆盖了竹丛的露头，又保持了竹林的水土，对竹子生长十分有利。

(2)土壤施肥

施肥能促进新竹生长，提早成林。新造竹林中，各种肥料都可使用。迟效性的有机肥料，如厩肥、骨粉、土杂肥、塘泥等，最好在秋冬季节施用，既能增加肥力，又可保持土温。速效型的化肥(如尿素)、饼肥等，应在春夏季节施用，以便及时供应竹子生长的需要，避免肥料流失。施用迟效性有机肥料，可在竹丛附近开沟或控穴，施后盖土；也可直接撒在林地上，要盖上一层土。每次新竹造林可施厩肥、土杂肥或塘泥 40~120 kg/丛。丛生竹每年要施肥 4 次。第 1 次于扒土后笋眼萌动时进行，每丛施腐熟的液体有机肥(如畜粪便或沤过的绿肥)15~20 kg，施后立即盖土；第 2、3 次追肥在竹笋出土初期和盛期进行，每丛施 N、P、K 复合肥 1~2 kg，离竹丛 30~40 cm 开环状沟，均匀施入，施后盖土；第 4 次施肥结合冬季深翻(20~30 cm)林地时进行，即将有机肥料撒入林地，翻耕入土作为基肥，复合肥的施用量为 0.5~1.0 kg/丛。

6.3.3　防治病虫害

竹林病虫害防治是确保竹林健康和高产的关键措施。通过科学的管理和预防，如定期检查、适时修剪病枝、合理施肥等，可以有效减少病虫害的发生。一旦发现病虫害，应及时采取生物防治和化学防治相结合的方法进行处理，以保障竹林的生长和产量。竹类植物的主要病虫害及其防治方法将在第 8 章竹类病虫害中做详细论述。

6.4　绿竹高效培育

绿竹是我国南方著名的优良笋用丛生竹，喜欢温暖湿润的气候，对水分的需求量较大，特别是在生长旺季和干旱季节。同时，绿竹也具有较强的适应性，能够在不同类型的土壤中生长。在我国福建、浙江南部、广东、广西、台湾及海南等地均有分布，多见于山麓、河边或房前屋后。绿竹笋期 5~10 月，其笋肉洁白脆嫩，鲜甜可口，因采收时笋体呈马蹄形，故又称为马蹄笋。

6.4.1　竹林营造

(1)造林地选择

绿竹喜温暖湿润的气候条件，要求年平均气温 18~22 ℃，极端低温-5 ℃，年降水量 1 400 mm 以上，海拔 300 m 以下的丘陵、平地、溪流两岸、农田旁等均可栽植。对土壤要求土层深厚、土质疏松、湿润、排灌方便、腐殖质含量高，pH 值酸性至中性。

(2)林地准备

竹苗运到造林地要及时栽植，尽量缩短竹苗入土时间。在调苗前准备好林地是缩短时间的关键，造林地的准备包括清理林地、整地、挖穴、施基肥等。

坡度在 15°以下的平缓地宜全垦整地，深度约 30 cm(因绿竹须根一般都在地下 30 cm 左右范围内伸长)；缓坡之地以带状整地为宜，带宽 3 m；对于地形复杂之地，以穴状整地为宜，并清除石头和树桩等硬物。

根据造林密度挖定植穴，以 4 m×4 m 的株行距挖穴，种植密度一般每亩约 40 株；有时为了早日成林也可适当密植，每亩种植约 70 株，株行距为 2.6 m×3 m。挖穴规格的长×

宽×深为 100 cm×100 cm×60 cm，表土与心土分开置放，任阳光暴晒约 1 个月，再施基肥。施肥时间在栽植前 7~10 d，每穴施 50~100 kg 腐熟有机肥，并与表土拌匀。

（3）造林时间

绿竹种植需在秆基笋目即将萌动前进行。一般以惊蛰至清明为宜（3 月上旬至 4 月上旬），此时气温回暖，雨量充沛，造林成活率高。太早，气候冷且干燥，栽后地下部分较长时间不能长根，地上部分蒸腾散失水分过多，不利成活；太迟，秆基部笋目已萌动长笋，移植时容易损伤笋芽，且生理活动旺盛，已消耗部分养分，气温高，水分蒸发量大，不利成活。选择阴天或雨后进行造林最好。

（4）造林方法

绿竹造林一般采用 1 年生母竹造林（分蔸造林）。母竹应从生长健壮、无病虫危害的竹丛中选择，被选的母竹宜位于竹丛边缘，因为边缘竹受光足、光合作用强、芽眼饱满、蔸部弯曲度大，既便于挖掘又易于栽后成活出笋。所选母竹以胸径 4~5 cm 为宜。秆基要有充实饱满的笋目 4~6 枚，根系要发达，无病虫害。挖掘母竹时要注意不能损伤秆基上的笋目和撕裂秆柄，挖取后立即斜劈竹梢，以减少水分蒸发，母竹留秆长度 1.5~2.0 m。母竹应随挖随栽、当天栽完，当天栽不完或需长途运输的，要注意保湿，防止干枯。

定植时，将母竹斜置穴内，与地面呈 45°，劈口向上，以便接存雨水防止竹秆干枯。母竹斜放入穴后分层填土，边填边踏实，使竹蔸根系与土壤紧密接触，覆土应超过母竹原入土处 5~15 cm，上部要堆成馒头状，覆土后浇 1 桶水。

6.4.2　幼林管理

栽后当年 6~7 月进行除草松土，并每丛施尿素液 100~200 g。新竹长出后，再施一次肥料，浓度可以比第一次稍浓。9 月再施一次复合肥，每丛施 100~150 g。绿竹栽后当年，可以套种豆科、花生等矮秆作物，以耕代抚。当年每丛可留养新竹 2~4 株。

翌年 2 月底或 3 月初，竹蔸新根长出之前，把母竹和新竹周围的泥土小心地扒开，让秆基上的笋芽曝晒 20 d 左右后，每丛再施 25~50 kg 腐熟杂厩肥，然后覆土。再分别于 5 月、7 月、9 月前后各除草松土一次，并结合松土除草进行施肥。

第 3 年的管理措施与第 2 年接近，但可根据竹丛出笋情况，挖掉一部分过紧、过密的丛内笋，每丛根据单位面积上的竹丛密度确定立竹 6~8 株或 10~12 株。至第 4 年即可成林采笋。

6.4.3　成林管理

（1）扒　晒

扒晒即扒土晒目，是指在每年笋芽萌动前将竹丛表土挖开使竹头和笋头暴露，让所有的笋目能够接触阳光的一种处理（图 6-1 和图 6-2）。主要的目的是利用光热刺激笋芽的萌动，促进提早发笋、多发笋。扒土工作通常在每年的 3 月或 4 月进行，即在春分前后。具体方法是将堆积在竹丛根际的泥土，用锄头由外向内圈状挖开，边挖边查定分蘖体的位置，有分蘖体的地方，必须再进一步清理乱根，割除缠绕笋芽上的须根，使笋芽发育免受束缚，务必做到尽量暴露所有含苞待发的笋芽。扒土以后，任其风吹日晒，20～30 d 后即可结合施春肥重新覆土。

图 6-1　扒晒绿竹的近景图

图 6-2　扒晒绿竹的全景图

（2）加土培笋

培土每年进行 2 次。第 1 次在扒土晒目后进行，将原来扒开的泥土重新覆盖正在萌发和尚未萌发的笋目，目的是让萌动的笋芽在无光黑暗的土壤中生长，以培养风味好、纤维嫩、笋体充实、体型粗大丰满的竹笋，这次培土可结合施春肥同时进行；第 2 次在每年 10 月，笋期结束后进行培土，这是为了增加土壤保温能力，培土厚度以高于原竹蔸 20～30 cm 为宜，可用绿竹丛间空隙处、梯壁或外来土覆盖，对培土困难的竹林，可以稻草等物覆盖。

（3）土壤施肥

绿竹是丛生竹，根系在土壤的活动空间较散生竹少，且笋期长，产笋量高。因此，每年都要补充大量的养分，施肥就显得尤为重要。按照丰产竹林管理技术的要求，每年可施 4 次肥。

①促笋肥/春肥（第 1 次）　扒土晒目 20～30 d 后开始施肥，一般每丛施尿素 0.5～1 kg。肥料施入竹蔸扒开后的根际（图 6-3），施肥后马上覆土培蔸，防止雨水冲洗造成肥水流失。这次施肥可以促进笋芽的萌发，增加竹丛出笋量，同时有利于枝叶的生长，以形成足够的营养体。春肥以有机肥为主。

图 6-3　施春肥

②笋前肥(第2次) 时间为5月初，每<u>丛</u>施尿素0.5~1.0 kg或马蹄笋有机无机专用肥0.5~1.0 kg。

③笋期肥(第3次) 时间为7~8月出笋盛期。此阶段，绿竹经过前期的出笋，已消耗了一定的营养，其母竹需要迅速补充大量的营养，故以施速效型肥料为主。可结合采笋后笋穴封土施尿素等速效型肥料，施2~3次，时间间隔为15~20 d，每<u>丛</u>施尿素0.5~1.0 kg。

④养竹肥(第4次) 时间为每年9月，每<u>丛</u>可施复合肥0.5~1.0 kg。这不仅为留养的新竹提供生长必需的营养，也能增加母竹的营养积累，为来年母竹的出笋打下基础。

施肥方法分沟施与笋穴施两种。

①沟施 在离竹<u>丛</u>20 cm左右的位置环状开沟，将肥料施入沟内后覆土，沟深15~30 cm。

②笋穴施肥 在挖取竹笋的穴内施入肥料并随即覆土，施肥时注意不能将肥水溅至笋目。

(4)水分管理

竹子在生长过程中对水分的需求很大，在营养充足的条件下，笋芽萌动期、孕笋膨大期和出笋期林地的水分状况是发笋的限制因子。为了促进早期发笋，应在3~5月雨季到来前，每周或隔周灌水一次。在采笋期间如遇6~7 d不下雨，应及时浇水，保持土壤湿润。因此，竹林地最好有灌水设施(图6-4和图6-5)，附近有溪流、水井、蓄水池或池塘的，可以直接引水灌溉或人工挑灌。

图6-4 绿竹喷滴灌设施

图6-5 蓄水设备

(5)竹笋采收

一般5月下旬开始出笋，7~8月进入产笋盛期，到10月基本结束。盛期笋隔日可挖。前、后期笋3~5 d挖一次。根据竹丛地面的龟裂痕或竹笋旺盛生长的吐水现象找笋。挖笋时，先将土扒开，挖除竹笋周围土壤达到一定深度，使笋裸露后再用笋刀割断(图6-6)。割笋时应在距离笋体基部上方2 cm处(务必于竹头两侧留取2~3个侧芽)割除，以免减少再次发笋(即"二水笋")的机会，影响产量。

(6)留养母竹

留养母竹应在7月底8月初进行。过早留养，消耗大量养分，易影响以后的出笋量以及后期笋的采挖；过迟留养，母竹发育质量较差，且越冬时容易发生冻害。7～8 月为出笋盛期，留养母竹对经济效益影响不大。选留的母竹在竹丛中的位置要适当，以外圈笋、生长健壮的笋为好。

(7) 竹林结构调整

通过留笋养竹、采笋、伐母等手段调整竹林结构，让竹丛保持合理的密度和年龄组成，保证竹林持续丰产。1 年生绿竹不仅秆基有许多笋芽，而且是主要的产笋母竹，有旺盛的生命力，是竹林同化作用的主要植株。2 年生绿竹虽然秆基的笋芽少了，但同样保持着旺盛的生命力，也是竹林同化作用的重要植株。3 年生绿竹生命力开始下降，因此 3 年以上老竹大多应于冬季连蔸挖去，仅留少量对 1 年生竹起支撑作用、为 1 年生竹提供营养的老竹。每丛保留 1 年生竹 4～6 株，2 年生竹 2～3 株，3 年生竹 1 株；立竹度 450～600 丛/hm²；竹丛密度 8～10 株/丛。老竹最佳砍伐时间在 12 月，也可在 2 月上旬至 3 月中旬进行。砍竹方法是伐根要短，埋入土中促进腐烂。如果伐根无法入土，则用砍刀在竹头中间劈裂成两半至竹蔸，或通去竹节，以促进其腐烂。

(8) 散生状栽培

绿竹地下茎为合轴丛生型，竹丛有逐年抬高之习性，易造成竹蔸和根部裸露，导致产量下降。散生状栽培可较好地解决此问题。其方法是：母竹造林后，在竹丛外圈施肥培土，将新竹引向外圈。3～4 年后，把原来的老母竹挖掉，腾出空间，挖穴施肥，将竹笋引向丛内，而后再把竹丛外围的老竹挖掉，扒土施肥，将竹笋往外引，这样循环往复，竹丛的丛性不明显，分布似散生状，立竹合理，管理方便(图 6-7)。

图 6-6　裸露的马蹄笋

图 6-7　平阳绿竹散生状栽培

6.5　纸浆竹林高效培育

竹子是除木材以外的重要造纸纤维原料。对总计 100 余种竹材的纤维形态和理化性能进行测试分析后发现，竹材的纤维素含量高，一般在 40%～60%，纤维长度 0.5～4.5 mm，平均纤维长度在 2 mm 左右，平均纤维宽度为 0.01 mm 左右，长宽比大多在 150～200，基本上属于长纤维范畴，适合制造各种不同类型的纸张，尤其在中高级纸张方面具有独特的优势。我国森林资源短缺，造纸用木浆的生产能力和市场的需求之间存在巨大的差额，而竹林单位面积年产纤维量比一般阔叶林高 1~2 倍，蒸煮量比木材、草本原料增加 10%~20%；另外，竹子适应性好，生长快，产量高，伐期短，一次造林可永续利用，砍伐及运输便利。因此，在我国造纸工业中实现以竹代木，发展竹浆造纸，可大大缓解我国木材优质纤维原料紧缺的矛盾。

我国是造纸术的发源地，也是世界上第一个用竹材造纸的国家。自宋代以来，竹纸的产量一直居我国手工纸产量中的首位，但随着现代机器造纸逐渐取代手工制纸后，传统竹纸的生产便逐渐衰落。近年来，国际竹浆造纸工业发展迅速。印度是世界上规模最大的利用竹材制浆造纸的国家，每年用于制浆造纸的竹材约 240 万 t，年产竹浆 130 余万 t，占该国所有消耗原料的 60% 以上；中南半岛（包括泰国、缅甸、柬埔寨、越南）年产竹浆 90 万 t。

近年来，以竹子为原料的制浆造纸技术取得了重大突破。2018 年，我国年产竹浆近 200 万 t，成为世界上竹浆产量和使用量最大的国家，竹浆已成为我国竹产业新的重要经济生长点。利用竹浆生产的纸张（板）多达近百个品种，一批高档竹浆生活用纸产品深受国内消费者的喜爱，并成功打入国际市场。而竹浆在生活用纸的使用量占生活用纸总量的比例，也由 2016 年的 9.5% 提升到 15%。因此，随着竹浆生产规模的不断扩大，我国迫切需要创新纸浆用竹林的培育技术，以不断满足造纸业对竹材原料日益增长的需求。

6.5.1 资源概况

竹浆造纸对竹原料需求量极大，因此，通常选用生长快、产量高、分布广泛的竹种作为纸浆原料林。20 世纪八九十年代，毛竹曾作为主要纸浆竹种进行栽培。近年来，随着毛竹加工业的快速发展，毛竹作为笋用及材用的经济价值更高，且随着优良丛生纸浆竹种的开发，毛竹逐渐从纸浆林培育中淡出。通常情况下，丛生竹产量和竹材纤维含量更高，因而更适宜制浆造纸。综合国内外对竹材理化性能的测试结果发现，优良纸浆竹种全为丛生竹。

我国共有合轴丛生竹类 16 个属 160 余种，2021 年全国丛生竹林总面积约 160 多万 hm^2。我国丰富的丛生竹种质资源为纸浆林培育和利用提供了广泛的竹种选择空间。生产上用量广泛及新开发的优质丛生竹纸浆林竹种有慈竹、料慈竹、硬头黄竹、青皮竹、麻竹和撑绿竹等。

近年来，随着我国林纸一体化工程的实施，优质速生的纸浆（竹、木）林发展很快。四川、贵州、云南等地是规划发展纸浆林的重点地区，纸浆林的栽培面积迅速增加。与其他以笋用、材用林经营方式不同，纸浆林培育呈现显著的基地式、规模化经营特征。当前发展模式主要有两种，一种模式是利用当地特色的竹种资源，通过人工经营措施进行改造，发展成为高产的纸浆竹林，采用这一方式的区域一般分布较大面积的竹林，利用的竹种一般为分布较广的慈竹、麻竹、绿竹等；另一种模式是大规模新造竹林作为纸浆原料林基地，新造林一般集中在退耕还林地中，竹种多为已筛选出的优良纸浆竹种，特别是以撑绿竹等杂交竹种为代表的纸浆竹种得到了全面的开发。

6.5.2　主要的纸浆竹种

在纸浆生产中，丛生型竹种因其纤维长、质地优良、产量大等特性而被广泛采用。其中，硬头黄竹因其纤维含量高、生长迅速且适用性广等特点，成为造纸工业中的重要竹种。此外，慈竹也因其纤维细长、柔软而备受青睐，常用于生产高质量的文化用纸。还有料慈竹、青皮竹、撑绿竹和麻竹，这些竹种不仅产量高，而且纤维质量优良，能够满足不同纸浆制品的生产需求。而慈竹、料慈竹、硬头黄竹、青皮竹、麻竹等竹种的生长特性已在第 2 章中的主要造林竹种部分讲述，此处主要讲述撑绿竹的生长特性。

撑绿竹以撑篙竹为母本，大绿竹为父本，由广西柳州林业科学研究所经杂交选育出来的优良杂交种。与其父母本相比，撑绿竹呈现明显的杂种优势，具有产量高、径级大、无性繁殖力强、竹材造纸性能好等优良特性，近年来已在广西、广东、四川、云南、贵州等地推广种植。撑绿竹株高 8~15 m，胸径 3~8 cm，节间长 30~50 cm。笋期 6~10 月，笋味美。撑绿竹对气候要求不高，抗寒性好于麻竹，在年平均气温 16~25 ℃、年降水量 1 200~2 000 mm 区域均可成活。集约化经营的撑绿竹产量较高，年产竹材 45~75 t/hm^2，是当前纸浆竹造林最主要的品种。

6.5.3　纸浆竹林原料基地营造

造纸工业完全是规模化经济，原料消耗量大，对原料供应要求极高。在 20 世纪七八十年代，印度曾是世界上第一个竹浆造纸工业国。进入 21 世纪以来，由于对原料基地建设重视不够，竹材原料供应日益短缺，导致竹材制浆造纸业迅速衰退，不得不每年耗费巨资从国外进口 80% 以上的纸浆原料。我国的竹材制浆造纸也曾经历由兴而衰的过程，其原因同样是由于竹材原料的供应紧张和枯竭。因此，发展竹材制浆造纸，一定要把原料基地建设放在首位。

(1) 基地建设方案

竹材为轻泡低值物品，长距离运输的成本很高，因此原料基地建设要立足于本地区，选择离厂近、交通便利、面积集中连片的区域。新建原料基地应选择海拔 600~1 200 m 以下，坡度 35°以下，土壤土层深厚且微酸性位置最为适宜。在竹种的配置上，一方面要重视乡土竹种的开发，另一方面也要加强高产优质纸浆竹种的选育与推广，以获得最大的经济效益。基地建设的方式有"公司+政府+农户""公司+大户合作经营"、公司租地自建及公司控股国有(集体)林场等方式。这些方式各有利弊，具体采用哪种方式，可结合实际情况进行选择，以便真正实现竹、浆、纸一体化发展。

(2) 纸浆竹林育苗技术

纸浆竹林基地建设规模一般较大，对种苗需要量大。因此，在营造纸浆竹林前，应建设相应规模的高质量竹苗圃，以便为造林工程提供大量优质竹苗，最大限度地提高造林成效，降低造林成本。

苗圃地要规划在竹林基地的中心地带，就地育苗就近造林，以缩短运输距离和运输时间，降低运输成本，保证种竹质量。苗圃地要求立地条件较好，排灌方便，pH 值在 5~7

的肥沃土壤。可在冬季对苗圃地进行平整，以达到疏松土壤，增加保水、保肥能力的目的。一般整地 30 cm 深，同时施入腐熟的有机肥作为基肥。

常用的丛生竹育苗方式为小母竹斜栽育苗、埋秆育苗、枝条扦插育苗及播种育苗等。近年来，随着丛生竹组织培养技术的完善，工厂化组织培养育苗也有一定的应用。生产上常用小母竹移栽育苗法，其方法是将直径为 2~4 cm、秆长的 60 cm 左右的母竹倾斜 30° 埋入土中。栽植密度一般为 8 000~10 000 株/hm²，栽植后用稻草或薄膜覆盖以促进其萌发和成活。在新发竹笋侧枝展叶后，及时截秆，保留秆高 1 m 左右，以降低地上部分营养消耗。施肥以有机肥加 N 肥混合施用为好，施肥 3 次左右，7、8 两月为重点施肥时间。

(3)纸浆林造林技术

①造林地的选择　丛生竹的适生条件要求较高，抗寒性及耐水湿性等比散生竹弱。造林区域一般要求年平均温度在 16 ℃ 以上，1 月平均气温在 4 ℃ 以上，年降水量在 800 mm 以上。另外，黏质土壤不宜作为造林地，排水良好、土层深厚肥沃的砂壤土和冲积土为最佳选择。在山地丘陵种植时，则需施肥以改良土壤肥力。

②造林整地　种植丛生竹可采用块状或穴状整地方式。种植穴的大小根据母竹蔸部的大小和秆部长度而定，以母竹放入穴内其根系舒展自如、秆部最上端一个节芽刚好埋入土内为宜。一般情况下，穴长 50~80 cm、宽 30 cm、深 30~40 cm。每穴可施 2 kg 农家肥或 0.2 kg 复合肥于穴底，并回填表土至穴深度的一半。山地排穴应采用"品"字形，从而达到保水集水的作用。

③造林方法　丛生竹一般在 3~4 月笋芽开始萌发。因此，造林最好在冬季的 1~3 月竹子"休眠"期间进行，以减少对母竹的损伤，提高成活率。丛生竹造林方法有移竹造林(分丛蔸造林)、带蔸埋秆造林等。生产中一般采用小母竹斜栽造林。纸浆竹林密度较大，集约经营竹林可达到 2 250~3 000 株/hm²，大径竹密度可适当减少。

(4)纸浆竹林幼林抚育

为了提高造林成活率及加速成林，对新造竹林要做好林地保护、浇水、除草松土、施肥及病虫害防治等抚育管理工作。

造林当年，土壤水分状况是苗木成活的主要因子，施肥和土壤管理是苗木生长的促进措施。栽植时进行充分灌溉并进行穴面地膜覆盖，可抵御春旱。栽种后一般 1 个月母竹就可萌发新芽，长出新根。为促进生长，提早发笋，可实施 N 素叶面喷施。化肥施用可在离竹丛 30~40 cm 处开环沟，每竹丛施用 1~2 kg 复合肥。

为促进竹林提早成林，应结合除草抚育进行施肥。新造林各种肥料均可施用，但以有机肥为主，如厩肥、土杂肥、塘泥等。有机肥最好在秋、冬施用，既能提高林地土壤肥力，又可保持土温，有助于新竹芽眼越冬。速效型肥料，如 P 肥、NH_4HCO_3、尿素等，应在春、夏施用，以便及时供应竹子生长的需要，避免肥效流失。

(5)注意问题

①要重视基地的规划设计　规模化造林应从生态多样性的角度对基地进行合理规划和布局，解决规模化纸浆林基地的生态安全问题。在基地中适当引种阔叶及针叶树种，实现竹林地的适度生态隔离，对竹林生长及病虫害防治具有重要作用。合理的规划设计可保证

基地的可持续发展，降低竹林规模化衰退的概率。

②基地建设应加强科技支撑　丛生竹对逆境的抗性低于散生竹，适生区域并不十分广阔，高海拔地区受冻害十分严重，不同立地条件对竹林产量的影响也较大。因此，基地建设应充分认识到科技支撑的重要作用，加强竹子生物学特性研究，合理布局，以达到适地适竹；对现存的乡土竹种进行开发，改造低产低效竹林，能有效减少基地建设的时间和成本；加强优良纸浆竹种的引种与选育，推广应用组织培养等先进育苗技术，可获得较高的产量及经济效益。

③基地建设应构建起企业与农户之间的利益相关机制　我国农村实行土地承包经营，广大竹农是林地使用权的所有人，也是生产的主体。建设竹浆纸厂原料基地，离不开竹农的参与。要想让竹农为竹浆纸厂提供充足的优质原料，就要调动和保护好竹农发展制浆造纸竹材生产的积极性。在基地建设时，可考虑引种优良的笋材两用竹种，在保证纸浆林供应的同时，也给基地农民带来可观的经济效益。只有构建企业与农户之间的利益相关机制，才能建立高效的竹纸一体化经营模式。

6.5.4　纸浆竹林定向培育技术

纸浆竹林以生产造纸竹材为主要经营目的，因此，其定向培育措施除和一般笋用林一样追求速生、高产外，合理采伐以符合竹材的制浆工艺是其重要的培育技术特色。丛生纸浆林的定向培育技术主要包括立竹度调整、施肥及合理择伐。

（1）立竹度调整

竹林结构是竹林生态系统生产力的重要因子，是竹林丰产稳产培育的基础，短轮伐期的纸浆竹林更要求竹林保持合理的结构状态。对慈竹纸浆林立竹结构的研究发现，竹丛株数对新竹产量影响最大，纸浆用慈竹密度在 750~1 200 株/hm²、竹株胸径 5.8~6.0 cm 时，产量较高；硬头黄竹的密度在 800~2 200 株/hm² 时产量较高。

一般情况下，纸浆竹不进行采笋经营。但因高产竹种，如撑绿竹、麻竹等竹种的萌发力及萌发期较长，笋产量较高，阳光及养分的竞争会导致退笋，因此应进行科学疏笋，从而使留养的健壮母竹能均匀分布于丛内，最小间距 10 cm。

（2）施　肥

集约经营的纸浆林竹材产量高，地力消耗大，因此应通过施肥来维持地力，提高竹材产量。竹林施肥应以 N 肥为主，N、P、K 比例可取 5∶1∶1，施肥量每丛 0.75~0.90 kg，并宜每年分 2~3 次施下。施肥方法有翻地施肥和伐桩施肥两种。

①翻地施肥　指在采伐竹材后，在距竹丛 30~50 cm 范围进行深翻，挖出老残竹兜，同时将肥料施入后翻盖到下层。

②伐桩施肥　指在春季枝芽萌动期，在竹丛内选择 3~5 个高 20 cm 的新伐竹桩，用钢钎打通竹桩关节，施用少量化肥后用土封口，该措施具有省工省料、成本低、防止肥料流失并促进竹桩早腐等优点。

施肥可结合竹林松土同时进行。挖除老竹兜等作业时，施入一定量的绿肥、厩肥等有机肥对竹林增产效果显著。另外，在竹林中增施 B 肥和 Zn 肥有明显的增产效果。

（3）合理择伐

纸浆竹林培育的主要经营目的是要为竹浆厂全年持续不断地提供优质的制浆竹材，因此，要尽量减少原料堆放时间过长而引起的霉变虫蛀浪费；同时，兼顾竹林本身生长特点，使竹林保持持续高产稳产，这就对纸浆林的择伐技术要求较高。

一般丛生竹达到制浆工艺成熟年龄为2龄，秆龄越低则越利于制浆的碱回收，但较低秆龄竹材的砍伐会影响竹林的繁衍生长。研究表明，丛生竹纸浆林实行砍伐4年生竹对竹林产量没有显著影响。林地要保证立竹年龄1龄∶2龄近似于1∶1。竹材的砍伐要避开6~9月出笋季，其他季节可进行竹材砍伐。在生长季节砍伐时，伐桩会有伤流渗出，通过灼伤可显著控制伤流量。

复习思考题

1. 林地准备包括哪些主要环节？
2. 造林的具体方法是什么？
3. 什么是扒晒？具体方法是什么？
4. 绿竹笋用林高效培育技术有哪些？

推荐阅读书目

1. 方伟，桂仁意，马灵飞，等，2015. 中国经济竹类[M]. 北京：科学出版社.
2. 王月英，金川，2012. 丛生竹培育与利用[M]. 北京：中国林业出版社.
3. 陈其兵，2009. 丛生竹集约培育技术模式[M]. 北京：中国林业出版社.
4. 朱勇，2017. 绿竹栽培与利用[M]. 厦门：厦门大学出版社.

第7章　混生竹培育

【内容提要】混生竹具有独特的优势和特点，其适应性强，能在多种土壤中生长。竹材坚韧，是制作家具和工艺品的优良材料。且多为优良的中小径笋用竹种。此外，混生竹还能有效防止水土流失，对生态环境保护起到积极作用。本章从混生竹造林地选择和整地入手，系统介绍了种植点配置、造林密度、造林季节、造林方法等一系列营造技术，针对幼林和成林生长发育的特点，重点阐述了幼林抚育与成林管理的关键技术和方法。结合混生竹产业发展现状，详细介绍了金佛山方竹、筇竹高效培育的理论基础和主要技术措施。

7.1 混生竹林营造

7.1.1 立地选择

立地选择是在混生竹种所适生的大环境中，根据竹种的具体生物学和生态学特性，从小气候、土壤(类型、厚度、养分、pH 值、水分)、坡向、坡位、坡度等立地因子的变化中，选择具备其生长立地条件的地块作为造林地。首先选择适生的海拔，如苦竹在川南宜宾分布的海拔上限为 1 000 m，到滇东北达到 1 300 m，而到滇中则可分布至 2 100 m 的海拔；其次，从竹种耐阴性、耐旱性、耐瘠薄性和经营目的出发，选择适宜的坡向、坡度、坡位和土壤条件。

混生竹中，筇竹、方竹、苦竹等的竹笋是优质蔬菜，在选择 3 类不同级别食品基地的造林地时，有机笋生产基地的空气质量执行《环境空气质量标准》(GB 3095—2012)二级标准、灌溉水达到《农田灌溉水质标准》(GB 5084—2021)中对于蔬菜的限值标准、土壤质量满足《土壤环境质量 农用地土壤污染风险管控标准(试行)》(GB 15618—2018)中土壤污染物含量应等于或者低于规定风险筛选值的要求。绿色食品级的生产基地按照《绿色食品 产地环境质量》(NY/T 391—2021)的要求执行。无公害食品级的环境标准按照《农产品安全质量 无公害蔬菜产地环境要求》(GB/T 1840.7.1—2001)的要求执行。

7.1.2 造林地清理

造林地清理的目的是改善立地条件和卫生状况，便于土壤翻垦、定植、幼林抚育等现场施工。禁止采用炼山方式进行清理。无杂草的退耕地和荒山荒地可直接进行整地，无须清理造林地。

(1) 全面清理

全面清理适用于坡度 15°以下且水土流失轻微的平坡和缓坡地，全部清除天然植被、采伐剩余物、农作物剩余物的清理方式。一般采用割除、堆腐的方法进行清理。全面清理时，对于残留在造林地上的乔木和灌木树种，要根据混生竹种的喜光特性多数为中性偏阴的特点，保留适当比例的乔木和灌木作为伴生树种，提高生物多样性水平，维护竹林健康。

(2) 带状清理

在坡度 16°~25°的斜坡地，为保持水土，应以种植行为中心呈带状地清理其两侧植被，并将清除植被或剩余物堆成条状的清理方式。在山地条件下，带的方向与等高线平行。带宽 1~2 m，以不影响竹子生长为宜。

(3) 块状清理

在坡度大于 25°的陡坡地上，为减少水土流失，应以种植点为中心呈块状地清理植被或将采伐剩余物、农作物采收剩余物归拢成堆的处理方式。块状清理一般采用 80 cm×80 cm 和 100 cm×100 cm 两种规格。清理时，需避让和保留造林地原有乔木树种，保护生物多样性。

7.1.3 造林地整地

造林地整地是混生竹种造林的重要环节。混生竹种造林不但要求栽植成活率高，而且希望成活后迅速行鞭发笋成林。

(1) 整地时间

按照整地时间与混生竹造林时间的关系，分为随整随造和提前整地两种整地时间。

①随整随造 整地与造林同步进行，即整地之后立即进行造林。因整地与造林的间隔时间不长，整地改善土壤水分、养分和通气条件的有利作用尚未充分发挥。在立地条件较好的退耕地和新采伐迹地，随整随造能取得较好的造林效果。采用裸根苗进行造林或容器苗旱季造林时，如过早整地会造成土壤水分的散失，影响竹苗根系的恢复和成活，因此，宜采用随整随造的方式。

②提前整地 一般提前 3 个月至 1 年的时间。秋季造林，可在春季整地；春季造林在上一年的夏季或秋季整地；雨季造林，可在上一年的秋季或当年的春季进行。

(2) 整地方式

根据造林地的地形地势、土壤条件、水土流失情况和造林习惯等因素来确定，一般划分为全面整地(全垦)和局部整地(带状整地、块状整地)。两种整地方式的要求跟丛生竹的相同。

7.1.4 种植点配置与造林密度

在坡度较大的退耕地、荒山荒地，为保持水土，混生竹的种植点多采用"品"字形配置；在缓坡或平地时，可采用长方形或正方形配置。造林密度与造林地立地条件、竹苗类型密切相关，方竹、筇竹、苦竹、茶秆竹的株行距为 2.0 m×3.0 m~3.5 m×3.5 m，在斜坡、陡坡地的造林密度为 54~111 丛/亩，在山谷、缓坡地则为 54~74 丛/亩。箬竹的株行距为 1.5 m×2.0 m~2.0 m×2.0 m，造林密度为 167~222 丛/亩。

7.1.5　造林时间

混生竹适宜造林季节的确定主要受造林地气候条件、发笋季节、竹苗类型等综合因素的影响。茶秆竹、苦竹可在春季（3~4 月）进行造林，箬竹可选择在冬季和早春（11 月至翌年 2 月）造林。筇竹可在 10~11 月和 2 月进行造林，而金佛山方竹、云南方竹、永善方竹（*Chimonobambusa tuberculata*）、合江方竹（*Chimonobambusa hejiangensis*）等宜在 11 月和 2~3 月进行。筇竹和方竹不得在冰雪封山期间开展造林工作，以免发生冻拔而影响竹苗成活及生长。

7.1.6　造林方法

混生竹兼有丛生竹和散生竹的生长特性，既有竹鞭上的侧芽稀疏发笋成竹，又有秆基上的侧芽密集发笋长成的竹丛。因此，混生竹的营造技术兼具丛生竹和散生竹的造林方法，主要包括移竹栽植和实生苗造林等方法。

为加速成林，可在定植前施基肥。采用农家肥时，可将 15~20 kg 腐熟的有机肥在穴底铺平，然后再将表土回填至栽植穴深度的一半。若采用缓释型复合肥时，可将表土回填至栽植穴 1/2 深处，再将 0.5~0.6 kg 的复合肥或 0.6~0.8 kg 的 $Ca(H_2PO_4)_2$ 与土拌匀施入，并在其上覆盖 2~3 cm 厚的细表土。

（1）母竹移植造林

选择中等立地条件上生长健壮、无病虫害的 1~2 年生分株作为母竹，而金佛山方竹、永善方竹等则以 2~3 年生分株作为母竹为宜。将散生的单株立竹连同竹鞭挖掘（带秆移鞭），或将丛生处的 3~4 株立竹成丛挖起（带秆移蔸），两种类型的母竹均保留来鞭 20~25 cm 和去鞭 25~35 cm，带有 3~5 个侧芽，竹鞭与秆基连接处无破损，多带宿土；留枝 3~4 盘，每枝留 3~4 节，截去竹梢。用塑料薄膜或塑料袋包扎鞭根后，及时运至造林地栽植。将母竹置于栽植穴中央，将竹鞭沿栽植穴长边方向水平放置，鞭向一致，母竹的去鞭方向留有发鞭余地。然后，分层覆土，当覆土厚度超过母竹原入土深 3~5 cm 后，用锄背轻缓压实并与地表齐平，不可用力敲打或踩踏，以免损伤侧芽，最后用松散细土覆盖表层。遵循"深挖、浅栽、下紧、上松、齐平"的原则。

（2）实生苗造林

金佛山方竹、永善方竹、刺竹子（*Chimonobambusa pachystachys*）、合江方竹、云南方竹、筇竹、三月竹（*Chimonobambusa opienensis*）等混生竹种，每年均有竹株零星开花结实。

①种子的采集和处理　竹子种子成熟后，容易自竹株上掉落，应即时采种。从竹株上剪下结果枝条，晒干后打落种子，风净空粒和杂物并干燥，即可用来装运、储藏或播种。如需运输，则应保证在运输途中不能受潮发热，以免影响种子质量。如需储藏备用，需将

种子装袋存放在冷冻、干燥、通风的种子储藏库中，如没有条件可存贮于冰箱中。种子贮藏一般不宜超过半年。贮藏过久，发芽率会显著降低。筇竹和方竹的种子安全含水量较高，采集、净种后不能在阳光下暴晒，应置于阴凉通风处湿藏，贮藏时间不宜超过 20 d。

②播种　可用撒播、条播和穴播的方法播种育苗，但为了节约种子和便于进行幼苗的管护工作，以穴播较好。穴播的株行距为 20 cm×25 cm，可在苗床上按 25 cm 的距离开播种沟，然后在沟中按 20 cm 的株距点播。根据种子发芽率的高低，每穴播 10 粒左右。覆土 0.3~0.5 cm，再用一层草覆盖表面，这样有利于保持土壤湿润，防止表土层板结，抑制杂草生长。也可进行容器育苗，采种后最好立即播种或经充分干燥后低温贮存。育苗时先将种子用清水洗净，然后用 2% 的 $CuSO_4$ 溶液浸泡 5 min，再用 3% 的 $KMnO_4$ 消毒 2~4 h，洗净后将种子均匀播在容器中央。播后及时覆土，覆土厚度 0.5~1.0 cm，及时喷水，保持基质湿润。

③实生苗造林　实生苗造林具有挖掘、运输、栽植方便、成本低、苗木适应性强、造林成活率高等优点，但成材成林速度慢。一般采用 1~2 年生实生苗造林，剪去 1/3 枝叶和过多的侧根、须根。如用已经发鞭的苗木，则应多带宿土，保护好鞭芽，留来鞭、去鞭各 15 cm，竹秆留枝 2~3 盘，若分离困难或苗木来源多，也可 2~3 株一丛栽植。栽植深度 15~20 cm，填土高出地面 3~5 cm，培成馒头形。采用 1 年生容器苗造林时，将容器苗置于种植穴的中心、扶正，覆土至容器苗原土面之上 2~3 cm 处，使容器与周围土壤密接、压实后再覆一层松土。栽植塑料容器苗时，应除去容器后再定植。除上述造林方法外，根据混生竹种和竹苗的来源不同，还可选用埋秆、埋鞭育苗造林和截秆移蔸、移鞭造林等方法。

7.2　混生竹幼林管理

7.2.1　幼林生长阶段

(1)定植—成活阶段

采用带秆移鞭(蔸)母竹和裸根苗造林时，因起苗时竹鞭和秆枝被截断、根系受到损伤，定植后母竹和竹苗的根系吸收水肥的能力变弱，生长缓慢，发笋能力和抵御干旱、低温的能力也变弱。在新的环境中，经过一段时间的适应和恢复，鞭根伤口愈合、根系再生，母竹和竹苗吸收水肥的能力逐步增强，由宿存营养过渡到自根营养。此阶段，保持母竹和竹苗的水分平衡是造林成活的关键。而采用容器苗，尤其是无纺布容器苗造林时，竹苗根系、枝叶不受损伤，定植后无缓苗期，竹苗能较快适应造林地的立地条件继续生长。

(2)成活—郁闭阶段

在母竹造林成活后至幼林郁闭前，随着扩鞭扎根，地下茎系统迅速向四周扩散，行鞭孕笋能力逐年增强，发笋数量逐年增加，新竹逐年增粗。鞭梢年生长量达 2~3 m，竹鞭和秆基上的笋芽萌生成竹，新竹离造林母竹的距离越来越远，疏密有致，并逐渐郁闭成林。采用 1 年生实生苗造林时，生长有竹鞭的竹苗仅占 2%~3%，鞭长 10~20 cm，定植恢复后，竹苗分株秆基上的侧芽在开春后不断分蘖，通过多级分蘖后呈丛生状，竹鞭数量增至

2~4根，长度40~60 cm，粗度增加，秋季或翌年春季竹鞭上的侧芽抽笋长竹，至第3年，随着竹鞭蔓延生长，远离竹丛的新竹逐渐增多、增粗，稀疏散生，部分2年生分株秆基上的芽萌发成笋，渐趋丛生状。在成活—郁闭成林阶段，主要矛盾从初期单个无性系(由1粒种子或母竹萌发而来的若干分株组成)与杂草、灌木之间对光照、水分、养分的竞争，逐渐转变为无性系种群中不同无性系的分株之间对光照、水分、养分的竞争与适应，并形成以竹为主的植物群落。因此，迅速扩大地下鞭根系统分布格局，提高分株密度，加快幼林郁闭成林是抚育管理的关键。

7.2.2 幼林抚育管理

幼林抚育是提高造林成活率、加快成林速度的重要措施。造林后1~4年是幼林生长的关键时期，加强抚育管理，可以实现3~4年成林，5年投产。而采用母竹造林，如重造轻管则会出现"千年不死，万年不发"的局面，甚至导致造林完全失败。

(1)补植管护

移植造林后，严禁在林内放牧，避免牲畜破坏。若天气干旱，带土过少，秆柄受损以及大风、大雪等自然灾害的影响，会引起母竹干枯死亡。如果竹叶枯黄或落叶，但枝条色青并有芽，这是母竹调节内部水分平衡呈现的"假死"现象，应暂时保留，待发笋期到来后做进一步判别。竹笋出土后，检查成活及生长状况，对死苗、缺苗的进行适时补植。若母竹竹秆歪斜、鞭蔸晃动，或在风口，则栽植后应设立支架加固。对竹鞭外露、竹秆松动情况，应及时培土、覆盖并踏实。

(2)除草松土

新造竹林分株稀疏，林地空旷，光照充足，杂草灌木容易滋生，若不及时清除，不仅争夺光照、水分和养分，还会妨碍母竹成活及影响幼竹行鞭、发笋。除草松土可以疏松土壤，减少水分蒸发，避免病虫害发生，促进地下鞭根生长，加快幼林郁闭。因此，新造竹林在郁闭前，每年最少要除草松土2次。第1次在3~6月新竹抽枝展叶后进行，金佛山方竹、永善方竹、云南方竹等在3月下旬至4月下旬除草松土；筇竹在5月中下旬进行；而苦竹、茶秆竹、巴山木竹(*Arundinaria fargesii*)等4月中旬才开始发笋，6月下旬新竹长成后再行除草松土。在靠近母竹或竹苗的竹鞭分布区域，以浅锄10 cm为好，而鞭根之外宜深翻20 cm左右，将表土翻到底层、底土翻到表层，诱导新鞭向外围生长，促进发鞭长竹。并将杂草铺于土表，保持土壤湿润，增强抗旱能力。第2次松土除草，筇竹、苦竹、茶秆竹、巴山木竹等可在9~10月进行，而金佛山方竹、云南方竹等则宜提前至7月下旬至8月上旬松土除草，按照"近浅远深、深度10~20 cm"的原则除草，以加速笋芽分化及孕笋，提早成林。

(3)合理施肥

合理施肥及时补充土壤养分，有利于加速竹鞭生长，提高当年和翌年的出笋、成竹数量，加快新造竹林提早成林投产。施肥一般每年进行2次，宜结合松土除草进行，第1次在3~6月，生长旺盛季节宜施速效型肥料，肥料组成为N：P：K=6：1：2，施肥量0.1~0.2 kg/丛；第2次在8~10月进行，筇竹、苦竹、茶秆竹等春夏季发笋的竹种宜在9~10

月进行，施缓释型复合肥、有机肥，肥料组成为 N：P：K=2：1：2 或 1：1：1，施肥量为 0.3 kg/丛；金佛山方竹、永善方竹等秋季发笋的混生竹，宜提前至 7 月下旬至 8 月上旬进行，施速效型复合肥 0.2 kg/丛。

新造竹林在第 1~3 年，其竹鞭逐年伸长，可进行环形沟施。施肥时，在距母竹或竹苗外沿 30 cm 处挖环形沟，沟宽 20 cm、深 10 cm，将肥料均匀撒入沟中后覆土，每年施肥量增加 0.15 kg/丛，诱鞭扩繁。至第 4 年时，幼林趋于郁闭，分株散生，可改为水平沟施，山地沿等高线每隔 1.5~2.0 m 挖沟。第 1 次 3~6 月挖沟，沟的深、宽各 15~20 cm，施速效型肥料 0.4~0.5 kg/m 后覆土；第 2 次 9~10 月，在两沟之间挖深 10 cm、宽 20 cm 浅沟，施入缓释型复合肥、有机肥 0.6~0.7 kg/m，施肥后覆土；方竹属竹种可提前至 8 月初（笋前）或延迟至 10 月下旬至 11 月初（笋后）进行。

（4）留笋养竹

新造竹林在前 2~3 年应以留养新竹为主，通过增加林地的立竹数量，加快竹林郁闭成林。移竹栽植成活后，第 1 年笋期，因新鞭尚未生长或竹鞭较短小，鞭根不扎实，所需营养主要来自母竹鞭根贮存的养分，如发笋较多，地上部分消耗养分过大，不利于扩鞭和提早成林。因此，通过采摘细弱竹笋控制发笋数量，保留 2~3 个/丛健壮竹笋生长成竹。翌年留笋 3~5 个。疏笋时要遵循"四采四留"原则，即：采近留远、采小留大、采弱留强、采密留稀，以提高留笋养竹质量，促进地下茎的生长，达到所发新竹逐年增高、增粗的目的。前两年留养的新竹，可剪去幼竹顶梢（竹冠的 1/5），以减少蒸发，提高抗旱能力，促进地下新鞭、竹蔸和根系生长。在第 3 年的发笋期要注意保护立竹稀疏处所发竹笋，实现幼林郁闭。

采用容器苗造林，第 1 年发笋以秆基多级萌蘖为主，分株量多而细小且呈丛生状，全部留笋养竹。至翌年，为将分株营养更多地供应地下部分竹鞭的生长，在丛生处仅留笋 1~2 个/丛；此时新鞭上已发笋，适当疏除距离定植竹苗较近的部分竹笋，可在竹鞭远端呈辐射状均匀留笋 4~6 个/丛，使分株由定植竹苗的丛生状分布逐渐向均匀散生状分布转变。第 3、4 年，也同样护笋养竹，确保幼林郁闭。

（5）竹农间作

在立地条件较好的退耕地、撂荒地上，新造竹林的第 1~2 年，为充分利用地力和光能，以短养长，可间种农作物，以耕代抚，防止杂草滋生，减少水土流失。地势平缓，土质深肥处的新造竹林，可在株间、行间全面整地间种；坡度较大的山地，应在竹丛行间沿等高线水平带状或块状整地间种。间种作物时，要距离母竹或竹苗 50 cm 以上，可选择不与或少与竹林争肥、争水且不攀缘竹株的品种，可选择具有固氮作用的豆科植物（大豆、蚕豆、豌豆）、能改良土壤的绿肥（紫云英、苕子、苜蓿）和蔬菜（油菜、白菜、青菜）等，不宜种高秆作物（如玉米、高粱、小麦）、攀缘植物（如南瓜、豇豆、四季豆）、收获时需深翻的作物（如芋头），大量消耗地力的芝麻也不宜选择。竹农间作时，要树立以竹为主、循环利用的思想，凡作物影响竹株生长时，应立即消除影响，及时翻压绿肥。作物收获后剩余的秸秆、枝叶，应切碎后归还竹林，翻入土中，改善土壤结构、培肥地力。在耕种过程中，应避免损伤竹鞭上的侧芽和鞭根。

7.3　混生竹成林管理

幼林郁闭成林之后的管理，其目的是促进竹林持续、稳定、健康生长，最大化地获得竹笋、竹材产品和最佳的生态系统服务，充分发挥竹林的生态、经济和社会效益。

从造林成活至郁闭成林，随着每一株无性系竹鞭的蔓延生长，分株密度增加，分布范围扩大，无性系完成了从丛生→散生→混生的生长过程。无性系之间从最初的物理空间隔离、互无影响，逐步发展到株行之间地下鞭根交叉，地上秆、枝、叶相互遮挡，从而造成无性系之间、分株之间在光照、养分、水分等资源环境方面的竞争。成林生长 3~5 年之后，地下空间的鞭量增加、老鞭和死鞭拥塞，出现跳鞭；地上空间分株密度增大、疏密不均，枝叶重叠且光照不良、通风不畅，枯立竹增多，加之采笋、伐竹等人为过度干扰，进一步加剧了无性系种群的竞争。竹林生长的主要矛盾是混生竹无性系种群、无性系分株与环境空间及资源有限性之间的矛盾。竹林结构调整和肥水供给是解决混生竹无性系种群生长矛盾的生理生态基础。因此，调整和保持竹林合理的群体结构，需通过土壤管理以满足竹林生长对养分和水分需求，以实现竹林的可持续发展。

7.3.1　竹林的结构管理

通过留养母竹和择伐老、弱、病竹，调整竹林的水平、垂直和年龄结构，实现对林地光、热、水、肥资源的合理利用。

(1) 护笋养竹

竹笋是混生竹林生长的基础，也是重要的生态产品。由于方竹、筇竹、苦竹、茶秆竹的竹笋品质优良，为了获取最大化的竹林收益，普遍存在过度采笋的现象，特别是国有林区、集体林区的天然筇竹、三月竹、方竹林掠夺式采笋给竹林带来的破坏更大，竹笋越采越小，竹秆粗度越来越细、高度越来越矮，开花面积不断扩大，种群退化严重。因此，为达到混生竹林连年丰产目标，每年笋期应留养足够数量的竹笋，护笋成竹以利于光合作用和母竹的新老交替。笋芽膨大及出土后迅速生长所消耗的大量营养物质均来自母竹和鞭根系统的供给。在笋期母竹所贮存的营养物质是相对恒定的，而秆基和竹鞭上众多的笋芽中只有 30% 左右能够萌发，其中有接近 50% 的竹笋将退笋。

①留笋时间　过早留笋将会影响竹笋的产量，原因是出笋初期留笋后，整个无性系中的营养物质将通过生理整合作用集中供应到笋—幼竹的生长，从而导致其他已分化的笋芽因营养不足不能出土或出现较多的退笋。在末期留笋则过迟，此时无性系中的养分已大量消耗，所留竹笋常因营养不足而长成纤细矮小的新竹。根据不同留笋时间对茶秆竹笋—幼竹生长影响的研究发现，在盛期的中期留笋，其发笋数量、产量比初期留笋分别高出72%、71%，新竹平均胸径比末期留笋养竹增粗 25%。因此，留笋养竹的时间，以出笋盛期的中后期为好，不宜过早或过迟。

②留笋数量　可根据具体竹种的年龄结构和分株密度参照 1 年生分株的比例确定。依竹种不同，从 200~2 000 株/亩不等，同一竹种每年留笋数量基本一致，形成均年竹林。

如苦竹的材用林每年留笋数量为 480 株/亩，笋材两用林则为 280 株/亩；茶秆竹材用林每年留笋 400 株/亩，笋用林和笋材两用林则留笋 200~300 株/亩。对于分株形态较为矮小的竹种，如箬竹，留笋养竹数量应适当增加。

③留笋方法　根据不同定向培育类型留笋数量和粗度方面的要求，选择生长健壮、无病虫害的竹笋留养。坚持"三采三留"原则，即采小留大、采弱留强、采密留稀，不留退笋、浅鞭笋，保留空膛笋、林缘笋，多采秆基笋，少采鞭笋，减少混生竹丛生处的留笋数量，使新竹在竹林中趋于均匀分布，提高竹林的空间利用率。

（2）结构调整

调整竹林结构就是通过择伐老竹实现竹林更新，使竹林保持合理的年龄结构、分株密度和叶面积指数，是竹笋和竹材优质、高产的重要技术措施。

①年龄结构　合理的年龄结构是竹林可持续经营的基础，依据竹种、年龄结构、经营目的、立地条件等因素综合而定。混生竹合理的年龄结构，大多数竹种可按照 1 年生：2 年生：3 年生=4：3：3 或各占 1/3 的比例进行确定，如箬竹、方竹等；有的竹种因材用竹的工艺需求，也可采用 1 年生：2 年生：3 年生：4 年生=1：1：1：1 的结构比例，如苦竹、茶秆竹等。

②分株密度　竹林的分株密度，因竹种的形态不同特别是竹秆粗度不同而异，一般胸径大于等于 3 cm 的竹种，分株密度为 600~1 000 株/亩，如斑苦竹（*Pleioblastus maculatus*）、云南方竹；胸径在 2~3 cm 的竹种，为 1 000~1 200 株/亩，如巴山木竹、金佛山方竹、箬竹；当胸径小于 2 cm 时，分株密度大于 1 200 株/亩，如苦竹、永善方竹。同一竹种在相似的立地条件下，因定向培育方向的差异，例如根据材用竹林不同径级的要求，其分株密度则为：小径材林>中径材林>大径材林。

③择伐技术　通过砍伐老竹常年保持年龄结构的年轻化，有利于竹林的持续旺盛生长。混生竹为大多数竹种的竹林以保留 1~3 年生分株为主，4 年生及以上的分株全部选择性伐除；个别竹种因特殊需求可适量保留 4 年生分株。春季发笋的竹种，如箬竹、茶秆竹、苦竹等，可在秋冬季进行择伐，也可在新竹抽枝展叶后的 5~7 月结合松土进行采伐；而在秋季发笋的方竹等，可在翌年 3~5 月新竹长成后结合松土伐除。采伐强度控制为砍伐老竹的数量不得超过新竹留养数量。伐除 4 年生以上老竹和病、残竹时，要齐地剪除或砍伐，降低伐桩，宜采用连同竹蔸、老鞭一同挖去的方法，腾出更多的地下空间，有利于竹鞭的延伸和竹笋的出土；对林中不均匀分布的丛生状斑块，要适当增加采伐强度，降低其分株密度，通过人工干预实现竹林的散生状经营，均衡利用营养空间。严格遵循"砍老留嫩、砍密留稀、砍小留大、砍弱留强"的"四砍四留"原则。

（3）合理钩梢

钩梢对混生竹来说有两方面的重要意义。一方面是去除顶端优势。笋—幼竹和竹鞭的生长都有极强的顶端优势，并控制和调节着无性系的生长和营养的分配。因此，方竹、箬竹、苦竹、茶秆竹、巴山木竹等竹种在 4~7 月新竹抽枝展叶后进行钩梢，强度以不超过竹冠总高度的 1/3 为好，留枝 12~15 盘，从而消除秆高生长的顶端优势，让更多的营养物质转移、输送、分配到地下茎中贮藏，以满足更多孕笋成竹的需求，达到增产和控制株型的目的。另一方面，在混合竹林带的中山区域和亚高山竹林带下缘生长的筇竹属、方竹属竹种，由于冬季长时期雪压，或遇大风，极易造成竹秆被雪压、风倒、破裂的情况，因此，合理的钩梢可以防止或减轻风倒和雪压的危害，提高竹材的利用率，减少经济损失。

7.3.2　竹林土壤管理

土壤是竹林生长的基础，是养分和水分的来源。地下鞭根系统生长的好坏、竹鞭形态、岔鞭数量、笋芽鞭芽分化、根量、根吸收和合成能力的高低等都与土壤有密切关系。土壤疏松、透气良好，则微生物活跃，可提高土壤肥力，有利于鞭根生长。因此，改善鞭根生长环境，提高土壤肥力，是土壤管理的重要内容。

（1）锄草松土

集约经营的混生竹成林每年松土除草两次。第 1 次深翻松土除草在新竹长成后（4~7月）结合施肥进行，方竹（4 月中下旬）、筇竹（5 月下旬）在春季进行，而苦竹、茶秆竹、巴山木竹可在夏季（6 月下旬~7 月中旬）进行，翻土深度 25~30 cm，深翻时保护新鞭、壮龄鞭，挖去老鞭、竹蔸。混生竹约 50% 的竹鞭分布在 0~30 cm 表土层，深翻松土会对鞭根造成一定程度的损伤，但深翻后鞭根分布层加深，岔鞭和生活力强的新根数量显著增加，鞭根周围的水、肥、气、热都得到了改善和协调，更有利于笋芽、鞭芽的分化和根系生长。

第 2 次浅翻松土除草在 8~10 月结合施肥进行。因方竹属竹种在 8 月中下旬开始发笋，为了少伤鞭和芽，宜靠前至 8 月初（笋前）或推后至 10 月下旬至 11 月初（笋后）进行松土除草，其他竹种在 8~10 月均可。松土深度为浅翻 10 cm，不宜深挖，注意保护秆基、竹鞭侧芽，勿伤鞭根。在笋用林土壤管理时，有条件的地方可将松土改为培土，施用有机肥后从竹林外就地取土（如塘泥、沟泥），覆盖地表 5 cm 厚，既促进有机肥料的分解和利用，又延长竹笋在土中的生长时间，竹笋因不见阳光更加鲜嫩，而且粗重，产量和质量明显提高。

（2）土壤施肥

混生竹林因每年生产一定量的竹笋和竹材，消耗了土壤中大量的营养，而秆、笋被移出林外，导致有机质分解的归还量少于从土壤获得的吸收量，吸收量与归还量之间的不平衡引起土壤养分亏缺。长此以往必然导致竹林地力衰退。因此，通过适时适量地进行人工施肥，有利于维护土壤养分平衡，实现竹林可持续经营。

根据混生竹的年生长节律，有条件的地方在全年土壤养分管理过程中，可进行 4 次集约经营施肥。

①第 1 次施肥　在新竹长成后的 3~7 月进行，称为笋后肥或发鞭长竹肥。竹林完成了竹笋出土、笋—幼竹两个生长阶段，整个无性系贮藏的养分已大量消耗，此时新竹枝叶生长旺盛，地下茎即将进入快速生长时期，及时施肥补充土壤养分，有利于新鞭的生长和笋芽的分化。以 N、P、K 配合的速效型肥料为主，施肥量占全年的 35%，可与腐熟的有机肥一起撒于地表，结合松土除草翻入土中，促进发鞭长竹。

②第 2 次施肥　在 8~10 月进行。大多数混生竹种经前期新鞭生长、笋芽分化后，表层土壤中有大量新鞭、新根密集分布，宜补充速效性型肥或猪粪等稀释的液体肥料，施肥量占到全年的 15%。施用化肥结合第 2 次松土除草进行，在浅翻后进行沟施覆土。不宜对林地进行深翻，以免损伤鞭根和笋芽。

③第 3 次施肥　在竹林生长缓慢的 11~12 月进行。生长在高寒山区的混生竹种，其土温和气温均较低，秆基和竹鞭上的笋芽生长缓慢或停止分化，待春天气温回升后继续生长，发笋成竹。可将牛、马、猪、羊、鸡粪等腐熟的农家肥直接撒铺于竹林地表，此次施肥量约占全年施肥量的 40%，用量为 1 500~2 000 kg/亩。

④第 4 次施肥　在笋前或笋期进行。巴山木竹、筇竹在 3 月中旬前或 4 月初至 5 月上旬发笋初期、盛期进行，而苦竹、茶秆竹则在 3 月下旬至 4 月中旬之前或者 5 月开展。春季气温逐步回升，竹笋生长速度加快并陆续出土，进入发笋初期，竹子对土壤的水肥需求量增大。笋前或笋期及时施肥补充土壤养分，可延长笋期，增加单株笋重，提高单位面积竹笋产量和质量，降低退笋率。施肥量占全年的 10%，以速效 N 肥为主。笋前 1 个月施肥，可采取沟施的方法，沿等高线每隔 1~2 m 挖宽 20 cm、深 5~8 cm 的浅沟，将肥料均匀撒在沟中并覆土。笋期采用穴施的方法，即在采挖竹笋后留下的笋穴内施入肥料。

对大多数山地混生竹林而言，基于水土保持与社会经济条件的制约，可实行两次施肥的土壤管理措施，第 1 次在 3~7 月进行，施肥量占总量的 60%，深翻沟施；第 2 次在 8~10 月，施肥量占 40%，浅翻沟施。竹种、经营目的、立地条件不同，在施肥配套技术上也有差异。例如，方竹属竹种在秋季发笋，其生长节律与其他春季发笋竹种有所不同，在施肥时间上应做相应的调整。有关混生竹种施肥技术的系统实验研究尚不多见，已取得的研究结果为竹林施肥实践提供了良好的借鉴。根据施肥实验研究，合江方竹施肥在生产上的建议用量为：尿素 25 kg/亩、Ca(H$_2$PO$_4$)$_2$ 7.42 kg/亩、KCl 13.11 kg/亩；施肥时间第 1 次在 3 月，施肥量为全年总量的 2/3，第 2 次在发笋前 40~50 d，施肥量为总量的 1/3。同样，苦竹施肥实验结果表明，材用林的优化施肥量为：N 肥 34 kg/亩、P 肥 44 kg/亩、K 肥 16 kg/亩。而笋材两用林的优化施肥量则是：N 肥 33 kg/亩、P 肥 55 kg/亩、K 肥 18 kg/亩。

总之，混生竹林施肥应把握的原则为：一是速效型化肥与缓释型有机肥相结合；二是化肥宜少量多次，控制用量，N 素化肥的用量以每年不超过 50 kg/亩为宜。

7.4　方竹高效培育

方竹属(*Chimonobambusa*)竹种秋季发笋，其味鲜美，素有"竹类之冠"美誉，是著名的笋用竹种。竹秆节间圆筒形或下部节间略呈四方形，中下部数节具一圈刺状气生根，秆型奇特，枝叶飘逸，竹姿优雅，林相美观，是优良观赏竹种和园林绿化用竹。方竹属竹种约有 27 种 1 变种 4 变型，其中尤以西南地区的金佛山方竹、云南方竹、永善方竹、合江方竹、刺竹子等竹种的天然分布和人工栽培面积最大。现以人工栽培面积最大的金佛山方竹为例，对方竹属竹种的高效培育技术进行介绍。

7.4.1　竹林营造

（1）造林地选择

金佛山方竹自然分布于重庆南部、贵州北部、云南东北部、四川东南部，尤以贵州桐梓、正安，重庆南川，云南威信、彝良、镇雄、大关、绥江、盐津，四川兴文等县（区）资源较为丰富。适生区域的海拔在 1 200~2 300 m，须选择疏松、湿润、肥沃的酸性、微酸性的黄壤、黄棕壤和紫色土，土层厚度 50 cm 以上的地块进行营造。

（2）清理整地

清理整地在 9 月下旬至翌年 3 月上旬进行，随整随栽。小于等于 15°的平缓坡地可进行全面清理；16°~25°的斜坡地可采用沿等高线带状清理方式，带宽 1 m；大于 26°的陡坡地，可采用块状清理方式，规格为 80 cm×80 cm。造林地清理时，须砍除杂灌，但要适量保留原有乔木树种，营造混交林。采用 1 年生容器苗造林时，整地规格为 40 cm×40 cm×30 cm；采用带秆移鞭或带秆移蔸母竹造林时，整地规格为 60 cm×50 cm×40 cm。整地时，挖出的表土和心土要分别堆放，细碎土块，拣净树桩、石块。

（3）种植点配置与造林密度

在平缓坡地上土层深厚肥沃的地块，采用 3 m×3 m 的株行距；而斜坡、陡坡等立地条件中等或较差的造林地，可采用 2 m×3 m 或 2 m×2 m 株行距造林。在杉木、柳杉、华山松、栎类等低质低效的针、阔叶林下，营造金佛山方竹时，可在林窗以及林木生长稀疏处种植。

（4）造林方法

①造林时间　金佛山方竹容器苗造林在 10 月至翌年 3 月进行，采用带秆移鞭或带秆移蔸母竹则可在 12 月至翌年 3 月造林。在冰雪覆盖、低温冷冻的气候条件下，不宜进行栽植。冬春干旱地区，可在雨季初期进行造林。

②施足底肥　在穴底施入经充分腐熟的堆肥 15 kg，也可选用缓释型复合肥 0.5~0.6 kg 或 $Ca(H_2PO_4)_2$ 0.8 kg，先回表土至穴深 1/2 处，与肥料充分拌匀，并在其上铺垫 2~3 cm 厚细表土，以免肥害烧根。

③容器苗造林　近 20 年来，贵州桐梓，云南彝良、盐津等地天然金佛山方竹林开花面积越来越大，每年均有大量种子用于实生容器苗培育，解决了规模化造林竹苗不足的问题，提高了造林的成活率。选择 1 年生无纺布容器苗（≥ 3 株/袋，地径 ≥ 0.15 cm，高度 ≥ 25 cm）的合格苗，将其置于栽植穴中央，分层覆土超过竹苗原入土深 2~3 cm 后，用锄背压实，其上再盖松散细土 2 cm。

④母竹造林　在实生起源、系统发育年龄小的金佛山方竹林的林缘、林中，就近挖取带秆移鞭或带秆移蔸母竹，随起随栽。选择生长健壮、无病虫害、胸径 1~3 cm 的 2~3 年生分株作为母竹。每丛有母竹 3~4 株，截去竹秆梢头、保留 3~4 轮枝条，留来鞭 20~25 cm、去鞭 25~35 cm，带有 3~5 个饱满的侧芽，多带宿土。将母竹置于穴中，竹鞭沿栽植穴长边方向舒展，根系不卷曲外露。分层覆土超过母竹原入土深 3 cm 后用锄背轻缓分层压实，避免敲击、踩压损伤秆基和竹鞭上的侧芽，最后用松土覆盖平整。

在海拔 1 000~1 200 m 或大于 2 000 m 的地段造林时，为减少土壤干燥或低温对竹苗或母竹成活的影响，可在覆土后用 1 m×1 m 的塑料薄膜进行覆盖以保温、保湿、提高造林成活率。

7.4.2 幼林管理

（1）管护补植

新造幼林，要进行封禁管护，禁止人畜进入。采用带秆移鞭（蔸）母竹造林的地块，要经常巡回检查，如发现露鞭、露蔸、露根等情况，要及时培土覆盖。用塑料薄膜覆盖进行保温保湿的造林地块，在 4 月中下旬至 5 月上旬，气温回升或雨季到来后，要及时揭膜以免烧苗和影响发笋。容器苗造林地块，发现死苗、缺苗现象要及时补植。母竹造林地块，可在秋末冬初调查成活率后，尽快补植。

（2）除草松土

造林后的前 3 年，每年除草松土 2 次。第 1 次在 3 月下旬至 4 月下旬进行，第 2 次在 7 月下旬至 8 月上旬进行。平缓坡地可全面松土除草，斜坡、陡坡可扩穴松土，一般在竹丛边缘 0.3 m 外进行，除草松土深度 10~20 cm，勿伤鞭根，近浅远深，至第 3~4 年扩大至全园。

（3）土壤施肥

每年结合除草松土施肥 2 次，环状沟施。首次施肥时，在距母竹丛或容器苗外延 30 cm 处挖环形沟，沟宽 20 cm，深 10 cm，将尿素 0.1 kg/丛均匀撒入沟中后覆土；第 2 次施速效型复合肥 0.2 kg/丛。施肥量逐年增加，每年增加 0.15 kg/丛。

（4）留笋养竹

遵循"四采四留"原则，金佛山方竹容器苗造林成活后，第 1 年多数幼竹竹鞭短细幼嫩，发笋以秆基侧芽多级萌蘖为主，应全部保留。翌年秋季发笋时，为加快竹鞭的生长，竹丛中心处仅保留秆基笋 3~4 株，全部或部分保留鞭笋。第 3、4 年，多留鞭笋，以实现幼林 4 年郁闭。

带秆移鞭（蔸）母竹造林成活后，第 1 年秋季发笋时，每丛平均发笋 3~5 株，可选择 2~3 株健壮竹笋保留；第 2 年发笋量增加，采近留远，多留鞭笋，留笋养竹 7~8 株；第 3 年时，母竹行鞭最长达 2.2 m，一般长 1.5 m 左右，地下鞭根系统已经形成，应均匀留笋养竹 10~12 株/丛，平均成竹数在 20 株/丛以上，幼林郁闭。

（5）竹农间作

造林后第 1 年竹株稀疏，可在距竹苗 0.5 m 开外的地方间种矮秆农作物，如黄豆、蚕豆、豌豆、白菜、青菜、绿肥等，以耕代抚，促进幼竹的生长。从第 2 年开始，不再进行竹农间作；由于金佛山方竹的行鞭速度快、发笋率高，如第 2、3 年继续间种农作物，耕地、播种、中耕、收获等农事活动会频繁挖断竹鞭，干扰竹鞭向外蔓延，影响分株成丛、成团生长，导致幼林长期成活不成林。

7.4.3 成林管理

7.4.3.1 竹林结构管理

合理的竹林结构是实现竹林丰产、稳产、健康和可持续经营的基础。金佛山方竹的竹林结构管理从留笋、年龄、密度、钩梢等方面进行。

(1)护笋养竹

①留笋时间　金佛山方竹发笋期主要集中在 8 月下旬至 10 月下旬,始发和结束时间各地略有差异,海拔高处发笋早,海拔低处则发笋迟。金佛山方竹的出笋期为 40 d 左右,滇东北地区的发笋初期为 9 月上旬至中旬,盛期为 9 月下旬至 10 月上旬,末期为 10 月中旬至下旬。留笋养竹的时间以出笋盛期的 10 月上旬为宜。

②留笋数量　根据金佛山方竹林的定向培育目标,在中等立地条件下,分株平均地径大于等于 4 cm 的大径竹林,每年留笋数量为 222~445 株/亩;平均地径 2~4 cm 的中径竹林,留笋数量 667~1 000 株/亩;平均地径小于 2 cm 的小径竹林,留笋数量则为 1 334~1 668 株/亩。竹笋粗度是衡量金佛山方竹商品笋质量的重要指标,在笋用林培育实践中,可根据商品笋要求的不同等级规格进一步确定单位面积留笋数量。

③留笋方法　遵循"三采三留"原则,选择符合粗度要求且生长健壮、无病虫害的竹笋留下,分布均匀,多采秆基笋,少采鞭笋、林缘笋。

(2)结构调整

①年龄结构　金佛山方竹的 4、5 年生分株已进入老龄化,其秆基和着生的竹鞭已无孕笋成竹的能力,可通过择伐将其年龄结构调整为 1 年生∶2 年生∶3 年生=4∶3∶3 的比例。

②分株密度　金佛山方竹林在不同的立地条件和定向培育目标下,其分株密度略有变化。大径竹林的分株密度在 667~1 335 株/亩,中径竹林为 2 000~3 000 株/亩,小径竹林为 4 000~5 000 株/亩。

③择伐技术　将林内 4、5 年生的分株、病虫害竹以及枯立竹砍伐。择伐在新竹抽枝展叶后进行。齐地剪除或利刀砍伐,降低伐桩。遵循"四砍四留"原则,丛生处多砍、散生处多留,不砍林中空地散生竹和林缘竹。

(3)合理钩梢

为控制金佛山方竹的顶端优势,促进地下鞭根系统生长,减少风雪灾害,在新竹抽枝展叶结束后进行钩梢,留枝 8~12 盘,砍去梢头,切口平滑不开裂。

7.4.3.2　竹林土壤管理

金佛山方竹的壮龄鞭(2~3 龄)根多且长、芽壮肥大,中龄鞭(4~5 龄)活芽少、死芽多、发笋痕迹明显,而老龄鞭(6~7 龄)上已无活芽,完全失去发笋长鞭能力。粗放经营的金佛山方竹林,在 0~50 cm 土层中有较多的老鞭、死鞭占据土壤空间,地表跳鞭、鞭竹较多。土壤管理可以为幼壮龄竹鞭的生长拓展更多的地下营养空间,增加土壤孔隙度和透气性,从而加强鞭根的呼吸作用为分株生长发育提供更多的能量;另外,土壤管理通过消耗地上光合作用产生的碳素营养来带动整个分株以致无性系的代谢,从而促进竹林生长。

(1)垦复松土

每年竹林需进行松土除草 2 次。第 1 次在新竹抽枝展叶后(4~5 月)进行,深翻松土25~30 cm,除去老龄鞭、死鞭、伐桩,挖出树蔸、石块,避免挖伤幼壮龄竹鞭。第 2 次在发笋结束后(10 月下旬~11 月上旬)进行,浅挖松土 10 cm。坡度大于等于 16°的坡地竹林,为减少水土流失，可采取环山隔带松土的方式，带宽 2~3 m，春夏季深挖一带保留一带，秋冬季仅对保留带进行浅挖松土，翌年将两带的松土方式进行交换，两年完成深翻和浅挖一遍。

（2）土壤施肥

金佛山方竹的土壤施肥结合垦复松土进行，采用两次施肥法。施用以 N 肥为主的速效型复合肥，肥料组成为 N：P：K=6：1：2，两次施肥的 N、P、K 有效成分总量为 20~30 kg/亩，其中：N（≥ 46%）13.4~20.1 kg/亩，P（≥ 12%）2.2~3.3 kg/亩，K（≥ 60%）4.4~6.6 kg/亩。第 1 次施肥在 4~5 月，结合全面深翻松土进行，施肥量占全年的 2/3，即 45~65 kg/亩，可先将肥料均匀撒在地表，深翻入土，如能结合施用腐熟农家肥（如厩肥、堆肥等）1 500 kg/亩，则金佛山方竹生长的效果更佳。第 2 次施肥在 10 月下旬发笋结束后，结合浅挖松土进行施肥，施长效缓释型复合肥，施肥量占全年的 1/3，用量为 22.5~32.5 kg/亩，将肥料撒施于地表浅耕翻入土中。对于集约经营的金佛山方竹林，可在发笋前 1 个月增加 1 次施肥，施用尿素等速效肥 25 kg/亩，宜在雨后撒施并覆土，有利于提高竹笋产量、质量和新竹成竹率。

7.5 筇竹高效培育

筇竹为西南地区的滇、川两省所特有。其竹笋味甘鲜嫩、营养丰富，历来被视为山珍，有"笋中之王"美誉，畅销海内外。竹秆秆环极度隆起，姿态秀丽，具有极高的观赏、工艺和历史文化价值，是手杖和圆竹家具制作、园林绿化的佳品。

7.5.1 竹林营造

（1）造林地选择

筇竹主要自然分布在金沙江下游两岸的滇东北和川南地区。云南省主要分布于昭通北部的大关、永善、威信、绥江、盐津、彝良、镇雄、水富等县（市）境内，四川省雷波、屏山、筠连、兴文、叙永、马边等县相对集中分布。

筇竹的适生区域海拔在 1 300 m 以上，主要分布在阴坡、半阴坡、半阳坡、沟谷、山坡中下部，土层厚度 50 cm 以上。疏松、湿润、肥沃的酸性、微酸性的黄壤、紫色土适宜营造筇竹。

（2）清理整地

清理整地在 9 月下旬至 11 月上旬进行，也可随整随栽。块状清理规格为 60 cm×60 cm，避让和保护原有乔灌木树种；采用 1 年生容器苗造林时，整地的规格为 40 cm×40 cm×30 cm；平缓的撂荒地和退耕地可进行全面清理和整地。整地时，表土和心土分别堆放，细碎土块，除去树桩、石块。

（3）种植点配置与造林密度

种植点配置采用移行的"品"字形排列。造林密度一般为 2 m×3 m，平缓坡地立地条件较好的地块，可采用 3 m×3 m 的株行距，而斜坡、陡坡等立地条件差的造林地，株行距降为 2 m×2 m。低质低效针、阔叶林下营造筇竹时，因地制宜、见缝插针地栽植。

(4) 造林方法

筇竹可在 10~11 月和翌年 2 月进行造林。首先在穴底施入充分腐熟的堆肥 15 kg，也可选用缓释型复合肥 0.5 kg 或 Ca(H₂PO₄)₂ 0.8 kg，回填表土至穴深一半处，与肥料充分拌匀，并在其上铺垫 2~3 cm 厚细表土。

现有天然筇竹林系统发育年龄已超过 70 年，故不宜从天然筇竹林中采挖带秆移鞭或带秆移蔸母竹进行造林。如少量栽植的确需采用带秆移鞭(蔸)方法造林时，宜选择造林时间不超过 10 年的实生筇竹林进行母竹挖掘。规模化造林以采用 1 年生轻基质无纺布容器苗或 2 年生裸根苗造林为宜，造林时将竹苗置于栽植穴中央，裸根苗的竹鞭、根系舒展。分层覆土超过竹苗原入土深 2~3 cm 后，用锄背压实平整，其上再盖松散细土 2 cm。

7.5.2　幼林管理

(1) 管护补植

新造幼林，要进行封禁管护，禁止牲畜进入。采用带秆移鞭(蔸)母竹造林的地块，要经常巡回检查，如发现露鞭、露蔸、露根等情况，要及时培土覆盖。用塑料薄膜覆盖进行保温保湿的造林地块，在 4 月中下旬至 5 月上旬，气温回升或雨季到来后，要及时揭膜以免烧苗和影响发笋。容器苗造林地块，发现死苗、缺苗现象要及时补植。母竹造林地块，可在秋末冬初调查成活率后，尽快补植。

(2) 除草松土

造林后的前 3 年，每年除草松土 2 次，第 1 次为 5 月中下旬，第 2 次在 9 月进行。在竹丛外 0.3~1.0 m 范围内，除草松土深度 10~20 cm，里浅外深，即距离竹丛、新竹、竹鞭近处浅挖、远处稍深，范围逐年扩大直至全园。常年保持林地卫生状况良好，检视幼林竹鞭生长情况，凡遇竹丛处鞭梢出露或跳鞭，要及时覆土，以促进幼林蔓延生长。

(3) 土壤施肥

每年结合除草松土施肥两次，均为环状沟施。第 1 次施尿素 0.1 kg/丛，第 2 次施缓释型复合肥 0.3 kg/丛，施肥后覆土。施肥量逐年适量增加，每年施肥量增加 0.15 kg/丛。

(4) 留笋养竹

筇竹 1 年生容器苗造林成活后，第 1 年春季发笋，多数幼竹尚未长鞭，以秆基多级萌蘖为主，全部保留。第 2 年为加快竹鞭的生长，竹苗丛生处仅保留健壮秆基笋 3~5 个/丛，适当疏除距离竹丛中心较近的部分鞭笋，呈辐射状保留竹鞭远端健壮竹笋 4~6 个/丛。第 3、4 年也按此操作，遵循"四采四留"原则，加快幼林郁闭。

(5) 竹农间作

通过间种农作物，以耕代抚，侧方遮阴，有利于筇竹幼竹的生长。由于幼竹的竹鞭生长速度较快，一般只在第 1 年进行间种。可选择大豆、蚕豆、豌豆、白菜、青菜等农作物，在距离竹苗 0.5 m 以外的地方栽种。不宜栽种白萝卜、芋头、土豆、玉米等农作物，避免影响筇竹正常生长。

7.5.3　成林管理

7.5.3.1　竹林结构管理

（1）护笋养竹

①留笋时间　筇竹的出笋期为 60 d 左右，初期从 3 月中旬至月底，盛期为 4 月上旬至中旬，末期为 4 月中旬至 5 月中旬。留笋养竹的时间，以出笋盛期的 4 月上中旬为好，不宜太早或太晚。

②留笋数量　根据筇竹林的定向培育目标确定。竹秆粗度是衡量竹材工艺价值的重要指标，在中等立地条件下，分株平均胸径大于等于 3 cm 的大径竹林，每年留笋数量为 334~667 株/亩；平均胸径 2~3 cm 的中径竹林，留笋数量 1 000~1 334 株/亩；平均胸径小于 2 cm 的小径竹林，留笋数量则为 1 668~2 000 株/亩。竹笋粗度是筇竹商品笋重要的物理指标，从国内外市场和加工分析，竹笋并非越粗越好，应根据商品笋规格要求结合竹林可持续经营目标综合确定。

③留笋方法　留笋时，按照"三采三留"的原则，选择符合地径粗度要求，且生长健壮、无病虫害的竹笋留养，多采秆基笋，少采鞭笋、空膛笋、林缘笋，及时采摘退笋，以免过度消耗竹林的养分。通过人为干预，将筇竹林由混生状态转变为散生状态并长年保持，使分株营养空间均衡。

（2）结构调整

筇竹分株完成从笋—幼竹—成竹—死亡的整个生长发育过程所需的时间为 5 年，即分株寿命或秆龄仅为 5 年。筇竹林中，4 年生分株的枝、叶量明显减少，仅为 3 年生分株的 71% 和 61%，而 5 年生分株的枝叶量更少，逐步衰老死亡。因此，择伐竹林中 4~5 年生老龄分株，可以减少无性系营养物质的无效消耗；幼壮龄分株光合产物增加，使营养物质更多地用于地下茎侧芽向笋芽的转化，提高孕笋成竹的比例。

①年龄结构　筇竹合理的年龄结构比例可按照 1 年生∶2 年生∶3 年生=4∶3∶3 或各占 1/3 的比例进行确定，构建金字塔形稳定的年龄结构。

②分株密度　根据不同的立地条件和定向培育目标，筇竹林的分株密度略有变化，一般大径竹林的分株密度在 1 000~2 000 株/亩，而中径竹林为 3 000~4 000 株/亩，小径竹林则为 5 000~6 000 株/亩。

③择伐技术　通过更新择伐，将已经衰老的 4 年生分株和即将死亡的 5 年生分株、病虫害竹以及枯立竹砍伐。为便于工艺竹材的选择利用，宜在秋冬季进行择伐，也可在新竹抽枝展叶后的 5~6 月结合松土进行。齐地剪除或利刀砍伐，降低伐桩。遵循"四砍四留"原则，丛生处分株要多砍少留，使保留的幼壮龄分株呈散生状均匀分布。

（3）合理钩梢

在 5 月底至 6 月中旬，筇竹新竹抽枝展叶后进行钩梢，留枝 12~15 盘。去除竹秆生长的顶端优势，提高笋竹产量，降低株高，控制株型。在海拔 1 300 m 以上坡地生长的筇竹，新竹经历冬季长时间雪压，竹秆在近地表处形成不可逆弯曲，影响了竹秆的工艺价值。因而合理钩梢可以降低分株高度，防止或减轻雪压危害，提高竹材工艺价值，避免经济损失。

7.5.3.2　竹林土壤管理

筇竹竹鞭在土壤中的分布较浅，0~40 cm 土层中竹鞭数量占总数的 82%。退化或粗放经营的筇竹林地，土壤中老鞭拥塞，跳鞭较多，新鞭入土较浅，不利于地下茎鞭根系统对土壤养分和水分的吸收利用。因此，加强土壤管理有利于竹林生长。

（1）垦复松土

高效培育的筇竹林每年进行松土除草 2 次。

坡度 0°~15°平缓坡地的竹林第一次深翻松土 25~30 cm，在 5 月底至 6 月中旬新竹长成后进行，可进行全面深翻，深翻时注意保护 1~3 龄的幼壮龄竹鞭，挖出老鞭、竹蔸，除去石块、树桩，深翻松土时可能会挖断部分幼壮龄竹鞭，断点附近的侧芽被刺激后分化出 1~2 根岔鞭代替鞭梢的生长，笋芽分化的数量也明显增加；第 2 次浅挖松土 10 cm，在 9~10 月进行，此间是筇竹笋芽和竹鞭快速生长的重要时期，深挖易伤鞭、芽，可进行全面浅挖。

坡度大于等于 16°的斜坡竹林，夏季为避免全面深翻土壤导致水土流失，可采取环山隔带松土的方式，带宽 2~3 m，深挖一带保留一带，秋季只对保留带进行浅挖，注意保护地下鞭根系统，翌年将两带的松土方式进行轮换，深翻带进行浅挖，浅挖带进行深翻，对斜坡竹林每两年完成深翻和浅挖一遍。

（2）土壤施肥

筇竹成林土壤管理一般采用 2 次施肥法。

平缓坡地竹林，夏季施肥在新竹抽枝展叶后的 5 月底至 6 月中旬，结合全面深翻松土进行。采用以 N 肥为主的速效型复合肥，肥料组成为 N：P：K=6：1：2，施肥量占全年的 60%，按 30% 有效量计算，用量为 65~100 kg/亩，可与腐熟的有机肥（1 000~1 500 kg/亩）一起撒施于地表，结合松土翻入土中；秋季施肥在 9 月上旬至 10 月下旬浅挖松土时进行。肥料组成为 N：P：K=2：1：2，施肥量占全年的 40%，按 30% 有效量计算，施用量为 45~70 kg/亩，撒施于地表，结合林地浅耕翻入土中。

采用隔带松土方式的斜坡竹林，夏季、秋季分别在深翻带和浅挖带上进行施肥，其施肥方法、施肥量同前，利用筇竹无性系种群的觅食行为和生理整合作用，发挥施肥的土壤营养补给功能。

此外，对于坡度大于等于 26°的陡坡竹林，宜采用沟状松土施肥方式，每隔 1.5~2.0 m 挖宽 30~40 cm 的施肥沟，夏季深翻 25~30 cm，将速效型复合肥按 0.2~0.3 kg/m 用量施入；秋季浅挖松土 10 cm，施入缓释型复合肥 0.15 kg/m；将肥料均匀撒入沟底后覆土。依次挖沟施肥，可在 3~4 年完成一次全面松土施肥。

复习思考题

1. 混生竹幼林的生长发育特点有哪些？
2. 简述混生竹成林生长发育的特点。
3. 试述营造混生竹林的主要技术措施。

4. 简述金佛山方竹高效培育的技术要点。

5. 简述筇竹高效培育的主要技术措施。

推荐阅读书目

1. 周芳纯，1998. 竹林培育学[M]. 北京：中国林业出版社.

2. 萧江华，2010. 中国竹林经营学[M]. 北京：科学出版社.

3. 江泽慧，2002. 世界竹藤[M]. 沈阳：辽宁科学技术出版社.

第8章　竹类病虫害

【内容提要】我国竹类植物常常受到各种病虫害的危害。通过识别和防治病虫害，可以有效减少损失，提高林分质量。本章主要介绍竹类病虫害的发生与危害概况、发生机理、防治的原理和方法，并以浙江竹产区为例，介绍主要病虫害及其防治方法。

8.1　竹类病虫害的发生与危害

2010年以后，大、小竹海在各地应运而生，品种单一、食源丰富的人工纯竹林为病虫害的大面积发生创造了条件。加之气候异常，主要病虫害的种类和发生特点也有不同程度的改变，致使竹林中病虫害发生逐渐频繁，危害日益严重，威胁着竹笋、竹材的产量和品质，成为限制竹产业发展的主要因素之一。据统计，我国竹类植物病害208种，真菌183种、细菌1种、难养菌类2种、病毒1种、线虫3种、螨类18种；害虫683种，隶属于75科363属。这些病虫害严重影响竹类植物的生长，给竹资源开发和利用带来极大的困难，因此防治竹类病虫害任重而道远。

据不完全统计，每年竹林病虫害损失达21%，相当于每年竹材产量减少1 000万t，竹笋产量减少超过33万t，总产值损失42亿元。现阶段竹类病虫害的发生呈现以下特点。

8.1.1　常发性病虫害加剧，发生面积不断扩大

近些年，竹林常发性病虫害加剧，其中最明显的是竹瘿广肩小蜂（*Aiolomorphus rhopaloides*）虫害。2005年浙江省庆元县发生竹瘿广肩小蜂虫害面积达135 hm²，2006年发生面积为167 hm²，2007年发生面积为201 hm²，2008年发生面积为190 hm²，发生面积逐年上升趋势明显。此外，竹丛枝病（*Balansia take*）在浙江省各竹区发生普遍，随着覆盖技术的推广，其程度日趋加剧。

8.1.2　一些次要性病害虫转变为主导性病害虫

从系统调查竹子虫害的结果来看，原先的竹林中，竹螟、竹斑蛾（*Artona funeralis*）等食叶害虫曾多次猖獗危害。而在近年未见食叶害虫暴发危害，也未见叶部病害流行。这可能与竹园中农药广泛施用有关。相反，竹林中的竹盾蚧（*Kuwanaspis phyllostachydis*）、竹绒

蚧(*Eriococcus onukii*)、竹象甲(*Otidognathus davidis*)或者不太严重的竹瘿广肩小蜂由于其个体小、繁殖率高、营隐秘生活及生态对策上积极的遗传稳定性，更好地适应生存下来，其分布和发生面积、危害程度都有所增长，甚至流行成灾。此外，由于新竹区引种不当，造成常发性、积累性、慢性消耗性虫害逐年扩大。随着春笋冬出覆盖技术的应用，竹园地表层增温，有利于一些害虫越冬，又由于反季节出笋，造成竹鞭养分提早过度消耗，母竹生长受到影响，导致一些次要病虫害发展为主要病虫害，如金针虫[筛胸梳爪叩甲(*Melanotus cribricollis*)、沟胸重脊叩甲(*Chiagosnius sulcicolis*)的幼虫]和煤污病(*Meliola hpyllostachydis*)。

8.1.3 多种害虫混合发生、病虫害交叉复合发生明显

2006 年，浙江遂昌县安口 133 hm² 竹林遭受 6 种食叶性害虫危害，分别是刚竹毒蛾(*Pantana phyllostachysae*)、华竹毒蛾(*Pantana sinica*)、两色绿刺蛾(*Latoia bicolor*)、黄脊竹蝗(*Ceracris kiangsu*)、竹镂舟蛾(*Periergos dispar*)，这些害虫给害虫防治方面造成很大的困难。竹蚜虫、介壳虫严重的竹林也易引发煤污病。竹丛枝病常与竹瘿广肩小蜂、竹筒卷病(*Epichloe bambuse*)共存。

8.2 竹类病虫害发生机理分析

近十几年来，雷竹、红壳竹(*Phyllostachys iridescens* f. *striata*)及毛竹等经济竹类栽培面积快速增加，但以砻糠覆盖技术为主、高投入高产出的集约化经营和开发，极大地改变了竹林的生态平衡，使原有的病虫害群落发生了巨大变化。

8.2.1 从生态学角度分析

首先，纯竹林生态系统结构不合理。从生态学角度看，一般的人工纯林、人工混交林和天然混交林三者的生态系统结构复杂程度逐级上升，有害生物的作用逐级下降。天然林或自然保护区内的竹子很少受到某种有害生物的严重威胁或发生严重的病虫害，但人工纯林经常遭受这样的侵扰。并非因为天然林中缺少害虫与病菌，相反病虫种类往往更多一些，但由于其相互之间的牵制作用，使得害虫种群没有暴发增长的空间，因而竹林被危害的现象很少发生。生态系统结构越复杂则越完整，调控的机制也越多，即有反馈机制。人工纯林生态系统的组分太简单，营养结构与空间结构不完整，缺乏反馈机制，一旦外来物种侵入或生态条件(如栽培条件)发生某种剧烈变化，纯林生态系统就会失衡，暴发病虫灾害。

其次，人工纯林生境异常，缺少环境容量。生物都依赖于一定的环境条件，当生境条件发生变化时，物种与生态系统的发展就会失去平衡。如环境较潮湿的纯林易暴发竹蚜虫和煤污病；在砻糠覆盖的纯林中，易暴发地下害虫等。因此，在生产中要考虑环境容量问题。

最后，环境污染与农药残留对纯林的生态系统造成了极大的破坏。环境污染方面，竹林主要受酸雨、地下水污染等因素的影响。但在竹林生态系统中，污染的主要来源往往是

化学肥料和化学农药，这些化学制品破坏了土壤微生物环境，导致竹林生态系统失衡，从而诱发竹林有害生物的大暴发。

8.2.2　从生产经营者的角度分析

首先，竹农对竹子病虫害的认识有待提高。病虫害的发生并非孤立的，竹林病虫害防治是伴随竹林培育全过程的，竹农从竹林地的选择、采购引进母竹、水肥管理、留笋养竹乃至竹园培育的各个环节都应当贯穿病虫害防治理念，并适时采取相应措施。

其次，在雷竹笋高经济效益的驱使和竹农对病虫害发生机理认识不足的情况下，竹农过分依靠化学防治，把使用农药作为解决病虫害的重要或唯一手段。施药次数频繁，用量过大，使用技术落后(技术单一、器械落后、制剂少等)，乱、滥用药现象普遍。如用甲胺磷治竹蚜虫，用呋喃丹治笋期害虫，甚至用托布津治竹心叶枯病(实为虫害)。这些错误的认识和落后的经营管理措施引起了竹笋品质的下降，害虫抗性的增加和病虫种群的变化。那些个体小、增殖率高、营隐秘生活的昆虫，由于其在生态对策上拥有积极的遗传特性，能更好地与环境相适应，因此种群密度骤然上升，病虫危害严重。另外，农药污染环境，破坏土壤结构，影响了微量元素的吸收代谢，阻碍了竹子的正常生长发育，助长了病虫害的发生发展。

最后，竹产业的周期性与市场反应的即时性，使生产经营者缺乏稳定经营和长远投入的意识，存在"重取轻予"。市场旺时，把好笋、大小笋都掘起来变换现金；市场疲软时，只掘好笋卖好价钱，前后期弱笋不清掘，随意丢弃在竹园中，致使竹子越长越小，竹龄结构不整齐，立竹量不合理等现象普遍存在。

8.3　竹类病虫害防治原理和方法

竹农应充分认识到竹园也是森林生态系统的重要组成部分。竹园内部各生物之间以及生物与无机环境之间都存在着千丝万缕的联系。只有重视预防工作，充分利用自然界自身调控能力，才能在有病虫害的发生时不致造成灾害。事实上，一味采取除治，非但不能彻底消灭病虫害，还会引发一些次期害虫、次要病害的大发生，同时也破坏了整个竹园生态系统的相对平衡。

此外，在采取化学药剂进行除治时，一定要考虑到天敌保护、环境污染、人畜安全等问题。竹园作为一个相对独立稳定的生态系统，在遭遇病虫害时，更适于采用生物防治以及营林技术措施防治。

8.3.1　加强营林技术措施，提高竹林的抗性

营林技术措施是病虫害综合防治的基础，通过改善竹林生态环境，提高竹林个体和群体的生长势，既达到提高竹林抗性能力及拒避病虫侵染的目的，又能达到增产的效果。

(1)竹林结构调整

竹林结构调整是营林技术措施的重要组成部分。竹林结构调整可以明显改善竹林生长

势，提高竹林抗性和产量。竹林结构调整一般包括地上部分调整和地下部分调整。竹林地上部分调整应在竹林出笋后留足、留好新竹，立竹度要求分布均匀，个体大小整齐。对重、中度病虫害竹林，采取清除病株的方式进行调整，清除后需及时进行补植新竹，使郁闭度保持在 0.7~0.8。竹林地下部分调整应在竹林郁闭后不断调整地下鞭的分布，使地下系统保持良好的状况。对成林、老林竹园最好挖除地下 4 年以上老竹鞭、竹蔸，清除石块，保留 3 年生以下竹鞭，同时要深埋竹鞭 30 cm 左右，使地下竹鞭数量增加并逐渐增粗。

(2)竹林的抚育管理

合理经营竹林，保持竹林生物多样性。科学挖笋、砍竹，保持竹林合理密度，达到通风透光程度；不全面挖山，减少竹林土壤冲刷，保存竹林浅根性杂草生长；保存山顶阔叶树、林缘小灌木的存在，使竹林四周植物群落复杂、昆虫种类繁多，达到竹林生物多样性、有虫不成灾的状态。竹林结构调整的同时，还要深施有机肥、尿素等。并且，每年需加一定量的客土，这对改良土壤，提高产量大有好处。培土应因地制宜地选用材料，可用山砂土、老墙土、塘泥、河泥、沟泥等。此外，要做好林地的削草松土和水分管理工作。

(3)做好母竹检疫工作

从新竹区发生病虫害情况来看，其主要原因是检疫工作不到位，外地引进的母竹带虫带病。因此，在引种的同时，必须注意产地检疫，一定要用健壮的母竹，杜绝有病虫的母竹引进新区，尤其要对全株性、系统性的病虫害，如竹丛枝病、竹秆锈病、竹瘿广肩小蜂等，做好检疫。

(4)退笋下山

正常生长的竹林均有一定数量的竹笋不能成竹，称为退笋。退笋一般小、弱，人们大多不管它，却会成为害虫的食粮。故退笋、有虫笋一定要挖除下山，可食用的食用，如不可食用的可沤肥，这样能减少林间虫口数量，减轻下一年竹笋被害程度。

8.3.2 物理防治和化学防治相结合

研究表明，采取物理和化学防治相结合的方法，既能少用农药，又控制了害虫种群数量，使之不暴发成灾。

(1)清除越冬病虫源

竹类病虫害的越冬是病虫发病危害过程中最薄弱的环节。清除越冬病虫源可起到显著的效果。3 月前可彻底剪除丛枝病、竹瘿广肩小蜂、介壳虫、筒卷病、黑粉病等病虫枝条或病虫斑，并带出林地立即烧毁，以减少病虫传播。搞好竹园卫生，清除杂草，以铲除某些病虫的中间寄主。

(2)诱杀法

即利用害虫趋性将其诱集而杀死的方法。具体又分为：

①灯光诱杀　即利用普通灯光或黑光灯诱集害虫于水中、高压电网上杀死。例如，应用黑光灯诱杀竹园鳞翅目等害虫。

②潜所诱杀　即利用害虫越冬、越夏和白天隐蔽的习性，人为设置潜所，将其诱杀的

方法。例如，用青草诱杀地老虎。

③食物诱杀　利用害虫所喜食食物，于其中加入杀虫剂而将其诱杀的方法。例如，黄脊竹蝗喜食人尿，以加药的尿置于竹林中诱杀黄脊竹蝗。

（3）刮除法

对竹秆锈病，可刮去病株的冬孢子堆及其周围的健康组织，要求刮除彻底，刮除病斑上下各 4 cm、左右各 2 cm 范围，要求不跳刀、不遗留，力求一致干净。对刮得不彻底的病株，夏孢子出现时，再重新刮除。

在生产中可以用刮除病斑或刮除病斑后再涂比例为 1∶1 的粉锈宁粉剂−柴油药剂的方法防治竹秆锈病，防治效果达 90%以上。

（4）黄油阻隔法

在浙江省 4 月上旬，竹宽缘伊蝽若虫（*Aenaria pinchii*）会往竹子上部爬，用复合钙基润滑油（黄油）1 份、机油 1 份加 1%的任何杀虫剂调匀，在竹秆基部涂宽约 15 cm 的环，可阻止越冬若虫上竹取食，有的若虫被黏在油上，大多若虫饿死在竹基部。

（5）捕捉上竹取食的若虫

若虫有假死性，可自制一边有凹口的塑料捕虫网在竹秆上捕捉上竹取食的若虫。若虫会自动落入网中，并被自排臭液毒死。

（6）药剂防治

若虫上竹前，可在竹秆下部 50 cm 处喷 8%的绿色威雷触破式微胶囊 200 倍液 1 圈，湿润即可。若虫爬行上竹会触破微胶囊，从而中毒死亡。当虫口密度特大、危害较重时，可以用内吸农药如乙酰甲胺磷原液注射，用量为每株 1 mL。

8.3.3　生物防治

生物防治就是利用害虫的天敌去防治害虫。害虫的天敌种类很多，主要有 3 类：天敌昆虫、病原微生物、捕食害虫的脊椎动物。

（1）本地天敌昆虫的保护利用

保护本地天敌昆虫主要是给本地天敌昆虫以足够的补充食料和安全场所，以增加天敌昆虫的种群数量。如在竹园中，当取食介壳虫的瓢虫缺少食料时，可将其移放于介壳虫多的竹林中，以保全和扩大其种群数量；许多种瓢虫在越冬时自然死亡率较高，有条件的地方可将瓢虫带回室内，给予适宜的温湿度条件或放置于瓦缸内，可大大提高瓢虫的越冬存活率，冬后则可将瓢虫集中释放竹林间；要保全和增殖竹林中蜜源植物，以增加寄生蜂成虫的食料。此外，使用化学药剂应尽量避免杀伤天敌昆虫，处理害虫卵、蛹或幼虫时要尽量做到保全天敌昆虫。

如竹织叶野螟（*Algedonia Coclesalis*）天敌颇多，在竹上有横纹金蛛、宽纹狡蛛、黄褐狡蛛、浙江豹蛛等蜘蛛捕食竹织叶野螟成虫和幼龄幼虫；地面有青蛙、蟾蜍捕食落地幼虫；捕食性昆虫有盲蛇蛉（*Lnocellia crassicornis*）、牯岭草蛉（*Chrysopa kulingensis*）、大草蛉（*Chrysopa pallens*）等昆虫，盲蛇蛉还钻入虫苞捕食幼虫，绿点益蝽（*Picromerus virdiipunctatus*）刺吸幼虫；虎甲、双斑青步甲、双刺多刺蚁、日本黑褐蚁、食虫蝇等也捕食成虫、转苞或落地幼虫。

（2）昆虫病原微生物利用

病原微生物包括病毒、细菌、真菌、原生动物和线虫等。目前，应用于竹园内病虫害防治的有苏云金杆菌、白僵菌等，将其配制成粉剂、可湿性粉剂、油乳剂或油剂使用。这类微生物杀虫剂专一性很强，对昆虫天敌及人畜影响很小，因而是一种较有前途的防治方法。室内利用绿僵菌防治金针虫、利用白僵菌防治竹梢凸唇斑蚜（*Takecallis taiwanus*）都取得了明显效果。寄生菌有白僵菌、寄生越冬幼虫的粉质拟青霉（*Paecilomyces farinosssus*），其在林间的自然发病期的发病率均为34%。

（3）益鸟保护和招引

许多鸟类是食虫的，因此保护鸟类，严禁随意捕杀鸟类是非常重要的防治措施。除保护林中原有的鸟类外，还可用人工悬挂各种鸟箱招引益鸟，使其在竹林中生息、捕食害虫。捕食性鸟中长尾蓝雀（*Urocissa erythroryncha*）、竹鸡（*Bambusicola thoracica*）、画眉（*Garrulax canorus*）、燕子（*Hirundo rustica*）等鸟类捕食成虫，在竹上啄破虫苞捕食幼虫。

8.4 竹类主要病虫害

由于竹类每年长出极为鲜嫩的竹笋，竹林四季常绿，砍伐后的竹材又含有较多的糖分及大量水分，故极易遭受病虫的侵害。它们侵食竹子各种不同结构组织，如笋、竹叶、竹秆及竹材等，竹类被害虫吃光竹叶，甚至死亡的现象屡见不鲜，为竹林的培育生产、生态旅游带来巨大损失。本节重点讲述浙江地区主要竹类害虫和病害，列举了其生物学和地理分布等信息。

8.4.1 黄脊竹蝗

黄脊竹蝗俗名竹蝗、蝗，属直翅目丝角蝗科。分布于我国南方竹产区。主要危害刚竹属、箬竹属中各主要竹种，以及玉米、水稻、白茅、棕榈等农作物、杂草近百种。成虫、若虫分散或群聚均取食竹叶。常见连绵数十里竹叶被吃光，竹株竹秆内积水而死。黄脊竹蝗被称为"中国森林第二大害虫"。

黄脊竹蝗属东洋区物种，在我国分布范围广，几乎所有的竹子产区均有该虫分布。主要分布在浙江、安徽、江苏、福建、江西、湖北、湖南、四川、广东、广西、贵州、云南等地。其中湖南、江西危害最为严重，约占全国发生总面积的一半。

黄脊竹蝗危害以毛竹为主的刚竹属中各竹种，如雷竹、早园竹、淡竹、高节竹、刚竹、水竹、石竹、哺鸡竹、红壳竹、斑竹、篌竹、罗汉竹、金竹、甜竹、桂竹、强竹（*Phyllostachys edulis* f. *obliquinoda*）等；以及以青皮竹为主的箬竹属中各竹种，如箬竹（*Bambusa blumeana*）、凤尾竹、观音竹（*Bambusa multiplex* var. *riviereorum*）、孝顺竹、撑篙竹、大佛肚竹、木竹（*Bambusa rutila*）、大眼竹（*Bambusa eutuldoides*）、单竹、粉单竹、花竹（*Bambusa albolineata*）、黄金间碧玉、马甲竹（*Bambusa teres*）、甲竹（*Bambusa remotiflora*）、毛箬竹（*Bambusa dissimulator* var. *hispida*）、龙头竹、米筛竹（*Bambusa pachinensis*）、

绵竹、坭黄竹（*Bambusa ramispinosa*）、藤枝竹（*Bambusa lenta*）、油竹（*Bambusa surrecta*）、鱼肚腩竹等。

　　黄脊竹蝗 1 年 1 代，以卵在土表 1～2 cm 深的卵囊内越冬。并随纬度的升高，孵化期、羽化期逐渐延后，若虫期逐渐延长。卵孵化盛期为每日 14:00～16:00，夜间孵化甚少。取食时间多为 5:00～8:00 及 18:00～22:00。当天气炎热时，常于每天 8:00 下竹至阴凉处纳凉，待 17:00 气温下降后又重新上竹活动。跳蝻经 5 次蜕皮为成虫，蜕皮多在每天 8:00 左右，蜕皮前 1 d 停止取食，蜕皮后约经 4 h 重新取食。跳蝻羽化为成虫，多在白天进行，而以 8:00～10:00 为最多，一般雄成虫先被羽化。成虫羽化后 10 d 左右开始交尾，交尾呈背伏式，持续达 5～8 h，交尾时间以清晨 5:00～7:00 和黄昏 17:00～21:00 为最盛，并可多次进行。交尾后仍需要补充营养，约取食 20 d。雌虫羽化后半个月开始产卵，产卵时间多在清晨 2:00～6:00 进行。雄虫交尾后逐渐死亡，从羽化到死亡约 60 d；雌虫产卵完毕也相继死亡，从羽化到死亡约 70 d。成虫在临近交尾时常可作长距离的迁飞，这是扩大分布区的主要时期。迁飞多发生在晴天或炎热天气，迁飞距离与风速、风向关系很大。迁飞除气象因子外，还与竹林被食残后，寻找食料和适宜的产卵地点有关。

8.4.2　长足竹大象

　　长足竹大象别名竹横锥大象，属鞘翅目象甲科。分布于我国南方丛生竹产区。危害丛生竹中茎粗在 2 cm 以上的竹种。初孵幼虫在笋中向上取食，3 d 后幼虫开始斜行向上取食，快到达笋箨时又横行再斜行向上取食，蛀食路线呈"Z"字形，一直取食到笋稍，然后再转身向下取食，可将竹笋上半段笋肉吃光。幼虫食量大，被害竹笋在高 80～90 cm 时就干枯，大多不能成竹而枯死，能成竹者也多断头、折梢，竹材利用率下降。

　　长足竹大象主要分布在中国福建、广东、广西、四川、贵州等地。

　　长足竹大象危害油竹、撑篙竹、箣竹、粉单竹、崖州竹（*Bambusa textilis* var. *gracilis*）、单竹、青皮竹、光秆青皮竹（*Bambusa textilis* var. *glabra*）、大眼竹、小佛肚竹、大佛肚竹、孝顺竹、橡竹（*Bambusa textilis* var. *fasca*）、木竹、马甲竹、甲竹、紫秆竹（*Bambusa textilis* 'Purpurascens'）等箣竹属竹种，绿竹、吊丝球竹、大头典竹、大绿竹等绿竹属竹种，吊丝竹、牡竹（*Dendrocalamus strictus*）、马来甜龙竹、麻竹、毛龙竹（*Dendrocalamus tomentosus*）、云南龙竹等牡竹属竹种。

　　长足竹大象在广东、广西 1 年 1 代，以成虫在土下茧室中越冬。广东成虫 6 月中旬开始出土，8 月中下旬为出土盛期，10 月上旬成虫终见。幼虫取食期为 6 月下旬至 10 月中旬，7 月中旬至 10 月下旬老熟幼虫入土化蛹，7 月底、8 月上旬到 11 月上旬成虫羽化。卵需经 3～4 d 孵化；幼虫在竹笋中取食 12～16 d 老熟下地入土，经 10 d 左右化蛹；再经 11～15 d，羽化成虫越夏越冬。在广西成虫出笋期要迟 10～15 d。

8.4.3　一字竹笋象

　　一字竹笋象俗称笋象虫、杭州竹象虫，属鞘翅目象甲科。分布于我国竹产区各省份以及越南等国。危害刚竹属等 6 属 60 余种竹的竹笋。成虫、幼虫危害后竹秆节间缩短、凹陷，材质僵硬、断头、折梢，利用率下降；翌年出笋减少，林相破碎。严重危害时，竹笋被害率高达95%。

一字竹笋象主要分布在中国陕西、河南、浙江、安徽、江苏、湖南、湖北、广东、广西、四川等地。在越南等南亚产竹国也有分布。

一字竹笋象寄主多、危害重。仅在安吉竹博园调查及饲养发现，按竹种受其危害程度从重到轻依次排列有：毛金竹、假毛竹（*Phyllostachys kwangsiensis*）、白哺鸡竹、尖头青竹（*Phyllostachys acuta*）、安吉金竹（*Phyllostachys parvifolia*）、黄槽毛竹、乌芽竹（*Phyllostachys atrovaginata*）、罗汉竹、白皮淡竹（*Phyllostachys viridiglaucescens*）、淡竹、毛环水竹（*Phyllostachys rubromarginata*）、毛竹、红竹（*Indosasa hispida*）、花哺鸡竹、白夹竹（*Phyllostachys bissetii*）、寿竹（*Phyllostachys reticulata* 'Shouzhu'）、水竹、天目早竹（*Phyllostachys tianmuensis*）、绵竹、京竹（*Phyllostachys aureosulcata* 'pekinensis'）、毛壳花哺鸡竹（*Phyllostachys circumpilis*）、黄秆乌哺鸡竹、黄甜竹、斑竹、芽竹（*Phyllostachys robustiramea*）、筼竹（*Phyllostachys glauca* 'Yunzhu'）、秋竹（*Pleioblastus linearis*）、雷竹、乌哺鸡竹、奉化水竹（*Phyllostachys funhuaensis*）、灰水竹（*Phyllostachys platyglossa*）、浙东四季竹、篌竹、巨县苦竹、唐竹、红舌唐竹（*Sinobambusa rubroligula*）、天目箬竹（*Indocalamus migoi*）、黄皮刚竹（*Phyllostachys sulphurea* var. *viridis* 'Huangpi'）、金丝毛竹（*Phyllostachys edulis* f. *gracilis*）、石竹、毛秆竹、早园竹、茶秆竹、甜竹、刚竹、紫竹、苦竹、黄槽石绿竹（*Phyllostachys arcana* 'luteosulcata'）、早竹等刚竹属57种，唐竹属3种，苦竹属4种，南非竹属1种，箬竹属1种，茶秆竹属1种，共6属60余种竹子。

在浙江省的小径竹竹林中，一字竹笋象为1年1代；在有大小年的毛竹林中，在出笋大年和小年均为2年1代。一字竹笋象以成虫越冬，4月底至5月初越冬成虫出土，6月中旬林中成虫终见。5月上中旬成虫交尾、产卵，卵经3~5 d孵化，5月底至6月初幼虫老熟，经10~15 d于6月中下旬化蛹，7月羽化成虫越冬。在江苏与广西分别推迟与提前15~20 d。在浙江奉化一字竹笋象危害奉化水竹，由于奉化水竹出笋期在5~6月，故一字竹笋象成虫约5月中下旬出土，其他各虫态均要相应推迟15~20 d。

8.4.4 竹瘿广肩小蜂

竹瘿广肩小蜂俗名竹广肩小蜂，属膜翅目广肩小蜂科，分布于我国长江以南各产竹区以及日本等国，主要危害毛竹。在毛竹换叶年的老竹脱叶完毕、新叶芽萌动膨大成形后，成虫在叶芽基部产卵，每个芽被产卵1~3粒，最终1个叶柄内能保存1头幼虫，成虫产卵较集中，1个竹小枝的叶芽基本上都能被产卵。幼虫在叶柄中取食，被害叶柄受刺激逐渐增生、增长、增粗、畸形膨大，幼虫在虫瘿中取食叶柄内壁。在虫口密度大时，毛竹叶柄大多被害，造成竹枝负重过大、弯梢、落叶、竹枯、竹材利用率下降，竹林翌年出笋减少。

竹瘿广肩小蜂危害毛竹、黄秆乌哺鸡竹、五月季竹、白哺鸡竹、白夹竹、寿竹、京竹、衢县红壳竹（*Phyllostachys rutila*）、篌竹、台湾甜竹（*Phyllostachys makinoi*）、甜竹、石竹、早竹、水竹、淡竹、刚竹、雷竹、早园竹、红竹、乌哺鸡竹、撑篙竹、粉单竹、青皮竹、大眼竹等。

在浙江省，竹瘿广肩小蜂为 1 年 1 代。其以成虫在枯枝、落叶下地被物中越冬，下年的 3 月中下旬至 4 月上旬成虫上竹活动取食，4 月中下旬交尾。每次交尾后，雌成虫可产卵 1~2 块，5 月中旬为产卵高峰期。卵经 7~12 d 可以孵化，若虫经 50 d 左右老熟羽化成虫，若虫期为 55~65 d。成虫夏天少活动，7 月底至 11 月成虫落地越冬。

8.4.5 高节竹梢枯病

高节竹是浙江省西北地区的一种重要的笋用竹种，自 20 世纪 90 年代以来，高节竹梢枯病发生严重，如临安板桥乡高节竹株发病率高达 76.4%，感病指数高达 44，受害程度轻的竹株出现枝枯、稍枯，严重的全株枯死，直接影响竹农的经济收入。梢枯病是竹子上的一种新病害。该病在浙江临安、余杭、安吉、德清、衢州、上虞等地均有分布。

病菌以菌丝体在病组织中越冬，菌丝多年生，每年病斑不断扩大，以第 2~3 年扩展快。孢子一般在 4 月开始成熟，5 月上旬至 6 月上旬新竹放枝展叶时，分生孢子主要借助风传播，从伤口或直接侵入，潜育期 1~2 个月，8 月开始发病，9~10 月是高峰期。危害严重的植株，当年出现枯枝、枯梢、枯株。孢子在竹林中 1 年可产生多次，由于其他时间竹子已木质化，侵入较难，就不再被侵入。病害的发生与土壤肥力、土壤性质、竹种、立竹度、气候有关，一般土壤肥力高，发病重，由石灰岩发育来的土壤发病重。在同一片竹林中，高节竹发病最重，而雷竹、尖头青竹 (*Phyllostachys acuta*) 发病其次，红壳竹高度抗病。立竹度大时竹株发病严重。每年 7~8 月干旱期竹株病害严重。

8.4.6 竹丛枝病

竹丛枝病，又称雀巢病、扫帚病。该病的发病率普遍较高。受害竹株发病率可达 30%~60%，轻者引起少数枝条丛生，竹叶变小，叶色变黄；重者可使整棵竹株丛枝状，进而整片枯死。该病使整个竹林光合作用水平下降，影响出笋成竹，竹材产量明显下降，竹林生长逐渐衰败。

该病在浙江、湖南、安徽、江苏、山东、陕西、河南、贵州等省均有发生，但以华东地区最为常见。其主要危害水竹、刚竹、淡竹、哺鸡竹、苦竹、箬竹、刺竹、雷竹、早园竹、高节竹、短穗竹等。

发病竹生长衰弱，先从少数竹枝发病，病枝细弱，叶形变小，节间缩短，小枝丛生、呈鸟巢状。有的病枝节数增多，延伸较长。病枝的侧枝丛生，丛生枝节间缩短，叶退化呈鳞片状。病枝春天不断延伸多节细弱的蔓枝。每年 4~6 月，病枝顶端叶鞘内产生白色米粒状物，即病菌的无性世代。有时在 9~10 月，新生长出来的病枝梢端的叶鞘内，也产生白色米粒状物。秋后病株多数枯死。病竹丛枝状病枝可自上而下逐年增多，直至全株竹冠呈丛枝状。

8.4.7 毛竹枯梢病

毛竹枯梢病是毛竹上的主要枝秆病害之一。该病蔓延快，造成的损失大，被害竹林不仅枝梢枯死，毛料减少，甚至新竹连片整株枯死，严重影响竹材质量和竹林来年出笋。

该病不仅在浙江发生，江西、江苏、安徽、上海也有发生。

病菌以菌丝体在病竹内越冬，在病竹内可存活3~4年。浙江地区，一般4月产生有性子实体，5月中下旬至6月上中旬子囊孢子大量释放，借风雨传播，由伤口或直接侵入新竹。潜育期1~3个月。

春季气温回升早，4~6月雨水多，林间湿度大，风大，光照少，利于病菌子实体的形成，孢子的成熟、释放和传播，病害发生严重。8月干旱，降低了毛竹抗病性，加剧病竹症状的发展。处于风口、山顶、海岛、阳坡、林缘及土壤瘠薄处竹林发生病害的危害重。

复习思考题

1. 竹类病虫害发生的主要原因是什么？
2. 竹类病虫害的防治方法有哪些？请分别举例说明。
3. 浙江竹产区常见的竹林害虫有哪些？
4. 浙江竹产区常见的竹林病害有哪些？

推荐阅读书目

1. 刘巧云，黄翠琴，2008. 竹类病虫害诊治图谱[M]. 福州：福建科学技术出版社.
2. 孙茂盛，鄢波，徐田，等，2015. 竹类植物资源与利用[M]. 北京：科学出版社.
3. 易同培，史军义，马丽莎，等，2008. 中国竹类图志[M]. 北京：科学出版社.
4. 易同培，2018. 中国竹类图志续[M]. 北京：科学出版社.

第9章 竹林生态与利用

【内容提要】竹子因其独特的生物学生态学特性等而具有极高的生态、经济、文化和社会价值。本章阐述竹林生态环境及其利用概念，即竹林的林下、林中、林上的全方位立体生态开发利用以及它们的可行性、实效性及开发前景，以期逐步形成竹林生产与生态的良性循环和优化复合组合，充分发挥竹林的生态、碳汇、经济、社会、景观、康养旅游等多种效益，促进竹产业的健康发展。

9.1 竹林生态

9.1.1 竹子的碳汇潜力

大气中 CO_2 等温室气体含量上升，所引发的温室效应严重地威胁着人类的生存。温室气体减排已成为重要的政治和经济问题，是每个国家经济社会发展必须面对的问题。竹林作为"世界第二森林"，固碳能力强大，甚至远超亚热带的其他林木。碳储量的变化与任何环境因素都不相关，但碳储量随着秆密度、平均胸径和秆龄的增加而增加。例如，毛竹新竹从出笋到成竹只需要 50 d 左右，此后开始抽枝展叶，植被指数逐渐增加，生物量快速积累，全年碳收支表现为碳汇。1 hm^2 毛竹乔木层碳年固定量为 5.097 t，是速生阶段杉木的 1.46 倍、热带山地雨林的 1.33 倍、苏南地区 27 年生杉木林的 2.16 倍，因而，竹林在整个森林碳汇功能中占有重要的地位。根据《第九次全国森林资源清查报告(2014—2018 年)》结果，中国竹林碳储量 2.11 亿 t，占森林碳储量(91.86 亿 t)的 2.6%，预计未来中国竹林碳储量所占森林碳储量的比例还会持续增加。

当前，很多国家的森林面积不断减小，而中国竹林面积正以每年 3% 的速率增加，这意味着中国竹林是一个不断增加的碳汇。同其他绿色植物一样，竹子是 O_2 的供应者，又是 CO_2 的消耗者。由于竹叶经冬不凋，一到两年才换叶一次，比其他落叶树种的净化作用要延长一个季度左右，而且其叶面积指数相对较高，吸附粉尘和有毒气体、促进气体交换等作用相对增强，净化效果更为理想。中国竹林面积会继续随着森林面积增长不断地增加，随着人工经营水平的提高，立竹度会不断增大，意味着未来竹林碳汇能力在森林碳汇占比还会不断增大。

除气候因素、土壤理化性质和管理方式对竹林碳汇能力的影响外，竹类品种也很大程度影响了竹林的固碳能力。尤其是集约经营后，包括去除林灌杂草、垦复、施肥、灌溉、笋竹产品采收等措施，会对竹林的植株、枯落物和土壤的碳汇量产生不同程度的影响。集约经营使竹林植株数增加，显著提高生物量固碳能力，如集约经营毛竹林 1 年间碳积累量为 12.75 t/hm²，比粗放经营高 1.56 倍。但集约经营后，毛竹林 0~20 cm 土层土壤总有机碳储量可减少 4.48 t/hm²，与粗放经营竹林相比，总有机碳、微生物量碳和水溶性碳分别下降了 12.1%、26.1% 和 29.3%，土壤碳贮量明显下降。由于毛竹材收获的大量增加，从长期看，适度集约经营仍有利于毛竹林碳固定量的增加。

竹类植物是禾本科中典型的硅富集植物，具有很强的硅富集能力。植硅体碳是再植硅体形成过程中包裹了一定量的稳定型有机碳，是一种能够长期稳定存在的有机碳库，是全球碳汇的重要组成部分。据统计，全球竹林每年通过植硅体可以长期封存 1 560 万 t 碳，植硅体碳汇可以有效减少全球 CO_2 排放量，减缓全球气候变暖。在多种散生竹竹鞭中，植硅体碳储量占地下部总储量的 69.48%~99.45%，其中毛竹、高节竹、茶秆竹和淡竹达到 95% 以上。中国 8 种重要散生竹生态系统林下土壤植硅体碳总储量达到 1 140 万 t，相当于储存了 4 200 万 t 当量的 CO_2。

9.1.2　竹子的水土保持功能

竹类植物种类繁多、生态适应性强，具有成林早、生长速度快、根系发达、常年茂绿、枯落物丰富等优点，是非常好的水土保持植物。竹类植物浓密的林冠和众多的枝、秆对降水具有良好的截留作用，可有效改变降水方向，减慢降落速度，从而缓解降水对土壤的直接溅蚀和径流对土壤的冲刷。

(1)林冠的降雨截留

竹林冠层通过对降水的截留，使林内降水量、降水强度和降水分布等发生显著变化。竹林的林冠截流量多在 275~385 mm，在大雨年份，甚至超过了 1 000 mm，冠截留效益优于同一区域的其他树种。如毛竹林树干径流量、树干径流率均随着林外降水量的增大呈上升趋势。林冠截留也是影响竹林内降雨强度的重要因素。毛竹林地由于其冠层对于降雨的截留和水分的吸持作用，有效地削弱了降雨强度。毛竹林林冠截留量为 278.6 mm，林冠截留率占总降水量的 32.7%。竹林冠层降水再分配影响着水分的时空分布，一部分雨水被冠层截留，另一部分经过冠层枝叶沿竹秆向下形成竹林径流，剩下一部分通过冠层间空隙或沿枝叶滴落形成穿透水。当降水量较小时，毛竹林的雨水截留率达到 64.8%，大部分雨水被竹林冠层吸收和阻挡，导致林中的穿透雨和径流较低。

(2)竹林涵养水源

竹林枯枝落叶和土壤保水蓄水能力强，有助于提高土壤持水能力，并能有效地保持水分。竹林地上部分可拦截降雨并对水分进行再分配，削弱雨水对表土层的冲刷。其中凋落物层发挥着较大作用，同时凋落物可吸收自身质量 1~3 倍的水分，是良好的持水体，土壤蓄水能力的提升可有效减少地表径流。如麻竹林地表枯落物具有吸持其自身干质量2.8~4.0 倍水量的潜在能力。散生竹根系发达，纵横交错，有很好的透水性和持水固土能力。例如，在毛竹林小流域范围内，0~60 cm 深土壤的毛管总持水量为 430.5 mm，有效贮水量为 312.7 mm，均高于杉木人工林和天然阔叶林，其中有效持水量高 28%。而且竹林土壤稳定渗透系数也高于杉木林、白栎林，表明竹林土壤抗水蚀能力强于杉木林和白栎林。

(3)防治土壤侵蚀功能

竹林具有良好的降雨截留功能，作为良好的土壤黏合剂，加之强大的根系网络和丰富的枯落物，以及通过其根茎再生的自然能力，在防止侵蚀、保持水分方面发挥重要作用。对福建长汀县山地生态脆弱性与水土保持过程研究，通过分析不同林地类型与土壤侵蚀之间的关系，得出竹林地的土壤侵蚀发生率最小，在实施水土保持措施的过程中应扩大竹林的营林面积的结论。此外，毛竹林 0~40 cm 的上层土壤抗冲指数和抗蚀指数分别为 0.998 和 1.051，高于刺槐的 0.92 和 0.98，水杉的 0.93 和 0.52，I-69 杨的 0.95 和 0.38。

9.1.3 竹子的生态功能

中国森林资源需求量持续增加，而质量、效能低下等问题导致森林资源总量不足，森林有效供给与日益增长的社会需求的矛盾依然突出。我国森林覆盖率远低于全球 31% 的平均水平，人均森林面积仅为世界人均水平的 1/4，人均森林蓄积只有世界人均水平的 1/7。林地生产力低，森林每公顷蓄积量只有世界平均水平(131 m³)的 69%，人工林每公顷蓄积量只有 52.76 m³。我国木材对外依存度接近 50%，现有材用林中可采面积仅占 13%，可采蓄积量仅占 23%，木材供需的结构性矛盾十分突出。当前国内乃至全球的一个极其重要的商品材用林树种——杨树(*Populus simoii* var. *przewalskii*)，以及在全世界范围内被广泛引种栽培的桉树(*Eucalyptus robusta*)等，采伐方式主要是轮伐。森林成熟具有一定的持续期，在伐尽整个经营单位全部成熟林分之后，一定程度上影响了森林稳定性。林区的经营管理直接影响着生态服务功能。随着社会需求的多样化，对森林的管理已不仅仅是作为木材生产基地，它还包括提供给人类美的享受、美化环境、保持水土和保护野生植物等。随着国家"五位一体"战略布局的深入推进，"绿水青山就是金山银山"理念已经深入人心，如何更好地发挥和评价森林的生态效益是专家学者和人民群众最关心的焦点之一。

竹林有着强大的鞭根系统，竹子砍掉之后，只要鞭根部没被破坏，还会从鞭根部重新冒出笋尖，随着生长，笋芽会逐渐拔高长成竹子。因此，竹子的数量随着砍伐不会减少，适时适当地伐去老竹，新笋不断发生，则竹林长盛不衰，能够持续地获得竹材和竹笋。速生树种中的杨树达到经济成熟龄，建议的大、中、小径材的合理轮伐期分别为 9~11 年、6~7 年和 5~7 年 3 个时间段。培育目标为中小径材的桉树林木最优主伐时间均为 5 年，若以培育中大径材为目标，主伐时间甚至要控制在 7 年以后。且由于是速生树种，长得快，老化得也快，一般品种的寿命为 30~40 年，很少有活过 100 年的。对竹林进行择伐可改善和优化丛生竹结构与生境条件，促使竹丛萌发抽笋和新竹生长，使竹林不断实现局部更新，每年都可采收笋竹产品而不破坏林相。竹子这种恢复力强、稳定性高的特性使其具有持续稳定的生态功能。

9.1.4 竹子对保护森林资源的作用

竹子可再生性强、采伐更新速度快，在全球木材资源紧缺的今天，竹资源的开发利用在替代木材、保护森林方面将发挥极其重要的作用。中国实施天然林保护工程，每年木材总供给量减少 2 亿 m^3，而其他各国也纷纷限制木材出口。按目前的生产工艺，100 根毛竹可生产 1 m^3 竹板材，折合 1.5 m^3 木材。竹木制板材、户外太阳伞和日用家具、木制玩具及家居(厨具)用品等 200 多个品种以竹代木生产后，产品质量提高，外观更加典雅，林木采伐量锐减，森林蓄积量逐年上升。以竹代木、减少木材消耗、缓解木材供需矛盾已成为一种趋势。

在全球禁塑的大背景下，竹子是可持续、可降解、可循环的替代塑料的优良选择。据 2017 年数据统计，中国每年产生 91 亿 t 塑料垃圾，人类自 20 世纪 50 年代以来生产的塑料重量相当于 10 亿头大象，或 2.5 万幢美国纽约帝国大厦。竹产品的应用非常多元化，可替代塑料制品。目前已开发的竹制品有 100 多个系列上万个品种，衣、食、住、行都有所涉及。例如，竹环保餐具替代一次性塑料餐具。竹环保餐具由竹条、竹炭或竹纤维为原料制作而成，可直接进入微波炉、烤箱及冰箱等使用，且无有毒物析出，这种餐具使用后能自然分解并被土壤吸收，也可回收碎解后用作肥料或制成鸡蛋托盘等产品。

竹材因物理力学性能优于一般的木材，其抗拉、抗压、抗弯等指标是一般木材的 1~3 倍，除民间传统广泛利用外，工业化加工生产的许多新型竹质材料已在很多领域部分或完全替代了木质材料。

竹材纤维属于较长的纤维，仅次于针叶树材(3.00~4.00 mm)，而优于阔叶树材(一般 1.4 mm 左右)，是优秀的造纸纤维原料。20 世纪 70 年代，印度竹浆产量占其纸浆总产量的 70% 以上，为印度造纸工业做出巨大贡献。2023 年，我国的竹浆产量为 246 万 t，仅占我国纸浆产量的 2.79%，尚有很大的发展潜力。

9.2 竹林碳汇

为了减缓大气 CO_2 浓度和全球温度上升的趋势，增加生态系统对 CO_2 的吸收是应对全球变化的有效途径，也是实现"碳中和"的重要抓手。因此，各国对生态系统的碳收支的研究极为重视。竹林被称为"第二大森林"，世界竹林面积已达到了 5 000 万 hm^2，并以每年 5% 的速率增加，已在区域和全球碳循环中扮演着重要作用。

根据国家林业和草原局发布的《2021 年中国林草生态综合监测评价报告》显示，我国竹林面积 752.7 万 hm^2，占林地面积的 2.65%，其中毛竹林面积 527.76 万 hm^2；竹林碳储量 2.11 亿 t，占林木总碳储量的 2.6%。竹林在我国 20 省份有分布，其中面积 30 万 hm^2 上的有福建、江西、湖南、浙江、四川、广东、广西和安徽。竹林生态系统的碳收支(或碳循环)是指森林生态系统与外界 CO_2 的交换过程，主要包括从外界吸收碳的过程和向外界释放碳的过程。竹林生态系统碳收支和碳汇主要包括竹林生物量和土壤有机质。然而，全球、国家和区域尺度上竹林生态系统碳收支的评估仍存在很大的不确定性。

9.2.1　竹林碳收支估算方法

竹林生态系统碳收支估算方法可分为清查法、涡度相关法、生态系统过程模型模拟法和大气反演法。

(1)清查法

清查法主要基于不同时期资源清查资料的比较来估算竹林生态系统中的竹林生物量和土壤碳储量变化。例如，基于连续的森林资源清查数据，利用胸径和年龄等数据，建立生物量转换方程推导出森林生物量碳储量变化。基于不同时期的土壤普查数据与野外实测资料，利用土壤有机碳含量和容重等指标估算不同时期土壤碳储量的变化，汇总竹林地上与土壤碳储量的变化，即可以得到整个区域竹林生态系统碳汇。在为期 4 年实验中，利用生物量法估算毛竹林碳汇量，其中竹林生物量为 7.28 t C/(hm^2·a)，土壤碳储量为 -0.51 t C/(hm^2·a)，因此，竹林生态系统的碳汇为 6.77 t C/(hm^2·a)。

清查法的优点在于能够直接测算样点尺度植被和土壤的碳储量。缺点是调查周期时间长、从样点到区域尺度碳储量的转换过程存在较大不确定性等。

(2)涡度相关法

涡度相关法根据微气象学原理，直接测定固定覆盖范围(footprint，通常数平方米到数平方千米)内陆地生态系统与大气间的净 CO_2 交换量，据此通过尺度推演估算区域尺度净生态系统生产力(NEP)。连续 5 年的研究结果发现，毛竹林全年都处于碳积累状态，6~10 月的固碳量最高，贡献了全年固碳量的 60.3%，即便在冬季(12 月至翌年 2 月)仍表现出较强的生产力，占全年固碳量的 11.5%。毛竹林年均净生态系统固碳量为 6.0 t C/hm^2，远高于同纬度地区中国和美国的大部分森林类型，是东亚季风区亚热带森林平均值 [3.6 t C/(hm^2·a)] 的 1.7 倍、西欧森林平均值 [3.9 t C/(hm^2·a)] 的 1.5 倍、北美温带和北方森林平均值 [1.8 t C/(hm^2·a)] 的 3.4 倍，是世界上固碳速率最高的森林类型之一。

涡度相关法主要优点在于可实现精细时间尺度上碳通量的长期连续定位观测，从而能反映气候波动对 NEP 的影响。缺点主要是容易受到下垫面和气象条件、观测仪器系统误差的影响，观测点固定难以兼顾林龄和生态系统异质性，导致区域尺度上碳汇推演结果存在误差。

(3)生态系统过程模型模拟法

生态系统过程模型模拟法是基于过程的生态系统模型通过模拟陆地生态系统碳循环的过程机制，对网格化的区域和全球陆地碳源汇进行估算的一种方法，它是包括全球碳计划在内的众多全球和区域陆地生态系统碳汇评估的重要工具。

生态系统过程模型模拟法的优势在于可定量区分不同因子对陆地碳汇变化的贡献，并可预测陆地碳汇的未来变化。主要局限性为模型结构、参数以及驱动因子存在较大不确定性，目前的生态系统过程模型普遍未考虑或简化考虑竹林管理、施肥等对碳循环的影响，且未考虑非 CO_2 形式的碳排放等横向运输过程。

(4)大气反演法

大气反演法是基于大气传输模型和大气 CO_2 浓度观测数据，并结合人为源 CO_2 排放清单，估算陆地碳汇的一种方法。大气反演法的优点在于其可实时评估全球尺度的陆地碳汇功能及其对气候变化的响应。大气反演法的局限性主要是：基于大气反演法的净碳通量数据空间分辨率较低，无法准确区分不同生态系统类型碳通量，大气反演法结果的精度受限于大气 CO_2 观测站点的数量与分布格局（目前 CO_2 浓度观测站主要分布在北美洲和欧洲，发展中国家地区观测站分布非常有限）、大气传输模型的不确定性、CO_2 排放清单（如化石燃料燃烧碳排放）的不确定性等的影响。

9.2.2 竹林生物量碳库与土壤碳库

鉴于成本、技术等原因，本部分重点关注了清查法估算竹林生态系统碳汇。为了更好地理解竹林碳收支，我们首先需要了解与竹林生长有关的基本属性包括胸径、竹高、林分密度、林龄等概念。

9.2.2.1 竹林基本特征

①胸径　胸径（胸高直径）是竹林群落调查中最重要、最易测定的指标，一般测定 1.3 m 处的直径代表胸径，通常利用胸径估算生物量。

②竹高　竹高作为重要的生长因子，是群落立地质量的标准，指示群落生物量的高低，体现竹子的生物特性和生长能力。但由于竹高测定较为困难，通常测定部分个体的竹高，然后通过建立竹高与胸径间的相关生长关系，由胸径估算竹高。

③林分密度　林分密度指单位面积的竹子个体数量。林分密度可以影响竹子的生长，特别是直径和生物量的生长。

④林龄　又称林分年龄，常以龄级计数，是划分竹林结构的重要指标，与林分生物量密切相关。林龄主要根据造林记录和年鉴计算。

⑤生物量　生物量指竹子整个群落积累的干物质总量，反映了生态系统干物质的积累和生产能力。准确估算竹林生物量及其变化动态对于竹林生态系统碳循环研究具有重要作用。

9.2.2.2 竹林生物量估算方法

竹林生物量估算方法随研究尺度的不同而不同，可分为样点尺度和区域尺度，其中，区域尺度的生物量估算是以样地的结果为基础，进一步采用相应的尺度转换而实现的。

（1）样地尺度生物量

①皆伐法　将一定面积上的竹子全部伐倒来获得其生物量的数据的方法。该方法时间和人力成本耗费高，对自然环境破坏大，研究中很少会采用此方法。

②平均标准木法　对样地进行每木调查，然后计算出全部立竹中某一因子（如胸径）的平均值，然后选出样地中接近上述因子平均值的标准竹，将其伐倒，测算标准竹的平均生物量，最后按该平均生物量的数值和样地的立竹度推算样地的总生物量。

③相关生长法　通过建立部分量与总体量的相关关系来推算生物量的方法。对于竹林来说，建立生物量与胸径和林龄的二元相关生长方程，只需调查样地内各立竹的胸径和林龄，就可通过相关生长方程推算出样地中各立竹的生物量，从而得到样地的总生物量。以毛竹为例，记录每株毛竹的胸径、年龄（度）数据，根据单株毛竹二元地上部分生物量模型

计算其地上部分生物量，对样地各单株毛竹地上部分生物量求和得到各样地地上部分生物量，再利用生物量乘转换系数 0.5042 得到毛竹林样地地上碳储量：

$$C_a = \left[747.781 D^{2.771} \left(\frac{0.148A}{0.028+A} \right)^{5.555} + 3.772 \right] \times 0.5042$$

式中，C_a 为地上毛竹生物量（kg）；D 为毛竹胸径（cm）；A 为毛竹的年龄。

计算毛竹总生物量：

$$C_t = \sum C_a (1 + R) \times CF \times (10\,000/A_p)$$

式中，C_t 为样地内毛竹单位面积生物量碳储量，单位为 t/hm²；R 为生物量根茎比，比值为 0.47，无单位；CF 为毛竹含碳率，取值 0.5042；A_p 为样地面积，单位为 m²。

（2）区域尺度生物量

①平均生物量密度法　通过野外实测生物量数据，获得生物量密度的平均值，再用该生物量密度平均值乘以相应的竹林面积，从而得出某一区域或某一竹林类型的总生物量。

②平均生物量转换因子法　建立生物量与竹材蓄积量的换算关系，通常采用生物量与竹材蓄积量的比值，即生物量转换因子。然后依据生物量转换因子换算竹材蓄积量，得到竹子干生物量以及竹材的全部生物量，包括非商业用途的根、枝、叶等部分。

（3）新技术在生物量估算中的应用

随着技术的发展，多源遥感等新技术可大范围精准估算生物量。如激光雷达可以精准量化森林结构，进而根据异速生长模型估算树木生物量；探地雷达实现地下生物量的估算。大规模的机器学习模型可提高单个树木结构估算的效率和精度，这些技术都将极大推动森林碳汇的精准监测。

9.2.2.3　竹林土壤碳储量估算方式

竹林土壤作为森林生态系统的重要碳库，其动态变化对森林生态系统碳汇有着重要的影响。

①土壤碳储量估算　利用不同深度的土壤容重和有机碳含量等指标来估算土壤碳储量。一般挖掘 0~100 cm 的土壤剖面，将土壤表面的凋落物去除后，将剖面分成不同层次，采用环刀法测定每一层的土壤容重。将相匹配的土层土壤混合，采集 200~300 g 样品带回实验室。去除直径超过 2 mm 的石砾、根系和死亡有机物质后，自然风干土壤。最后，使用元素分析仪测定土壤中的有机碳含量。土壤有机碳碳储量计算公式如下：

$$C_{soil} = \sum_{i=1}^{L} C_i (1 - W) D_i B_i / 100$$

式中，C_{soil} 为土壤 0~100 cm 土壤有机碳碳储量，单位为 t C/hm²；C_i 为第 i 层的 SOC 含量，单位为 g/kg；W 为直径大于 2 mm 的石砾、根系和其他有机体的质量分数，单位为 %；D_i 为第 i 层的土壤厚度，单位为 cm；B_i 为第 i 层的土壤容重，单位为 kg/m³。

②土壤呼吸　土壤呼吸是通过根呼吸、微生物对凋落物和土壤有机质分解以及动物呼吸从土壤中释放 CO_2 的生态过程。土壤呼吸作为生态系统碳循环的重要组成部分，在调控大气 CO_2 浓度和气候动态方面起着十分关键的作用。因此，土壤呼吸与减缓气候变化、碳

储存与交易的国际气候条约的执行相关。

目前,在实验室和野外条件下最常用的测量土壤呼吸的方法是封闭式动态气室法,即把土壤表面完全密封起来,测量短时间内气室内 CO_2 浓度的变化。也可以采用开放式动态气室法,即采用连续通风的近稳态模式进行测量,测定流过的空气中 CO_2 浓度的微小变化。还可以采用封闭式静态气室法,即把一定量的空气与环境隔离开来,在两个以上不同时间用注射器采集气室内气体样品,通过气相色谱仪或红外气体分析仪测量 CO_2 浓度来估算土壤 CO_2 通量。

9.2.3 毛竹林碳汇与氮沉降

由于农业集约化、工业化和城市化进程加快,化石燃料使用的急剧增加和肥料的过度使用导致人为活性氮排放量急剧增加,大气氮沉降激增且预测有继续增加的趋势。最新研究表明,我国已成为全球氮沉降最严重地区,其年均氮沉降量达到了 19.6 kg $N/(hm^2 \cdot a)$,远远超过欧洲[$8\sim11$ kg $N/(hm^2 \cdot a)$]和美国[$4\sim5$ kg $N/(hm^2 \cdot a)$]的氮沉降量。

(1)氮沉降对竹林生物量的影响

基于国际上首个竹林野外模拟氮沉降长期实验平台,开展了模拟大气氮沉降[低氮 30 kg $N/(hm^2 \cdot a)$;中氮 60 kg $N/(hm^2 \cdot a)$;高氮 90 kg $N/(hm^2 \cdot a)$]影响毛竹林净碳汇功能的研究。适量的氮输入[$\leqslant 60$ kg $N/(hm^2 \cdot a)$]使新竹的立竹度显著增加 $23.2\%\sim29.0\%$,胸径增加 $9.2\%\sim11.6\%$,毛竹林生产力增加了 $23.9\%\sim36.8\%$,明显高于氮输入对温带森林生产力的促进作用($<20\%$)。每施加 1 kg $N/(hm^2 \cdot a)$ 可使毛竹林地上生物量的碳增加 84.1 kg,远高于全球森林生物量碳对氮输入响应的平均值($40\sim60$ kg)。

(2)氮沉降对竹林土壤温室气体通量和碳储量的影响

氮输入显著增加了竹林土壤微生物量,进而使土壤呼吸速率显著增加了 $13.0\%\sim45.7\%$,使土壤碳储量年均降低 $0.8\%\sim1.2\%$;促进了土壤反硝化过程且使 N_2O 排放增加了 $19.7\%\sim36.1\%$;抑制了甲烷氧化菌活性,使林地对 CH_4 的氧化吸收减少了 $10.3\%\sim29.7\%$。此外,氮添加的时间和梯度也会影响毛竹林土壤温室气体通量特征。长期(7年)低氮和中氮添加显著增加了毛竹林土壤 CO_2 和 N_2O 年均排放量,分别增加了 $17.0\%\sim25.4\%$ 和 $29.8\%\sim31.2\%$,但降低了土壤 CH_4 年均吸收量($12.4\%\sim15.9\%$),导致全球增温潜势(GWP)增加了 $17.9\%\sim25.9\%$。而高氮处理显著增加了土壤 N_2O 年均排放量(20.4%),显著降低了土壤 CH_4 年均吸收量(16.8%),但对土壤 CO_2 年均排放量和 GWP 无显著影响。氮添加对土壤 CO_2 和 N_2O 排放的正激发效应随着氮添加时间的增加而减弱。

(3)氮沉降对竹林碳汇的影响

利用生物量与土壤碳储量相结合的方法估算竹林碳汇,研究发现:与生物量碳增量抵消平衡后,适当的氮添加可使毛竹林生态系统的年均净固碳能力增加 $17.8\%\sim29.0\%$。如果忽略 CH_4 和 N_2O 的排放通量,将高估氮输入的碳汇效应 $9.0\%\sim10.1\%$。毛竹林生产力和净固碳量对氮输入量的响应是非线性的,确定了当前大气氮沉降背景下毛竹林生产力和固碳能力的氮饱和阈值为 60 kg $N/(hm^2 \cdot a)$。

9.2.4 不同经营方式与毛竹林土壤温室气体和碳储量

（1）林下经营与毛竹林土壤温室气体和碳储量

近年来，随着全球变暖加剧和林业用地日渐紧张，我国林权制度也在不断地发生革新。"绿水青山就是金山银山"理念的提出，促使全国各地充分利用林地发展林下经济，林下经济模式也呈迅速发展趋势。我国丰富的竹林资源为林下经济的发展提供了良好条件，竹林林下经济也迅速发展起来。目前，已有竹—菌、竹—药等林下种植、林下养殖和森林旅游等多种林下经营模式，而不同林下经济模式对土壤理化性质及酶的活性等产生不同的影响，因此当前亟须研究毛竹林下经济模式对毛竹林土壤温室气体通量的影响，这对于探究毛竹林林下经济模式具有重要的科学意义，有利于生态环境保护和竹林经济的可持续发展。

①林下经营对毛竹林土壤温室气体通量的影响　通过比较毛竹—白及（*Bletilla striata*）、毛竹—黄精（*Polygonatum sibiricum*）、毛竹—竹荪（*Dictyophora indusiata*）和毛竹—林鸡不同林下经营模式，发现 4 种模式下毛竹林土壤 CO_2、CH_4 和 N_2O 通量具有明显的季节变化特征，通常表现为夏季高，冬季低。4 种模式均显著提高了土壤 CO_2 年排放累积量（10.08%~48.56%）；毛竹—竹荪模式显著降低了土壤 CH_4 年吸收累积量（11.86%），毛竹—林鸡模式则显著提高了土壤 CH_4 年吸收累积量（26.80%）；毛竹—黄精和毛竹—白及模式显著提高了土壤 N_2O 排放累积量（32.46%~90.43%），毛竹—竹荪模式则显著降低了土壤 N_2O 排放累积量（24.34%）。综上所述，毛竹林下经营模式增加了土壤温室气体排放量，并显著提高了土壤 GWP（9.28%~47.46%）。

②林下经营对毛竹林土壤碳储量的影响　利用土壤碳含量和容重指标估算碳储量，发现毛竹—白及、毛竹—黄精、毛竹—竹荪和毛竹—林鸡模式对土壤碳储量分别显著增加了64.10%、109.20%、132.28%和101.99%。

（2）施加生物炭与毛竹林土壤温室气体和碳储量

生物炭是由生物质在完全或部分缺氧的情况下经热解炭化产生的一类高度芳香化难熔性固态物质。常见的生物炭包括木炭、竹炭、秸秆炭、稻壳炭等。生物炭主要为纤维素、羰基、酸及酸的衍生物、呋喃、吡喃以及脱水糖、苯酚、烷属烃及烯属烃类的衍生物等成分复杂有机碳的混合物，它比其他任何形式的有机碳具有更高的物理热稳定性和生物化学的抗分解性，在土壤中可以稳定存在上百年至数百年。生物炭具有多孔隙度和比表面积大等特点，能够提高土壤的吸附性能、通气性和保水性。生物炭通常呈碱性，含有大量的碳和养分元素，施用生物炭能够提高土壤的 pH 值，缓解土壤酸化，提高土壤肥力，因此，生物炭被认为是一种前景广阔的土壤改良剂。近年来，大量研究表明，生物炭添加可以改善土壤物理性质，增加土壤碳储量，稳定土壤有机碳库，改善土壤生物特性，减少土壤温室气体排放。因此，生物炭化还田被认为是未来最有前景的固碳减排措施之一，在全球碳的生物地球化学循环和缓解气候变化中发挥着重要作用。

与对照相比，在毛竹林施加不同梯度（20 t/hm² 和 40 t/hm²）生物炭，发现生物炭的添加促进了毛竹林土壤 CO_2 排放（18.4%~25.4%），短期高水平生物炭添加对土壤 CO_2 排放的促进作用高于长期的生物炭添加。生物炭添加对毛竹林土壤 CH_4 吸收具有正激发效应（7.6%～15.8%），这种正激发效应随着生物炭添加水平的增加而增加。生物炭添加对毛竹林土壤 N_2O 排放具有负激发效应（17.6%～19.2%），且这种负激发效应随着生物炭添加时间的增加而减弱。生物炭显著增加毛竹林土壤碳储量（7.1%～13.4%）。

（3）覆盖经营与毛竹林土壤呼吸

通过监测不同覆盖年限毛竹林，发现在覆盖期（12 月至翌年 4 月）和非覆盖期（每年的 5～11 月）均显著增加了土壤呼吸速率，也显著增加了土壤 CO_2 排放量。

9.3 竹林康养

由于城市环境带来的空气污染、水体污染、光污染、城市热岛效应等负面影响的日益突出，自然环境对人类健康带来的福祉得到了高度关注。一种名为"森林疗法"或"森林浴"的体验活动作为一种新型治疗方法而受到广泛关注。国家林业和草原局提出要加强森林康养基地和基础设施建设，充分利用各类森林资源与场所，发展森林康养产业，并使每年林业旅游休闲康养人数突破 25 亿人次。竹林康养以竹林生态环境为基础，以促进大众健康为目的，融入竹文化旅游、休闲、医疗、度假、娱乐、运动、养生、养老等健康服务新理念，形成多种业态融合发展的新模式。竹林康养是富民产业、生态产业，是助力脱贫攻坚并巩固脱贫成果的最好产业之一，也是按照"产业兴旺、生态宜居、乡风文明、治理有效、生活富裕"的总要求，实现乡村振兴的最好产业之一。

9.3.1 森林康养的概念

森林康养，在国外被称为森林医疗或森林疗养，它起源于德国，流行于美国、日本、韩国等发达国家。我国目前将森林环境用于对人体身心康复的休闲活动称为森林康养。森林康养是以森林资源开发为主要内容，融入旅游、休闲、医疗、度假、娱乐、运动、养生、养老等健康服务新理念，是一个多元组合、产业共融、业态相生的商业综合体。

9.3.2 竹林康养的缘起

研究表明，城市居民有着较严重的精神健康问题，如情绪焦虑症和精神分裂症等，此外，城市居民还容易因城市环境中的空气污染而患有呼吸系统疾病，因重金属污染受到神经方面的毒害，以及患有因全球气候变化而引起的一些传染病。我国有 42.5% 以上的人存在不同程度的睡眠障碍，失眠症的发生率高达 10%～20%。同时，我国城市人口亚健康现象突出，尤其是"白领"群体亚健康所占的比例高达 76%，许多人都处于过度疲劳之中，真正的健康群体不足 3%。

16 世纪，瑞士的医生帕拉塞尔苏斯宣称："治愈是一门艺术，它来自自然，而不是医师。"国外森林康养产业起步早、发展快，其理论研究和产业体系日趋完善，并逐步形成了几种较具代表性的发展模式，即森林医疗型的德国模式、森林保健型的美国模式和森林浴型的日本模式。自 20 世纪 60 年代起，环境科学、景观学、医学、人类生理学等领域，经过多年的研究从不同的角度证实绿色环境有助于人类的身心健康。早期美国自然保护主义者 John Muir 说："长期疲倦、精神紧张的人们慢慢发现，去荒野的山上会有种归属感，山区公园或者自然保护区不仅仅作为木材和灌溉的源泉，而且可以作为健康生活的源泉。"对于将近 10% 的高血压患者，如果他们每周在公园停留 30 min 或更长时间，他们的高血压将得到控制。

2016 年《林业发展"十三五"规划》指出大力推行森林康养与森林体验，强调重点发展森林康养旅游与休闲康养产业；2017 年，森林康养被写进中央一号文件。国家林业和草原局决定充分利用当地的森林环境、休闲养生等资源，探索发展森林康养、休闲养生新理念，探索发展森林观光游览、休闲养生新业态。《促进森林康养产业发展的意见》提出，到 2022 年，建成森林康养基地 300 个，到 2035 年森林康养基地将达到 1 200 个。2021 年《"十四五"林业草原保护发展规划纲要》提出了培育"健康中国"森林康养的发展目标，旨在打造国内一流的度假康养目的地。

竹类植物是具有高吸碳能力的造林树种，是重要的森林植物资源，由于其独特的生物学特性和良好的生态效益，被誉为 21 世纪最具潜力和希望的植物。近几十年来，全世界范围内森林面积逐渐减少，竹林面积每年却以 5% 的速度增加。中国竹类植物资源丰富，竹林面积占全国森林总面积的 3.31%，占世界竹林面积的 15%。此外，中国有栽培和利用竹类资源的悠久历史，具有丰富多彩的竹文化，竹子是高尚人格的象征，竹林康养比其他类型的森林更具有深厚的文化底蕴。因此，竹林成为发展森林康养的优良植物资源，形成了竹林康养的模式，对促进竹产业的全面升级有重要意义。

9.3.3　竹林康养研究

森林康养可划分为生态游览和康养两部分，国外研究集中在疗法实证、系统构建、环境评价等方面；国内集中在旅游业态、环境因子、旅游资源整合、疗法研究等方面。竹林康养资源主要包括环境资源(小气候、抑菌、空气负氧离子、声环境等)、景观资源(垂直空间结构、植物形态、色彩组成、绿视率等)和文化资源(竹制品、竹文学、竹绘画、竹民俗等)。与森林康养相比，目前国内对竹林康养的研究较少，国外对该领域的研究还处于空白状态。国内对竹林康养的研究主要集中在竹林小气候因子、空气负氧离子、微生物含量、挥发性有机物(VOCs)等指标的监测和分析、竹林康养功效研究等方面。

(1)竹林小气候及其对人体舒适度研究

竹林小气候是指在竹林中水、气、热等各种气象要素综合作用下形成的特殊小气候。人体舒适度则是以人类机体与近地大气之间的热交换原理为基础，是评价人类在不同气候条件下舒适感的一项生物气候指标。研究表明，森林环境能够调节人体的舒适度，但该领域对竹林的研究尚少。毛竹林的林内外及其不同坡向形成了不同的小气候，夏季林内全天均处于"很舒适"等级；秋季则在 08:00~17:00 林内人体舒适度高于林缘，其他时刻人体舒适度低于林缘；但冬季全天处于"极不舒适"或"不舒适"等级范围内。密度较小的毛竹林调节小气候的功能更佳，毛竹林的小气候调节功能优于木荷(*Schima superba*)林、马尾松林和空地，但低于杉木林；雷竹林同样低于杉木林，但优于无患子(*Sapindus saponaria*)—

槐树（*Styphnolobium japonicum*）混交林、乐昌含笑（*Michelia chapensis*）—豆梨（*Pyrus callery-ana*）混交林、观赏林和空地。

（2）竹林空气洁净度研究

空气负氧离子被誉为"空气维生素和生长素"，能改善呼吸系统功能，促进人体内形成维生素及贮存维生素，调节人体神经系统功能，促使血管扩张，改善循环系统，有益人体健康。竹类植物释放空气负氧离子的功能较强，竹林比其他林分类型具有更高的空气负氧离子浓度，毛竹林、苦竹林的空气负氧离子日均浓度达到《森林环境中空气负离子浓度分级标准》I级水平，分别为 15 206 ion/cm³、16 250 ion/cm³。散生竹林、丛生竹林和地被竹林日均空气负氧离子浓度分别为 484.75 ion/cm³、398.30 ion/cm³、357.58 ion/cm³。城市园林绿地中不同林分类型的空气负氧离子浓度为：竹林＞小叶竹柏林＞花卉区＞窿缘桉林＞苗圃、草地＞住宅区。

在空气颗粒物方面，毛竹林、苦竹林、阔叶林和针叶林内的空气颗粒物浓度差异不显著，但均对人体呼吸系统有保护作用。而空气含氧量方面，夏季毛竹林林内全天变化范围为 20.84%~23.20%，优于常绿阔叶混交林（20.0%~22.5%）。竹林环境对空气微生物含量影响方面，小琴丝竹和凤尾竹可抑制空气中 50% 以上的细菌；雷竹、黄金间碧玉竹、绿槽毛竹（*Phyllostachys edulis* f. *bicolor*）、泰竹、罗汉竹、斑竹、唐竹、银丝大眼竹（*Bambusa eutuldoides* var. *basistriata*）、青丝黄竹、鼓节竹（*Bambusa tuldoides* f. *swolleninternode*）10 个竹种四季平均抑菌率可达 60% 以上。

（3）竹类植物 VOCs 研究

植物能够通过释放 VOCs 起到抑菌、杀菌的作用，还可以通过人体呼吸系统吸入、皮肤渗透等途径来改善人体的生理状态，起到强身健体、缓解疾病的功效。竹叶具有特殊清香味，在自然状态下释放的挥发性物质主要是萜烯类和醇类化合物，其中对人体健康有益成分的总含量达 70% 以上。毛竹叶片和竹材的单萜烯含量范围为 37.34%~82.25%，具有良好的康养发展潜力，从 4 年生毛竹竹秆中鉴定出 23 种挥发性成分，其中含量大于 5% 的成分有糠醛（13.0%）、乙醇（11.1%）、乙酸（6.9%）和壬醛（5.5%）。毛竹林内挥发物变化及其参与形成的竹林空气环境状况对人体健康的影响研究表明，毛竹林适合森林浴场的开发和建设。巴山木竹和峨眉箬竹（*Indocalamus emeiensis*）叶片 VOCs 成分以酯类、醇类、醛类为主；苦竹叶片 VOCs 成分中烷类含量最高，其次为萜烯类，其中癸环戊硅氧烷含量最高，其次为 α-蒎烯（13.64%）。竹林与其他阔叶树林相比，竹林的异戊二烯排放速率更高，排放通量更大，具有更强的杀菌潜力。毛竹林和桂竹林在夏季异戊二烯排放速率分别为 65.7 nmol/（m²·s）和 60.2 nmol/（m²·s），其显著高于毛白杨（*Populus tomentosa*）[36.47 nmol/（m²·s）]、栓皮栎（*Quercus variabilis*）[6.84 nmol/（m²·s）]和色木槭（*Acer pictum*）[4.41 nmol/（m²·s）]3 类阔叶树林异戊二烯的排放速率。

（4）竹林康养功效研究

现有研究表明，毛竹林、慈竹林景观的图像刺激对人体生理有积极的影响。在毛竹林内进行 3 d 的竹林浴后，被试者的消极情绪有显著的改善作用，对积极情绪有积极的促进作用，同时有助于人体心率和血压的降低，增强人体的免疫功能。观看盆栽观赏竹实物有助于受试者放松，使血压显著下降，增加冥想得分，降低焦虑评分。相比城市道路景观，观看庭院竹景、建筑竹景和风景竹林图片都能通过对脑电波、脉搏、血压、情绪的调节，改善人的生理和心理状态，且风景竹林图片的改善作用最大。竹类植物"秆部"观赏特征对大学生群体脑电波的影响极显著大于叶部，观秆类竹景观能带来更多愉悦的赏景体验。

9.3.4　竹林康养旅游

全国卫生与健康大会上，习近平总书记强调要努力全方位、全周期保障人民健康。以健康为基本诉求，包含快乐、幸福等心理健康的康养旅游方式，成为中国新常态下健康产业改革的一种创新模式，是多种经济多元组合、相融共生的新业态。自 20 世纪 90 年代开始，我国南方产竹省份对竹林旅游康养开发得到迅速发展，已形成旅游、休闲、娱乐、养生、餐饮、文化宣传等多产业融合、多元化发展的旅游新资源，我国已建立蜀南竹海、安吉竹博园等竹林旅游景点 40 余个。2016 年，国家旅游局发布了《国家康养旅游示范基地》标准，首批确定了 5 个国家康养旅游示范基地，将康养旅游正式确认为新的旅游方式。新丰民族村是美丽乡村精品村、浙江省少数民族特色村寨、浙江省高节竹之乡、杭州市民宿发展示范区，由戴家山和铁砧石两个自然村组成，全村畲族人口约占 43.9%。近年来，新丰民族村立足畲族特色，依托森林资源、古村落以及高节竹特色产业，引进秘境酒店、亦舍艺术客栈和先锋书店等特色森林旅游项目。初步形成的森林旅游规模，有效带动了村民就业，在当地群众发展森林旅游经济上起到了示范作用。2014 年，全村森林旅游游客 1 万人以上，实现旅游收入 160 万元。然而，由于竹林景观同质性、旅游品牌不突出，多元化发展模式缺乏，难以形成品牌产业，资源优势尚未得到充分发挥。

9.3.5　竹林康养的发展前景

竹林康养结合了自然景观与健康养生，其发展前景广阔。随着人们对健康生活品质的追求提升，竹林的清新空气和宁静环境成为理想的康养场所。未来，竹林康养将融合生态旅游、文化体验与健康管理，形成绿色经济新亮点，促进身心健康与生态可持续发展的和谐共生。

(1)发展竹林康养是实施健康中国、满足人民美好生活需要的战略选择

竹林康养以竹林生态环境为基础，以促进大众健康为目的，融入旅游、休闲、医疗、度假、娱乐、运动、养生、养老等健康服务新理念，形成多种业态融合发展的新模式，是对我国健康产业的丰富。

竹林覆盖率越高，负氧离子浓度越高，是进行负离子疗养的绝佳之地。空气负氧离子能够提高人体免疫能力，增加心肌营养，减慢心率，降低血脂，使外周血管舒张，对支气管炎、高血压、偏头痛及冠心病等疾病康复有促进作用。竹林的绿色基调对人的心理有一定调适作用，经常漫步在竹林中可以远离城市喧嚣和雾霾污染。竹林康养具有养生、养性、养心、养寿等"十养"功效，能有效预防疾病、治愈亚健康、滋养生命。我国竹林康养产业提高了国民身体素质，满足了人民对美好生活的需要，降低了人群身体与心理疾病风险，减少了医疗费用，并创造了新产业经济。

（2）发展森林康养产业是践行"绿水青山就是金山银山"理念的有效途径

"绿水青山就是金山银山"理念发源地是浙江省安吉县，该县充分发挥森林资源独特优势，推进森林康养全域发展，截至 2020 年年底，安吉县已获得"全国森林康养示范县"称号，拥有 39 家森林康养基地。浙江安吉竹博园发展竹林康养产业后，每年仅门票收入就达到 5 000 万元。竹林康养产业带动了美丽乡村建设，有效实践了"绿水青山就是金山银山"的理念。

（3）发展竹林康养产业是乡村振兴的新动力

竹资源多分布于山区，也是农村贫困人口集中分布区。竹林康养是富民产业、生态产业，是助力脱贫攻坚并巩固脱贫成果的最好产业之一，也是按照"产业兴旺、生态宜居、乡风文明、治理有效、生活富裕"总要求，实现乡村振兴的最好产业之一。

9.4　竹林景观

竹林景观是以竹子为主要设计要素形成的景观，其形式灵活、景观优美、富有意境，被广泛应用在城乡绿地中。竹可以用于造林，也可用于造景。用于造林，强调生产与生态功能，形式主要以大尺度竹林为主，如竹山、竹海等。用于造景，强调文化与观赏功能，形式以中小尺度竹林为主，如竹径、竹篱、竹桥等。陈望衡先生曾说："人赋予自然物以符号形式，既可以根据自然物的本真属性，使这种符号成为科学认知的符号；也可以根据人们自己的某种意念、情感的需求，可相对忽视自然物本身的自然属性，从而使自然物仅成为表达人的意念、情感的标签。"竹，是"天人合一"、虚心正直和不惧艰辛等传统文化的物质载体，人们通过种竹、用竹、赏竹、画竹等形式表达竹文化，形成竹景观。竹景观历史深远，可以追溯到西周，到春秋战国时慢慢被重视，随着社会竹文化审美的发展，盛于唐宋。传统的竹林景观偏重观赏功能，现代竹林景观既有生态功能，也有观赏功能，还有生产功能，景观形式更为丰富。

9.4.1　竹林景观的功能

竹子形态优美，可以观赏；竹笋美味，可以品尝；竹材可塑性好，可以制作艺术品等。竹子形成的竹林景观既有生态功能，也有观赏功能，还有生产功能。

（1）造景功能

在景观营造中，人们可以综合场地的特征与成景的需要，用竹子来构成景观空间，形成地域特色景观，从而丰富观景体验。

①构成景观空间　空间，是人们进行各种活动的场所，也是景观意境传达给使用者的重要场地。人们欣赏景物的时候带入了自身情感，触景生情，继而在对空间景物的感知过程中形成空间意境。设计师根据景观意境的需要，形成了各种空间，有水体空间、建筑空间、道路空间和广场空间等，这些空间为人们进行观赏、游玩、运动等活动提供了各种场地。竹子，作为植物元素的一种，在这些空间的塑造中具有重要作用。竹子可以成为空间中的围合物，也可以作为主景或配景等。设计师综合景观意境的需要选择竹子的种类和成景

方式，形成开敞空间、闭合空间、半开敞半闭合空间。翠竹、倭竹(*Shibataea kumasaca*)、菲白竹等低矮的竹子，由于株型小，低于普通成人标准身高，使用者视线能透过竹林，形成的景观开阔明朗，可以构成各种开敞空间；株型稍高的竹子，如孝顺竹、毛竹、紫竹等，成林后高度基本在 2 m 以上，竹林郁闭度好，能部分或全部遮挡使用者视线，景观有较强的围合感，可构成围合空间或半围合空间，如图 9-1 所示。

(a) 围合空间　　　　　　　　　　(b) 半围合空间

图 9-1　景观空间

②形成地域景观　竹子在地球的纬度分布范围为 51°N~47°S，包括热带和亚热带的广大地区。由于各地气候、土壤、地形的变化和竹种本身种属特性的差异，竹子分布具有明显的地带性和区域性。气候炎热的地方以丛生竹为主，亚热带地区以毛竹等散生竹为主。竹林造景过程中，融合了当地的文化和民俗，形成了地域特征显著的竹林景观，如杭州云栖竹径、四川蜀南竹海的翡翠长廊等。

③丰富景观体验　竹子不仅可以观，还可以吃、用和玩等，用途非常广泛。根据竹子的韧性好，可塑性强的特点，人们将竹子用以建造建筑，建成的竹构建筑特色鲜明，形态自由，近年来被大量地使用到园林中，受到了使用者的欢迎，例如，四川道明镇竹艺村，以竹子为主要材料建设的中心建筑，外表简洁，线条流畅，成为该场地内标志性的景观。竹笋可以做成各类美食，丰富了游人的美食体验，例如，浙江安吉竹种园，每年在出笋盛期，推出百笋宴等活动，游客在园区游赏的同时，还能品尝到不同种类竹笋的味道。

（2）生态功能

竹子的生态功能主要有净化空气、改善小气候、固碳、涵养水源等。竹子对大气中 SO_2、HF、氯化物等 100 多种污染物有很好的吸收能力。竹子的降尘滞尘效应也较强，对空气中的病菌有很好的灭杀作用，防止大量的疾病传播。竹子很少开花，不会导致使用者过敏。竹子枝叶茂密，遮阴效果好，吸收、反射太阳辐射和吸收 CO_2 能力强，能有效降低周围环境温度。竹子蒸腾作用旺盛，吸收热量多并且向周围排放水汽，提高周围的空气湿度，改善小气候能力强。竹子对声波有漫反射、吸收、阻碍的效果。竹子浓密的林冠和竹秆可以截留大部分雨水，减少雨水直接对地面侵蚀造成的水土流失。竹子地下系统庞大，具有很强的固土保水作用。林下枯落物能够截留水源，为土壤补充有机质、改善土壤结构，增加林地土壤的渗透结构，从而更好地涵养水源。

9.4.2 竹林的景观应用

竹林景观具有悠久的应用历史，最早可追溯到西周。随着，科技与信息技术的发展，现代竹林景观又与产业紧密地结合在一起，形成了产业背景下特有的竹林风光，如安吉大竹海景观等。竹子可以独立成景，也可以与山石、建筑、水体共同成景，手法多样，常用的手法有"竹径通幽""粉墙竹影""移竹当窗""竹石小品""水边伴竹"和"竹楼相辉"等。

9.4.2.1 传统竹林景观的应用

竹在传统文化中有着特殊的象征意义，人们觉得竹子具有刚直、坚韧不拔等性格特征，所以广泛地栽植于房前屋后，形成精致又有意境的竹林景观，如沧浪亭的翠玲珑、拙政园的梧竹幽居、辋川别业的斤竹岭等。

（1）传统竹林景观的历史脉络

早期关于竹子造园的记载见于西周《穆天子传》中："天子西征，至于玄池，乃奏广乐，三日而终，是曰乐池。天子乃树之竹，是曰竹林。"春秋、战国时期，"景公树竹，令吏谨守之。公出，过之，有斩竹者焉，公以车逐，得而拘之，将加罪焉"。

到了汉代，竹子作为园林材料使用渐多。据《水经注》记载，西汉时期在某县还特别设立"竹圃"；另据《汉书·东方朔传》记载，当时的皇家竹林还设有专门的竹林管理机构，名为司竹长丞。竹子除了在园林景观上被使用，还作为食材而被种植使用，如《谏除上林苑疏》："又有秔稻、梨、栗、桑、麻、竹箭之饶，土宜姜芋，水多龟鱼贫者得以人给家足，无饥寒之忧。"在汉代，竹子开始出现在私家园林的造园活动中，其中最著名的为梁孝王的东园。《地道志》中记载："梁孝王东苑方三百里，即菟园也。多植竹，中有修竹园。"《后汉书·王充王符仲长统列传》中记载仲长统的庄园设想："使居有良田广宅，背山临流，沟池环匝，竹木周布，场圃筑前，果园树后。"从这些记载中我们可以看出，竹子的使用多是片植，且植于屋后水边居多。

到了三国时期，由于曹操非常爱竹，因此他建造的园林中也大量使用竹子。《魏都赋》中"菀以玄武，陪以幽林……篁筱怀风，蒲陶结阴"的记载也可佐证曹操爱种竹。曹操死后，其子曹丕营建芳林园"起土山于芳林园西北陬，使公卿群僚皆负土，树松、竹、杂木、善草于其上，捕山禽杂兽致其中。"（《资治通鉴·魏纪·魏纪王》）

魏晋南北朝时期，竹子开始以观赏目的的用于造园。最初，曹丕所建芳林园被一直沿用，齐时因避齐王曹芳名讳改名华林园。《水经注·卷十六》有关于该园的描述"其中引水飞皋，倾澜瀑布，或枉渚声溜，潺潺不断，竹柏荫于层石，绣薄丛于泉侧……"此段时间还建有芳乐苑、湘东苑，皆有用竹的记录。后随着大量爱竹的文人画家建造私家园林，竹子在私家园林中使用逐渐变多。这一时期，王羲之爱竹，对竹子造园产生了巨大而深远的影响，其子徽之亦如此。《晋书·列传·第十五章》中记载的事迹："尝寄居空宅中，便令种竹。或问其故，徽之但啸咏，指竹曰：'何可一日无此君邪！'"这个时期，竹子除了增加以观赏为目的的种植活动外，人们开始采用移植母竹的方法种竹，晋朝戴凯之的《竹谱》

记载："凡竹最初种者，曰'竹祖'。"

唐代，随着山水文学的兴盛，"文人园林"开始兴盛。"写意"与"工匠"更为紧密地联系，形成了文人构思的写意山水园。在写意山水园中，竹子受到各文人画家的追捧，其文化内涵有了极大的丰富与提高。这个时期，爱竹代表人物有白居易、王维和杜甫等。白居易，居必营园，园必植竹。公元817年，白居易任江州司马期间，营建庐山草堂，周边"白石何凿凿，清流亦潺潺。有松数十株，有竹千馀竿。松张翠伞盖，竹倚青琅玕"。（《香炉峰下新置草堂，即事咏怀，题于石上》）。公元819年，白居易时任忠州刺史，营东坡园，道"何以娱野性，种竹百馀茎"（《新栽竹》）。公元829年，白居易告病归洛阳，营建晚年最后一座宅园——履道坊宅园。园中"屋室三之一，水五之一，竹九之一，而岛树桥道间之。"王维在陕西蓝田终南山麓的宅园辋川别业是唐代名园之一，园中的20处景点中有两处以竹命名，分别是"斤竹岭"和"竹里馆"。斤竹岭上遍是天然竹林，一湾溪水，一通山道，正可谓是"明流纡且直，绿筱密复深。一径通山路，行歌望旧岑。"（裴迪《辋川集二十首·斤竹岭》）。王维对这里的印象则是"檀栾映空曲，青翠漾涟漪。暗入商山路，樵人不可知"。（《辋川集·斤竹岭》）。竹里馆的周边种植了大片竹林，承载着"独坐幽篁里，弹琴复长啸"的美景与意境。诗圣杜甫对竹怀有深厚的感情，"平生憩息地，必种数竿竹"（《客堂》）；"榿木碍日吟风叶，笼竹和烟滴露梢"（《堂成》），诗句无不透出他爱竹的情感。杜甫还在他的宅园内种竹，"我有浣花竹，题诗须一行"（《送窦九归成都》）。

宋代，文学、艺术和园林都已经完全成熟，竹子造园相应地进入了全盛时期。这个时期的竹景艺术手法较前一时期更加丰富，艺术由外向扩展转向于内向挖掘，表现更为精致细腻，景观营造技术更为发达，讲究"精而造疏，简而意足"。皇家园林寿山艮岳，由宋徽宗设计，宦官梁师成主持修建，是宋代写意山水园的代表之作。《艮岳记》有记载："清斯阁北岸，万竹苍翠蓊郁，仰不见天，有胜筠庵……四面皆竹"，园中有以竹命名的经典景观"斑竹麓""胜筠庵"等。《洛阳名园记》中10座优美竹景的园子：富郑公园、湖园、苗帅园、大字寺园、董氏西园、独乐园、松岛、紫金台张氏园、吕文穆园、归仁园。富郑公园是北宋宰相富弼的宅院，园内以竹造景、植竹成林，辅以花木，景致优美，以大竹引水，竹材使用颇多。湖园原为唐裴度园，该园竹景丰富，多环水配置。苗帅园是节度使苗授之的宅院，内有"竹万余杆，皆大满二三围，疏筠琅玕，如碧玉椽"。董氏西园为工部侍郎董俨的游憩院，园内竹林茂盛，林中有亭堂一二，石芙蓉花映景，泉水叮咚，游于其中，"遂得山林之乐"。独乐园原为司马光的游憩园，其中竹景丰富，用法多样，或用竹梢扎结成"钓鱼庵"，或植美竹于"种竹斋"前后，以御日晒，或将竹梢相互扎结，形成拱形的游廊，或以野生草药藤蔓攀缘其上形成绿篱，此外，竹林还被用于整个园子景区的划分。归仁园原为唐代牛僧孺的宅院，内有竹千亩植于园子中部，沧浪亭是此时竹景特别突出的园子，园内沧浪亭前方种竹，后方为水，"水之阳又竹，无穷极，澄川翠干，光影会合于轩户之间，尤与风月为相宜"。梦溪园是沈括晚年居住的园林，园内以竹景取胜，《梦溪笔谈》中："其西荫于花竹之间，翁之所憩壳轩也……西花堆，有竹万个，环以激波者，竹坞也。度竹而南，介途滨河，锐而垣者，杏嘴也。竹间之可燕者，萧萧堂也。荫竹之南，轩于水者，深斋也。"

元朝竹与竹文化的发展主要体现在文学、艺术上。元画竹大师李衎著有《竹谱详录》，元画四大家之一的倪瓒多有以竹为主题的画，而吴镇更是将竹作为自己精神的写照，因爱画竹而自撰《竹谱》。永乐皇帝迁都北京后，竹子造园在北方有了很大的发展，如米万钟的勺园、万驸马的曲水园、英国公的张园等都以竹景取胜。这个时期中，耐寒性竹种在北方园林中开始出现。

明代，竹子造园趋于成熟，竹景成为江南园林的代表性景观。竹景，通过不同的艺术手法表达园主人洁身自好的君子品德，被广泛应用于各个类型的园林中。文徵明的《王氏拙政园记》多有描述竹景："亭之南，翳以修竹。经竹而西，出于水湄，有石可坐，可俯而濯……水尽别疏小沼，植莲其中，曰水花池。池上美竹千挺，可以追凉……自此绕出梦隐之前，古木疏篁，可以憩息，曰怡颜处……其下跨水为杠，逾杠而东，篁竹阴翳，榆樱蔽亏……自桃花沜而南，水流渐细，至是伏流而南，逾百武，出于别圃竹丛之间，是为竹涧。"归园田居位于拙政园东部。据王心一《归园田居记》描述，兰雪堂后的叠石假山周围"纵横皆种梅花。梅之外有竹，竹邻僧庐，且暮梵声从竹中来"，竹邮"有屋半楹，四望皆竹"。寄畅园是秦耀罢官回乡后营建的园林，据王穉登《寄畅园记》描述，园东墙门后折西有另一道门，名为"清响"，这里多有种竹。园记评价该园也将竹木之景列入其次——"兹园之胜……最在泉，其次石，次竹木花药果蔬"。此外，苏州许自昌的梅花墅、上海豫园、太仓王世贞的弇山园、松江顾正心的熙园都在很大程度上用到了竹子造景及竹材。

清代，竹子成了造园不可或缺的要素，江南园林中竹景随处可见，无园不竹，竹景成为江南园林艺术的代表。竹子受到前所未有的重视与宣扬，其审美价值和文化价值得到极大的提升。竹子造景理论与技术已经趋于成熟，皇家园林、私家园林和寺观园林中均出现了大量的竹林景观。"竹径通幽处，禅房花木深"；"修篁半庭影，清磬几僧邻"等诗句都表现了这个时期竹林景观的特点。

(2) 传统竹林景观的营造手法

明代计成在《园冶》中对中国古典造园艺术有十分精到的概括："轩楹高爽，窗户虚邻；纳千顷之汪洋，收四时之烂漫。梧荫匝地，槐荫当庭；插柳沿堤，栽梅绕屋；结茅竹里，浚一派之长源；障锦山屏，列千寻之耸翠。虽由人作，宛自天开。"中国古典园林的设计以"虽由人作，宛自天开"为要旨，竹林作为自然山林中的重要组成部分，则充当了极其重要的角色，传统园林中几乎没有不用竹子来造景的。以竹造景，竹因景而显灵韵，园因竹而显生机。归纳起来，传统竹林景观的营造手法主要有"竹径通幽""粉墙竹影""移竹当窗""竹石小品""水边伴竹"和"竹楼相辉"等。

①竹径通幽　将竹子种植在道路两侧，使道路空间变得幽静而优美。"清晨入古寺，初日照高林。竹径通幽处，禅房花木深。山光悦鸟性，潭影空人心。万籁此俱寂，但余钟磬声。"(唐·常建《题破山寺后禅院》)竹径通幽的竹林景观具有曲折、幽静、深邃的意境，深得文人画家的喜爱。

②移竹当窗　用窗、轩、户、墙牖作为取景框对竹子景观进行处理，透过取景框欣赏竹景(图9-2)。开轩面竹，清风徐来，竹影摇曳，独具一番情趣。计成在《园冶》里说："移竹当窗，分梨为院；溶溶月色，瑟瑟风声；静扰一榻琴书，动涵半轮秋水。"从这段话

中可以看出移竹当窗的景观动静结合，虚实间流淌出一种让人心动的意境。

③粉墙竹影　以墙为纸，以竹为绘。白壁粉墙前修竹几竿或几丛竹，竹竿摇曳，竹影婆娑，宛如一幅极富诗意的水墨画。粉墙竹影中，竹子散植为主，要求背景单一如画纸，竹则如丹青，有高低、远近、主次、疏密之变化，风拂枝摇，竹影斑驳，勾画出变幻无穷的竹墨画："回风落景。散乱东墙疏竹影。满坐清微。入袖寒泉不湿衣。梦回酒醒。百尺飞澜鸣碧井。雪洒冰麑。散落佳人白玉肌。"（宋·苏轼《减字木兰花》）

④竹石小品　"一片瑟瑟石，数竿青青竹。向我如有情，依然看不足。况临北窗下，复近西塘曲。筼风散馀清，苔雨含微绿。有妻亦衰老，无子方茕独。莫掩夜窗扉，共渠相伴宿。"（唐·白居易《北窗竹石》）。在传统竹景的设计中，竹与石都被赋予了深厚的文化内涵：竹子象征清高、有节、坚贞；而山石则象征正直、明朗、刚健。郑板桥语："竹与石，皆君子也。君子与君子同局。"利用不同种类的翠竹和山石的形态、质感、色彩等特征，进行巧妙搭配，能使景观生动活泼，富于变化，使其在园林意境表现和美学价值方面上升到一个更高的层次。留园冠云峰小院（图9-3）中，将地被竹布置在石头周围，为石块增加了一个翠绿的底色，同时将竹文化载入石的意境中。竹子修长、挺拔，山石则敦实、朴拙；竹子质感细腻，山石则质感粗糙。山石因竹子的秀美而更显朴拙，竹子因山石的凝重更显活泼。竹子随风摇曳，萧瑟作声，有动态美；山石静静伫立，有静态美。竹子的颜色是苍翠欲滴的，是富有生命力的，动势的，在它的衬托下，山石之韵更为悠长。一动一静，一刚一柔，参乎造化，迥出天机，相映成趣，相得益彰。

总之，传统竹林景观具有浓郁的文化体验，深远的意境蕴含，源于自然而高于自然。

图 9-2　留园移竹当窗

图 9-3　留园冠云峰与竹

9.4.2.2　现代竹林景观的应用

随着时代的发展，竹林景观越来越多地走进人们的视野，慢慢从城市园林中走向广阔的乡村，有些成为竹产业的重要组成部分，其景观较传统竹林发生了明显的变化，尺度更大，景观形式更多样，景观体验更丰富。

（1）基于感官体验的景观

体验性景观形象设计就是以使用者的感官（视觉、听觉、嗅觉、味觉、触觉、时间觉、位置觉）体验为主导，塑造和布局竹林景观的形象，使用者则通过这些感官要素与景观形象符号进行对话与融合，产生的人和景观的互动。体验性景观形象设计是时代向多元化、个性化发展的必然产物。

①视觉体验下的竹林景观形象设计　美国景观设计师西蒙兹认为，85%的知觉是基于视觉的。竹类植物的视觉艺术景观，是以竹为主要物质材料塑造直观形象。人们对竹类植物感受最直观的因素是三维的立体形态。形状、质地和色彩是三维立体形态塑造的基本元素，视觉平衡、比例与尺度、韵律与节奏等是主要艺术处理手法。前者是先天因素，后者可以通过景观设计师的技术进行处理与控制。所以竹林景观形象归纳起来有点、线、面、体4种形式。点状竹林景观有方向性、分散性、灵活性等特征，体量小，可以规则地布局，也可以自然分布到广场、草坪、房前屋后等场地中。线是利用点移动的轨迹或联结面的交界交叉形成的视觉形象。线在现代竹林景观中常以道路两侧或滨水两侧居多（图9-4）。面，竹林景观的面状视觉形象通常表现为大面积绿墙或大面积地被，如铺地竹、菲白竹、倭竹组织成各种地被景观（图9-5）。毛竹、雷竹、苦竹、斑竹常常独立或与墙体共同形成绿墙。面是限定空间的不可或缺的因素，是现代竹林景观空间的主要组成部分。竹类植物形成的面通常有规则和不规则之分。规则的面状元素主要指具有几何形状的图形，如圆形、正方形、三角形等，不规则的面状元素主要指形状自由的面，应根据景观的特征进行合理的组合与运用。

(a)　(b)　(c)　(d)

图9-4　竹林线性景观

(a)　　　　　　　　　　　　　　(b)

图 9-5　面状竹景观(拍摄者：钱奇霞，浙江农林大学)

②视觉外其他感官体验的竹林景观形象设计　现代竹林既是观赏的对象，也是作为农业生产的主要元素，具有生产和观赏多重功能。根据竹类植物的特点，竹林里还可以策划如鲜笋挖掘、鲜笋品尝、竹画创作、竹乐表演等体验活动，这些活动开发与开展基于味觉、嗅觉、触觉、听觉等感官体验，它们为使用者带来更为丰富的景观体验。

（2）基于产业发展的竹林景观

我国竹子资源丰富，浙江、江西、四川、云南、广东、广西、福建、贵州、安徽、台湾、湖北、湖南等地均有大量的野生竹林分布。随着人们将竹子大量用于造纸、建筑、食品等行业，野生的竹林满足不了这些行业的原材料供应，于是又结合当地气候、经济、土壤等，人工种植了竹林，从而形成了以竹子为核心的竹产业链。这些基于生产目的培育的竹林，形成了有别于传统竹林的特有景观。

①基于产业发展的竹林景观类型　主要有以品种收集为目的的专类园；以竹材供应为目的的材用竹林基地；以竹笋供应为目的笋用竹林基地；以笋材供应为目的的笋材两用竹林基地；以游人体验为目的的竹林休闲基地。

②基于产业发展的竹林景观表达形式　主要有竹林、竹径、竹建筑、竹食品、竹桥、竹音乐和竹画等。竹林是由竹类植物组成的单优势种群落，结合地域特点能形成独特的竹景观，如壮观的安吉大竹海。竹径极富特色，竹径磬声，翠竹成荫，小径蜿蜒深入，潺潺清溪依径而下，娇婉动听的鸟声自林中传出，形成的环境清凉而幽静。竹建筑是以竹为主要原材料建造的景观建筑，形式有民宿、茶楼、竹亭、码头等，极具特色。

③基于产业发展的竹林景观营造策略　主要把握生态美景、生态环境优先，保护是立园之基；文化亮景，追溯竹子故国，打造竹里胜境；旅游兴景，面向老年人、青年人、儿童等不同人群，打造多元景观类型。

（3）基于生态保护的竹林景观

竹子具有可再生特性与隔年采伐特性，蕴含着巨大的固碳潜力，是应对气候变化不可或缺的重要战略资源，因此，许多地方从固碳角度考虑，种植了竹林，而形成了大量的竹林景观。这种竹林通常面积大，连片成林，景观优美，生态环境良好，为游人提供了一个休闲游玩的森林氧吧。从环境保护角度出发，将竹林发展成为风景区或旅游区，如安吉大竹海、蜀南大竹海等，在竹林里，使用者可以骑行、可以散步，也可以赏景。

9.5 竹林复合经营

从追求竹材、竹笋等单一的竹林产品逐步转向多元化竹林产品产出，积极探索科学有效的复合经营模式，提高竹林土地和空间资源利用率，实现经济效益与生态功能协同发展，已成为适应我国竹产业发展的重要发展方向。

9.5.1 竹林复合经营的概念

竹林复合经营是在目标竹林单元中，人为引入新物种，以经营竹种及经营对象的生物学特性为基础，按照物种共存和物质循环再生原理，开展的多样化、合理时序的集约型经营活动。这一活动使竹林生态系统的光、热、水、气、矿质元素等环境资源和物质资源在时间、空间上能够充分利用并形成系统内良性循环，进而实现在有限的竹林地经营单元中获取高效且可持续的社会、经济及生态效益。

9.5.2 竹林复合经营的内涵

竹林复合经营不是简单的立体经营，是空间、时间、资源等方面的综合利用与共享，并涉及叠加经营、集约管理等。其内涵主要体现在以下几方面：

(1)以竹类植物为根本

竹林复合经营过程中会引入外来种群，丰富了系统的生物多样性，但始终要保证竹林复合系统中竹类植物的优势种群地位。

(2)以生态保护为前提

作为宝贵林业资源的竹林自身就是良好的生态系统，且是生态建设的重要组成。在竹林中进行林下养殖及竹林游憩等竹林复合经营时，动物、人类活动的进入会改变原生态系统的平衡。因此，需降低经营过程中的干扰程度，以建立可持续经营理念为原则，以资源循环利用为目标，及时评估目标林地的环境影响程度，保证生态安全。

(3)以经营价值为导向

竹林复合经营的出发点是高效利用竹林资源，依据复合经营的理念，提升竹林经营的综合价值。因此，在以生态保护的前提下，进一步挖掘竹林的高附加值，以经营价值综合效益最高的经营模式为首选。

(4)以复合利用为途径

复合经营是对空间、时间、资源等方面的综合利用与共享。在设计过程中，应遵循生态位原理、种间互作、能量流动与物质循环等理论，合理安排设计物种组成，并在立体上合理搭配，充分利用自然资源，使系统效益持续、稳定、高效地发挥。

(5)以可持续经营理念为原则

竹林自身具有相对完整的生态系统，但竹子的鞭根系统具有强大的扩展能力，会对生态系统造成一定的影响或破坏。因此，竹林复合经营需要以可持续经营理念为原则，通过人为干扰等措施，在不破坏生存经营状态的条件下开展复合经营。

9.5.3　竹林复合经营及国内外发展现状

竹林复合经营以对竹林功能多样化的需求为出发点，按照物种共存和物质循环再生原理，发挥竹林主导利益功能的最大潜能和竹林生态系统效益的最大化，实现竹林可持续发展。竹林复合经营是一个综合的概念，其内涵有别于简单的立体经营，除空间上的综合利用外，还涉及时间、资源等方面的综合共享。包括在竹林下发展林下经济，生产多种木质与非木质产品，还包括竹林林下养殖、竹林旅游、休闲度假、观光采摘等具有我国林业特色和发展潜力的新型竹林经营利用模式。

竹林复合经营在国际上备受重视，特别是热带地区作为农林复合经营的主要形式得到广泛应用。在东南亚地区和热带非洲，竹林复合经营模式主要有竹—农、竹—草、竹—菌、竹下养殖等，种植植物有姜（*Zingiber officinale*）、姜黄（*Curcuma longa*）、落花生（*Arachis hypogaea*）和多年生豆科植物等；养殖有鸡、鸭、牛、羊等。在我国，最初在竹林营造初期至竹林郁闭前进行阶段性竹—农复合经营，常间种瓜类和蔬菜；或筛选竹林林下草珊瑚（*Sarcandra glabra*）、红茴香（*Illicium henryi*）、大叶苦丁茶（*Ilex latifolia*）等植物复合经营。目前，已经发展为竹—菌、竹—药（草）等林下种植，竹林下养殖和森林旅游等"林种""林养""林游"多种复合经营模式。

9.5.3.1　竹—菌复合经营

竹林占据林地上层空间，形成了阴凉、潮湿、通风的广阔林下空间，为生性喜阴的食用菌生长提供了有利条件。竹—菌复合经营模式能够充分利用竹林资源和林荫优势，为食用菌生长提供适宜的环境条件，食用菌生产剩余物还可作为竹林有机肥料，改善竹林土壤质量，"以竹养菌、以菌促竹"，相辅相成、循环利用。

在竹—菌复合经营中研究和应用的套种品种有竹荪、木耳（*Auricularia auricula*）、平菇（*Pleurotus ostreatus*）、秀珍菇（*Pleurotus geesteranus*）、榆黄菇（*Pleurotus citrinopileatus*）、姬菇（*Pleurotaceae agaricochaete*）、姬松茸（*Agaricus blazei*）等，主要研究内容为引种驯化、野生环境调查、栽培技术等方面。其中毛竹林套种竹荪的生态栽培模式在浙江丽水、衢州，安徽广德，福建各地广泛应用和发展，以竹屑、竹木加工下脚料为原料，研究毛竹林下栽培套种竹荪实验，为竹林套种竹荪增产技术提供理论借鉴。毛竹覆盖加套种竹荪的模式显著增加了林农经济收益，改良了土壤并修复了生态。同时，竹林套种食用菌后，改善了立地的土壤结构，减缓了土壤酸化过程，延长了肥效并促进养分吸收。应国华等对毛竹林下棘托竹荪（*Dictyophora echinovolvata*）栽培最优基质配方进行筛选，得出郁闭度对竹林栽植竹荪产量有显著影响的结论，测算出适宜竹荪种植的竹林郁闭度为 0.6~0.8，竹林郁闭度为 0.6 时竹荪产量可达 480 kg/hm²；牛潇宇研究毛竹林下栽培秀珍菇、姬菇、榆黄菇、平菇、姬松茸和羊肚菌（*Morchella deliciosa*），总结出冬春复合经营、夏秋复合经营等多种经营模式，均显著提高了竹林经济效益；付立忠等采用菌草、稻草等资源，成功实现了竹林下姬松茸播种种植，可为竹林生态良性循环提供借鉴。

在传统经营模式下，毛竹林长期生产力难以维持，竹材采伐和竹笋采收致使毛竹林养分输出大于养分归还，造成立地质量下降。竹林套种食用菌后，残留于土壤中的菌渣具有丰富的营养，可起到垦复竹山、抚育松土和施肥培土作用，对于改良土壤结构、提高土壤肥力具有重要作用。主要表现在：一是改善土壤结构。在竹林下栽培竹荪后，土壤中分布的大量菌丝束和部分培养料残体在土壤中消亡后会留下孔隙，增加了土壤的疏松度。菌包中大量有机质的加入促进土壤团粒结构的形成，降低土壤容重。竹荪在竹林套种，还能够加速竹蔸腐烂，疏松土壤。二是减缓土壤酸化过程。菌包中有机质腐化后，盐基离子丰富，有利于中和酸化土壤中多余的氢离子。有机质的加入有利于土壤微生物种类和数量增加，生物活性升高，促进有机氮矿化消耗质子，提高土壤 pH 值。三是延长肥效。栽培食用菌后的竹林土壤有机质、养分含量显著增加，为微生物提供了有利环境，进而改变了土壤微生物的群落结构，使微生物数量增加。同时，能够激活脲酶、蔗糖酶和磷酸酶等土壤有机酶的活性，缓慢释放养分，延长肥效，实现培肥土壤。四是促进养分吸收。竹—菌复合经营可通过微生物"根际效应"，提高竹林内纤维素细菌和固氮菌的互生关系，提升林地 P 素供给，增加竹林对 N 素的吸收和利用。

竹—菌复合经营作为一种高效的经营模式已广泛应用于实践，并取得了良好的经济效益和发展态势。但在研究和推广应用中，竹—菌经营模式存在规模较小、菌种单一，对食用菌新品种推广缓慢，缺乏区域最优化模式筛选等诸多问题。

9.5.3.2 竹—药（草）复合经营

竹—药经营模式，是在林下培育、经营植物药材的一种利用方式，其主要是利用竹林的生境条件和丰富的植物资源来采集或培育药用植物。竹林为药用植物提供蔽荫条件，而林下的药材植物有利于改良林地土壤理化性质、增加肥力、促进竹子生长。近年来，竹—药复合经营模式作为新的经营模式逐渐被推广应用。常选用套种的药用植物主要有：黄精、淡竹叶、绞股蓝（*Gynostemma pentaphyllum*）、草珊瑚（*Sarcandra glabra*）、白及、玉竹（*Polygonatum odoratum*）、野百合（*Crotalaria sessiliflora*）、决明（*Cassia tora*）、吴茱萸（*Evodia rutaecarpa*）、麦冬（*Ophiopogon japonicus*）、八角莲（*Dysosma versipellis*）等。常见的经营模式有毛竹林下开发林下原有药用植物，例如淡竹叶、金线莲（*Anoectochilu sroxburghii*）和多花黄精（*Polygonatum cyrtonema*），麻竹林下套种草珊瑚；或将竹林改造成带状，在产笋带内种植白术（*Atractylodes macrocephala*）、党参（*Codonopsis pilosula*）等药材。竹林—白及栽培模式在安徽广德、浙江衢州、云南玉溪等地得到推广应用；竹林—黄精复合栽培模式，在安徽广德、青阳、贵池，浙江江山、桐庐，福建三明等地区应用广泛，经济效益比单一毛竹林经营提高 1~3 倍，且显著提高立地肥力，降低水土流失。目前，已经制订颁布了《毛竹林套种多花黄精栽培技术规程》（DB33/T 2006—2016）、《毛竹林下多花黄精复合经营技术规程》（LY/T 2762—2016）等相关地方和行业标准指导生产应用，但在竹林药用植物（黄精、草珊瑚、白及）栽培模式推广、建立示范基地、促进产业化发展和可持续利用等方面还有很大的发展空间。

竹—草复合经营最初主要以生产牧草或培肥竹林土壤为目的，增加经济收入、改善林地肥力，提高竹林生态系统服务功能。在竹—草经营模式中多栽植豆科牧草、水土保持及改土效果良好的草本植物，如牛鞭草（*Hemarthria altissima*）、白三叶（*Trifolium repens*）、紫花苜蓿(*Medicago sativa*)、圆菱叶山蚂蝗(*Desmodium podocarpum*)、皇竹草(*Pennisetum sinese*)、黑麦草(*Lolium perenne*)、鸭茅(*Dactylis glomerata*)、苇状羊茅(*Festuca arundinacea*)等,兼顾经济效益和生态效益。竹—草复合经营模式在四川和贵州等西部地区退耕还林工程和植被恢复中得到一定规模的应用,如撑绿竹、毛竹、慈竹、苦竹林中栽植扁穗牛鞭草(*Hemarthria compressa*)、固氮植物圆菱叶山蚂蝗等,从而改善竹林土壤和养分状况,提高自肥能力。另外,结合竹林旅游,种植观赏草种矮蒲苇(*Cortaderia selloana*)、班叶芒(*Miscanthus sinensis*)、金叶苔草(*Carex oshimensis* 'Evergold')等植物,森林草种唇形科及龙胆科等植物,春兰(*Cymbidium goeringii*)、阔叶山麦冬(*Liriope platyphylla*)等花卉品种,可增强景观效果。

竹—草复合经营总体上应用种类和面积少,经营模式简单,研究内容也主要包括套种草本筛选、栽培与利用、生态功能等方面,经营模式评价方法单一,在竹—草栽培模式推广、示范基地建设、产业化等方面的发展仍严重不足,综合效益评价体系有待建立,在提高竹林生态系统稳定性及综合效益评价等方面有待进一步加强。

9.5.3.3 竹林林下养殖

竹林林下养殖模式具有环保、节约粮食、提高动物产品品质以及提供优质有机肥等特点。目前,林下规模化生态养殖模式主要有林下鸡、猪、羊、竹虫等。竹林养殖模式应用较多,在安徽、浙江、福建、湖南、四川等南方各地都有一定规模的应用,成为推进生态、绿色养殖业的重要途径。浙江杭州桐庐县横村镇元村村新舍里项目创建于2007年,经营面积200亩。项目采用在林—畜模式,合理轮牧,在毛竹林下牧羊,最大限度地利用自然资源,降低饲养成本,增加土地附加值和林地经济收入,产出绿色无公害的竹笋、山羊等产品。原竹林年亩产值1 000元左右。开展林—畜模式后,投入山羊400只,成本35万元,劳力、铁丝网成本10万元,羊舍10万元,合计成本55万元。目前产生效益竹20万元,山羊60万元,合计80万元。此外,通过竹林下养鸡,农民们不仅提高了土地资源的利用率,还增加了经济收入,同时这种养殖模式还有效地减少了化肥和农药的使用量,保护了生态环境。

欧美对林下养殖模式的研究也主要集中在鸡、猪、鹿、牛等动物,并对养殖数量及养殖方式提出了规范。从现有研究结果分析,林下养殖存在的问题有:一是,如何确定适宜的林下养殖密度问题,林下放养密度过大,严重破坏植被,无法起到节约饲料效果,甚至土壤无法消纳粪污,导致环境污染的风险;而密度过小,浪费了林地面积,单位养殖效益较低。二是,竹林下养殖造成林下植被生物量减少、表层土壤扰动、生物多样性减少和地力衰退等问题。三是,林下养殖对系统中动物—植物—环境相互关系及养殖存在的生态风险等问题缺少系统的研究。

9.5.4 竹林复合经营中存在的问题

竹林复合经营虽具潜力,但面临诸多挑战。技术落后限制了生产效率,市场波动影响收益稳定性。资源过度开发导致生态退化,环保压力增大。产业链不完善,产品附加值低,缺乏品牌效应。因此,需加强技术创新、市场拓展与生态保护,实现可持续发展。

（1）技术体系不健全

竹林培育、植物栽培、品种筛选、竹林环境调控、土壤理化调控、林下养殖技术等竹林经营技术涉及竹林复合经营的基础，缺乏经济学、管理学等领域的研究，从而制约着竹林复合经营高值化的实现和推广。

（2）经营模式缺乏创新

目前，虽然在竹—菌、竹—药、竹—草、竹林养殖、竹林康养等竹林复合经营模式取得了一定的成果和经验，并形成了一些成熟的技术，但这些经营模式仍然是单向的自然索取式的，竹林环境的时间、空间利用还有很大潜力，仍然缺乏高度生态性、自循环、可持续的经营模式，无法真正实现竹林复合经营高值化的经营目标。

（3）研究体系不规范

目前竹林复合经营尚未建立成熟的理论体系，定量研究较少，缺乏竹林复合经营经济效益、生态效益、社会效益的科学评价标准。竹林复合经营研究体系应突出竹子的核心地位，重点发掘竹子的经济价值、生态价值、文化价值、景观价值、保健价值等，并归纳总结形成竹林复合经营的规范研究体系。

（4）缺乏相应的专业人才与保障制度

现阶段竹林复合经营的研究呈地域上和专业上的分散分布状态，但其综合性强、涉及面广的特性决定了单一领域的研究团队无法制定全面涵盖相关学科的、具有指导性的标准，需以国家或行业主导的方式开展研究，并制定完善的配套机制和监管制度。

9.5.5 竹林复合经营研究领域与应用方向

竹林复合经营作为林业可持续发展的重要模式，其研究领域广泛涉及生态学、经济学及农学等多学科交叉。该领域旨在探索竹林与其他作物、动物或微生物的共生机制，优化资源配置，拓展应用领域，以实现生态效益与经济效益的双赢。

（1）加强竹林林下野生动植物资源基础调查和开发利用，引进优良的林下物种，建立丰富竹林复合经营物种资源

发展竹林复合经营必须遵从生态规律，选择和利用竹林生态系统自然生长和生存的现有物种资源尤为重要。在人工干扰程度低的竹林群落里，竹林生物多样性丰富。如对福建顺昌不同类型毛竹林 6 种群落结构的研究表明，竹林群落内植物隶属 86 科 166 属 231 种，其中蕨类植物 13 科 21 属 30 种、裸子植物 2 科 2 属 2 种、被子植物 71 科 143 属 199 种。另外，竹林内自然生长着许多优良的药用植物、菌类等资源。如在贵州赤水山地毛竹林就有药用植物 106 种；在福建天宝岩自然保护区天然毛竹林下有野生药用植物 195 种，其中蕨类植物 39 种、裸子植物 2 种、被子植物 154 种；浙江、福建等毛竹主要分布区林下固氮植物资源有 4 科 23 属 41 种，主要以豆科、蝶形花亚科为主，灌木类型种类居多，多为中生生态型，具有丰富的药用、食用、饲料、肥料等经济价值。

为此，一方面要进一步加强对不同分布区、不同类型竹林林下资源的清查工作，摸清本底和现状，明确资源种类、数量、质量和分布，根据复合经营的目标，选择适宜在竹林林下种养的物种；另一方面要对已有成熟的复合经营模式中重要经济菌种、药用植物等采

取人工繁育和模拟自然培育技术研究，通过林分结构调控、养分管理及配套技术，加强与竹子互利共生的野生动植物资源筛选、保育促繁和人工培育技术研究，建成多目标、稳定竹林复合经营生态系统。

(2)加强竹林生态系统物种竞争机制、化感作用等种间关系研究，为竹林复合经营物种选择及模式优化提供理论依据

研究掌握复合经营竹林生态系统内化感物质与生物系统(人、植物、动物、微生物)的特征、相互关系、作用机理及其调控机制，复合经营对产品产量和品质的影响机制；加强林下养殖对土壤扰动、土壤环境和生物多样性等生态系统稳定性影响的研究，建立动植物适宜共生的竹林复合生态系统，重建系统生态平衡；研究建立科学的时空配置及其适应性经营措施，为竹林立体高值化复合经营模式建立提供理论基础。

(3)研究建立竹林复合经营综合定量评价体系，实现竹林复合生态系统的科学定量价值评估

现有的竹林复合经营模式多以经济效益优先，相关研究也多集中于复合经营模式对竹林产品产量和质量的提升，缺乏从整体上对整个生态系统结构与功能规律的认识和定量评价。今后，要以竹林生态系统综合效益为出发点，把生态系统结构功能与过程纳入生态经济评价体系，以生态学、生态经济学等相关理论为指导，开展不同竹林复合经营模式科学定量的价值评价、结构与功能优化研究，研究建立竹林复合经营生态经济定量研究方法，解决毛竹林复合经营的可持续发展问题。

(4)注重竹林复合经营研究内容的空间广度和时间尺度，全面揭示竹林复合生态系统的功能特征及其影响机制

要尊重竹林资源的自然地理分布特征和区域差异性，不同竹种生物学特性的特异性，在空间尺度上加强区域性竹林复合经营的生态、经济和社会效应及其影响机制研究，开展林下物种配置与结构优化技术，不同经营模式的水热、养分传输循环及其耦合过程，竹林复合经营模式对竹林生物多样性、土壤环境与系统稳定性的影响等相关研究；在时间尺度上应注重研究的长期性和动态性，依托竹林生态定位研究观测站等长期性试验研究基地，通过开展长期定位研究，全面揭示竹林复合系统构建过程及其物种间的互作关系，提高研究的系统性；加强竹林复合经营的技术研发与示范应用，建立健全相关行业标准和规范，保持竹林生态系统长期生产力和稳定性，促进竹林复合经营产业发展和可持续应用。

(5)以科技为支撑，加强政府和政策引导，促进竹林复合经营产业调整升级，培育健康的产业发展模式

2013 年，国务院印发的《循环经济发展战略及近期行动计划》，明确提出"构建粮、菜、畜、林、加工、物流、旅游一体化和一、二、三产业联动发展的现代工农复合型循环经济产业体系。大力推广农业循环经济典型模式，重点培育推广畜(禽)—沼—果(菜、林、果)复合型模式、农林牧渔复合型模式、上农下渔模式、工农业复合型模式等，提升农业综合效益"。2021 年《"十四五"林业草原保护发展规划纲要》提出，我国将继续加大对林下经济的支持力度，推动其向更高质量、更高效益的方向发展。这为竹林复合经营在新的历史时期保护与发展提出新的方向和要求。

　　当前，竹林复合经营总体上表现为经营模式单一、种植地块分散、规模化程度低和产业链短。要坚持生态优先的原则，加大和鼓励林下种养新品种、新技术、新模式研发、培育和推广示范，从单纯利用竹林资源转变为综合利用林地资源、生态资源、景观资源，提高林地利用率和产出率，实现生态和经济协调发展；要把竹林复合经营与竹林资源定向培育、退耕还林工程、竹林生态定位研究观测站、自然保护区建设和森林康养产业等工程和项目紧密结合，突出地方资源和区域优势，形成"竹—种—养—采—游"多种模式搭配、协同发展、有效促进的多目标竹林复合经营发展模式；要积极推进技术研发、成果推广与示范基地建设，树立品牌形象和效应；要建立政府引导、市场推动、多元投入、社会参与的竹林复合经营建设投入机制；要培育龙头企业，以点带面，辐射推广，实现区域化布局、规模化生产、标准化管理、产业化经营，最终建立稳定长效的竹林复合经营产业链，走系统稳定性高、综合效益好的健康竹林复合经营产业发展之路。

复习思考题

1. 竹林的生态功能有哪些？
2. 竹林碳收支估算方法有哪些？
3. 竹林土壤碳储量的估算方式有哪些？
4. 氮沉降对竹林碳汇的影响是什么？
5. 竹林有哪些康养功效？
6. 竹林景观空间的营造方式有哪些？
7. 谈谈传统竹林景观与现代竹林景观的异同。
8. 谈谈传统竹林景观的意境表达。
9. 谈谈现代竹林景观的景观体验与景观营造。
10. 竹林复合经营的模式有哪些？
11. 竹林复合经营中存在的主要问题和未来发展方向是什么？

推荐阅读书目

1. 何明，廖国强，2007. 中国竹文化[M]. 北京：人民出版社.
2. 陈其兵，2016. 观赏竹与景观[M]. 北京：中国林业出版社.
3. 张培新，2006. 竹子园林[M]. 杭州：西泠印社.
4. 方精云，朱剑霄，2021. 中国森林生态系统碳收支研究[M]. 北京：科学出版社.
5. 周国模，姜培坤，杜华强，等，2017. 竹林生态系统碳汇计测与增汇技术[M]. 北京：科学出版社.
6. 萧江华，2010. 中国竹林经营学[M]. 北京：科学出版社.

第 10 章　笋材加工利用

【内容提要】竹类资源是一种非常重要的可再生资源，具有广阔的应用前景和巨大的经济价值。竹类资源在农业、建材、能源、化工等领域有广泛的应用。随着科技的不断进步和人们环保意识的提高，竹类资源的利用将会更加高效、环保和可持续。本章论述了竹类资源在竹材加工利用、竹笋加工利用方面的内容，让读者对竹资源的加工利用进行系统了解，并在此基础上，对竹类资源的新型材料竹纤维加工与利用做了详细阐述。

10.1　竹材加工利用

10.1.1　中国竹材资源的现状

　　竹子具有一次成林、长期利用、生长快、成材周期短、生产力高等特点，被公认为巨大的、绿色的、可再生的资源库和能源库，已被广泛应用于环境、能源、纺织和化工等各个领域，是培育战略性新兴产业和发展循环经济的潜力所在。我国竹材产量从 1990 的 1.87 亿根增长至 2020 年的 32.43 亿根。2021 年继续增长，达 32.56 亿根，同比 2020 年增长 0.4%，相当于 4 800 多万 m^3 的木材量。经营竹林使森林砍伐显著减少，保护了生态环境，缓解了我国木材不足的压力。

10.1.2　竹材的物理力学性质

　　随着竹材加工利用的发展，竹子资源越来越受到人们的重视，竹材的物理力学性质是加工的基础。

10.1.2.1　竹材的物理性质

　　（1）竹材密度

　　竹材与木材类似，是一种多孔性物质，其外形体积由细胞壁物质和显微孔隙及超微孔隙构成。竹材的密度是竹材材性的重要指标之一，与竹材的机械加工、化学处理等有着十分密切的关系，直接影响竹材加工处理工艺的合理性、有效性和经济性。竹材密度有基本密度、绝干密度、气干密度和实质密度 4 种。

　　竹材密度与其力学性质关系密切。一般来说，竹材密度大，力学强度就大；竹材密度小,力学强度就小。因此,竹材密度是反映竹材力学性质的重要指标。

竹材的密度与竹种、竹秆部位、竹子年龄、立地条件有关。

①竹种 不同的竹种具有不同的竹材密度。例如,毛竹的密度通常在 $0.4 \sim 0.6 g/cm^3$ 之间,而箭竹的密度可以达到 $1.2 g/cm^3$ 左右。此外,还有一些特殊竹种,如热带雨林中的龙竹,其密度甚至可以达到 $1.5 g/cm^3$ 以上。这种密度差异主要是由不同竹种在生长过程中形成的细胞壁厚度、纤维素含量等生物学特性的不同导致的。一般来说,丛生竹的实质密度可能略大于同龄散生竹,但这并不是绝对的,还需具体竹种具体分析。

②竹秆部位 竹秆自基部至梢部,密度逐步增大。同一高度上的竹材,竹青的密度比竹黄大;有节部分的密度大,无节部分的密度小。竹秆上部和竹壁外侧密度大。竹秆基部和竹壁内部密度小。主要原因是:竹秆上部和竹壁外侧的维管束密度较大,导管孔径较细,所以密度较大;竹秆下部和竹壁内侧的维管束密度较小,导管孔径较粗,所以密度较小(表10-1、表10-2)。

表 10-1 毛竹竹秆不同部位的密度   g/cm³

竹秆部位	1/10 处	3/10 处	5/10 处	7/10 处	9/10 处
密 度	0.593	0.633	0.649	0.702	0.740

表 10-2 8 种竹材不同部位的基本密度   g/cm³

竹 种	竹秆部位			平 均
	上 部	中 部	下 部	
麻 竹	0.544	0.502	0.425	0.590
大木竹	0.705	0.636	0.505	0.615
吊丝竹	0.461	0.346	0.346	0.400
粉单竹	0.805	0.754	0.687	0.749
水 竹	0.791	0.588	0.565	0.648
绿 竹	0.674	0.588	0.565	0.609
红壳竹	0.671	0.606	0.540	0.606
雷 竹	0.643	0.593	0.549	0.595

③竹子年龄 竹笋长成幼竹后,竹秆的体积不再变化。而竹材的密度则随年龄的增长而不断增长。表 10-3 中红壳竹 1 年生基本密度为 $0.573 g/cm^3$,2 年生 $0.595 g/cm^3$,3 年生 $0.615 g/cm^3$,4 年生 $0.643 g/cm^3$,5 年生 $0.666 g/cm^3$,6 年生 $0.654 g/cm^3$,这表明红壳竹竹材的密度,幼竹最小,1~5 年生逐步提高,5~6 年生稳定在较高的水平上,6 年生以后有所下降。引起这一现象的主要原因是竹材细胞壁及内含物是随年龄的增长而逐渐充实和变化的。

④立地条件 立地条件也是影响竹材密度的一个重要的因素。一些研究表明,在气候温暖多湿、土壤深厚肥沃的条件下,竹子生长粗大,密度小,竹材组织较疏松,密度较低;在低温干燥、土壤较差的地方,竹秆细小,密度大,竹材组织较充实,密度较高。因

表 10-3　不同竹龄红壳竹、雷竹、毛竹的基本密度　　　　　　g/cm³

竹　种	竹　龄					
	1 年生	2 年生	3 年生	4 年生	5 年生	6 年生
红壳竹	0.573	0.595	0.615	0.643	0.666	0.654
雷　竹	0.427	0.519	0.543	0.557	0.579	—
毛　竹	0.452	0.558	0.608	0.626	0.615	0.630

此，立地等级越好，竹材组织越疏松，密度越低；立地等级越差，竹材组织越紧密，密度越高。表 10-4 列出不同立地条件红壳竹竹材基本密度。若以木材品质评定为参考来评定竹材品质，则以基本密度最科学。竹材的基本密度与力学性质关系密切，同一竹种的竹材，基本密度大则力学强度大，基本密度小则力学强度小。因此，竹材基本密度是反映竹材力学性质的重要指标。从表 10-4 可以看出，不同立地条件的红壳竹竹材基本密度都随竹龄增加而增大。立地条件 I 的红壳竹竹材基本密度介于 0.547~0.658 g/cm³，立地条件 II 的红壳竹竹材基本密度介于 0.573~0.666 g/cm³，在相同竹龄情况下，立地条件 II 的竹材基本密度稍大于立地条件 I 的。

表 10-4　不同立地条件红壳竹竹材基本密度　　　　　　g/cm³

立地条件	竹　龄					
	1 年生	2 年生	3 年生	4 年生	5 年生	6 年生
I	0.573	0.595	0.615	0.643	0.666	0.654
II	0.547	0.571	0.606	0.632	0.658	0.639

（2）含水率

竹材的含水率是指竹材中所含水分的数量。新鲜竹材的含水率与竹龄、竹材部位和采伐季节等密切相关。一般来说，含水率随着竹龄的增加而减少。在同一竹秆中，基部的含水率比梢部的含水率高，即竹秆从基部至梢部，其含水率呈逐渐下降的趋势（表 10-5）。

表 10-5　新鲜毛竹竹秆不同高度的含水率　　　　　　%

竹秆高度	0/10	1/10	2/10	3/10	4/10	5/10	6/10	7/10	8/10	9/10
竹材含水率	97.10	77.78	74.22	70.52	66.02	61.52	56.58	52.81	48.84	45.74

（3）干缩性

竹材是属于毛细管多孔有限膨胀胶体，表面积大，孔隙率高，具有一定的吸附性。竹材的干缩和湿胀是竹材结构因子造成的一种性能上的固有缺点，它对竹材的利用影响极大。由竹材径向和弦向干缩的不同引起的应力，可造成竹材裂纹和翘曲。干燥后的竹材尺寸和体积也并非一成不变，在使用中，竹材的尺寸因大气相对湿度和温度的日常变动而变化。

湿竹材放置在空气中干燥时，首先蒸发自由水。当自由水蒸发完毕，而吸着水尚在饱和状态时称为纤维饱和点。此时的竹材含水率称为纤维饱和点含水率。纤维饱和点含水率等于吸着水的最大量。竹材纤维饱和点含水率为 35%~40%，纤维饱和点含水率对竹材物理力学性质影响很大。

湿竹材经过天然或人工干燥后，逐渐失去水分。含水率低于纤维饱和点的竹材，其尺寸和体积随着含水率的降低而缩小，这种现象称为干缩性。竹材从湿材到气干时或全干时的尺寸、体积之差值，与湿材尺寸、体积之比，称为竹材的线干缩性及体积干缩性。竹材干缩性可用全干缩率、气干干缩率和干缩系数表示。

竹材体积收缩率比线收缩率大，线收缩率中，竹壁外侧弦向(宽)最大，其次为径向和内侧弦向，高向收缩，特别是竹壁外侧的高向收缩率最小。竹龄越小，竹材的弦向收缩率和径向收缩率越大。毛竹弦向收缩率：2 年生竹材为 7.45%，4 年生为 4.46%，6 年生为3.53%。径向收缩率：6 年生为 2.18%。纵向收缩率与竹龄无关，平均值为 0.10% 左右(从鲜竹到气干状态)。引起竹材收缩的主要原因为竹材维管束中导管失水后发生收缩。因此，竹材中维管束分布密的部位，收缩率就大；竹材中维管束分布疏的部位，收缩率就小。由于竹壁外侧(竹青)比内侧(竹黄)的弦向收缩大，因此，竹秆在干燥过程中，常常引起竹壁开裂。不同竹材、同一竹材的不同部位干缩性存在一定的差异(表 10-6)。

表 10-6　6 种竹材的干缩性　%

竹　种	竹秆部位	干缩率				干缩系数			
		弦　向	径　向	纵　向	体　积	弦　向	径　向	纵　向	体　积
麻　竹	上　部	3.5	3.2	0.2	6.9	0.258	0.013	0.207	0.449
	中　部	4.0	5.0	0.6	9.9	0.261	0.041	0.370	0.647
	下　部	3.5	4.3	0.3	8.7	0.248	0.022	0.289	0.541
	平　均	3.7	4.2	0.4	8.5	0.256	0.025	0.289	0.546
大木竹	上　部	4.0	4.3	0.2	8.6	0.310	0.018	0.362	0.667
	中　部	3.9	3.6	0.4	8.3	0.290	0.022	0.276	0.633
	下　部	3.1	5.3	0.7	9.4	0.249	0.056	0.418	0.743
	平　均	3.7	4.4	0.4	8.8	0.283	0.032	0.352	0.681
吊丝竹	上　部	3.6	3.9	0.6	8.3	0.369	0.059	0.388	0.838
	中　部	3.9	6.5	0.8	11.9	0.401	0.081	0.693	1.258
	下　部	3.2	2.7	0.7	6.8	0.321	0.071	0.267	0.676
	平　均	3.6	4.4	0.7	9.0	0.364	0.070	0.450	0.924
粉单竹	上　部	1.3	4.3	0.4	6.1	0.143	0.046	0.485	0.685
	中　部	1.9	3.52	0.6	6.1	0.204	0.070	0.318	0.599
	下　部	1.9	2.3	0.3	4.6	0.214	0.026	0.288	0.520
	平　均	1.7	3.4	0.4	5.6	0.187	0.047	0.364	0.601
水　竹	上　部	1.0	7.3	0.5	8.6	0.084	0.056	0.631	0.683
	中　部	0.6	3.9	0.8	4.0	0.061	0.081	0.411	0.534
	下　部	1.8	3.4	0.3	5.6	0.189	0.029	0.358	0.590
	平　均	1.1	4.9	0.5	6.1	0.112	0.055	0.467	0.603
绿　竹	上　部	1.3	3.2	0.6	5.2	0.105	0.046	0.245	0.402
	中　部	2.8	5.5	0.3	8.7	0.026	0.023	0.377	0.620
	下　部	2.4	2.1	0.3	4.6	0.170	0.021	0.149	0.329
	平　均	2.2	3.6	0.4	6.2	0.160	0.030	0.257	0.450

（4）吸水性

竹材的吸水性与浸水时间成正比，但这种关系在开始时有较大的增量。随着时间的增加，增量逐渐减小，且各竹种从下部至上部的吸水率逐渐减少（表 10-7）。因此，可以用幂函数（$b<1$）来表示这种关系。各种竹材吸水率（W_s）与时间（t）的关系如下：

麻竹：　　　　　　　　　$W_s = 38.13t^{0.306}$　　$r = 0.988$

大木竹：　　　　　　　　$W_s = 35.68t^{0.279}$　　$r = 0.953$

吊丝竹：　　　　　　　　$W_s = 64.44t^{0.242}$　　$r = 0.980$

粉单竹：　　　　　　　　$W_s = 34.91t^{0.237}$　　$r = 0.946$

水竹：　　　　　　　　　$W_s = 55.85t^{0.192}$　　$r = 0.959$

绿竹：　　　　　　　　　$W_s = 51.66t^{0.209}$　　$r = 0.933$

表 10-7　6 种竹材不同部位的吸水率　　　　　　　　　　　　　　　%

竹　种	竹秆部位			
	上　部	中　部	下　部	平　均
麻　竹	88.2	100.4	125.2	104.6
大木竹	114.2	144.8	154.2	137.7
吊丝竹	65.7	56.7	72.0	64.9
粉单竹	67.9	99.4	109.7	92.3
水　竹	76.1	99	105.6	93.8
绿　竹	62.6	80.9	92.2	78.6

10.1.2.2　竹材力学性质

竹材力学性质与其含水率、竹秆部位、竹龄、立地条件和竹种有关，且差异较大。

（1）竹秆部位与力学性质

在同一竹秆上，上部竹材比下部竹材的力学强度大；竹青比竹黄的力学强度大。产生这种现象的原因是：在竹材的高度方向，维管束密度由下而上逐渐增大；在竹壁厚度方向维管束密度由外而内逐渐减少（表 10-8 至表 10-10）。

竹材的节部对其力学强度影响也很大。毛竹竹材外侧节部的抗拉强度（158.3 MPa）约比节间（198.8 MPa）低 25% 左右，内侧节部的抗拉强度（100.0 MPa）约比节间（119.3 MPa）低 119.3% 左右；而节部的顺纹抗压强度、静曲强度、顺纹抗剪、顺拉弹性模量、顺压弹性模量和静曲弹性模量等强度都略比节间（无节）高。竹材节部顺纹抗拉强度比节间低。顺纹竹材抗拉强度，节部低于节间的主要原因是：节部维管束分布弯曲不齐，受拉时容易被破坏。一个整圆的毛竹竹材经过分割后，被分割部分的竹材抗压强度比圆筒（66.3 MPa）竹材的抗压强度降低 10% 左右。而其与分割的等分数 1/2（59.7 MPa）、1/4（59.8 MPa）、1/8（59.7 MPa）、1/16（61.2 MPa）、1/32（58.5 MPa）无关。

表 10-8　不同部位竹材力学性质　　　　　　　　　　　　　　　　MPa

竹　种	竹秆部位	顺纹抗压	弦向冲击	弦向静曲	弦向静模	顺纹抗拉	顺纹抗剪	顺纹抗劈
麻　竹	上　部	37.95	0.143	88.31	9546	119.06	10.92	1.50
	中　部	24.18	0.057	47.63	9133	70.37	5.97	1.19
	下　部	22.79	0.108	55.83	8588	61.69	7.22	1.46
	平　均	28.31	0.103	63.92	9.93	83.70	8.04	1.38
大木竹	上　部	54.43	0.085	91.17	11699	111.76	13.32	2.03
	中　部	45.51	0.077	87.67	11393	111.08	10.98	1.96
	下　部	37.16	0.056	57.78	10758	80.15	8.19	1.60
	平　均	45.71	0.073	74.79	11284	101.00	10.83	1.86
吊丝竹	上　部	20.89	0.224	57.61	7152	149.1	8.83	1.47
	中　部	19.17	0.082	33.52	5966	81.57	5.73	0.99
	下　部	17.26	0.048	28.49	5467	40.60	5.52	0.97
	平　均	19.11	0.118	39.87	6195	90.42	6.69	1.14
粉单竹	上　部	53.7	0.395	116.57	13491	189.29	13.39	1.53
	中　部	45.14	0.312	122.09	13509	174.36	13.30	1.52
	下　部	41.93	0.253	112.43	11859	146.40	12.62	1.52
	平　均	46.93	0.320	117.03	12953	170.02	13.12	1.52
水　竹	上　部	53.25	0.182	66.06	13981	158.92	10.26	1.28
	中　部	30.07	0.147	62.94	9965	114.88	9.69	1.16
	下　部	24.76	0.102	57.42	8386	89.19	8.19	1.63
	平　均	36.03	0.144	62.14	10777	121.0	9.88	1.36
绿　竹	上　部	40.54	0.137	74.79	11009	176.81	9.58	1.37
	中　部	38.76	0.130	69.08	10155	152.62	9.18	1.85
	下　部	36.41	0.124	66.46	8303	130.57	8.89	2.08
	平　均	38.57	0.130	70.11	9822	153.32	9.22	1.77

注：此表的力学强度在竹材含水率饱和状态下进行测试。

表 10-9　毛竹竹壁各部位的力学强度　　　　　　　　　　　　　MPa

项　目	竹壁部位		
	外　侧	中　层	内　侧
抗拉强度	424.0	223.2	98.9
抗拉弹性模量	23210	10888	6241

表 10-10　毛竹竹材高向部位与力学强度的关系

项　目		平　均	竹秆高度（m）						
			1	2	3	4	5	6	7
顺纹抗拉强度（MPa）	有节	144.80	6.80	146.10	167.30	166.90	167.50	169.80	169.40
	无节	198.60	157.90	190.90	194.20	202.10	208.90	215.30	221.10

（续）

项　　目		平　均	竹秆高度（m）						
			1	2	3	4	5	6	7
顺纹抗压强度 （MPa）	有节	68.90	64.70	67.20	67.80	68.40	69.20	71.60	73.60
	无节	67.86	60.90	63.90	69.90	68.10	70.00	70.50	71.10
静曲强度 （MPa）	有节	158.00	140.30	149.70	151.80	156.10	162.80	173.20	72.40
	无节	154.80	138.70	147.30	152.10	152.70	160.80	162.00	170.10
顺纹剪力 （MPa）	有节	0.50	18.90	19.00	19.80	20.00	21.30	21.10	23.40
	无节	19.10	16.70	17.60	19.20	19.40	19.90	19.90	20.70
顺拉弹性模量 （GPa）	有节	13.16	11.22	11.92	12.43	13.44	13.89	14.41	14.82
	无节	11.81	10.16	10.84	11.57	10.06	12.47	12.73	12.85
顺压弹性模量 （GPa）	有节	7.07	5.51	6.67	7.05	7.54	8.60	—	—
	无节	6.67	5.53	6.54	6.89	7.15	7.33	—	—
静曲弹性模量 （GPa）	有节	12.56	10.94	12.06	12.23	12.49	12.84	13.46	14.02
	无节	12.00	10.46	11.35	11.96	12.10	12.01	12.78	13.32
微管束（个/cm^2）		233.30	168.00	199.00	216.00	234.00	252.00	267.00	297.00
烘干容重（g/cm^3）		0.79	0.74	0.78	0.79	0.80	0.80	0.81	0.82

（2）竹材含水率与力学性质

竹材的力学强度随含水率的增高而降低。但是，当竹材绝干状况时，因质地变脆，强度反而下降。毛竹竹材的顺压、顺纹抗拉、板状顺剪、静力弯曲及弹性模量等，都是随着竹材含水率的提高而下降，当竹材含水率分别为 2.1%、3.4%、7.5%、15.9%、22.5%、37.3%、45.7% 和 65.4%，其抗压强度分别为 120 MPa、81 MPa、75 MPa、65 MPa、63 MPa、61 MPa、60 MPa 和 59 MPa。板状横拉、板状纵劈和弦向静曲等强度与竹材含水率关系不明显的原因是：横拉和劈力方向都是垂直于导管。当含水量减少，导管收缩，对横向受力影响不大。然而，其他一些强度的受力方向，多是平行于导管和纤维，当含水率降低时，导管和纤维组织收缩，组织紧张，因而强度增加。

（3）竹龄与力学性质

研究竹子年龄对竹材力学性质的影响，不仅对竹材利用有现实意义，而且对竹林培育特别是确定竹林采伐年龄也是十分重要的。周芳纯研究了毛竹竹材的力学强度与竹子年龄的关系，认为幼龄竹子力学强度最低，1~6 年生竹材强度逐步提高，6~8 年生稳定在较高水平，8 年生以后有下降趋势。新生的幼竹组织幼嫩，抗压、抗拉强度很低。随着竹龄增加，组织充实，抗压和抗拉强度不断提高；竹龄继续增大，组织老化变脆，抗压、抗拉强度又下降。所以，竹龄与强度呈二次抛物线状。从毛竹竹材力学强度的观点来看，采伐年龄以 6~8 年生为好（表 10-11）。

（4）立地条件与力学性质

一般说来，竹林立地条件越好，竹子生长越粗大，但竹材组织越疏，所以力学强度越低；在较差的立地条件上，竹子虽生长差，但竹材组织致密，力学强度较高。表 10-12 是

表 10-11　毛竹年龄对其竹材力学强度的影响

力学强度		年龄(年)					
		1~2	3~4	5~6	7~8	9~10	平　均
破坏强度 （MPa）	顺纹抗压	55.6	63.7	66.3	68.3	63.9	63.8
	顺纹抗拉	159.8	193.8	189.7	193.2	177.5	183.9
	弦向静曲	110.7	136.5	137.8	139.1	129.9	116.1

3 个地区试材按立地条件等级的平均数。在好的立地条件下（Ⅰ立地级），毛竹竹材的力学强度较低；而在较差的立地条件下（Ⅳ立地级），竹材的力学强度是较高的。立地条件对竹材力学强度的影响和对竹材的维管束密度、容积重的影响规律是一致的，即立地条件越好，竹子生长越粗大，竹材的维管束密度越小，容积重越低。

表 10-12　毛竹立地条件对其竹材强度的影响

立地等级	顺纹抗压		顺纹抗拉	
	试验次数	平均值(MPa)	试验次数	平均值(MPa)
Ⅰ	288	63.00	235	180.69
Ⅱ	140	66.01	122	184.62
Ⅲ	376	64.47	303	184.96
Ⅳ	299	67.10	239	198.78

10.1.2.3　化学成分与力学性质关系

在竹材的细胞壁中，木质素、纤维素和半纤维素构成植物体的支持骨架，其中纤维素组成微细纤维，构成纤维细胞壁的网状骨架，而木质素和半纤维素则是填充在纤维之间和微细纤维之间的黏合剂和填充剂。根据 K. Suzuki 与 T. Itoh 的研究可知，竹材生长初期，微细纤维已排列紧密，随着竹材不断成熟和木质化，木质素不断积存于微细纤维之间，以化学或物理方式使纤维之间黏结和加固，增加竹材的机械强度，从表 10-13 可见，木质素含量与机械强度呈正相关，木质素与顺纹抗拉强度达显著水平；随着竹材的木质化，木质素和半纤维素积累，纤维素所占比例下降，纤维素质量与机械强度之间呈负相关，与顺纹抗压强度（$r=-0.514$）、顺纹抗拉强度（$r=-0.558$）呈显著负相关。热水抽出物和1%NaOH抽出物与力学性质之间呈负相关，苯-醇抽提物与力学性质之间呈正相关，但未达到显著水平。灰分与木质素之间呈极显著负相关，灰分与竹材的机械强度之间呈负相关，与顺纹抗拉强度、弦向抗弯强度之间呈显著负相关。

表 10-13　不同秆龄竹材力学性质与化学成分相关系数(r)

力学性质	纤维素	木质素	灰　分	苯醇抽提物	1%NaOH 抽提物	热水抽提物
弦向抗弯强度	-0.141	0.352	-0.551	0.413	-0.457	-0.317
顺纹抗压强度	-0.514	0.408	-0.416	0.392	-0.433	-0.417
顺纹抗拉强度	-0.558	0.667	-0.564	0.621	-0.632	-0.538

注：$r_{0.05}=0.514$，$r_{0.01}=0.641$。

10.1.3　竹子的化学性质

竹类的化学成分是非常复杂的。竹类细胞壁主要的化学成分为纤维素、半纤维素和木质素；除主要化学成分外，还含有少量的抽出物和灰分等物质。

10.1.3.1　竹材的主要化学成分

纤维素、半纤维素和木质素构成植物体的支持骨架。其中，纤维素组成微细纤维，构成纤维细胞壁的网状骨架，而半纤维素和木质素则是填充在纤维之间和微细纤维之间的"黏合剂"和"填充剂"。在一般的植物纤维原料中，这 3 种成分的质量占原料总质量的80%~95%，故称为主要化学成分。

（1）纤维素

纤维素是植物纤维原料的最主要化学成分，也是纸浆、纸张的最主要、最基本的化学成分。原料的纤维素含量是评价原料的制浆造纸价值的基本依据。常用的 3 类植物纤维原料（针叶材、阔叶材、禾本科）的纤维素含量见表 10-14。

纤维素是 β-D-葡萄糖基通过 1,4-苷键联结而成的线状高分子化合物。纤维素分子中的 β-D-葡萄糖基含量即为纤维素分子的聚合度（DP）。天然存在的纤维素分子的聚合度都高于 1 000。经过蒸煮及漂白，纸浆纤维的聚合度会受到不同程度的影响。因此，在一般情况下，纤维素是生产过程中必须尽量保护的，以免造成纸浆得率和强度下降，生产成本提高。竹类、稻草等禾本科原料的纤维素含量稍低于木材原料（表 10-14）。

表 10-14　常用 3 类原料的主要化学成分比较　　　　　　　　　%

项　目	软　木	硬　木	禾本科
纤维素	46	45	42
半纤维	26	34	40
葡萄糖-甘露糖	16	5	0
木　糖	9	25	33
木质素	29	21	17

（2）半纤维素

研究表明，半纤维素是由多种糖单元组成的，常见的有木糖基、葡萄糖基、甘露糖基、半乳糖基、阿拉伯糖基、鼠李糖基等；并且，半纤维素分子中还含有糖醛酸基（如半乳糖醛酸基、葡萄糖醛酸基等）和乙酰基；分子中还常带有数量不等的支链。由此可见，半纤维素是由多种糖基、糖醛酸基所组成的，并且分子中往往带有支链的复合聚糖的总称。不同植物的半纤维素含量及组成不同（表 10-14）。除棉花纤维基本不含半纤维素外，其余各种原料中均含有一定的半纤维素。针叶材、阔叶材、禾本科 3 类代表性原料中均含有较多的半纤维素，且其化学组分不同，这些特点将对制浆造纸过程、产品质量及综合利用带来不同的影响。半纤维素是无定形物质，是填充在纤维之间和微细纤维之间的"黏合剂"和"填充剂"，其聚合度较低（< 200，多数为 80~120），易吸水润胀。半纤维素的存在对纸浆（及纸张）的性质及纤维素样品的加工性能带来不同程度的影响。对于一般造纸用浆来说，保留一定量的半纤维素，有利于节省打浆动力消耗，提高纸浆的结合强度，因此，

在符合纸张质量的条件下应尽量多保留半纤维素，以提高得率、降低生产成本。在生产人造纤维及其他纤维素衍生物时，半纤维素则应尽量除去（戊糖含量低于 5%），以免对生产工艺过程及产品质量带来不良影响。

（3）木质素

木质素是由苯基丙烷结构单元（即 C_6–C_3 单元）通过醚键、碳–碳键连接而成的芳香族高分子化合物。

不同原料的木质素含量及组成不同。针叶材木质素结构单元为愈创木基丙烷骨架，阔叶材木质素结构单元为紫丁香基丙烷和愈创木基丙烷骨架，而竹类秆材木质素结构单元为愈创木基丙烷、紫丁香基丙烷和对羟基丙烷骨架。针叶材原料的木质素含量最高，一般可达 30% 左右（对绝干原料质量），禾本科原料的木质素含量较低（一般为 20% 或更低），阔叶材原料的木质素含量一般介于针叶材和禾本科两类原料之间。棉花纤维的木质素含量极微。常见的 3 类原料的木质素含量比较见表 10-14。

原料中，木质素是填充在胞间层及微细纤维之间的"黏合剂"和"填充剂"；木质素是原料及纸浆的颜色的主要来源；原料及纸浆中的木质素含量是制定蒸煮及漂白工艺条件的重要依据。针叶材原料的木质素含量高，难蒸煮、漂白；禾本科原料的木质素含量低，较易蒸煮、漂白；阔叶材原料则介于上述两种原料之间。并且，木质素含量高低及木质素性质不同，纸浆的白度及其稳定性也将不同。故生产中，应依纸浆质量对白度及其稳定性的不同要求，将木质素除去。对白度及其稳定性要求高的纸张的生产用浆，蒸煮、漂白时必须尽量除去木质素；对新闻纸等对白度及其稳定性要求不高的纸张的生产用浆，漂白时可采用 H_2O_2、$Na_2S_2O_3$ 等进行；对水泥袋纸及瓦楞纸等用浆，一般对白度没有特别要求，在符合产品的质量要求的条件下，可尽量保留木质素，以提高纸浆得率，降低生产成本。

10.1.3.2 竹材少量化学成分

竹材中除上述几种主要成分外，通常还含有少量的抽出物和灰分等物质。尽管这些物质的量不太多，但往往会对制浆、漂白等生产过程及产品质量造成不良的影响。竹材的少量成分含量及组成也因竹材的种类、部位及产地的不同而异。

（1）抽出物

水抽出物，包括竹材中的部分无机盐类、糖、植物碱、单宁、色素及多糖类物质，如树胶黏液、淀粉、果胶质等成分。

稀碱除溶出竹材中能被水溶出的物质外，还可溶出部分木质素、聚戊糖、树脂酸、糖醛酸等。并可在一定程度上检查竹材变质、腐朽的程度。

有机溶剂，通常包括乙醚、苯、丙酮、乙醇、苯–醇混合液、石油醚等。有机溶剂能溶出的物质包括脂肪、脂肪酸、树脂、树脂酸、植物甾醇、萜烯、酚类化合物、蜡、可溶性单宁、香精油、色素等。由于溶剂性质和溶解能力不同，不同溶剂所溶出的抽出物的量及组分也是不同的。

乙醚能溶解试样中的脂肪、脂肪酸、树脂、植物甾醇、蜡及不挥发的碳氢化合物，且由于乙醚能和少量的水混合，故适于抽提含有水分的试样。但由于乙醚的沸点低，抽提过程易挥发、散失；又由于乙醚在长期贮存或见光时易生成过氧化物，抽提完毕进行蒸发时易发生爆炸，故较少使用。

苯溶解树脂、蜡、脂肪及香精油的能力甚强，但苯不溶于水，对含水试样的渗透性较差；酒精对脂肪、蜡的溶解能力较小，但能与水相混溶，可溶解单宁、色素、部分碳水化合物和微量的木质素等。故通常以苯–醇混合液为溶剂进行抽提。

不同种类的竹材以及同一竹材的不同部位中，其抽出物的含量及组成一般是不相同的。禾本科原料的有机溶剂抽出物比例明显比木材原料低，且主要成分是蜡质，伴以少量的高级脂肪酸、高级醇等。

（2）灰分及其来源

植物纤维原料中，除 C、H、O 等基本元素外，还有许多其他元素。这些元素是植物细胞生命活动中不可缺少的物质，如 N、S、P、Ca、Mg、Fe、K、Na、Cu、Zn、Mn、Cl 等；并且植物的种类及生长环境不同，植物所含的元素种类及含量就会有很大的差异。这些元素一般是以离子形式存在，是植物的根从土壤或水中吸收的。此外，植物中可能含有对植物有害的 As 和大多数重金属离子。

当我们把原料的样品在 105 ℃左右的温度干燥后，进一步在 600 ℃左右的高温炉中处理，原料中的 C、H、O、N、S、P 等成分将以气态化合物的形式散失，剩下的物质为灰分。灰分中包括多种氧化态的矿质元素。当然，在燃烧过程中，也可能一小部分矿质元素通过气化或升华而散失。原料的灰分含量以及灰分中各种元素的比例，随原料的品种、植物器官的种类以及植株的年龄的不同而异；并且受植物的生长环境的影响。

禾本科植物纤维原料的灰分含量较高，一般在 2% 以上，稻草的灰分含量高达 10%~15%，竹类植物的灰分含量较低，在 1% 左右，禾本科植物纤维原料的灰分主要为 SiO_2。

10.1.3.3　竹叶的化学成分

近年来，竹类资源的研究在国内外十分活跃，人们围绕竹类主要化学成分的分析及其开发利用开展了大量的研究工作。竹叶资源丰富，竹叶率一般占全竹的 39%，研究表明，竹叶中含有黄酮及其苷类、活性多糖类、特种氨基酸及其衍生物、叶绿素及一些挥发性成分等化合物，还含有 Ge、Si 等多种能活化人体细胞的元素。竹叶提取物不仅具有良好的防腐性能和抗氧化性能，而且具有医疗、生理保健功能，是一种十分理想的天然绿色食品及化妆品添加剂。因此，开发利用竹叶资源，提取其有效活性物质，成为人们研究的重点。

经测定，竹叶主要含氨基酸、脂肪、碳水化合物、Ca、P、Fe 等营养成分，苦竹叶的粗蛋白、粗脂肪、可溶性糖和 P、Fe、Ca 等营养元素的含量为：粗蛋白 170.6 g/kg、粗脂肪 26.4 g/kg、可溶性糖 58.1 g/kg、粗纤维 287.4 g/kg、灰分 71.0 g/kg、P 1 350.6 mg/kg、Fe 199.9 mg/kg、Ca 3 635.0 mg/kg。

对竹叶氨基酸进行分析发现，竹叶共有 17 种氨基酸，例如，每千克苦竹干叶的游离氨基酸总量达 3.599 g，其中必需氨基酸 0.467 g，游离氨基酸中含量最高的是丝氨酸，而蛋氨酸和赖氨酸含量极低；而水解氨基酸总量达 169.26 g，高于毛竹（141.2 g），必需氨基酸为 79.2 g，占氨基酸总量的 46.8%，其中含量最高的是谷氨酸（17.45 g）。因此竹叶是具有较高营养价值的优质蛋白资源（表 10-15）。

表 10-15　苦竹叶、笋壳游离氨基酸和水解氨基酸分析　　　　　　　　g/kg

氨基酸种类	游离氨基酸		水解氨基酸	
	笋　壳	竹　叶	笋　壳	竹　叶
天冬氨酸(Asp)	2.438	0.269	14.53	7.60
丝氨酸(Ser)	4.062	0.807	3.27	5.38
谷氨酸(Glu)	1.870	0.145	微　量	17.45
甘氨酸(Gly)	0.096	0.056	1.86	8.00
组氨酸(His)	0.184	0.170	5.43	15.08
精氨酸(Arg)	0.127	0.296	3.07	9.83
苏氨酸(Thr)	0.143	0.020	11.14	11.59
丙氨酸(Ala)	0.952	0.403	19.03	14.41
脯氨酸(Pro)	0.524	1.012	4.83	12.99
胱氨酸(Cys)	0.137	0.104	10.25	8.35
酪氨酸(Try)	0.056	0.039	4.01	6.06
缬氨酸(Val)	0.114	0.096	2.47	7.66
蛋氨酸(Met)	0.005	微　量	微　量	1.42
赖氨酸(Lys)	微　量	微　量	微　量	14.78
异亮氨酸(Ile)	0.103	0.074	5.84	8.36
亮氨酸(Leu)	0.058	0.063	5.37	12.30
苯丙氨酸(Phe)	0.232	0.046	2.51	8.02
必需氨基酸	0.839	0.467	32.76	79.21
氨基酸总量	11.100	3.599	93.62	169.26
必需氨基酸所占比例	7.56%	13.0%	35.0%	46.8%

　　从竹叶及其提取物中分离得到一种羟化氨基酸，即 δ-羟基赖氨酸(δ—OH—Lys)，比赖氨酸具有更高清除超氧自由基($O_2 \cdot$)的能力，主要以游离单体和小肽的形式存在。

　　竹叶中还含有黄酮及其苷类。研究证明，黄酮类化合物有清除人体内活性氧自由基，防止生物膜脂质被超氧自由基和羟基自由基(·OH)氧化的功能，也有类似于维生素 E 的作用。对刚竹属的桂竹叶总黄酮进行分离，发现其中黄酮类成分有 21 种，经紫外光谱鉴定，其中 20 种为黄酮苷。这些黄酮可细分为 5 类：荭草苷和异荭草苷类(4 种)、木犀草素苷类(4 种)、牡荆苷(1 种)、洋芹苷(1 种)和其他 4′羟基黄酮苷类(10 种)。荭草苷和异荭草苷类及牡荆苷为 C-苷，其他为 O-苷。最具代表性的有荭草苷木糖苷、异荭草苷、4′-甲氧基牡荆苷、木犀草素-7-O-葡萄糖苷、木犀草素-7-O-半乳糖苷、4′,7-二羟基黄酮-7-O-葡萄糖苷、4′,7-二羟基黄酮-7-O-半乳糖苷。

　　竹叶芳香成分以醛、醇、呋喃、酮类为主，C_6—C_8 中等长度碳链的含氧化合物占主导地位，是竹叶清香的物质基础。从阔叶箬竹(*Indocalamus latifolius*)、毛金竹和四季竹的竹叶中分别检出风味化合物 57 种、68 种和 82 种，其中 22 种为 3 种竹子所共有的，约占总挥发物的 60%~70%。其中起关键作用的有 E-2-己烯醛、Z-3-己烯醛、2-乙基呋喃、己烯和己醛 5 种 C_6 化合物，分别占 3 种竹子总挥发物的 66.04%、48.00%和 69.09%。

对赤竹($Sasa\ longiligulata$)和箬竹叶进行研究后发现，它们的水提取物具有抗肿瘤作用，其主要有效成分是多糖体化合物。研究发现，竹叶含有活性多糖，其含量按干青叶计，一般在 100~200 mg/100g。竹叶活性多糖有抗癌活性，从箬竹热水提取物中分离得到由木糖、阿拉伯糖和半乳糖组成的活性多糖，从毛竹叶中提取得到一种中等相对分子质量的酸性杂多糖，主要由鼠李糖、阿拉伯糖、木糖、甘露糖、葡萄糖和半乳糖 6 种单糖组成的多糖。

10.1.4　竹材加工产业的现状

竹材直径小、壁薄、中空，木质素、纤维素组成特殊，易分离、易液化、相溶性好，其物理、化学性能及加工工艺有别于木材。因而，竹类植物曾有"似木非木、似草非草"的雅称，这是竹材加工利用中需要特别重视的一个特征。竹材加工业要充分了解和认识竹材的特殊性能，不能简单地"以竹代木"生产各种竹制品，而是要生产那些附加值和质量比木材优越的"以竹胜木"的产品，这样才能在国民经济的某些领域中得到应用。

我国是全球最大的竹产品生产和出口国，经过多年的发展，我国在竹材加工技术和产品研发方面一直走在世界前列。20 世纪 80 年代中后期，张齐生率先提出了以"竹材软化展平"为核心的竹材工业化加工利用方式，发明了竹材胶合板生产技术，产品广泛应用于我国汽车车厢底板和公交客车地板，开创了竹材工业化利用的先河；随后又开发出了以竹篾、竹席、竹帘为构成单元的竹篾积成材、竹编胶合板和竹帘胶合板。20 世纪 90 年代初期，竹材工业发展迅速，竹家具板、竹地板、竹集成材等各种工程结构用竹材人造板的生产规模迅速壮大，张齐生又适时提出了"竹木复合"的发展理念，建立了竹木复合结构理论体系，开发了竹木复合集装箱底板等 5 种系列产品，竹材加工技术逐步走向成熟。2000 年后，竹材加工利用的技术和产品发生了重大变化，即：①竹材加工机械化、自动化和信息化技术进一步提高，如重组竹高频胶合、竹材加工数控机床等；②竹单板及其饰面材料制造技术以及各种竹装饰制品迅速发展，如刨切竹单板、薄竹复合板、竹单板贴面人造板等；③竹材加工的方式及产品用途进一步拓展，如大片竹束帘、竹材展平等；④竹材化学加工利用技术日趋成熟，如竹炭、竹醋液、竹纤维等；⑤竹保健品发展趋势明显，如以竹笋、笋箨为原料的膳食纤维、低聚糖，以竹叶为原料的竹叶黄酮等。

我国竹材加工的研究领域广泛而深入，竹工机械、竹基人造板、复合材料与竹材综合利用技术方面一直引领国际前沿，竹材产品涉及竹地板、竹家具、竹材人造板、竹工艺品、竹装饰品、竹浆造纸、竹纤维制品、竹生活品、竹炭等 100 多个系列上万品种，产品出口日、韩、美、欧等数十个国家和地区，形成广泛影响力。据统计，2022 年中国的竹产业总产值达到了 4 153 亿元，从业人员达到约 2 000 万人，竹产业已经成为我国山区经济发展和农民脱贫致富的经济增长点。

10.1.4.1　竹基人造板

竹基人造板主要包含竹地板、重组竹材胶合板、竹编胶合板、竹材胶合板、竹材层压板、竹席竹帘胶合板、竹材刨花板等。

（1）竹地板

竹地板是我国自主研发的竹产品之一，至今已有 30 多年的历史。我国是全球竹材资源最为丰富的国家，这给竹地板产业的发展创造了得天独厚的条件。进入 21 世纪后，竹地板产业得到了更快的发展，不仅产量持续增长，产品的花色品种越来越多，产品质量也有了很大的提高。竹地板受到了国内外消费者的欢迎，我国生产的竹地板出口到北美洲、欧洲、澳大利亚、中东等国家和地区。

20 世纪 80 年代末 90 年代初，我国开始研发、生产竹地板，当时生产规模小、产品单一、生产技术还不够成熟。竹地板产量从 1998 年开始增长，技术也渐趋成熟，有的产品已开始出口，在生产上实行竹片加工、坯板生产及最终加工、统一标准、异地三级管理的模式，有效地降低了成本，提高了生产效率，提高了产品质量。竹地板加工设备也渐趋成熟，生产效率及加工精度都有所提高。为进一步提高竹地板产品质量，促进竹地板生产规范化、标准化，2013 年 12 月国家林业局发布了《重组竹地板》(GB/T 30364—2013)，并于 2014 年 6 月 22 日开始实施，在此基础上我国于 2017 年 11 月 1 日发布了《竹集成材地板》(GB/T 20240—2017)，并于 2018 年 5 月 1 日实施。

2002 年，我国竹地板产量已达到了 400 万 m^2，随着国内外需求的增长，竹地板生产进入了高速发展阶段。经过 30 多年的努力，竹地板已从当初单一的本色竹片集成结构的常规竹地板发展成了一个大家族：从用料情况分为全竹地板和竹木复合地板；从结构可分为竹片集成结构、竹篾重组结构、混合结构、竹木复合结构；从材色可分为本色、漂白色、碳化色、混合色；从表面装饰可分为涂饰、油饰、印刷；从使用场所分可分为室内用、室外用等多种系列的产品。目前，我国较具规模的竹地板企业达百余家，主要分布在浙江、湖南、福建、江苏、江西、安徽等产竹大省。大型企业都配备了从德国引进的开榫机，从意大利引进的油漆线，采用欧洲进口的涂料及胶黏剂等，加工精度高、产品质量稳定。2022 年中国竹地板(含竹木复合地板)产量已经达到了 5 998.2 万 m^2，而且花色品种多样，市场份额也不断扩大。2022 年木竹地板销量占我国木质地板总销量的 43.4%。

竹材是一种组织致密、纹理通直、硬度大、强度高、弹性好的天然有机材料，用竹材加工而成的竹地板与其他地板比较有如下特点：①板面光滑、组织致密、质感细腻、纹理清晰，材色或素雅(本色)或古朴(炭化色)，加上竹节点缀其中，具有其他地板不可比拟的高雅效果及浓厚文化气息；②硬度大、强度高、弹性好、脚感好、使用寿命长；③环保性好；④传热效果与硬阔叶材基本相同，冬暖夏凉；⑤纹理通直、结构合理、稳定性好、不易变形。

竹地板作为一种东方传统文化的象征和一种环保产品而被消费者广泛接受，竹地板及竹装饰装修材料在一些知名工程的招标中屡屡中标，如西班牙马德里国际机场、我国无锡大剧院等工程。

(2)重组竹材胶合板

重组竹材胶合板是以小径竹及竹梢为原料，经去青、碾压、干燥、施胶、组坯、热压等工序制造而成的一种新型竹材人造板。重组竹材胶合板的出现解决了小径竹工业化利用难及现有竹材人造板竹材利用率低、成本高、工艺烦琐的问题，为竹材的高效利用提供了一条新的途径。其工艺流程为：竹材→去青→截断→碾压→干燥→浸胶→干燥→组坯→热压→裁边。

胶液固体含量试验和热压工艺试验时，组坯均采用 3 层竹束垂直配置的方式，热压采用热进热出、2 次降压生产工艺。去青工艺试验时，组坯采用 3 层竹束垂直配置、表层覆竹席的组坯方式，热压采用冷进冷出生产工艺。胶液固体含量试验时，热压压力为 4 MPa，热压温度为 140 ℃，热压时间为 1.0 min/mm。热压工艺试验时，胶液浓度为 30%。去青工艺试验时，胶液浓度为 30%，热压压力为 3.14 MPa，热压温度为 140 ℃，热压时间为 1.0 min/mm。

重组竹材胶合板具有幅面大、强度高、耐磨损、不易变形等优点，因此在家具、建筑、车辆等领域得到了广泛应用。

（3）竹编胶合板

我国最早开发的竹材人造板是四川的竹编胶合板，主要用作包装箱板，也有少量用作建筑模板。竹编胶合板是将竹材劈篾、编席、涂胶、热压胶合而成的一种竹材人造板。其生产工艺流程为：竹材→截断→剖篾→编席→干燥→涂胶→陈化→组坯→热压→裁边→检验→入库。热压压力为 2.5~4 MPa。热压温度根据所用胶黏剂不同而异，采用脲醛树脂胶时的热压温度为 110~120 ℃，采用酚醛树脂胶时的热压温度为 140~150 ℃。一般前几道工序（剖篾、编席）都分散在以个体家庭为生产单位进行手工操作；涂胶工序，多数工厂用手工涂胶，也有少数工厂用涂胶机涂胶。

此种竹材胶合板现主要生产薄板，用于包装箱以及室内顶板、侧壁板等。由于竹编胶合板生产工艺简单，设备投入少，所以生产厂家很多。据统计全国竹编胶合板生产企业有100 余家，其绝大部分为私人企业和个体加工户，主要分布在四川、浙江、湖南、湖北、贵州、江西、安徽等省，年产量约 30 万 m^3。

（4）竹材胶合板

进入 20 世纪 80 年代后期，南京林业大学开发了竹材胶合板作车厢底板和建筑模板。竹材胶合板是将竹材经过软化处理后，展平、刨削、干燥、涂胶、组坯、热压胶合而成的一种竹材人造板。其生产工艺流程为：竹材→截断→去外节→剖开→去内节→水煮→高温软化→展平→辊压→刨削→干燥→铣边→涂胶→组坯→预压→热压→裁边→检验→入库。

通过对竹材的高温软化、展平、刨削加工，可以获得最大厚度和宽度的竹片，减少生产过程中的劳动消耗和耗胶量，便于加工过程机械化。竹材胶合板一般是利用竹材自身厚度加工的竹片生产的 3 层结构板材，厚度为 12~15 mm。因为板材层数较少，热压时可采用热进热出工艺，但仍需分段加压，以防溢胶、鼓泡。竹材胶合板一般都采用酚醛树脂胶，热压温度为 135~140 ℃，热压压力一般为 3.0~3.5 MPa。

竹材胶合板强度高、刚性好，是一种优良的工程结构材料，主要用作汽车车厢底板，近年来也作为建筑模板的基板使用。由于竹材胶合板的加工工艺复杂，设备较多，工艺较难控制，且对原料要求高，因此难以大规模生产。目前，我国生产该产品并有一定规模的企业不多，约 50 余家，主要分布在江西、安徽、福建、浙江等省，年产量也相对较少。

（5）竹材层压板

20 世纪 80 年代后期，在浙江开发出了竹材层压板。竹材层压板是用一定规格的竹篾经干燥、浸胶、干燥、组坯、热压胶合而成的一种竹材人造板。其生产工艺流程为：竹材→截断→剖篾→干燥→浸胶→干燥→组坯→热压→裁边→检验→入库。该产品生产工艺较简单，浸胶采用酚醛树脂胶，其浸胶量为 6%~7%。竹材层压板的产品以厚板为主，厚度一般在 25 mm 以上，采用冷进冷出热压工艺，进出热压时，热压板温度一般在 60 ℃ 左右，热压温度一般为 140~150 ℃，热压压力一般为 4.5~5.5 MPa。

竹材层压板的纵向强度和刚度很高，但横向强度很低，其结构类似于重组木，一般作工程结构材料，主要作火车车厢底板、载重汽车的车厢底板，也用作集装箱底板。目前，全国有百余家生产厂家，年产逾 30 万 m³。

(6)竹席竹帘胶合板

20 世纪 80 年代后期，湖南开发了一种用途更为广泛的竹材人造板——竹席竹帘胶合板。竹席竹帘胶合板是以竹席为面层材料，以纵横交错组坯的竹帘为芯层材料，经干燥、浸胶、组坯、热压胶合而成。其生产工艺流程为：竹材→截断→剖篾/开条→编席/编帘→干燥→浸胶→干燥→组坯→热压→裁边→检验→成品。竹席竹帘胶合板生产经十几年的发展，其生产工艺的各个环节都有了很大的改进，竹条的厚度由原来的 2.0~2.5 mm 减至现在的 1.0~1.5 mm。并且现在一些上规模的生产厂都采用连续网带式干燥机干燥竹席竹帘，生产效率高，竹席竹帘的含水率均衡。施胶工序也由原来的涂胶改为浸胶，浸胶耗胶量小，竹篾搭接处胶黏剂容易渗入，胶合质量较好。所用胶黏剂也由原来的脲醛树脂胶改为现在的酚醛树脂胶，浸胶后增加了 2 次干燥工序。热压工序由原来的热进热出工艺改为现在的冷进冷出工艺。由于现在生产的竹席竹帘胶合板厚度都在 12 mm 以上，竹帘层数较多，板坯内水分难以挥发，所以采用传统的热进热出工艺容易造成溢胶、鼓泡，影响胶合强度和表面质量。采用冷进冷出工艺生产的竹席竹帘胶合板表面平整光洁，胶合质量好，但生产率受到一定影响。

竹席竹帘胶合板是我国竹材人造板中发展最快、规模最大的一个品种，主要用作建筑模板等。现在全国有百余家生产企业，年产量达几十万立方米，主要分布在湖南、湖北、浙江、安徽等地。

(7)竹材刨花板

竹材刨花板是以竹材碎料为主要原料，经干燥、施胶、铺装、成型热压而成的一种竹材人造板。竹材刨花板生产工艺流程如下：竹材下脚料→削片→刨片→打磨→筛选→干燥→拌胶→铺装成型→预压→热压→裁边→检验→入库。竹材刨花板的生产工艺及设备与木材刨花板相近，但热压时应注意，由于竹材结构致密，纤维纤细，排气远比木材困难，因此热压时应采用分段降压的工艺。

竹材刨花板具有较高的强度及较低的吸湿膨胀率，可广泛应用于家具制造、建筑、包装、交通运输及装修等领域，尤其是用酚醛胶压制的竹材刨花板经 2 次加工后在建筑模板和车厢底板方面有广阔的应用前景。目前我国已有几十家工厂生产竹材刨花板。

10.1.4.2 竹家具

竹家具主要包含传统圆竹家具、竹集成材家具、重组竹家具和现代新圆竹家具等。

(1)传统圆竹家具

圆竹的秆茎抗拉、抗压能力较木材优异，且具有良好的韧性、弹性和弯曲性能。传统圆竹家具的制造主要以青皮竹、粉单竹、茶秆竹、淡竹、撑篙竹、麻竹、毛竹为原料。圆竹也可加工成竹片或竹篾与秆茎搭配使用。

传统原竹家具的制造可分为竹材预处理、竹材加工、骨架制作、面层加工、装配以及边部处理 6 道工序。竹材预处理，包括对竹材的选料以及防腐、防虫等干燥处理。竹材加工即配料环节，是根据家具零部件的尺寸规格和使用部位，对圆竹进行横截、纵剖、砂光、漂白、染色等处理，使之加工成为竹材毛料的过程。骨架制作是对竹材毛料的加工，主要包括骨架弯曲和骨架接合两方面。对于直径不大、弯曲弧度要求不高的零部件可以采用加热弯曲再冷却定型的工艺；对于直径较大、曲率半径较小的圆竹，应采用先横向裁口再加热弯曲后冷却定型的工艺。骨架接合是将竹材毛料通过钻、铣等工序，采用专门配件将竹材零件组装成具有一定力学强度的部件的过程。面层加工多是将竹片、竹篾或其他装饰材料编穿起来，加工成为既有力学强度又有装饰效果的部件。装配是将骨架部件与面层部件以及其他零部件之间的接合环节。包边多采用圆竹段(条)、木条、塑料条等材料包裹裸露在外的圆竹和竹篾端部，以增强圆竹家具的美观性。

传统圆竹家具主要为手工制造，其零部件可采用包榫接合、榫接合、连接丝(绳)接合。包榫接合是将竹竿弯曲箍扎在另一根竹竿上的接合方式；榫接合可根据榫头是否贯通分为明榫和暗榫，榫头有尖头和斜头两种，榫头与榫眼有时需竹钉加固；连接丝(绳)接合是将尺寸相同的圆竹横向排列再划线、打孔用金属丝或尼龙绳将其串联起来的方法。实践表明，由于传统圆竹家具的基材未经改性处理，在凿孔时常引起竹材劈裂，在使用中因干缩湿胀，易引起接合部位胀裂、松脱。另外，这些不可拆装的结构还造成了竹材的浪费，不利于产品的标准化和系列化，增加了运输成本。

传统圆竹家具造型古拙质朴，产品类型主要为传统款式的凳、椅、桌、床、柜、架、几、案、屏风等，缺乏创新设计(图 10-1)。产品的造型只能通过各零部件的尺寸比例、竹篾编制的十字、井字、人字、菱形等图案以及在圆竹表面进行手工烫花或雕刻来体现，生产效率低下。在其他家具的市场冲击下，传统圆竹家具需求下降。

图 10-1　圆竹家具

由于传统圆竹家具的制造多为家庭作坊式，主要依靠篾刀、尖刀、扣刀、括刀、框锯、车刨、凿子、锤子、直尺、卡尺、手工钻等简易生产设备，产品质量参差不齐。其生产工艺流程包括选料、打通竹隔、竹竿校直、下料、烤花、零件加工、装配、表面装饰和检验等主要步骤。其中打通竹隔是为避免封闭在竹腔内的空气因受热膨胀而导致竹壁爆裂；竹竿校直主要通过向竹腔内灌砂以提高产品的外观和装配质量并改善弯曲时竹竿横截面的圆度。可见，传统圆竹家具不仅款式陈旧，生产技术水平也落后，因此难以打入国际市场。

（2）竹集成材家具

竹集成材是以竹材为原料加工成一定规格的矩形竹片，经防腐、干燥、涂胶等工艺组坯胶合而成的竹质板方材，具有幅面大、变形小、涂饰性好、耐磨损、防虫、防腐的优良性能。研究表明，竹集成材的干缩系数仅为 0.225%，抗拉、抗弯和抗压强度分别达到 184.27 MPa、108.52 MPa 和 65.39 MPa，各项指标均高于橡木和红松。

竹集成材家具的零部件既可采用榫接合也可采用连接件接合，因此，可实现框架、脚架、箱框、板式和曲面等结构。在诸多接合方式中，采用双直角明榫接合强度最高，其次为单直角明榫接合，再次为竖向双圆榫接合，最后分别为横向双圆榫接合和偏心连接件接合。因此，若采用金属连接件接合，宜使用牙距大、牙板宽而利的专用螺钉或硬木自攻螺钉，但牙距过宽也会造成板材的横向开裂。竹集成材家具采用自攻螺钉的握钉力远大于木螺钉的握钉力，在竹集成的 3 个方向上，木螺钉的握钉力相差不大，而自攻螺钉则有明显的差异，木螺钉的导入孔直径取螺钉外径的 73%~77%，自攻螺钉导入孔直径取外径的 80%~92%。

图 10-2　竹集成材家具

竹集成材家具（图 10-2）的造型主要通过点线面的搭配、色彩和质感来实现。第一，竹节、竹片三切面可视为造型元素的点，单根竹片为造型要素的线，竹片的三切面胶合成为平面整体便成为造型要素的面。通过点、线、面 3 元素位置、距离的变化可以实现节奏与韵律、变化与统一的美学效果。第二，竹集成材本身为浅黄色，在高温高压下生产的炭化竹呈咖啡色。竹集成材可以通过清漆涂饰体现两种不同的家具色彩，或在同一件家具上将两种色彩的竹条搭配使用，拼成多种形态的花纹。第三，由于竹集成材具有优良的力学性能，因此可以在其表面进行镂铣、雕花、开槽、镶嵌等处理，现实类似硬木家具质地的造型特点。

竹集成材家具的制造可分为直线形零部件加工和曲线形零部件加工两部分。

①直线形零部件加工　包括板材预处理、板材加工、木工制作等过程。板材预处理包括板材的脱油、矫正、磨光、漂白、染色或人工斑纹的制作等；板材加工是通过各种机械设备改变板材的形状尺寸，使之加工成为若干直线形零部件的大小单元，包括锯解、接长、拼宽、刨削以及开榫、钻孔、定厚砂光、铣边等；木工制作主要指家具零部件的手工精加工，包括雕刻、镶嵌、刮磨、打砂等。

②曲线形家具零部件加工　可以在整根竹集成材上划线锯解或者利用竹材纵向柔韧的优异性能，直接由单层竹板条集成胶合弯曲制成，具体工艺如下：选竹→锯截→开条→粗刨→蒸煮、软化、"三防"处理→捆扎→放入模具→弯曲→干燥→定型→涂胶→拼宽胶合→单层竹片条板→刨削→砂光→涂胶→组坯→层积胶合→弯曲竹材集成材构件，该项工艺要求模压材料的尺寸稳定性好，表面光洁，加压缓慢，使竹条受力均匀。

而后需要对两种形态零部件进行油漆处理，具体工艺包括粗砂（240#砂带）、精砂（320#砂带）、上底漆、打磨（320#和600#砂带）、上面漆等，其中表干时间 20 min，底漆实干时间 4 h，面漆实干时间 12 h。实验表明，采用该项工艺分别对炭化和本色竹集成材进行 PU 漆涂饰后，漆膜附着力可达 2 级或 1 级，不亚于以同样工艺对水曲柳实木板材进行涂饰的漆膜质量。

（3）重组竹家具

重组竹板材是竹材经辗搓设备加工为横向不断裂、纵向松散而交错相连的竹束，然后干燥、施胶、组坯、热压而成的一种强度高、规格大，具有天然竹材纹理结构的竹材人造板（图 10-3）。重组竹板材的密度可达 $0.85 \sim 1.25 \ g/cm^3$，抗压强度大于等于 60 MPa，抗拉强度 86 ~ 140 MPa，弹性模量 10 000 ~ 30 000 MPa，甲醛释放量仅为 0.1 mg/L，材性与红木相近。

图 10-3　重组竹板材

重组竹家具的结构与竹集成材相似，既可采用传统家具的榫卯接合，也可采用现代家具的连接件接合，此外，重组竹板材还具有优异的胶合性能。由于重组竹板材优异的质感、颜色与花梨木、红酸枝相似，且具有良好的刨切、砂光、钻孔、锯切、涂饰、雕刻加工质量，因此被视为制造新中式家具的上等材料。近年来，重组竹家具的发展前景已被一些家具企业重视，浙江、江西、福建、四川等地家具企业已经开始应用重组竹板材进行家具的设计与生产，市场前景乐观。

（4）现代新圆竹家具

近年来，人们对生态文化和传统文化愈加重视，具有鲜明绿色环保和民族文化特征的现代新圆竹家具再次受到追捧。新圆竹家具应用现代家具设计理念和传统竹文化，采用现代结构和加工技术，比传统圆竹家具更具社会、经济和美学价值。除传统圆竹家具材料以外，现代新圆竹家具还采用水竹、斑竹、黄竹和罗汉竹为基材，并综合利用木材、金属、玻璃、塑料、橡胶、藤材、石材、陶瓷等其他材料。

现代新圆竹家具的零部件多用专门五金连接件接合，以提高生产效率，实现产品的标准化与模块化。圆竹秆之间主要用套接件和包接件实现接合，其中套接件包括 L 字套接件、串接套接件两类，分别用于直径相同的圆竹不同角度的套接和延长或闭合骨架的两端；包接件包括丁字包接件、斜插包接件、多向包接件和并接包接件，分别用于横向竹段与纵向竹段的直角、斜角、多向和平行接合。圆竹与竹片、竹篾多采用木螺钉、自攻螺钉和机制螺钉实现接合。

现代新圆竹家具的造型主要通过材料的肌理和零部件的形态来表现。由于新圆竹家具用材更为广泛，不同材料的质感、光泽和色彩有所不同，即使同为竹材，也可将青竹、黄竹和碳化后的红竹搭配使用，给人不同的视觉效果。另外，新圆竹家具还可利用现代实木家具的烫画、烫蜡、丝网印、热转印、打磨抛光、机械喷涂、数控雕刻等工艺，使产品更具观赏性。新圆竹家具的零部件形态应以直线和曲线为主，并尽量简洁，体现圆竹家具自然、淡雅的特征。直线形零部件可以表现出坚硬、顽强的效果，其中大径级的直线零部件具有钝重、粗笨的力度美，小径级的直线零部件具有轻快、敏捷的体量美；曲线形零部件是圆竹经曲线加工而成的弯曲形态，可为自由曲线，也可为几何曲线，并可以通过线与线的搭配，实现变化与统一、均衡与韵律的形式美。

（5）竹家具展望

①传统圆竹家具目前主要依靠手工制作，生产效率较低。因此，圆竹家具可完全向工艺品方向发展，全部手工制作，在不掩盖竹材特性的同时，在其表面增加雕刻、彩绘、镶嵌、螺钿等装饰手法，提高产品的附加值；圆竹家具也可适当简化产品结构，并对其弯曲、染色、胶合等性能进一步改良，既丰富其造型样式，又使其适合于机械或半机械化生产，提高产品加工效率。

②对竹集成材家具的研究较为丰富，需要在理论研究的基础上提高产品的造型设计水平，一改当前竹集成材家具造型平直硬拐、没有细节的样式；需要对竹集成材家具进行系统开发，如卧室家具、客厅家具、餐厅家具、厨房家具等，丰富产品的类型；需要提高工人的操作水平，引进并研发先进的竹集成材加工设备，提高产品的加工精度；还需要加大对竹集成材产品的包装和广告力度，打造品牌，拓宽市场。

③重组竹目前多被应用为地板和建筑材料，在家具领域的开发尚显不足。尤其是重组竹家具的结构设计规律和造型设计原则仍亟须解决。因此，需要对重组竹家具的榫接合、连接件接合、钉接合、胶接合等各种接合方式的强度进行测试和分析，归纳各种接合方式的影响因素，确定既能保证强度又适合现代化生产的结构形式；需要优化重组生产的竹束碾压工艺，美化重组竹板材的表面纹理，提高其造型美观性。

④现代新圆竹家具生产规模仍不大，应组织小而全的制造企业进行专业化、规模化生产，研发先进的圆竹弯曲、整形和机械加工技术，降低圆竹材料的浪费；加强圆竹的力学性能、涂饰性能的理论研究；开发更多、更为简便的圆竹家具零部件接合方式；创新圆竹家具的造型设计，降低成本，加大产品的宣传和营销力度，开拓更为广阔的国内外市场。

10.1.4.3　竹纤维加工

（1）竹纤维概述

竹纤维是一种柔软细滑、抗菌保健、绿色环保的天然纤维素纤维，目前纺织领域应用的竹纤维主要可分为竹原纤维和竹浆纤维两大类。

竹原纤维是采用物理、化学等方法制备而成的天然竹纤维，其主要制取过程如图 10-4 所示：首先利用机械方式将原竹材进行加工，得到竹片；然后将竹片在沸水中进行煮炼；

随后通过压碎装置将竹丝分解成细丝状；待得到细小竹丝之后，将其放入压力锅中进行蒸煮，以便去除部分果胶、半纤维素、木质素；同时利用生物酶进一步分解竹丝中的木质素、半纤维素、果胶，以获取纤维素纤维；对得到的纤维素纤维进行清洗、漂白、上油、开松梳理，最终获得竹原纤维。

竹浆纤维是按照要求将竹片制成竹浆，做成浆粕后再利用湿法纺丝制备而成的纤维。目前竹浆纤维已实现批量工业化生产，工艺较为完善。

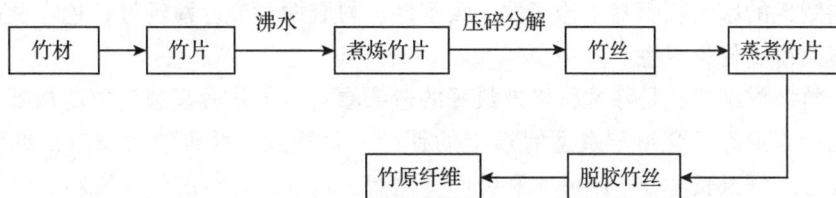

图 10-4　竹原纤维制取过程

（2）竹纤维性能

竹子本身带有一种独特的成分，通常称为"竹琨"，该成分的存在使竹纤维具备天然的防螨、防臭、除虫等功能，同时具有抑菌抗菌、吸湿透气等特点。此外，竹纤维可自然降解，节能环保。

标准状态下竹原纤维断裂强度为 4.72 cN/dtex，断裂伸长率为 3.48%，干湿强力比为 81.4%。其纵向分布有横节，粗细不均，表面具有众多微细的凹槽；横向为不规则的腰圆形和椭圆形，内带中腔，横截面布满各式空隙，并且边缘带有裂纹，与苎麻纤维的截面十分相似。竹原纤维具有的裂纹、凹槽与空隙仿若毛细管，可起到瞬间吸收、蒸发水分的作用，回潮率约为 11.8%，被誉为一种"会呼吸的纤维"。同棉纤维织物相比，竹原纤维织物的毛细度更高，传导液态水能力更出众，纤维的透湿和吸放湿性能更优，透气性比棉强 3.5 倍。抗菌测试结果表明，竹原纤维所具备的天然抗菌性能超越人工添加的化学物质，抗菌、杀菌效果较好，其对酸臭的除臭率高达 93%，氨气除臭率为 70% 左右，可有效抑制大肠杆菌、白色念珠球菌、金黄色葡萄球菌等，防紫外线性能良好。

竹浆纤维横截面为不规则的锯齿形状，其表面有向芯层弯曲的趋势；纵向平直，表面带有沟槽。竹浆纤维的纤维密度和黏胶纤维较为接近，约为 1.52 g/cm³，纤维初始模量较高，抗起球和抗皱性均良好。同竹原纤维相比，竹浆纤维伸长率更大，韧性和刚性更佳，制得的产品较为挺括。此外，竹浆纤维液具有较好的吸湿放湿性能，回潮率约为 11.5%，手感舒适，抗菌性能良好。竹浆纤维具有的多孔隙网状结构，可在水中瞬时膨胀，水溶性的活性染料能迅速吸附于纤维上并随之扩散，使所制成织物的染色均匀且性能优越，固色率高且具有较好的光泽。

竹纤维可代替棉花及其他纤维进行纺纱，性能优异且发展空间巨大。竹原纤维目前处于起步阶段，其可纺性相对较差，需应用短纺系统或与其他种类的天然纤维进行混纺，进而运用于服装、家纺及产业用纺织品中；竹浆纤维可通过化学方法进行制备，依托纺织设备进行加工，生产工艺较为完善且纤维性能出众，应用范围更为广泛。目前绝大部分的竹纤维家纺产品由竹浆纤维制备而成。当前，在家用纺织品中，竹浆纤维的应用十分广泛，包括床品套件、提花毯、家居服、毛巾等。竹浆纤维经提花工艺织造制备而成的床品套件，织物触感凉而不冰、温馨细腻，透气性、吸水性、耐磨性、固色性良好；优质竹浆纤维面料制备而成的提花毯类，亲肤舒爽、柔软细腻，且透气性好，爽滑不易黏身，健康环保，厚实耐用；天然竹浆面料制备的亲肤面料，吸汗透气、清爽舒适，且具有一定的保健抗菌功能；竹浆纤维制备而成的竹纤维毛巾抗菌性能优越，亲肤舒适、绿色保健；以竹浆纤维为原料制成的精梳棉织物，透气性、吸水性、耐磨性、染色性较好，色牢度高，不易褪色，细腻爽滑、健康卫生。

同时，竹纤维细长，是除木材以外最好的造纸原料，十分适宜制造中高档纸。研究表明，竹材的纤维形态及含量与最适宜造纸的针叶木很相近，纤维素含量高，纤维细长结实，可塑性好，纤维长度介于阔叶木和针叶木之间，是制浆造纸的优质原料。竹浆的性能介于针叶木浆和阔叶木浆之间，明显优于草浆，能生产各种书写纸及胶版纸、绘图纸、打字纸和包装纸等多种纸张。竹子生长周期短、易植、收购价低，产出的竹浆每吨仅 4 000 余元，较现在木浆 7 000 元左右的价格低，成本优势相当明显。且随着科学技术和造纸工业的发展，连续蒸煮和无氯无污染漂白等新技术已逐渐成熟，能有效解决原制浆工艺中竹浆白度、纤维度较差等技术难题，同时污染物的排放也可达到国家控制标准。竹浆可单独或与木浆、草浆合理配比，生产出质优价廉的文化用纸、生活用纸和包装用纸。据测算，以年产 100 万 t 竹浆计，每生产 1 t 竹浆需竹子 4 t，每吨竹子的现行收购价在 500 元左右，农民每年可直接增加收入 20 亿元。

竹纤维自身的优越性能契合当前消费者对于休闲、舒适、绿色、环保、安全等方面的更高需求，发展前景良好。但目前竹纤维在开发利用上还存在一定的不足。竹原纤维因刚性大、纤维硬挺、抱合力差、可纺性差等缺陷，其生产难度较大，开发应用有限。未来需深入开展基础理论研究，探索纤维结构，寻求工艺生产的突破口，进而推进竹纤维在纺织领域中的进一步开发利用。

10.1.4.4 竹炭及竹活性炭

竹炭及竹活性炭是两种由竹子衍生出的碳材料，具有广泛的应用价值和环保意义。

（1）竹炭精深加工与应用

竹材的热解包括快速热解、缓慢热解及热解后气、液、固 3 相产物。竹材热解固相产物竹炭在 20 世纪 90 年代日本已进行了大量研究，包括竹炭的分类、竹炭的利用、炭化工艺和设备、竹炭活化特性等。由于竹材生长快，繁殖能力强，容易更新且以竹材为原料生产的竹炭品质高、灰分少、细密多孔、比表面积大、吸附力强，不仅用于空气净化，而且也用于抗辐射、电磁波屏蔽素材及某些高新技术领域。

竹炭一般分为 3 类：炭化温度为 400 ℃左右的低温炭，炭化温度为 600~700 ℃的中温炭，炭化温度为 900~1 000 ℃的高温炭。日本学者对竹炭做了测定，炭化温度在 750 ℃以上的竹炭电阻为 0.1 Ψ/cm、对频率为 4 GHz 的电磁波衰减为 30 dB，对 35 GHz 电磁波衰减为 60 dB 以上，表现出良好的电磁波屏蔽性能。

竹炭作为一个新兴的产业，近年来在国内得到了迅猛发展。竹炭的净化、导电、电磁波屏蔽、防静电、释放负离子、发射远红外线等功能在国内的应用领域日益扩展，已逐渐渗透人们生活的各个领域。另外，加工竹炭的竹子，类型广泛，劳动生产效率和资源利用率高，竹材加工剩余物也可充分利用，可实现全竹综合利用。

（2）竹活性炭加工

竹活性炭具有较高的碘吸附值（1. 188 mg/g）、亚甲基蓝吸附值（196. 96 mg/g）和苯酚吸附值（203. 04 mg/g），优异的孔结构（BET 比表面积和微孔比表面积分别为 995. 35 m^2/g 和 796. 849 m^2/g，微孔容积 0. 369 cm^3/g，平均孔径 1. 939 nm），活化得率可达 45%，强度 93. 76%。竹活性炭的 BET 比表面积、微孔比表面积、总孔容积、微孔容积 4 个主要指标的数值是原料竹炭的 2 倍左右，活化时间的延长对活性炭的微孔结构参数影响较小，不影响低分子有害物质的去除。竹炭活化常见的有 KOH 活化法、水蒸气活化法等制备活性炭的途径。

KOH 活化法是将竹炭颗粒和固体工业 KOH（碱炭质量比为 4：1）置于带盖镍坩埚中，搅拌均匀，并将带盖镍坩埚置于马弗炉的中间位置，在 0. 15~0. 20 m^3/h 的氮气流保护下，升温至 400 ℃，恒温 30 min，使再次升温之前 KOH 处于熔融状态，有利于 KOH 均匀混合竹炭以及对竹炭的渗透；再快速升温至 700 ℃，活化 2 h。将活化的样品用热蒸馏水清洗，然后用 0. 1 mol/L 的盐酸中和，最后用热蒸馏水清洗至 pH 值为 7，在 120 ℃烘箱中烘干，得到活性炭。

水蒸气活化制备竹活性炭的最佳活化工艺为活化时间 1. 5 h、活化温度 900 ℃、水蒸气用量 430~480 g/h。对竹活性炭的孔结构分析表明，水蒸气活化法生产的竹活性炭能够在更低的相对压力下吸附达到饱和，有利于小分子有害气体的去除，属于典型的微孔结构活性炭的吸附曲线。

10. 1. 4. 5　竹子提取物

对竹子提取物的研究自古有之，我国明代李时珍所著的《本草纲目》就有记载，竹叶和竹沥具有止咳、止血和退热等功效。灰水竹和短穗竹提取物对玉米象成虫的驱避效果较好。毛金竹、毛竹、青皮竹、短穗竹等竹子提取物表现出较强的抗真菌作用，其应用 72 h 后对小麦赤霉病菌的菌丝抑制率在 80% 以上。此外，竹子提取物对棉铃虫幼虫具有较强的拒食作用，说明竹子提取物对于开发环境友好农药以及充分利用竹类资源均具有重要意义。

目前我国对竹子提取物的研究主要在竹叶、竹沥和竹醋液等方面。

（1）竹叶提取物

竹叶中含有许多生理活性物质，主要是黄酮类化合物、生物活性多糖、酚酸、蒽醌类化合物、香豆素类内酯、特种氨基酸、芳香成分和 Mn、Zn、Se 微量元素等，具有清除自由基、抗氧化、抗衰老、抗菌、抗病毒及保护心脑血管、防治老年退行性疾病等生物学功效。1998 年，浙江大学生物系统工程和食品科学学院，在借鉴国内外植物黄酮提取方面的各种专利技术上，结合竹叶类黄酮存在的特点，开发了竹叶黄酮提取工艺，并成功研制出居世界领先水平的黄酮类产品——竹康宁胶囊。竹叶其他成分还包括竹叶芳香成分、叶绿素、氨基酸、矿质元素等。竹叶特有的清香味是其食用和药用价值的重要体现，我国素有以箬竹叶包粽子的传统，日本受中国文化的影响，也有以竹叶包裹寿司的习俗。竹叶的香味属于当今流行的"清香型"，迎合了现代人回归大自然的需求，从竹叶中提取而得的挥发性成分，具有竹叶的清香，在食品添加剂、化妆品、除臭剂和空气清新剂等产品领域很有开发价值。

（2）竹　沥

竹沥又称"竹汁""竹油"，是从竹秆和竹鞭中提取的液汁。竹沥传统提取方法有两种：一种是将嫩竹秆粉碎，用甲醇、乙醇、氯仿和热水等溶剂提取；另一种是将嫩竹秆干馏或水蒸气蒸馏。此外，根据竹子生理特性还可以采用活竹体（大型竹秆）采取法。其采取方法为每年4~9月，选择2~4度的粗大竹秆（毛竹），离地面20~30 cm以下的任何一节间，在紧靠上下节节隔处用电钻各钻一个直径为1 cm的洞孔，该洞以穿过竹壁为度，并在洞内注入一定量的食用保鲜剂。取20~30 cm长，直径与洞孔相符的塑料导管，两端分别插入上下两个竹洞内0.5~1.5 cm。管边用泥密封2 d后，取出上导管口，将竹沥倒入无菌瓶中。一株竹子可取250~300 mL竹沥，最多可取1 000 mL。

竹沥为青黄色或棕黄色透明液汁，具有很高药用价值和食用价值。我国历代医书名家都有记载：竹沥甘寒性凉无毒，有清热化痰止咳，镇惊利窍作用。主治中风痰迷，肺热痰壅，惊风癫痫，解热除烦，血虚、流脑、破伤风、眼疾等症。《本草衍义》载："痰在巅顶可降，痰在胸膈可开，痰在四肢可散，痰在脏腑经络可利，痰在皮里膜外可行。"因此，竹沥为中医治痰之要药。近代科学研究，竹沥含有天冬氨酸、谷氨酸、酪氨酸、亮氨酸、赖氨酸、蛋氨酸、甘氨酸、脯氨酸、苏氨酸、丙氨酸等多种氨基酸，还有苹果酸、水杨酸、甲酸、乙酸、苯酚、葡萄糖、果糖及其他无机盐酸，大部分为人体所需。

（3）竹醋液

竹醋液是在竹炭制作过程中产生的热解馏分，经过冷凝回收得到的青黄色或黄棕色液体。目前国内烧制竹炭的方法主要有3种：土窑直接烧制法、立式干馏热解法和特制设备热解法。由这类方法制出的竹醋液原液需要经分离、脱色等进一步精制，以便适合不同的用途。竹醋液具有独特的烟熏香气，是一种含多种成分的混合物，主要成分是水（约含80%），其次是有机酸类（7%~11%，其中醋酸约含6%）、酚类（6%~8%）、酮类（0.8%~1.0%）、醛类（0.02%~1.0%）、醇类（0.01%~1.0%）和一些微量成分（0.5%~1.0%）。竹醋液中的多种成分起的作用各不相同，因此竹醋液的用途也很多。目前竹醋液可开发的使用领域主要为食品加工、卫生保健、农业生产、观赏园艺等。竹醋液对黄曲霉菌的抑制作用最强，大肠杆菌次之，金黄色葡萄球菌相对最差，这对竹醋液在食品污染抗菌应用方面提供了理论依据。高浓度（2 000~5 000 mg/L）的竹醋液具有除草剂活性，低浓度（< 500 mg/L）的竹醋液具有植物生长调节剂功效。竹醋液可显著改善鲜切花在离体后水分含量的减少，延长切花瓶插保鲜时间，使花径增大，延缓切花花瓣中过氧化氢酶活性的下降。

（4）其　他

除以上竹子提取物外，还有其他相关报道，如竹皮和竹笋提取物的抗菌活性研究。1991年，Nishin等将竹皮提取物与山梨酸、丙酸、苯甲酸等几种最为常用的防腐剂作比较后发现，竹皮粗提取物有一定的抑菌活性。分析粗提取物经过碱性、酸性、中性和酚类

4 个不同组分处理的结果，发现中性组分抑菌效果最强，2,6-二甲基苯醌是最主要的抑菌物质。2003 年，王贺祥等从新鲜竹笋中分离得到了一种能抑制真菌菌丝生长的蛋白质，其相对分子质量大约为 20 kDa。

10.1.5　竹纤维饲料的加工与利用

竹纤维饲料的加工与利用是当前农业科技领域的一个重要研究方向。竹子作为一种快速生长的植物，其纤维具有丰富的营养价值和良好的生物降解性，使其成为制备高效、环保饲料的理想原料。通过科学加工，竹纤维可以转化为适合不同动物需求的饲料，不仅提高了资源的利用率，还有助于促进畜牧业的可持续发展。

10.1.5.1　竹纤维饲料的营养价值

与菊粉、苜蓿草、麸皮等其他纤维饲料原料相比，竹纤维具有良好的透气性、吸附性、抗菌性，且霉菌毒素含量低，2024 年被批准进入国家饲料原料目录。以不同品种嫩竹秆制作的竹粉含糖 0.94%～13.40%、淀粉 1.75%～16.89%、粗灰分 0.87%～2.77%、粗蛋白质（CP）1.31%～2.03%、不可溶纤维 62.54%～89.79%，有望成为淀粉和纤维的来源。采集 5～6 年生毛竹竹秆（产自四川省），去竹青后，采用切刀粉碎机进行粗粉，烘干至水分含量为 10%～12% 后，用锤片式粉碎机粉碎并过 80 目筛，测定其营养指标和卫生指标，由表 10-16 可知，饲用竹黄粉纤维含量丰富、卫生指标较好，黄曲霉毒素 B_1、玉米赤霉烯酮、伏马毒素等饲料原料常关注的霉菌毒素指标均未检出。

表 10-16　毛竹竹黄粉营养指标和卫生指标

指　标	含　量	测定方法
水分（%）	7.1～8.0	GB/T 6435—2014
粗蛋白（%）	1.4～1.7	GB/T 6432—2018
粗脂肪（%）	0.4～0.6	GB/T 6433—2006
粗灰分（%）	1.0～1.6	GB/T 6438—2007
粗纤维（%）	49.5～51.5	GB/T 6434—2006
中性洗涤纤维（%）	79.5～84.5	GB/T 20806—2006
酸性洗涤纤维（%）	59.0～68.5	NY/T 1459—2022
钙（%）	0.35～0.40	GB/T 6436—2018
总磷（%）	0.05～0.06	GB/T 6437—2018
赖氨酸（%）	0.04～0.05	GB/T 18246—2019
苏氨酸（%）	0.04～0.05	GB/T 18246—2019
天冬氨酸（%）	0.10～0.12	GB/T 18246—2019
丝氨酸（%）	0.04～0.05	GB/T 18246—2019
谷氨酸（%）	0.07～0.09	GB/T 18246—2019
甘氨酸（%）	0.05～0.06	GB/T 18246—2019
丙氨酸（%）	0.05～0.06	GB/T 18246—2019
胱氨酸（%）	0.05～0.06	GB/T 15399—2018

（续）

指　标	含　量	测定方法
缬氨酸(%)	0.04～0.05	GB/T 18246—2019
蛋氨酸(%)	0.03～0.04	GB/T 15399—2018
异亮氨酸(%)	0.03～0.04	GB/T 18246—2019
亮氨酸(%)	0.06～0.07	GB/T 18246—2019
酪氨酸(%)	0.01～0.02	GB/T 18246—2019
苯丙氨酸(%)	0.03～0.04	GB/T 18246—2019
组氨酸(%)	0.03～0.04	GB/T 18246—2019
精氨酸(%)	0.01～0.04	GB/T 18246—2019
脯氨酸(%)	0.04～0.05	GB/T 18246—2019
铁(mg/kg)	110～130	GB/T 13885—2017
锌(mg/kg)	10～20	GB/T 13885—2017
硒(mg/kg)	未检出(检出限：0.01)	GB/T 13883—2008
铜(mg/kg)	未检出(检出限：5)	GB/T 13885—2017
锰(mg/kg)	45～50	GB/T 13885—2017
总砷(mg/kg)	0.00～0.04	GB/T 13079—2006
铅(mg/kg)	未检出(检出限：2)	GB/T 13080—2018
汞(mg/kg)	0.00～0.01	GB/T 13081—2006
铬(mg/kg)	未检出(检出限：0.15)	GB/T 13088—2006
氟(mg/kg)	未检出(检出限：3)	GB/T 13083—2018
镉(mg/kg)	未检出(检出限：0.2)	GB/T 13082—2021
黄曲霉毒素 B_1(μg/kg)	未检出(检出限：2.0)	NY/T 2071—2011
赭曲霉毒素 A(μg/kg)	未检出(检出限：5.0)	GB/T 30957—2014
玉米赤霉烯酮(μg/kg)	未检出(检出限：10.0)	NY/T 2071—2011
T-2 毒素(μg/kg)	未检出(检出限：2.0)	NY/T 2071—2011
脱氧雪腐镰刀菌烯醇(μg/kg)	未检出(检出限：0.1)	GB/T 30956—2014
伏马毒素(B_1+B_2)(μg/kg)	未检出(检出限：0.05)	NY/T 1970—2010

　　大熊猫作为一种典型的以竹为主要食物来源的动物，其对竹的消化率不高，有研究报道熊猫对新鲜全竹的平均干物质消化率低于 20%，对半纤维素和纤维素的消化率分别为 27% 和 8%。通过内部标记法扩大实验群体的研究发现，熊猫采食全竹的粗蛋白质表观消化率为 33.8%，粗纤维表观消化率为 31.8%。上述研究表明，饲用竹粉的营养利用率相对较低，但经过适当处理(如发酵)后可提高养分利用率。研究发现，将竹粉碎发酵后替代绵羊苜蓿草豆粕型基础饲粮，与不发酵竹粉相比，有机质(OM)、无灰中性洗涤纤维(ND-Fom)、无灰酸性洗涤纤维(ADFom)的表观消化率均显著增加。以 3 年生毛竹粉与豆渣混合发酵后饲喂羊，粗蛋白质、无灰中性洗涤纤维消化率与苜蓿草相当，有机质、无灰酸性洗涤纤维消化率低于苜蓿草。

　　然而竹纤维在纤维特性和益生性等方面表现优异，对动物具有潜在的功能性价值。研究发现，竹笋壳纤维具有较强的胆固醇吸附活性和益生性潜力，可促进乳酸菌生长和增加底物可发酵性。竹笋壳纤维通过增强胰岛素信号激活过氧化物酶体增殖物，激活受体 γ 辅激活因子 1α（PGC-1α），从而提高喂养高脂饲粮小鼠的胰岛素敏感性，其改善效果显著优于另一微晶纯化纤维素。

　　与竹笋壳提取的纤维相比，以竹秆制作的饲用竹粉含有一定的木质素。超微粉碎可使纤维组分由不溶性向可溶性再分配，降低木质素含量，提高竹粉纤维的持水性、脂肪吸附性和益生性。通过比较竹粉（冲击磨粉碎机粉碎，过 120 目筛）和常规竹粉（锤片粉碎机粉碎，过 80 目筛）的纤维特性、益生性的比较发现，与常规竹粉相比，超微竹粉的胆固醇吸附性显著增加，可显著提高体外半合成培养基中（接种母猪粪便过滤菌液发酵 48 h）发酵液中乳酸杆菌和大肠杆菌丰度，有增加总菌丰度趋势作用。上述研究表明，通过超微粉碎、提取纯化等改性处理措施可改善竹粉的纤维特性和益生性，进而提高其在饲料中的功能性价值表现。

10.1.5.2　竹纤维饲料的预加工工艺

　　科学合理的预加工技术，不仅可以有效提高竹纤维的消化率和吸收率，还能增强饲料的适口性、保存性和益生性，为畜牧业提供高质量的饲料资源。

　　（1）饲用竹黄粉的加工工艺流程

　　竹子的主要收获部位为竹秆，且相对容易收获。竹秆分为外层、内层和中间层，外层为竹青部，中间层为竹秆主要组成部分，俗称竹黄部（图 10-5）。与竹青部位相比，竹黄部具有较低的纤维素和木质素，且含有较高的薄壁细胞和输导组织，更适宜用作纤维饲料。将竹黄部进行适当粉碎加工即可获得竹黄粉纤维饲料，该饲料符合国家饲料原料卫生标准《饲料卫生标准》（GB 13078—2017）要求。

　　这里主要介绍一种"二段高温+二段粉碎"的饲用竹黄粉加工工艺，如图 10-6 所示，包括以下步骤：

　　①首先将新鲜竹秆中的竹根部段和感官有腐烂霉变段切除，再将剩余的新鲜竹子切成 2~3 m 长竹段；然后用竹材专用分片机将每段竹段分割成 4~8 块竹片，用竹材专用拉丝

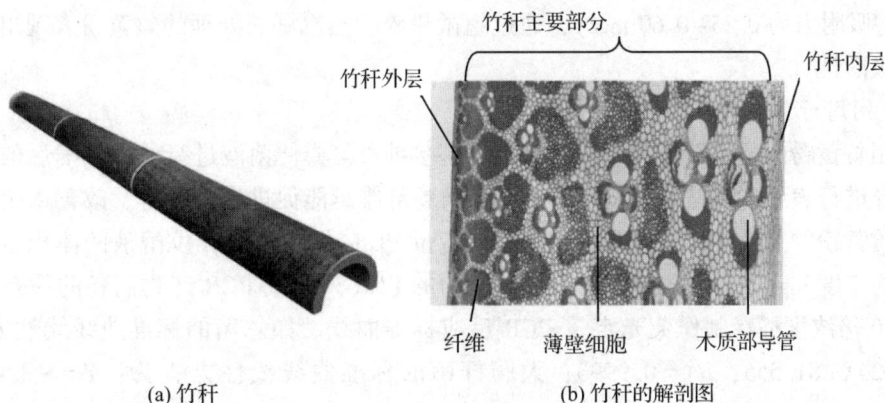

(a) 竹秆　　　　　　　　　　　(b) 竹秆的解剖图

图 10-5　竹秆组成（引自：Huang et al.，2019）

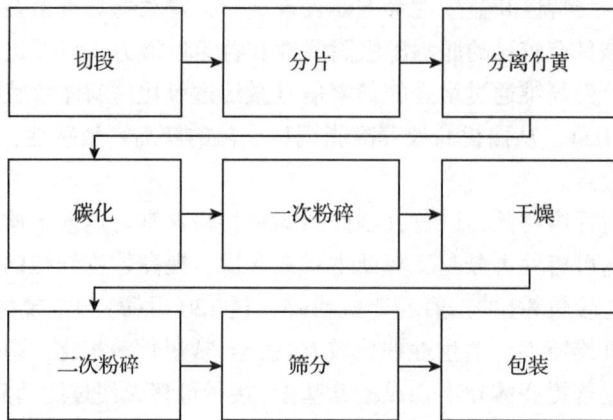

图10-6　竹黄粉的加工工艺流程

机将竹段去除青皮和竹腔内膜，从而获得竹黄，其中去除的青皮厚度为 0.1~2.0 mm。

②将获得的片状竹黄放入密闭罐体内，通入蒸汽升温至 150~200 ℃，处理 2~3 h 进行高温碳化；然后用竹材专用刀片式粉碎机将高温碳化后的竹黄进行第一次粉碎，获得长度为 10 mm 以下的初级竹黄粉。

③将获得的初级竹黄粉进行自然干燥或人工干燥，然后采用锤片粉碎机或研磨粉碎机将干燥后的初级竹黄粉进行第 2 次粉碎，经负压通风过筛后即可获得饲用竹黄粉。

通过上述工艺加工获得的竹黄粉，色泽均匀，具有天然竹黄色，并呈现出淡淡的竹清香味，无霉变、无异味，具有典型的、特异的竹来源特征。饲用竹黄粉的水分宜控制在 10% 以内，可室温保存一年以上。在实际生产中，制备好的竹黄粉需要进行包装，在包装时，为减少粉尘可掺加 0.5%~1.0% 的植物油或糖蜜后，再进行包装。

（2）饲用竹黄粉的纤维特性

饲用竹黄粉的纤维特性可通过测定吸水膨胀性、水结合力、持水力、持油力和胆固醇吸附力等指标，分析纤维的吸附能力和结合能力，值越大表明竹粉纤维特性改性幅度越高。胆固醇吸附力以每克样品吸收的胆固醇量表示。测定不同加工工艺制备的 5~6 年生毛竹竹黄粉的胆固醇吸附力为 0.35~0.60 mg/g，通过超微粉碎、蒸汽爆破处理的竹黄粉表现出更高的胆固醇吸附性。

（3）饲用竹黄粉的益生性

饲用竹黄粉的益生性可利用半合成培养基接种母猪粪便菌液进行体外发酵后的微生物丰度差异进行表示，有益菌丰度越高表明竹黄粉纤维越能促进底物发酵，改善微生物菌群组成，竹黄粉的益生性作用越强。通过荧光定量 PCR 法提取 DNA 发酵液的体积定量计算各微生物丰度 log(copies/mL)。利用各微生物的 PCR 产物或 PCR 产物制备的质粒作为标准品，10 倍浓度稀释制作荧光定量 PCR 反应标准曲线。如总菌的标准曲线线性方程为：$Y = -3.624X + 81.555$，$R^2 = 0.9993$；大肠杆菌的标准曲线线性方程为：$Y = -3.4454X + 79.179$，$R^2 = 0.9958$；乳酸杆菌的标准曲线线性方程为：$Y = -3.625X + 78.362$，$R^2 = 0.9909$；芽孢杆菌的标准曲线线性方程为：$Y = -3.404X + 78.612$，$R^2 = 0.9954$；双歧杆菌的标准曲线线性方程为：$Y = -3.41X + 75.569$，$R^2 = 0.9901$。其中，Y 为 DNA 拷贝数，X 为 Ct 值。$R^2 > 0.99$，表明 DNA 拷贝数浓度的对数值（X 轴）与 Ct 值（Y 轴）之间具有良好的线性关系。

10.1.5.3 竹纤维饲料的深加工处理

竹纤维作为一种天然的饲料原料，具有丰富的纤维素和半纤维素，为了更好地利用纤维的营养价值，可进一步进行深加工处理，包括蒸汽爆破、蒸汽蒸煮和固态发酵等。竹纤维饲料的深加工处理有助于破坏纤维之间的紧密连接，降低纤维聚合度，降解半纤维素，增加纤维的吸附性，从而使竹纤维的可消化性、纤维特性和益生性得到明显提升。

（1）竹纤维的蒸汽爆破加工

蒸汽爆破技术是近年来发展起来的一种生物质原料加工处理方法。竹纤维的主要成分为纤维素、半纤维素及木质素，气相爆破主要是利用高温高压水蒸气或其他气相介质处理纤维，在物理化学作用下，半纤维素部分水解，木质素软化变得易降解，从而使横向联结强度下降，细胞孔隙中充满高压气体，变得柔软可塑。当骤然减压时，细胞孔隙中的气体急剧膨胀，产生爆炸，将竹纤维管束爆裂成细小的纤维，从而实现原料的组分分离和结构变化。

蒸汽爆破处理竹纤维主要有以下 4 个方面的作用：

①类酸性水解作用及热降解作用 气相爆破过程中，高压热蒸汽进入竹纤维原料中，并渗入纤维内部的空隙。由于水蒸气和热的联合作用，纤维原料的类酸性降解以及热降解，低分子物质溶出，纤维聚合度下降。

②类机械断裂作用 在高压蒸汽释放时，已渗入竹纤维内部的热蒸汽分子以气流的方式从较封闭的空隙中瞬间高速释放出来，纤维内部及周围热蒸汽的瞬间高速流动，使纤维发生一定程度上的机械断裂。这种断裂不仅表现为竹纤维素大分子中的糖苷键断裂、纤维素内部氢键的断裂，还表现为无定形区的破坏和部分结晶区的破坏。

③氢键破坏作用 在气相爆破过程中，水蒸气渗入竹纤维各孔隙中并与竹纤维素分子链上的部分羟基形成氢键，同时高温、高压、含水的条件又会加剧对纤维素内部氢键的破坏，游离出新的羟基，增加了纤维素分子内的氢键，分子内氢键断裂的同时，纤维素被急速冷却至室温，使得纤维素超分子结构被冻结，只有少部分的氢键重组，这样使溶剂分子容易进入片层间，而渗入的溶剂进一步与纤维素大分子进行溶剂化，并引起残留分子内氢键的破坏，加速了其他晶区的完全碎坏，直至完全溶解。

④结构重排作用 在高温、高压下，纤维素分子内氢键受到一定程度的破坏，纤维素链的可动性增加，有利于纤维素向有序结构变化，同时，纤维素分子链的断裂，使纤维素链更容易再排列。

蒸汽爆破技术对竹纤维结构上的影响可归纳为两方面：

①高温蒸煮阶段 此阶段半纤维素降解，木质素软化。

②纤维素暴露瞬时泄压阶段 此阶段过热态水闪蒸成蒸汽，导致蒸汽体积瞬时膨胀，强大冲击力作用在物料上，造成竹纤维组织撕裂，纤维束松散。

利用 0.3 MPa 和 0.4 MPa 蒸汽爆破 1 min 处理竹粉纤维，结果发现蒸汽爆破处理增加了竹粉纤维表面裂纹，纤维管束受到破坏，尤其以 0.4 MPa 蒸汽爆破处理更为明显（图 10-7）。

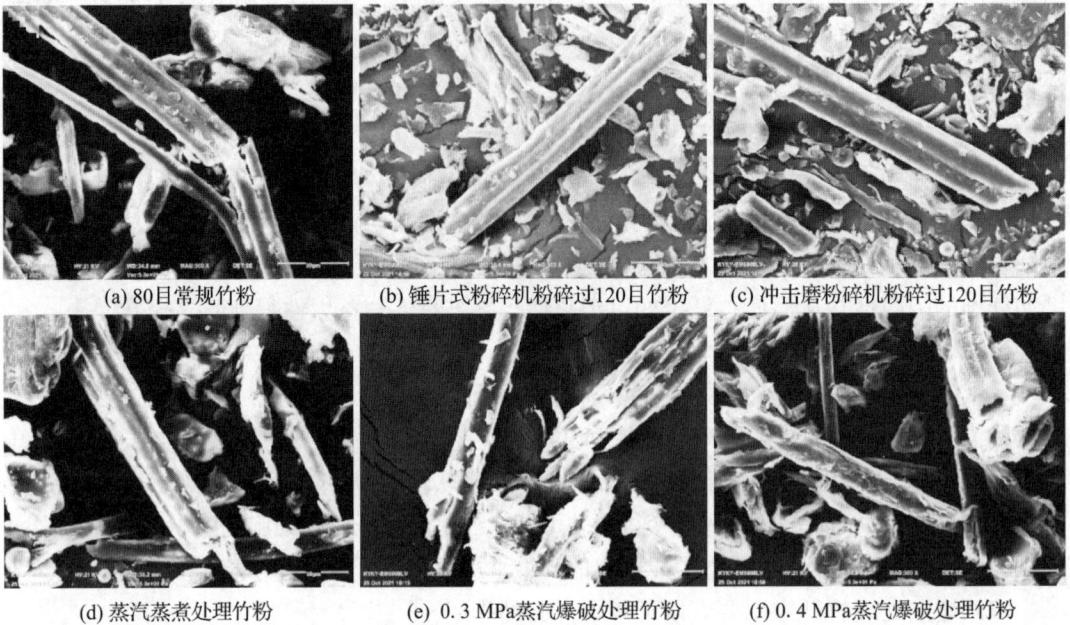

(a) 80目常规竹粉　　(b) 锤片式粉碎机粉碎过120目竹粉　　(c) 冲击磨粉碎机粉碎过120目竹粉

(d) 蒸汽蒸煮处理竹粉　　(e) 0.3 MPa蒸汽爆破处理竹粉　　(f) 0.4 MPa蒸汽爆破处理竹粉

图10-7　不同加工工艺竹粉纤维形态(×500)

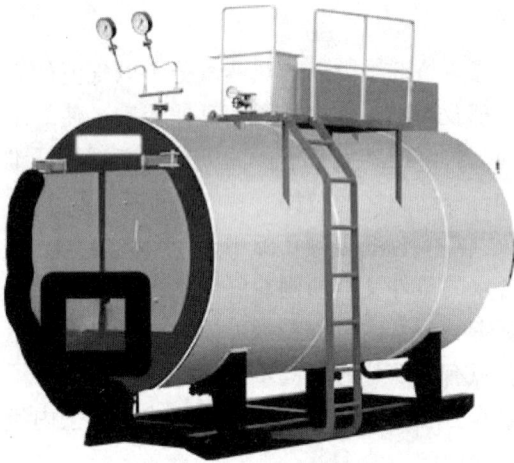

图10-8　蒸汽蒸煮反应器

(2)竹纤维饲料的蒸汽蒸煮

蒸汽高温蒸煮处理可以破坏竹纤维分子间作用力和晶体结构,处理后纤维颗粒变小,组织结构更加疏松,空隙增多,导致不可溶性纤维分子链断裂,转变为可溶性纤维,从而提高竹纤维饲料的益生性。由图10-7可知,经蒸汽蒸煮处理后的竹粉纤维表面也出现裂纹,纤维管束受到破坏,但破裂程度不如蒸汽爆破处理。与蒸汽爆破处理不同,蒸汽高温蒸煮过程较温和,反应过程对物料水分影响较小,不会增加后续处理因水分导致的成本增加。

蒸汽高温蒸煮需要一个蒸汽反应器(图10-8)。将竹纤维材料通过托架放入蒸汽反应器中,确保蒸汽能渗透进入竹材中,并加热到高温高压的蒸汽环境中。通常温度在120~200 ℃,反应时间根据材料和需求而定。前期研究发现120~130 ℃处理竹粉纤维2 h,可使竹粉纤维促进体外半合成培养基发酵液中微生物丰度增加,提高益生性。

(3)竹纤维饲料的改性

竹粉主要由纤维素、半纤维素、木质素和戊聚糖组成,纤维素化学式为$(C_6H_{10}O_5)_n$,每个葡萄糖基含有3个活泼羟基,在一定条件下使羟基脱氢,使竹纤维形成羧基并结合新的物质，进而获得更具功能性的改性竹纤维耦联饲料原料。竹纤维耦联改性方法主要有以下几种。

①与阳离子表面活性剂结合改性　将竹材烘干后，进行超微粉碎，粉碎得越细，越利于改性结合，最低粉碎细度宜控制在 120 目以上。超微竹粉与阳离子表面活性剂按质量比例（0.1%～1.0%）进行混合。阳离子表面活性剂包括十六烷基三甲基溴化铵（CTAB）、十二烷基苯磺酸钠（SDBS）、壳聚糖等。混合均匀后，在一定比例水相（基料：水质量 = 1：20～50）和一定温度下（40～60 ℃），搅拌反应一定时间（1～3 h），经过滤烘干后获得阳离子表面活性剂——竹粉纤维改性剂。经改性处理后，竹粉纤维吸附性能得到显著提升。

②竹纤维预处理后酯化反应　竹纤维在改性过程中若反应条件控制不佳，则可能产生交联反应作用，导致纤维素表面的羧基与其他羟基位点发生反应，减少羧基基团量，进而降低了改性效果（图 10-9）。为此，竹纤维通过一定预处理后进行酯化反应，可以有效提高改性效率，预处理方法有微波、辐照、高压、碱性氧化溶液浸泡等。竹纤维经预处理后可以与含羧基的柠檬酸在一定水相比例（基料：水质量 = 1：20～50），经催化剂作用，搅拌反应一定时间（0.5～1.0 h），经过滤烘干获得柠檬酸改性竹纤维，吸附性能得到明显改善。

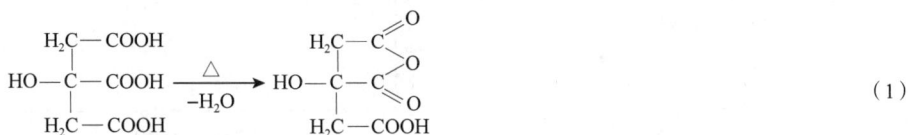

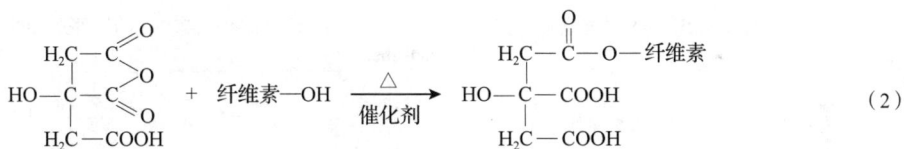

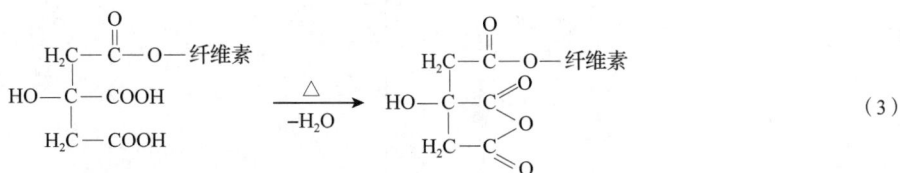

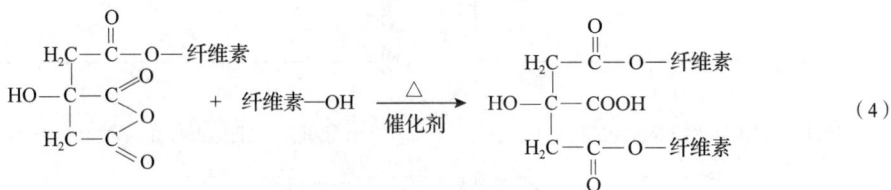

图 10-9　纤维素交联反应

③竹纤维预处理后螯合反应　竹粉纤维与超微 ZnO 按一定比例（90～60：10～40）混合均匀，加入耦联剂（如 T-氨丙基三乙氧基硅烷），在一定比例水相下（基料：水质量 = 1：4～10），在高温高压条件下（120～150 ℃、0.2～0.6 MPa），搅拌反应一定时间（1～3 h），经过滤烘干获得载 ZnO 竹纤维配合物。竹粉纤维经高温高压预处理后暴露出羧基与 ZnO 的 Zn 进行螯合反应，竹纤维羧基发生位移，如图 10-10 所示，反应制备载 ZnO 纤维

(ZnO-fiber)的红外光谱图与超微竹粉(CON1)、超微竹粉与超微 ZnO 混合物(CON3)类似，与超微 ZnO(CON2)有较大区别。3 342.09 cm^{-1} 处为竹纤维羟基的伸缩振动峰，与 ZnO 结合反应后，该峰移动至 3 327.29 cm^{-1}，而与 ZnO 混合后移动至 3 324.95 cm^{-1}，这是由于感应效应或偶极场效应改变了羟基的电子云密度。1 735.52 cm^{-1} 为竹纤维羰基的特征伸缩振动峰，与 ZnO 结合反应后该峰消失，而与 ZnO 混合后移动至 1 730.02 cm^{-1}，这说明超微 ZnO 已负载于竹纤维上面，竹粉羰基可能参与了与 ZnO 的结合反应。竹纤维预处理后，螯合反应制备载 ZnO 竹纤维配合物，提高了 ZnO 与竹纤维的结合强度，可避免或大幅减少 ZnO 过胃遇酸反应的损失。

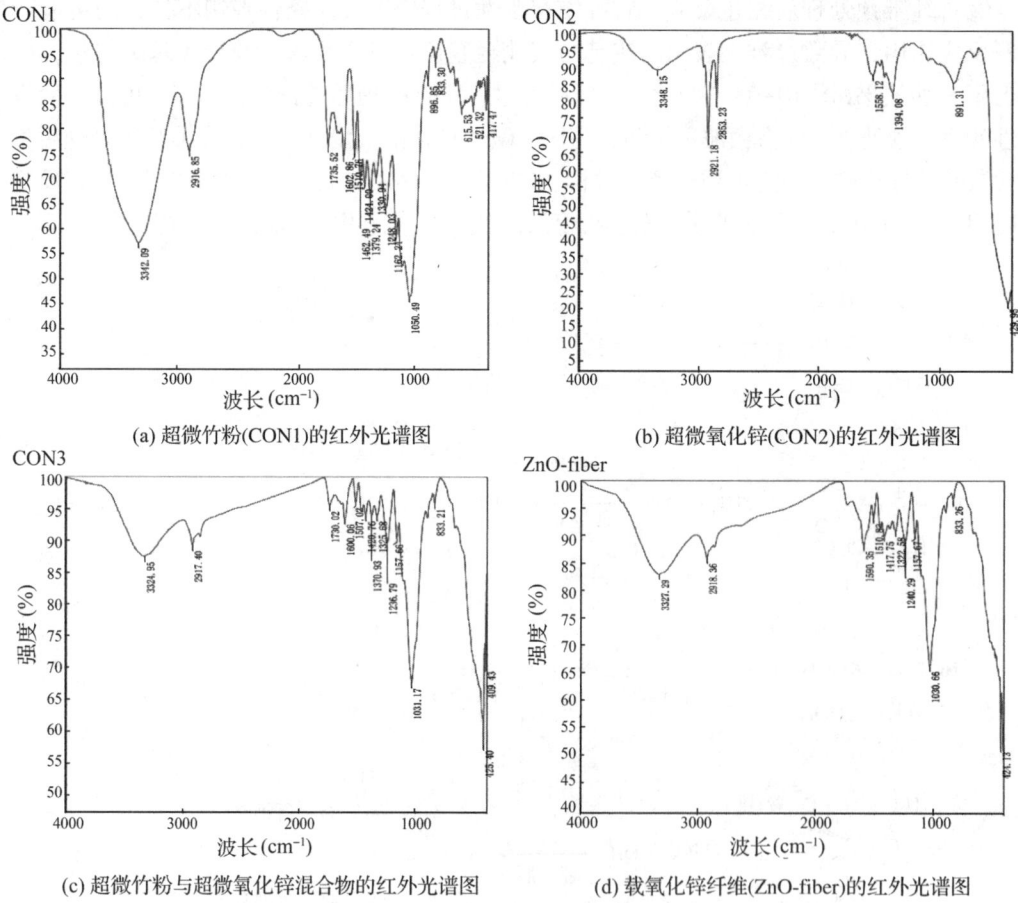

(a) 超微竹粉(CON1)的红外光谱图

(b) 超微氧化锌(CON2)的红外光谱图

(c) 超微竹粉与超微氧化锌混合物的红外光谱图

(d) 载氧化锌纤维(ZnO-fiber)的红外光谱图

图 10-10 不同竹粉纤维的红外光谱图

10.1.5.4 竹纤维饲料的应用

竹纤维饲料富含纤维素且其纤维表现出较好的吸附性和益生性，在动物饲料中具有良好的应用前景。竹纤维还可以促进动物肠道蠕动，减少便秘的发生，提高采食量。下面主要介绍竹纤维饲料的应用方案及其效果。

（1）竹纤维饲料在肉鸡中的应用

在肉仔鸡饲料中，将 1%超微竹粉按无灰中性洗涤纤维含量 1∶5 替代常规纤维原料

（如米糠），可通过调控机体抗氧化、食糜微生物菌群、肠道脂肪酸和氨基酸以及免疫代谢通路而改善生长性能。研究发现，添加超微竹粉组的肉仔鸡增重耗料比显著优于米糠组，平均日增重有高于米糠组趋势。超微竹粉组肉仔鸡血清谷胱甘肽过氧化酶活性显著高于对照组，丙二醛含量显著低于米糠组和对照组。与对照组相比，超微竹粉组肉仔鸡盲肠食糜微生物厚壁菌门丰度比例略有增加，米糠组厚壁菌门比例降低而拟杆菌门增加。米糠组与对照组有 52 个差异代谢通路，超微竹粉组与对照组有 69 个差异代谢通路，主要影响均表现在脂肪酸代谢、氨基酸代谢和肠道免疫 IgA 产生等方面，而超微竹粉组与米糠组有 63 个差异代谢通路，主要影响表现在氨基酸代谢和脂肪酸代谢等方面，表明肉仔鸡饲粮中添加超微竹粉或米糠均能调控肠道免疫代谢，而超微竹粉和米糠在调控氨基酸和脂肪酸等营养类代谢通路上存在差异（图 10-11）。

在肉中鸡饲料中，将 1% 超微竹粉等量替代玉米（饲粮总无灰中性洗涤纤维 10.3%），可更好地改善肠道健康和节约配方成本。研究发现，在肉中鸡阶段（24~45 d），超微竹粉

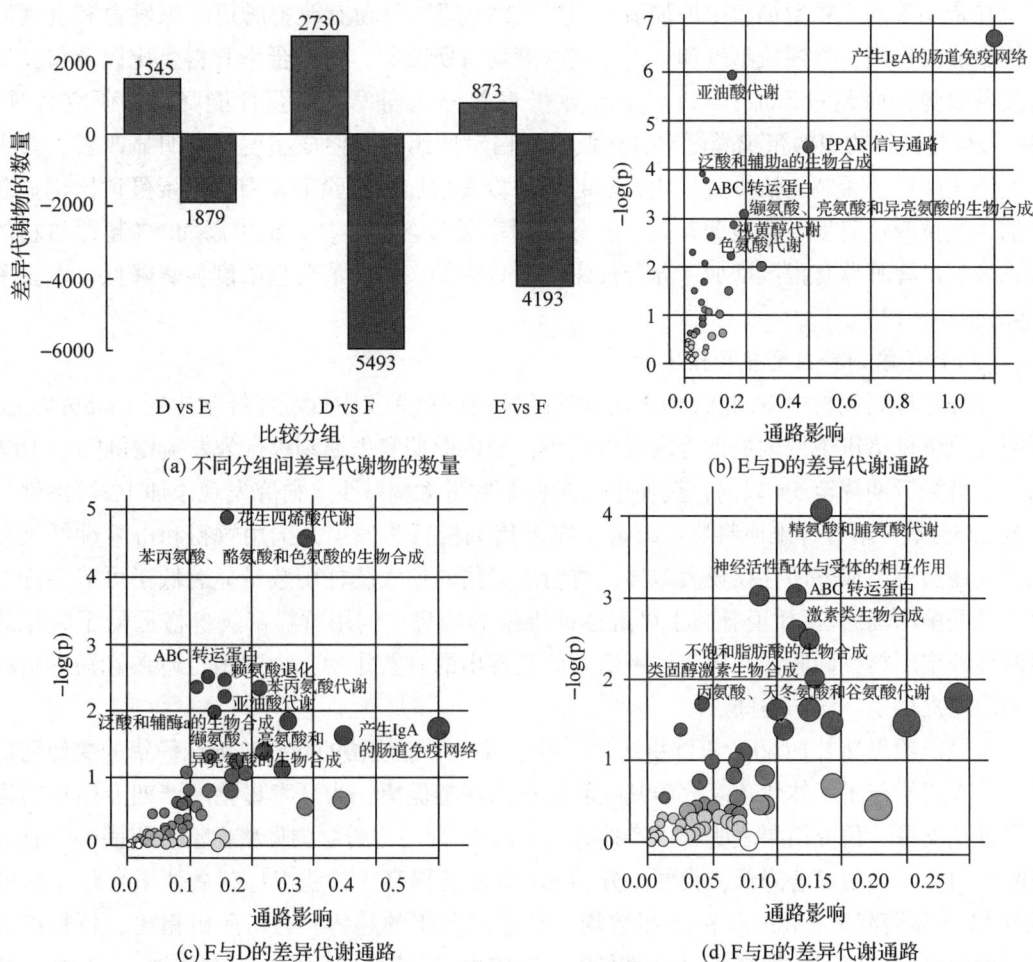

图 10-11　超微竹粉对肉仔鸡代谢通路的影响

（注：D 组为对照组，E 组为 5% 米糠组，F 组为 1% 超微竹粉组）

组肉鸡生产性能与对照组无显著差异，盲肠器官指数、空肠绒毛高度和绒毛与隐窝比值显著高于对照组。与对照组相比，超微竹粉组肉鸡盲肠食糜微生物厚壁菌门丰度比例增加，拟杆菌属丰度比例较低，添加超微竹粉显著上调肉鸡盲肠食糜厚壁菌门等表达丰度。超微竹粉组与对照组有66个差异代谢通路，其中主要表现在丙氨酸、天冬氨酸和谷氨酸代谢、丁酸代谢、精氨酸合成、亚油酸代谢和β-丙氨酸代谢等方面。经过相关性分析发现，肉鸡盲肠食糜中厚壁菌与丁香酸、3-甲基-2-氧代戊二酸、丁酸等呈显著正相关；而拟杆菌属与L-丙氨酸、L-苏氨酸、3-甲基硫代丙酸、L-谷氨酸等呈显著正相关。添加1%超微竹粉等量替代玉米对肉中鸡生长性能无负面影响，这可能与其能调控食糜菌群促进脂肪酸代谢以及改善肠道组织发育有关。上述研究表明，超微处理加工竹粉可在一定程度上发挥"以竹代粮"作用应用于肉鸡养殖，同时还有改善肠道健康作用，这对我国全面禁止饲用抗生素添加剂后的绿色健康养殖更具有功能性应用价值意义。

（2）竹纤维饲料在蛋鸡中的应用

在蛋鸡玉米豆粕型饲粮中添加适量（1%~2%）超微竹粉有改善肠道组织发育和食糜微生物组成的作用，粪便成型度和舍内氨气浓度均有所改善，对产蛋率和料蛋比以及蛋品质有改善趋势；而超量添加（4%）可能导致蛋鸡养分代谢率和产蛋性能降低。研究发现，1%、2%超微竹粉组的蛋鸡粪便水分均低于空白对照组，粪便成型度得到明显改善，舍内氨气浓度降低，蛋鸡血清中过氧化氢酶的活性显著增加，实验第4周，鸡蛋蛋黄比例显著增加，蛋黄颜色亮度L值显著升高，养分代谢率无显著差异。日粮中添加4%超微竹粉的蛋鸡表现出脾脏器官指数增加，养分代谢率显著降低，血清葡萄糖浓度显著降低，产蛋率下降（图10-12）。

（3）竹纤维饲料在繁殖母猪中的应用

在妊娠母猪饲料中应用2.5%饲用竹粉纤维使饲粮无灰中性洗涤纤维达到16.5%以上，可明显改善母猪饥饿型刻板行为的发生比例，妊娠前期和中期刻板行为发生比例降至10%以内，妊娠后期降至5%以内，粪便中大肠杆菌数量大幅减少。研究发现添加1%可溶性竹粉或2.5%不可溶性纤维原料均可改善妊娠母猪刻板行为发生，饲用竹粉和可溶性纤维在调控粪便菌群组成方面存在较大差异，竹粉组母猪粪便大肠杆菌数量显著低于可溶性纤维组，乳酸菌/大肠杆菌比值有高于可溶性纤维组的趋势。饲用竹粉市场价格远低于纯化的可溶性纤维原料，同时在调控菌群平衡方面表现出的有益作用，为饲用竹粉在妊娠母猪料中的应用提供了广阔的空间。

对围产期母猪补加60 g/d竹粉纤维，可在减少母猪便秘的同时改善母仔猪的粪便菌群组成，有望从母子一体化角度改善其哺乳仔猪的肠道健康，为开发母猪围产期专用饲料提供了理论支撑。研究结果表明，围产期补饲60 g/d饲用竹粉组的母猪血清总胆固醇、甘油三酯、丙二醛含量显著降低，粪便水分和pH值显著提高。竹粉组母猪粪便微生物丰富度指数Chao显著降低，Ace和Sobs指数均有低于对照组的趋势。与对照组相比，竹粉组母猪粪便中厚壁菌门和变形杆菌门比例变化幅度较大，分别减少10.69%和增加15.14%；哺乳仔猪粪便中梭杆菌门比例变化最大，比对照组减少4.36%。竹粉组母猪粪便放线杆菌门相对丰度显著低于对照组，而哺乳仔猪粪便中梭杆菌门相对丰度有低于对照组的趋势。在

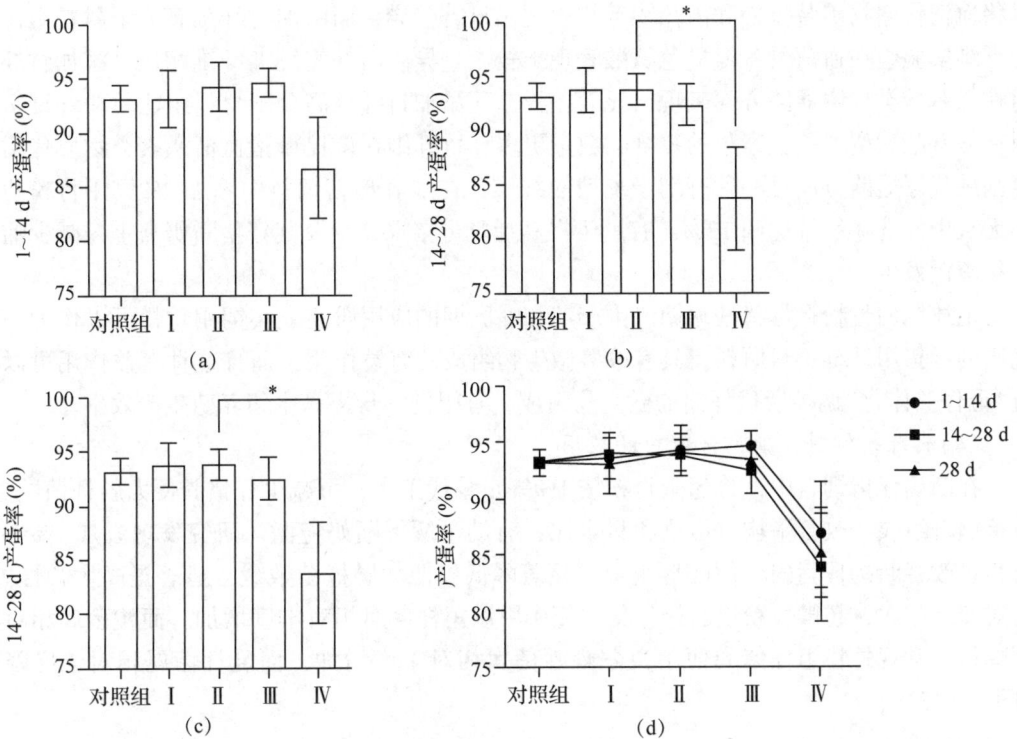

图（a）~（c）分别为前两周、后两周以及四周总和的矩形图；（d）为三者的折线图趋势显示。对照组、Ⅰ、Ⅱ、Ⅲ和Ⅳ组超微竹粉添加量分别为 0、1%、2%、3%和 4%。

图 10-12　竹粉对蛋鸡产蛋率的影响

Top10 优势菌属中，竹粉组母猪粪便中泰式菌属相对丰度显著低于对照组，而哺乳仔猪粪便中梭杆菌属相对丰度有低于对照组趋势。综上所述，母猪围产期添加 60 g/d 饲用竹粉可增加母猪粪便水分，减少便秘发生，减轻机体氧化损伤，有降低后代哺乳仔猪有降低致病菌梭杆菌属相对丰度趋势作用。

研究发现，在哺乳母猪饲粮中添加 2%饲用竹粉可改善母猪采食量，提高每日养分摄入量，仔猪断奶体重也得到显著改善。与统糠对照组相比，饲用竹粉组母猪哺乳第 2 周平均采食量显著增加，哺乳 11~21 d 和 3~21 d 阶段仔猪窝均日增重显著增加，哺乳第 21 天母猪血清甘油三酯含量显著升高。通过 16S rRNA 测序分析发现，竹纤维显著提高母猪粪便微生物表征丰度指数 Ace、Chao 和 Sobs，有提高 21 d 哺乳仔猪 Sobs 指数趋势作用。与对照组相比，补充饲用竹粉显著提高分娩后 7 d 和 21 d 母猪粪便克里斯滕森菌科 R-7 群（*Christensenellaceae_ R-7_ group*）丰度。通过 Spearman 相关性分析发现，第 21 天哺乳仔猪粪便中考拉杆菌属（*Phascolarctobacterium*）丰度与腹泻率极显著正相关，与窝平均日增重、21 d 断奶窝重、3~21 d 成活率成显著负相关。与此相关反的是，克里斯滕森菌科 R-7 群丰度与腹泻率成显著负相关，与窝平均日增重成显著正相关。因此，母源补充竹纤维饲用竹粉可通过改善仔猪粪便微生物多样性和组成进而提高哺乳仔猪窝均增重。

此外，在哺乳母猪饲粮中添加 2%饲用竹粉，与补充统糠纤维相比，添加竹纤维组的母猪血清代谢物美替拉松和丙咪嗪等均表现出显著差异，而添加竹纤维高分子材料组比竹粉纤维实验组在血清天冬氨酰色氨酸表现出较大差异。与补充统糠纤维相比，添加竹纤维组在氨基酸类代谢通路方面表现出显著差异，而添加竹纤维高分子材料组比竹粉纤维实验组在氨基酸代谢通路上富集的复合物数量更多。竹纤维在调控母猪血清激素类物质代谢和氨基酸代谢通路方面是一种有别于统糠的纤维，在哺乳母猪饲料中添加 2% 饲用竹粉使饲粮无灰中性洗涤纤维达到 12%，有助于提高哺乳母猪采食量及其仔猪断奶窝重，减少哺乳仔猪腹泻发生。

上述饲用竹粉在母猪妊娠期、围产期和哺乳期的应用研究证实饲用竹粉可以作为一种优质的母猪用纤维饲料原料，具有改善微生物组成的有益作用，而且这种有益作用可以通过"母仔一体化"调控后代仔猪的微生物组成，有望进一步提高生猪养殖生产效率。

（4）竹纤维饲料在断奶仔猪中的应用

在断奶仔猪饲料中，将超微竹粉按 1% 等量替代玉米，可减少仔猪粪便大肠杆菌数量、改善菌群组成、改善平均日增重和料重比，有助于缓解断奶应激。研究发现添加 1% 超微竹粉可改善断奶仔猪的粪便菌群组成，显著降低粪便大肠杆菌数量，显著提高生长性能。与对照组相比，超微竹粉组断奶仔猪粪便中甲烷短杆菌属相对丰度增加，而梭菌属相对丰度降低；常规竹粉组仔猪粪便中奥尔森姓菌属相对丰度增加，而乳杆菌属相对丰度降低（图 10-13）。

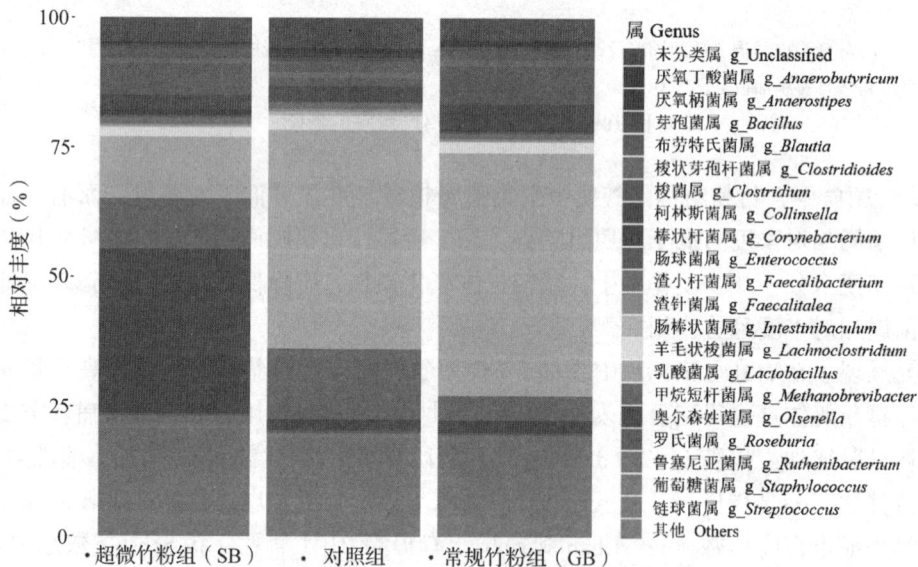

图 10-13 不同饲用竹粉对断奶仔猪粪便菌群属类占比的影响

10.1.6 高吸水竹纤维

高吸水竹纤维是一种具有优异性能的新型材料，它结合了竹子天然的快速生长和可再生特性，以及经过特殊处理后获得的高吸水能力。这种材料在环境保护、医疗健康、个人护理等多个领域展现出广泛的应用前景。例如，在医疗领域，高吸水竹纤维可以用于制造高性能的伤口敷料，有效吸收伤口分泌物，促进愈合；在个人护理领域，它可以用于生产更加舒适、环保的卫生巾和尿布等产品。随着科技的进步和市场需求的增长，高吸水竹纤维的研发和应用将不断拓展，为人们的生活带来更多便利和舒适。

10.1.6.1　高吸水竹纤维的创制

(1)技术路线

高吸水竹纤维的创制主要采用核辐照技术，通过精准调控辐照剂量、辐照时间、反应添加剂及干燥工艺，得到高品质、均匀性较强的高吸水性竹纤维材料。具体技术路线如图 10-14 所示。

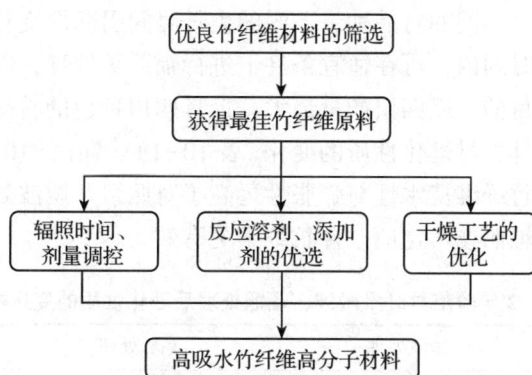

图 10-14　高吸水竹纤维创制技术路线图

(2)竹纤维的定向改性

①竹纤维材料的筛选与处理　用不同生长龄的慈竹、苦竹、硬头黄等竹种，通过不同的处理方式，研究不同颗粒大小、不同烘干温度下不同品种的竹子、竹笋中竹纤维吸水膨胀性等。由表 10-17 可知，不同品种竹茎、竹笋不同处理方式吸水性和膨胀性不同，吸水性最高的是苦竹笋 65℃烘干处理，达到 14.46 倍，最低的是硬头黄竹茎，达到 1.9 倍；细度 60~80 目的膨胀性总体高于 40~60 目、20~40 目，20~40 目最低；粗纤维含量竹茎均在 55%以上，竹笋均在 20%以下，相同品种竹茎显著高于竹笋，不同品种之间，苦竹高于硬头黄，硬头黄略高于慈竹。此结果表明吸水性、膨胀性与竹品种、烘干温度及粗细度密切相关。

表 10-17　不同竹种不同处理吸水性检测结果表

处　理	粗纤维(%)	20~40 目膨胀倍数	40~60 目膨胀倍数	60~80 目膨胀倍数	吸水倍数
慈竹 65 ℃烘干	56.60	0.10	0.11	0.23	3.73
慈竹 100 ℃烘干	57.33	0.07	0.17	0.23	3.58
慈竹笋 65 ℃烘干	9.25	1.95	2.21	2.20	9.00
慈竹笋 100 ℃烘干	15.22	2.81	3.10	3.60	9.75
苦竹 65 ℃烘干	58.10	0.07	0.09	0.30	4.36
苦竹 100 ℃烘干	60.05	0.14	0.08	0.30	4.56

（续）

处　理	粗纤维(%)	20~40目膨胀倍数	40~60目膨胀倍数	60~80目膨胀倍数	吸水倍数
苦竹笋65℃烘干	19.20	4.00	4.30	5.50	14.46
苦竹笋100℃烘干	18.78	3.70	4.21	5.62	9.71
硬头黄65℃烘干	57.67	0.09	0.44	0.22	5.13
硬头黄100℃烘干	56.40	0.07	0.08	0.25	19

②竹纤维改性　研究发现，经辐照等处理，竹茎、竹笋纤维的持水率、膨胀率以及粗纤维含量均有显著变化，不同的竹品种、不同的生长时间引起的变化也不同。因此，不同的竹品种在一定的生长时间内，可在适宜条件下进行辐照等处理，以期实现竹纤维的定向改性，达到特定的功能目的。以四川产量最大、最具四川特色的竹品种资源——慈竹为材料，研究不同预处理条件竹材理化性质的变化（表10-18）。由表10-18的结果可以看出，辐照处理2年龄慈竹的竹纤维持水性与膨胀性远高于对照组及微波处理组的竹纤维。综合各项检测指标，选择核辐照技术定向改性竹纤维更有效。

表10-18　2年龄慈竹纤维微波、辐照处理后理化性质的变化检测结果

检测项目	微波处理	辐照处理	对　照
粗纤维(%)	15.220	19.200	21.820
持水率(%)	974.6	1446.4	356.0
膨胀率(%)	360.0	550.0	50.7

由表10-19可知，对不同竹种、不同生长时间的竹纤维进行辐照处理，结果表明，1、2年龄的竹纤维材料经辐照处理后，吸水倍数均能达到280.00倍以上，其中1年龄的均能达到290.00倍以上，1年龄慈竹吸水性最好，达到504.14倍（图10-15）。以上表明辐照是提高竹纤维材料吸水性的有效手段。

表10-19　不同竹纤维辐照处理的吸水结果

竹　种	竹生长时间	凝胶质量	吸水倍数
慈　竹	1年	良好	504.14
	2年	中等	365.23
麻　竹	1年	差	292.30
	2年	中等	297.85
硬头黄	1年	较差	313.71
	2年	差	343.42
苦　竹	1年	中等	347.85
	2年	中等	356.77
毛　竹	1年	中等	317.56
	2年	差	289.20

(a)   (b)

图 10-15　高吸水慈竹茎纤维(a)及其吸水前后比较(b)

③高吸水竹纤维的结构分析。

a. 扫描电子显微镜。由图 10-16 和图 10-17 可知, 经过核辐照技术定向改性后, 处理样品表面的空间网状结构消失, 呈现出块状, 表面类似还附着有颗粒, 这可能是由于辐照过程中产生的瞬间高压破坏了纤维的空间网状结构, 从而使其比表面积增大, 更多亲水基团外露, 进而大幅度提升其水合性能。

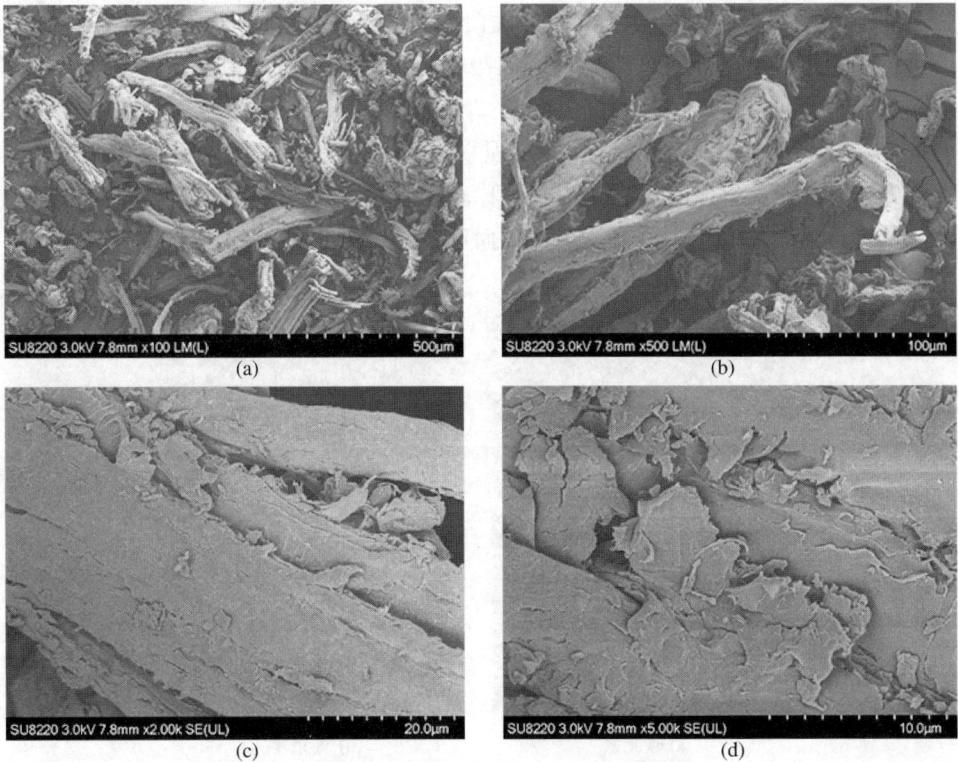

(a)   (b)

(c)   (d)

图 10-16　对照原竹纤维扫描电镜结构

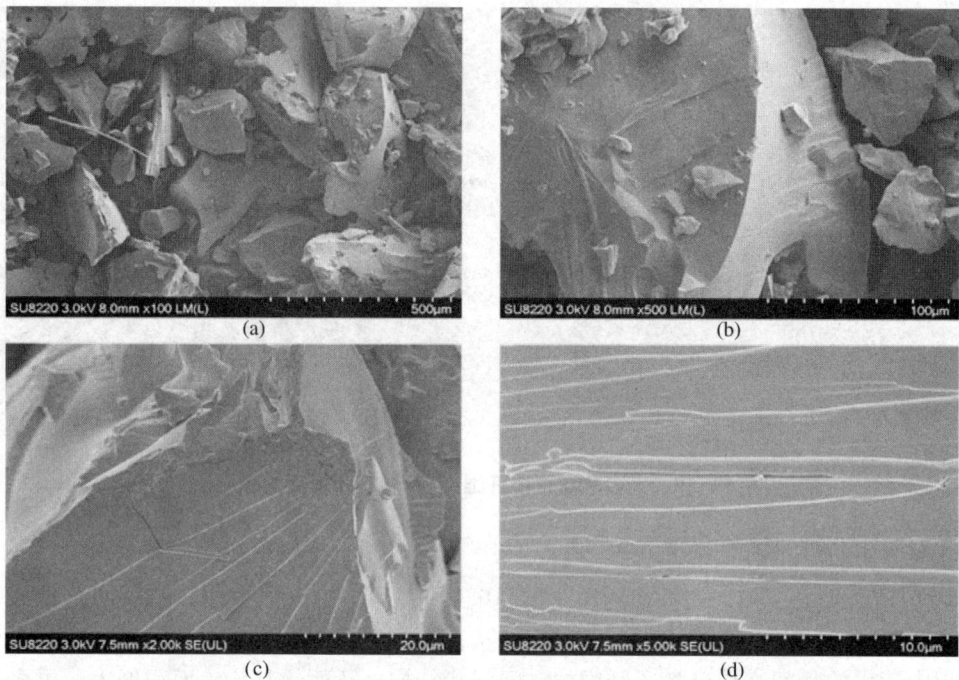

图 10-17　高吸水竹纤维扫描电镜结构

　　b. 微区成分分析。通过对高吸水竹纤维（图 10-18）和原竹纤维对照（图 10-19）的微区成分进行分析可知，与原竹纤维相比，高吸水竹纤维的碳元素和氧元素分布更为均匀，成分比例趋于平衡。

　　c. 透射电子显微镜。由图 10-20 可以观察到，经过核辐照改性后的竹纤维材料由网状形态变为颗粒状，其纤维长度较短、长径比较小、比表面积大、化学反应活性高，而且纤维高分子材料之间还发生了因羟基含量高而产生的团聚现象。

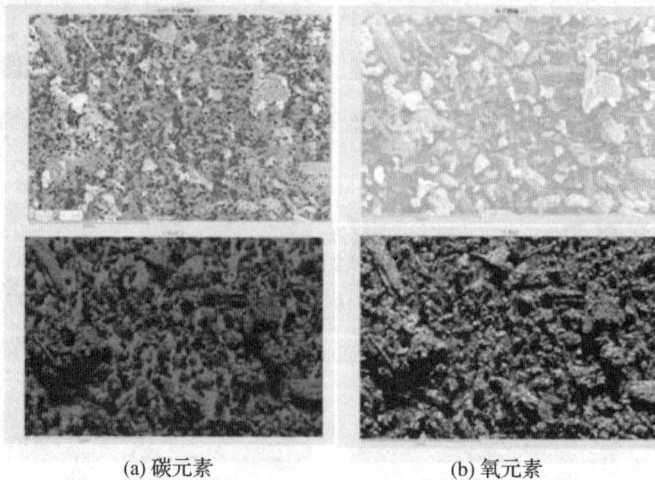

(a) 碳元素　　　　　　　　(b) 氧元素

图 10-18　高吸水竹纤维微区成分分析

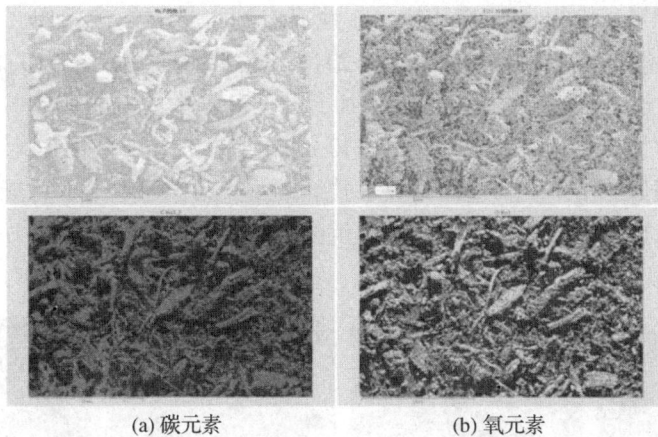

(a) 碳元素　　　　　　　　　(b) 氧元素

图 10-19　原竹纤维样品微区成分分析

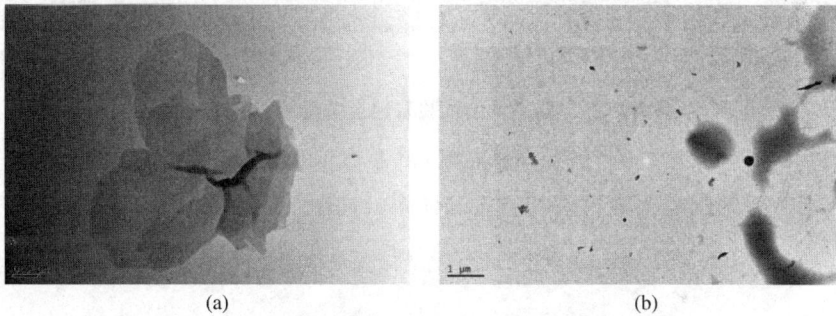

(a)　　　　　　　　　　　　(b)

图 10-20　对照原竹纤维(a)及高吸水竹纤维(b)透射电镜结构

10.1.6.2 高吸水竹纤维的应用

（1）构建竹菌共生体系

土壤有害物污染严重，土壤改良受到广泛关注。用高吸水竹纤维与竹纤维高效降解菌枯草芽孢杆菌等构建竹菌共生体系，通过竹菌共生体系改良土壤。该竹菌共生体系优势在于：一是，借助高吸水竹纤维可以提高土壤的保水力；二是，竹纤维降解产物小分子多糖促进植物的根系发育；三是，枯草芽孢杆菌等利用竹纤维提供的水分和基质持续繁殖，可以抑制土壤中杂菌的生长。该体系在土壤改良方面有广泛的应用价值。

（2）竹菌共生体系的应用

竹菌共生体系在四川沐川、马边，江西省吉安、赣州等地开展示范，增产增收效果显著。2018—2022 年，江西吉安、赣州等地将竹菌共生体系应用于油茶、雷竹笋用林、薄壳山核桃，实现产量和品质双收益，土壤得到显著改善。四川沐川从 2018—2022 年在竹笋上推广应用竹菌共生体系，竹笋产值增加 30% 以上。四川马边于 2018—2022 年将竹菌共生体系应用于青梅(*Vatica mangachapoi*)，青梅增产 20%。

（3）构建竹菌共生+大蚯蚓产业技术体系

①土壤蚯蚓种群增加的发现　在研究实践中发现，不同的海拔应用高吸水竹纤维及其共生功能菌于柑橘根部，2 个月后土壤蚯蚓数量显著增加。2020 年 5 月至 2021 年 10 月，

在海拔381 m的四川乐山柑橘试验基地，在地表看到大量的蚯蚓粪便，与空白对照相比
[图10-21(a)]，高吸水竹纤维处理[图10-21(b)]、共生菌处理[图10-21(c)]与二者共
同处理[图10-21(d)]的蚯蚓数量均显著增加，共同处理中的蚯蚓数比共生菌、高吸水竹
纤维分别处理均增加1倍以上；在海拔3 540 m的红原龙日种畜场退化草地牧草试验基
地，同样观察到相似的结果。少量的高吸水竹纤维及其共生菌本身不可能直接大量增加蚯
蚓种群数量，由此推测高吸水竹纤维及其共生菌可能改善了土壤微生态环境，为蚯蚓生长
创造了良好的环境。

(a) 空白对照　　　(b) 高吸水竹纤维处理　　　(c) 共生菌处理　　　(d) "高吸水竹纤维+
共生菌"处理

图10-21　四川乐山试验基地土壤蚯蚓种群对比

②竹菌共生蚯蚓体系和"竹纤维+大蚯蚓"产业体系的提出　依托高吸水竹纤维、竹纤
维共生功能菌和蚯蚓构建土壤竹菌共生蚯蚓体系，如图10-22和图10-23所示。

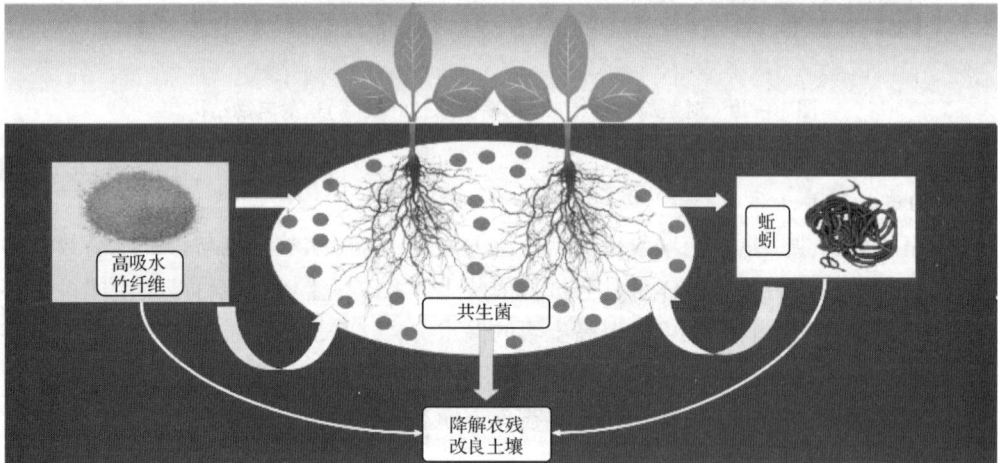

图10-22　土壤竹菌共生蚯蚓体系

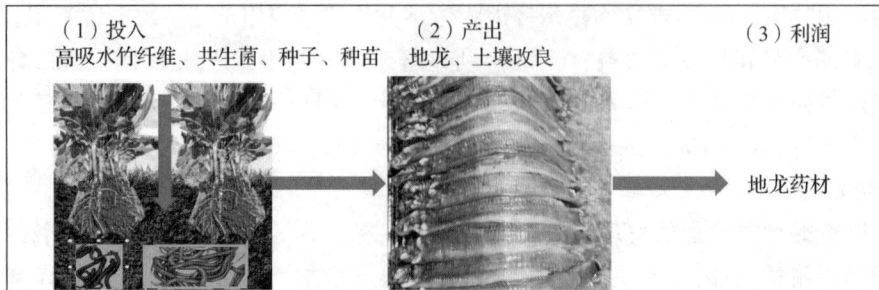

（1）投入　　　　　　　　　　（2）产出　　　　　　　　（3）利润
高吸水竹纤维、共生菌、种子、种苗　地龙、土壤改良

地龙药材

图10-23　"竹纤维+大蚯蚓"产业体系

a. 竹菌共生蚯蚓体系的概念。土壤竹菌共生蚯蚓体系主要由高吸水竹纤维、竹纤维共生功能菌、植物、蚯蚓组成。高吸水竹纤维为共生菌和蚯蚓提供水分和基质，促进共生菌及蚯蚓的生长；共生菌及其代谢物改善土壤并促进植物和蚯蚓发育；植物为蚯蚓和共生菌生长提供有机质和养分；蚯蚓生长为植物生长、土壤结构改善、共生菌生长创造有利条件。高吸水竹纤维、竹纤维共生功能菌、植物、蚯蚓 4 个元素相互作用、相互促进，形成一个有机的整体。

b. "竹纤维+大蚯蚓"产业体系的内容。在竹菌共生蚯蚓体系的基础上，构建"竹纤维+大蚯蚓"产业体系，主要内容为：

Ⅰ. 以多年生的高蛋白牧草，割草入土为有机质作为蚯蚓饲料；

Ⅱ. 投入高吸水竹纤维、共生菌及大蚯蚓种苗建立竹菌共生大蚯蚓体系；

Ⅲ. 多次刈割牧草入土，为蚯蚓生长提供充足食料；

Ⅳ. 每年收获大蚯蚓 2~3 次；

Ⅴ. 用大蚯蚓加工生产地龙作为中药材和地龙蛋白，为整个产业体系创造价值和利润。形成种草入土，大蚯蚓买单，地龙获利的产业技术体系，同时土壤结构、理化性质显著改善，土地的效益显著提升。

③"竹纤维+大蚯蚓"产业体系的应用

a. 应用于果园、林地。该产业体系可以节省果园和林地有机肥和除草剂的使用，同时显著节省人工、增加土壤肥力，提高产品品质。

b. 可用于重金属土壤治理。蚯蚓具有天然富集土壤重金属的能力，应用"竹纤维+大蚯蚓"产业体系可富集土壤重金属，通过蚯蚓将重金属带入土壤，显著降低土壤重金属含量，对治理重金属土壤、提高农产品的安全性有积极作用。

c. 适用于荒地生态修复。在荒地上应用高吸水竹纤维和共生菌种植多年牧草，竹菌共生体系保水促根生长，可提高牧草的成活率和产量，将牧草刈割入土变为有机质，一方面增加土壤有机质，另一方面可作为蚯蚓的食料，促进蚯蚓生长。投入大蚯蚓种苗，收获大蚯蚓，提升荒地的产值和效益。应用"竹纤维+大蚯蚓"产业体系可有效地节省荒地生态修复的成本。

10.1.7　制浆造纸

造纸是我国举世闻名的古代四大发明之一，而用竹子制浆造纸也起源于中国。早在 9 世纪，我国已开始用竹造纸，比欧洲早了上千年。关于用竹造纸，《天工开物》中有详细记载(图 10-24)。古代的竹材造纸全部为手工作坊生产，久负盛名的有四川贡川纸、江西官堆纸、浙江毛边纸、湖南浏阳纸以及四川、江西、福建的连史纸等。根据竹材的制浆和造纸方法，可分为土法造纸和机械制纸两种。

10.1.7.1　土法造纸

(1)嫩竹为原料的土法造纸

用嫩竹进行土法造纸是我国传统的造纸方法，以手工操作为主，也称手工造纸。造纸方法因地区不同、纸种不同而略有差异，但工艺流程和操作方法大致相同。流程如图 10-25 所示。

(a) 竹斩塘漂   (b) 煮楻足火

(c) 荡料入帘   (d) 覆帘压纸

图 10-24　中国古代用竹造纸工艺(来源:《天工开物》)

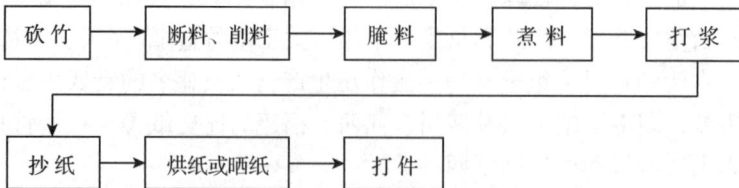

图 10-25　以嫩竹为原料的土法造纸工艺

①砍竹　手工造纸使用的料是嫩竹(青竹),即当年出笋成竹的竹子。砍伐的时间应掌握在笋箨全部脱落,幼枝已抽枝尚未展叶以前。以 5 月下旬至 6 月中旬为宜,砍伐过早,则纤维化程度不够,含纤维素太低;砍伐过迟,则竹材木质化程度过高,纤维离解困难。

如制造京放、元书等质量较高的土纸，对砍伐竹子的季节要求更严，一般在小满前 5 d 砍竹，至小满后 5 d 结束。专业浆用毛竹林的密度、年龄结构、留养新竹数量都有一定的要求。一般母竹密度应保持在 1 800~2 000 株/hm²，每度留养新竹保持 350~600 株/hm²，竹林中应保持有 4~5 年的座底竹，老竹淘汰的年龄掌握在 10 年以上。材、浆兼用的竹材，母竹也应保持 2 000~3 500 株/hm²，每度嫩竹砍伐强度应控制在嫩竹总数的 30% 以下，老竹砍伐按材用毛竹林的技术要求进行。青竹砍伐后，应立即将竹枝打去。

②断料、削料　先将青竹砍成长 2 m 左右的竹段，然后进行脱青。脱青是用特制的弯刀，将青竹的表皮削去，并将竹肉和皮青分别堆放晾干。青竹砍下后也可以不削料，直接把青竹截成 2 m 左右的竹段，放在水碓内，用木桩破碎，然后堆放晾干。

③腌料　腌料前先把竹料截成长 35~38 cm，分成小捆，缚好，每捆为 3.0~3.5 kg。把一捆捆竹料直立于清水池中，水深度以刚浸没竹料为宜。待其吸足水分后捞起，然后在石灰塘中用石灰水腌制，石灰用量大约为竹料重量的 1/4。石灰水浸透以后，将竹料从塘中捞起，堆放 7 d 左右。用脱青后的竹肉腌制的称为"白料"，用不脱青竹料或脱青所得的皮青腌制的称为"黄料"。

④煮料　将腌制过的竹料，放在"皮镬"中煮料。皮镬是特制的大锅，直径约 1.5 m，上用水泥、砖头砌成锅圈。将竹料一批批直立于锅中，放满锅圈口。然后加满水，用柴火或煤烧煮，每锅放竹料 800~1 000 捆。一般要烧煮 3~4 d。皮镬烧煮时不加盖，烧至镬中水沸，白沫溢出锅口，表明竹料已经煮熟。识别竹料是否煮熟，可用下面两种方法：一是将竹料取出，观察竹料上附着的水分干燥的快慢，如很快就干了，说明料已煮熟；二是将竹料扭折，看它是否能折断，如很易折断，而且断口整齐，说明竹料也已经煮熟。煮熟的竹料待其自然冷却后，捞起放在水泥池中，用流水浸泡和漂洗。待石灰水漂清后，白料捞起后堆放在水泥池中，让它发酵。黄料捞起后，还要放在皮镬中再煮一次。最后将发酵过或重煮过的竹料，用流水漂洗干净，即可用来打浆。

⑤打浆　将漂洗干净的熟竹料，先放在水碓石臼内撞碎，进行初步加工，然后将撞碎的竹料放在石臼中捣糊。撞料要求捣细，捣糊，无硬竹丝，再放入纸槽打浆。打浆要求和匀，呈糊状。捣糊的竹料放入水槽中，加水和匀，即可进行抄纸。

⑥抄纸　竹浆和匀后，就可用竹帘进行抄纸。抄纸在整个手工造纸过程中是一项技术性较强的工作。要求工人有娴熟的技术，抄出的纸张要厚薄均匀。并把抄出的纸张一张张地整齐叠好，叠至 1 m 高左右，上面用板压实，再用油压机或千斤顶加压，将水分挤出。一般抄京放、元书和毛边等质量较高的土纸，要求用全部由白料制成的竹浆。抄卫生纸等质量较差的土纸，一般用 25% 白料和 75% 黄料制成的竹浆。

⑦烘纸或晒纸　生产京放、元书等土纸，一定要在烘房中烘干。烘房为密封的小房子，在烘壁一侧加热，使烘壁温度高达 80~100 ℃。将榨去水分的湿纸，一张张地揭开，刷在壁上，烘干后自然脱落，再刷一批。生产卫生纸也可以采用晒纸的方法，即将榨去水分的湿纸揭开，4~5 张为 1 叠，挂在竹竿上晒干，晒至八九成干，再将土纸一张张揭开，继续晒至全干。

⑧打件　将土纸打捆成件。一般京放、元书每件约重 20 kg，卫生纸每件重约 10 kg，

成件后即可出售。手工造纸的某些生产环节也可使用机械。如浙江省安吉县阮村纸厂用小型打浆机代替水碓、石臼桩料，可直接用煮熟的竹料打浆；用圆网纸机代替手工抄纸。这样可在保证土纸质量的前提下，大幅度地提高工效。

（2）以老竹为原料的土法造纸

土法造纸中也可以用老竹作原料，生产的产品主要是隔帘纸，俗称黄纸或纸筋。建筑业中，把它拌在石灰浆中粉刷墙壁，以增加墙壁牢度。因竹纸筋的纤维比草筋长，所以，较高级的办公大楼和住宅的粉刷大都采用隔帘纸。

老竹造纸的工艺与嫩竹造纸大体相似，这里着重介绍不同之处。

①砍竹和断竹　生产隔帘纸的原料一般是 6~8 年生的老竹。为了降低生产成本，应尽量利用次竹、破竹，以及黄篾、竹梢等下脚料。竹子砍下后，也要截成 1.8~2.0 m 长的竹段，黄篾、竹梢等也要截成同等的长度。

②打裂　把竹段放在水碓内，用石槌敲裂，把竹段压碎、压扁，使竹子纤维呈纵向撕裂，便于腌料时石灰水的渗透。

③腌料　同嫩竹造纸一样，用石灰水腌料。石灰用量为竹料重量的 25%~28%，腌制后捞起，整齐地堆垛，使其充分发酵。堆放时间夏季要 3 个月，其余季节要半年以上。

④漂洗　生产隔帘纸的老竹料，不必煮料，腌制后直接放在流水中漂洗，将石灰水漂洗干净，就可用来打浆。

⑤打浆　老竹料放在石臼中 1 次捣碎、捣糊。撞料过程中要去掉硬竹丝，竹料撞细、捣糊后，放入水槽中加水调匀。

⑥抄纸　同嫩竹造纸一样，用竹帘手工抄纸。因抄纸帘上有两条格子，抄好的纸被隔为 3 块正方形的纸坯，所以，榨出水分后，形成 3 叠正方形的湿纸。

⑦晒纸　隔帘纸采用日光晒干的方法，晒至七八成干时，将每叠纸轻轻地敲打前后，群众称为"拷纸"，目的使每张纸相互分离，再晒至全干。

⑧打件　隔帘纸生产后即进行打件，每件一般为 25 kg 左右。

10.1.7.2 现代竹材制浆造纸

制浆是利用化学或机械的方法或两者结合的方法使植物纤维原料离解变成本色纸浆或漂白纸浆的生产过程。应用各种机械法生产的纸浆统称机械浆。化学—机械法即是用较轻程度的化学处理再加以机械磨浆的方法，它可以生产各种半化学浆和化学机械浆。若采用各种化学法则可生产各种化学浆。

竹子纤维为中长纤维原料，纤维细长、交织力好。化学成分中竹子的聚戊糖高于针叶木，而木质素含量较低，与阔叶木相近，故蒸煮条件较缓和，纤维素高于禾草类，而灰分又较低。竹的平均相对密度大约为 0.8 t/m³，老材在 0.9 t/m³ 以上，比一般的阔叶木（比重 0.43~0.64）、针叶木（比重 0.4）都大得多，因此可提高蒸煮器单位容积装料量和产浆量，设备利用率较高，相应可节省投资。

20 世纪 90 年代初期，我国相继建设了几个具有一定规模（年产 5 万 t 左右）、主要以竹材为原料的制浆造纸厂，并引进部分国外先进的技术装备，初步改变了我国以竹材为原料进行制浆造纸的落后面貌。但由于这些项目规模偏小、建设周期长、投资大、缺乏流动资金等原因，这些企业的生产经营状况不好。近几年，由于有资金实力的企业进入，以竹材为原料的制浆造纸企业的生产经营逐渐好转。一些竹浆厂由于采用较先进的生产工艺和技术装备，竹浆质量明显提高，生产运行消耗降低，环境污染问题得到解决，实现了较好的经济效益，并使周边地区竹农的收入不断增加。

竹材化学制浆工艺流程如图 10-26 所示。

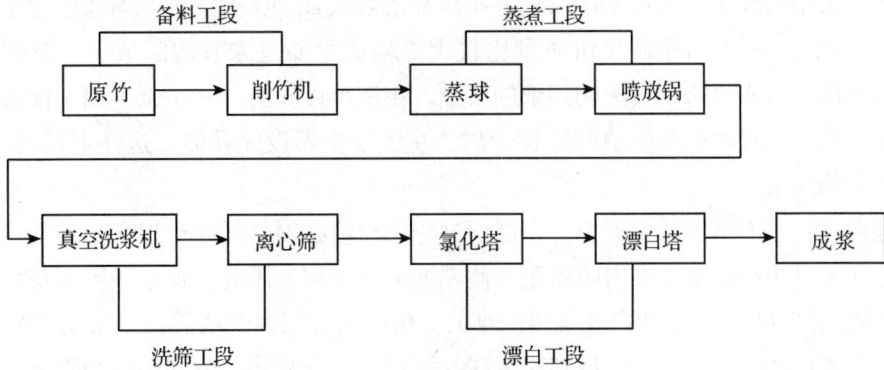

图 10-26　竹材制浆工艺流程

①竹子的贮存与备料　由于竹子砍伐的季节性，要保证造纸的长年连续生产，工厂必须存放一定数量的竹料，一般为 3~6 个月的用量，而且刚收来的生竹子也需要存一段时间使其风干、脱青。竹捆的堆垛可采用移动式皮带机，拆垛可采用装载机。竹捆进入厂内堆场后，被送到切竹机切成竹片，再和外来竹片一起送竹片堆堆存。竹片露天贮存堆场在整个生产工艺流程中的位置，应按照"先筛选后堆存"的原则布置，这样能够使得切片后竹片或外来竹片先经筛选将竹屑除去，避免竹片在堆存过程中发酵、霉变。竹片筛选除去长条竹片和竹屑，合格竹片送去堆存，长条竹片送回切竹机重切，竹屑送废渣锅炉燃烧。竹片堆存后建议按"先进先出"的原则排料，其堆顶上的堆料设备可选用可逆配仓带式输送机或带卸料小车的带式输送机；其堆底部的出料设备可选用移动式螺旋出料器（变频调速），这样可以保证先堆的竹片先用，避免一些竹片因存放时间太长而变质，使竹片质量保持均匀。备料工段竹片洗涤也是有必要的，用洗涤法去除夹杂在竹片中的泥砂，可减少生产中的设备磨损、结垢以及硅干扰。

②蒸煮　竹类蒸煮，一般采用硫酸盐法，其特点是蒸煮得率高、纸浆强度高、环境污染少、纤维柔软性好、碱回收工艺成熟。竹材的硫酸盐法蒸煮较木材（特别是针叶材）硫酸盐法容易，因竹材含木质素少，脱木质素要容易些，但更重要的是木质素的化学结构，竹子原料中较针叶材中含有较多的紫丁香基木质素结构单元。此外，竹子中还含有 5%~10% 的香豆酸和少量阿魏酸以乙酯的形式与其他结构单元结合，这种结合键在蒸煮初期就能进行碱化断裂，所以竹子较木材易蒸煮。竹料硫酸盐法蒸煮时大量脱木质素阶段是在升温到 140 ℃以前，升温 1 h 左右时脱木质素已达 64%，升温时间近 2 h 时，脱木质素可达 74%。对于最适宜的蒸煮最高温度，在硫酸盐法蒸煮竹子时，升温到 160 ℃就达到了纤维

分离点，但还有少量粗渣，这说明最高温度160 ℃是适宜的，但在此温度下要保温一段时间。在实际生产中，鉴于竹材结构紧密，加上导管内留存的空气极难排除，竹材蒸煮需要较长的渗透时间，升温渗透时间一般1.5~2.0 h，保温时间也都需要2.0~2.5 h。

③洗涤、筛选　生产实践证明，竹浆纤维比较长，滤水性好，比其他草浆容易洗涤，甚至比阔叶木浆容易洗涤。用于竹浆洗涤的设备一般有真空洗浆机、压力洗浆机、水平带式洗浆机，大型竹浆生产线可采用双辊置换压榨洗浆机或DD洗浆机。筛选净化主要是除去粗渣、尘埃和砂子，竹子制浆粗渣量比较大，粗渣主要是未煮透的节子，杂细胞含量大，不宜再用于蒸煮，否则会影响到纸的质量。粗渣可以卖给一些小纸厂用于配抄低档包装纸或卷芯纸。用尺寸较窄的缝筛除掉尘埃，主流程上不设除砂器，这样不仅可以节水，也能保证浆的质量。

④漂白　竹子纤维纹孔少而小，在漂白过程中漂液必须从纤维锥形末端渗入，而未漂竹浆中存在大量半纤维素在漂白时膨胀，使漂液渗透困难。因此，竹浆在不损伤纤维强度的情况下漂白到90%（ISO）的白度是很困难的。传统的竹浆生产线漂白多采用常规的CEH三段漂，在漂白塔中进行，氯化塔和次氯酸盐漂白塔为升流式，碱处理塔为降流式，各段浆的洗涤可采用真空洗浆机或压力洗浆机。漂白后竹浆白度可达到82%（ISO）左右，但浆的黏度为350 cm³/g，由于常规CEH三段漂的总用氯量为7%~9%，氯气和次氯酸盐在降解木质素的同时对碳水化合物也有较大损伤，次氯酸盐对纤维强度损伤更为严重。采用C-Ep-H、（C+D）-E/O-H-D和O-C/D-Eo-D等漂白工艺，用氯量减少，尤其是次氯酸盐用量减少，在提高漂后浆白度的同时，可使浆保持较高的黏度。

10.2　竹笋加工利用

竹笋素有"寒土山珍"之称，笋含有丰富的植物蛋白、维生素及微量元素，有助于增强机体的免疫功能，提高防病抗病能力。同时，笋含有的植物纤维可以增加肠道水分的储留量，促进胃肠蠕动，降低肠内压力，减少粪便黏度，使粪便变软利于排出，可用于治疗便秘，预防肠癌。此外，笋的低糖、低脂的特点使其成为"三高"患者的理想食物。除了食用价值，笋还有一定的药用价值。例如，竹笋具有清热化痰、益气和胃、治消渴、利水道、利膈爽胃等功效。笋是深受现代人追捧的绿色健康食品。竹笋及其制品是竹林资源开发中第二大类产品，其加工与贸易历史悠久。随着人们生活消费水平的提高，市场需求不断增加，竹笋的生产、加工与贸易已成为振兴山区经济，带领农民致富奔小康的重要经济支柱。

我国鲜笋产量从1980年的39万t增加到1990年的120万t，猛增到现在的500万t。全国每年生产的鲜笋40%左右用于鲜食，60%左右用于加工后销售。我国的竹笋加工企业众多，其数量难以精确统计，仅浙江省就有200余家。竹笋加工主要产品有水煮笋、调味笋、盐渍笋等保鲜笋。此外，制成的笋干既可以作为菜肴的佐料，也可以作为夏季解暑汤类的主要材料。目前生产量最大的是水煮笋，而调味笋加工近几年发展很快，在竹笋加工中所占比例越来越高，产品结构不断优化。

10.2.1　清水笋加工技术

(1)工艺综述

清水笋罐头包括清水冬笋、清水竹笋、清水小笋及清水笋片、清水笋丝、清水笋丁等。它们的品质常依据色泽、形态、肉质老嫩、味鲜美程度等评定。清水笋罐头要求笋面光滑，切面平整，形态完整，大小基本均匀。除冬笋允许微带红、肉质应嫩而坚实外，其余都要求呈黄色或淡黄色，汤汁清晰，肉质脆嫩。

日本将笋罐头的品质按肉质嫩度分为 A、B、C 3 级，每级又按笋的长度(从 15 cm 开始)分为 SS(或称 T)、S、M、C、LL 5 级，每级相差 10 cm。在生产初期，由于原料肉质较嫩，加工的笋罐头一般为 A 级，生产末期一般为 C 级。我国笋罐头的品质常视笋的老嫩程度以及笋根直径大小分为 3 级，例如，净重 2 950 g 罐头的装量标准，每罐装入 11 只以上为一级，装入 7~10 只及 3~6 只者分别为 2 级和 3 级。

清水笋的生产流程：原料验收→切头剥壳→分级→预煮→冷却、漂洗→修整→检查、复查→装罐→排气→密封→杀菌、冷却→入库。

(2)原料验收

冬笋要求新鲜脆嫩，肉质乳白或淡黄色，无病虫害，允许嫩茎的粗老部分有轻微损伤，但不得伤及笋肉；春笋新鲜，肉质白或黄白色，允许轻微拔节，笋身无明显空洞，无畸形、不干缩，竹笋基部保留 4 节根眼，老嫩到可食用为止。节头切平，早期笋每支重量不得超过 1.25 kg，笋长度不得超过 0.45 m。

(3)切根、剥壳及分级

切根、剥壳主要是除去不可食部分。切根、剥壳有预煮前进行和预煮后进行两种，我国目前采用前者较多。前者剥壳时易使笋尖断落，降低笋的品质；后者可以减少断尖，但预煮时耗能大。

切根、剥壳用切笋根机切除笋根粗老部分，再用刀自根部向笋尖纵切破笋壳，不伤及笋肉剥除外壳，保留笋尖和嫩衣。切根、剥壳的笋按笋基部直径大小分级。冬笋分级要求表面平整、笋肉厚，无粗纤维，笋节距紧凑，无明显拔节，笋根等距不超过 3 mm。春笋要求表面平整，笋肉较厚，无明显粗纤维，允许轻度拔节。

(4)预煮、冷却及漂洗

预煮、漂洗对笋尖罐头具有去除苦味物质，防止白色浑浊及沉淀的意义。竹笋罐头在贮藏期间常出现白色点状物质沉淀。据分析，这种白色混浊沉淀物质的主要成分是酪氨酸，此外还含有果胶、半纤维素、淀粉、蛋白质等，在无机物质存在时，呈胶体混浊状态。生产过程中发现，初期及末期拔节的笋、病态笋及死笋加工后易产生白色沉淀，中期旺盛生产时加工的罐头几乎无产生白色沉淀物，这种由原料的品质和供应时期所引起的变化，与采收的竹笋在生长时所处的代谢状况有关。至于竹笋的苦味物质，主要与笋的品种有直接关系，此外酪氨酸的氧化产物——尿黑酸和草酸也是竹笋形成苦涩味的原因之一。目前在加工中减少或避免制品中的苦味及白色沉淀的方法，除选择良种外，主要是通过预煮和延长漂洗时间并采用流动水漂洗等方法控制。

①预煮　竹笋预煮的主要目的是软化组织，排除竹笋组织中的空气，破坏竹笋中酶的活性，稳定色泽，除去可溶性含氮物质、有机酸、果胶及淀粉等，避免汤汁出现白色沉淀和苦味，杀死部分附着于原料上的微生物，防止罐头胀罐及保存维生素。预煮有剥壳和带壳预煮两种。剥壳预煮，预煮程度较易控制；带壳预煮可防止原料新鲜度下降，笋肉老化和变色，也能防止笋尖断落。当原料进厂量大，来不及加工时常用后者。一般采用沸水预煮。大笋 50~80 min，小笋 45~55 min，以煮透为度。

②冷却、漂洗　预煮好后随即排除热水，用冷水迅速冷却，并以流动水或 2~3 h 换水 1 次，漂洗 16~24 h。漂洗必须充分，才能除去涩味和减少或消除白色沉淀物的产生。但漂洗时间不能太长，漂洗过长了，制品的 pH 值降低，香味、色泽、营养成分均有损失，若连续漂洗 3~4 d，笋的表面还会软化，出现腐败的情况，严重时还会伴有臭味。为了防止耐热性细菌的繁殖，并增加白色沉淀物质在水中的溶解度，还可采用盐酸调整漂洗水的 pH 值至 4.2~4.5，但酸度不能太高，以免装罐后腐蚀包装容器。一般认为，漂洗的程度至笋肉 pH 值 4.2~4.5 为好。笋罐头一定要预煮透、冷却透。由于笋组织较紧密，体形也较大，不易传热，若预煮不透，位于笋中心部分的细胞中酶的活性就不能被迅速破坏，加上冷却不透，很容易引起中心笋肉红变的现象。冷却不透还会引起表面皱纹，而失去固有色泽，故要求冷却后笋肉中心温度应低于 30 ℃。

（5）修整、复查

修整的目的是保持制品品质基本均匀一致，保持笋尖、笋节完整，并修去粗老部分及机械伤斑等。

复查可根据原料品种、生产情况而定。复查的目的仍在于补充第一次预煮的不足，避免混浊物质的产生，有时为了增加复查效果，还采用 0.05% 柠檬酸溶液预煮。在复查时，应注意轻拿轻放，防止笋尖断裂。一般复查大笋沸水煮 15~20 min，中小笋 10~15 min，煮后水洗 1 次，及时装罐。

（6）分选装罐

一般按整只装、统装级、块装级以及片装级的规格进行分选后，准备装罐用。

①整只装　冬笋要求笋只完整、保留笋尖、笋节和根眼，允许轻微的伤痕，大小要均匀。以净重为 2 950 g 装的罐号，按笋中大小分为 3~6 只、7~10 只和 11 只以上 3 种，笋肉不低于净重的 61%；净重为 552 g 和 850 g 的罐号，笋肉重不低于净重的 55%。

②统装级　冬笋允许有断笋尖、修削笋或纵切 1/2 以上的笋只。竹笋允许形状不整齐，纵切保持整只 1/2 以上的笋，保留笋节和根眼者，不同形状可以混装。

③块装级　竹笋一般块头为 75~100 mm。

④片装级　竹笋的片长为 40~45 mm，宽约 20 mm，厚 2~4 mm。

罐内注加的汤汁，可用沸水加 0.05%~0.10% 的柠檬酸，或不加酸直接加入煮沸后的清水。不同罐号的装罐量可见表 10-20。加入一定温度的汤汁，能加速罐内食品的热传导，使罐内迅速增温，增加杀菌效果。同时，注入汤汁能排除罐内的空气，减小罐内压力，并避免制品营养成分受到氧化而被破坏。

表 10-20　各种笋罐头笋肉装量参考表

罐　号	级　别	净　重（g）	固形物装量（g）				汤　汁
			冬笋装量	只　数	竹笋装量	只　数	
15175	1	2 950	1 800~1 820	10 只以上	1 800~1 820	1 以上	注汤至满
15175	2	2 950	1 800~1 820	7 只以上	1 800~1 820	7~10	
15175	3	2 950	—		1 800~1 820	4~6	
15175	统　装	2 950	—		1 800~1 820	不限	
9121(9116)	1	800	485	10 只以上	—	—	注汤至满
912(9116)	统　装	800	445~450	6 只以上	—	—	
9116	块	800	485		480	4 块以下或片装	
8117	片	552	300~315	—	—	—	

（7）排气、密封

排气，即排除罐头内部的空气，使罐内形成适当的真空度，使产品质量得到保证。通过排气可以抑制好气性细菌及霉菌，防止制品的香味和色泽的改变、脂肪的酸败和罐材的腐蚀等，同时可区别罐头的腐败膨胀和含气膨胀，又可以在加热杀菌时，防止因空气膨胀而膨罐或变形。排气方法有多种，清水笋罐头大多采用加热排气法排气，借热水及蒸汽的作用来进行，排气所需的时间较长，排气后立即进行密封。

密封是罐头制造中最主要的操作。竹笋罐头之所以能够长期保存，是因为罐头经过杀菌处理后，完全与外界隔绝，使外界微生物无法与食品接触。保持这种严密的隔离，是借密封来完成的。因此，密封的严密度如达不到标准，则罐头食品就不能实现安全的保藏。在竹笋罐头生产过程中，罐头通过封罐机的时间最短，但严格控制这一过程是非常必要的。密封时，罐中心温度要求达 75~80 ℃。

（8）杀菌及冷却

杀菌的目的是破坏或杀死食品本身所含的酶类和使食品败坏的微生物，以便密封在罐内的食品在一般商品管理条件下的贮存运销期间，不致被败坏性微生物所败坏，或因病菌的活动而影响人体健康。影响杀菌效果的因素有很多，如竹笋在杀菌前的污染程度，竹笋成分中的酸、油脂、蛋白质、盐类、植物杀菌素等对微生物耐热性影响的程度，杀菌时内容物的传热速率。杀菌时，罐头的初温（即罐头在杀菌前的中心温度）及产品的 pH 值升高或污染的芽孢量增加和杀菌操作不当时都会发生杀菌不足的现象。

笋罐头常用的杀菌方法有常压和高压杀菌两种。在日产量大时，采用常压杀菌往往不能满足生产的需要。用高压杀菌时，温度常用 116 ℃及 121 ℃，杀菌时间以罐号大小及杀菌温度而定。日本笋罐头杀菌按 pH 值不同分为 pH 4.6~4.8，100 ℃，70 min；pH 4.3 以下，100 ℃，60 min。

由于笋类罐头罐号较大，且笋的传热较慢，必须预防因杀菌不足而引起的组织软化或胀罐、酸败等。目前采用的杀菌条件见表 10-21。

表 10-21　笋罐头的杀菌条件

净重(g)	杀菌条件		冷　却
	加压杀菌	常压杀菌	
2 950	冬笋：15~40(50) min，反压冷却，116 ℃ 竹笋：15~60 min，反压冷却，116 ℃	5~100 min，100 ℃	至 38 ℃左右
800	竹笋：10~50 min，反压冷却，116 ℃ 冬笋：15~20 min，反压冷却，121 ℃	5~80 min，100 ℃	

10.2.2　箓笋干的加工方法

箓笋干是以毛竹笋作原料，经蒸煮、漂洗、干燥而成，是我国的传统产品。

10.2.2.1　设备与工具

（1）笋　寮

就是制造笋干的工场。蒸煮、发酵和干燥等处理都在笋寮内或笋寮附近进行。因此，笋寮附近要有清洁的水源和充足的阳光，并且交通方便。笋寮通常就地取材覆盖，宽 4 m，长 6 m；寮侧应留一片空地，用作晒笋干燥的场所。

（2）蒸煮灶

通常由灶台、锅、淘 3 部分组成。灶台用石块和泥土砌成，台高 66~100 cm，采用 92~105 cm 的铁锅为宜。淘与盖均用杉木制成；杉木淘的下口径与铁锅口径相仿，上口直径略小于下口径，高 115~148 cm，木盖的大小与杉木淘的上口径等同，盖板厚 2~3 cm。该锅一次能蒸煮鲜笋 250~300 kg。但木淘与铁锅连接处容易烧焦，在锅边应砌一条小沿，注水冷却。

（3）笋　榨

因承受压力大，需用木料制成。笋榨由榨果和榨圈组成。榨果包括榨柱、榨、榨桥、榨担、榨梯、"马腿"、垫等。榨柱下端埋于地下，直立地上，每隔 33 cm 安放榨担一个。榨圈的高度不等，可下高上低，否则上圈过高分量过重，使操作困难，但内口径大小必须一样，以便上下圈对口。榨圈下垫木板，上层加盖压板，压板上还应放 30~60 cm 的粗木块数根，以承受榨梁的压力。

（4）烘　房

烘焙竹笋的地方，也称焙寮。烘房约高 3.5 m，四周用泥墙筑成，顶盖竹瓦。在 3 m 高处搭装横木，上铺篾垫，放置初步烘干的笋，与下层通温以使笋继续干燥，下层又隔成两间。靠墙两侧用砖砌成烘床，供烘焙竹笋之用。

10.2.2.2　加工方法

（1）蒸　煮

蒸煮也称杀青，其目的是用高温杀死笋肉的活细胞，破坏酶的活性，防止竹笋的老化。

在杀青以前需去箨整形：先用刀切去笋尖，再从尖端沿笋体侧削一刀，深达笋肉，然后把刀口插入箨肉连接处，左手扶笋，右手持刀往侧方用力按下，笋箨即松散脱离。最后削去笋蒲头，修光根芽点。

随后在淘锅内注入 1/3 左右清水，点火煮沸后，将较短的笋横放在锅内，较长的笋可将蒲头向下直插空隙处，放入锅内的笋以略高于淘口 10~13 cm 为宜。上加锅盖，锅底垫篾圈。蒸煮时宜用猛火煮 2~3 h，待水再沸腾溢出陶锅时，说明笋已煮熟。鉴别竹笋是否熟透的方法是笋肉由白色或青色转变为玉色，看上去油光滑润，笋衣变软，笋蒲头的根芽点由红色变蓝。将笋针插入大笋节间时节内有热气冒出，并有"噗呲"之声，表明笋已熟透可以出锅。

在蒸煮过程中，要特别注意陶锅内笋要塞实，以使汤料上涌，使上层鲜笋同时煮熟，否则会产生上下生熟不均匀的问题。未熟笋制成的笋干表面有一层白色，食之硬而不脆，过熟笋制成的笋干表面变红，食之软而无味。待出锅后，捞净短笋、碎笋和笋衣，然后加水再煮第 2 锅，煮 3~4 锅后，必须将锅内水全部换掉，否则会使笋干变红而影响质量。

（2）漂　洗

将出锅的笋放入木桶中漂洗，经水漂洗后捞起，用笋针从笋尖戳到笋基，把笋节戳穿，让内部热气渗出，也便于上榨时水分溢出，然后转入第 2 个桶内冷却，再放入第 3 只桶内，使其冷却一夜。务必使竹笋凉透，否则带热上榨易发酵霉烂。

漂洗时应注意漂水要经常流动更换，散发热量越快越好，因而每桶放热笋量不宜过多，以免换水不及时，使制成的笋干表面产生一层"白霜"，如有条件也可将熟笋放入流动的山潭水涧漂洗，但一定要注意水源清洁。检验竹笋是否凉透，可选较大的笋，将蒲头切开，用手试内部是否有微温。

（3）上　榨

将拼好的榨圈放在榨桥或垫木上，然后在圈底放上清洁的垫底，再把凉透的笋装入，装笋的方法有包沿法和梅花法两种。

①包沿法　将较次的笋身靠圈板，沿板四周先放一圈，或只放两侧，在笋圈内再放笋。第 1 层笋蒲头向圈，笋尖向内；第 2 层笋蒲头向内，笋尖朝圈，恰好第 2 层压住第一层。笋身重叠放满 1 圈，再放第 2 圈，方法如前。但在笋圈中部应略多放，使中间高起，避免发生空隙，也有的使四周沿圈略高。但主要看嫩笋放在哪一位置居多，多的地方要略高。如有空隙或榨圈四角不实，可以用笋衣填进去，使空隙装满方可。

②梅花法　将 1、2 圈笋放满后，可先加盖板压榨，以后有笋，将盖板揭去再加圈、加笋。在每次加笋前，应向圈内放好的笋面上泼一次清水，以免污物残留。待放满一榨后，上面覆盖垫物，即可封榨加压盖。上置枕木和榨梁，一头固定在"千斤柱"上，另一端用石块或其他重物悬挂，徐徐将榨内熟笋压实。刚上榨时，因笋肉的水分不能一时流出，过一段时间后笋榨又会松宽，所以在上榨初期要经常检查，一天数次，如发现重物已着地，就要往上升，保持压力；后期可以几天检查一次，保持一定的压力。当榨圈缝内流出的水带有泡沫及略带红色时表明已压紧。压榨后不久就可落榨。落榨技术较强，应注意封榨后不要随便开榨，如采用晒干则一定要等出伏后，看准晴天再把握再开榨，否则易变质霉烂。落榨时笋要放平放实，切莫留有空隙，否则也易变质霉烂。

（4）干　燥

笋干干燥过程必须严格管理，因为它直接影响成品的质量与商品价值。干燥方法有晒干和烘干两种，操作方法各有不同。

①晒干法　必须选择天气干燥、阳光强烈的季节，一般选出伏后晒笋较为适宜。择定晒笋期后，方能开榨晒笋。晒笋前还要在晒场上准备好防雨设施。然后开榨把压扁的笋取出，不洗涤，即一片片摊晒在篾垫上，任其日晒。至第2天中午，将笋翻身，此后每天中午将笋翻身一次。约在第5天笋干已晒成五成干时，因笋头较薄易弯曲，需将两笋相叠，使笋蒲头压住笋尖晒。干燥到这种程度后，晚上要将笋收进室内叠好压平，白天继续晒。直到10 d后，笋干已有九成干，将其收进叠好，用木板压上，放2~3 d让其回潮（肥厚部分有水渗出），再搬出晒3~5 d就可使笋干完全晒干。晒笋期间如遇上连续3~4 d阴雨，即应抓紧进行烘焙，不然笋干会变质霉烂。

②烘干法　一般在深山区日照短、柴炭较多的地方采用。此法把握性大，能确保质量，比晒干法好，但成本较高。一般在立夏时可开榨烘笋。将开榨后的笋取出洗涤干净，用竹篾条将笋蒲头穿起来，分别将大笋、小笋穿成一串，笋与笋之间相距6~8 cm，然后搁在预先准备好的架上，让水淋干。当凑足焙寮内一次所焙的数量后，放入焙寮内。放笋时要注意将大笋挂在高温处，小笋挂在焙寮门口附近温度略低的地方，以便干燥均匀。放好笋后，焙寮下层炭、火沟可同时生火，待沟内炭火烧到表面有白灰时，炭火间可关闭。笋在炭火间烘5~6 h（五成干）后取出放到上楼栅（用篾编成）上再烘。此时应加炭一次，以后每隔4~5 h加炭一次，并且炭火间的门要打开，促使热气上升，给楼栅上层增温，如此按前法一批一批烘笋。待烘至七八成干后，再拣出放在上面搁架连续烘干至全干为止。

烘笋多少根据焙寮大小而定，一般笋寮烘500 kg干笋需5~6 d。但烘焙时要注意笋刚放入笋寮内1~2 h的火力一定要控制好，温度不能过低，否则烘出的笋干发黑，以后火力要均匀，不宜过小或过大，有经验的农民根据笋尾摆动幅度来调整温度，摆动大表明温度高，否则温度低。寮房温度高，空气稀薄，需注意人身安全。

笋是否干燥完全很重要，否则笋干易变质。笋干干燥的识别方法有两种：经太阳晒干的笋干，可将较大的笋蒲头切开，看中间节稍带有的红色是否消除，如果颜色已均匀，则表示已完全干燥，否则就是未干燥；经火烘干的笋干，一般用手指触笋身较厚部分，如全部坚硬表示已完全干燥，若有较软处就说明未干燥。尚未完全干燥的笋不能储存，以免变质霉烂。

(5)规格质量

箓笋干应笋身干净扁平，色泽黄亮带玉色，脑小(蒲头小)，节密身短，肉厚质嫩，干燥、浸水胀性大，嗅之有香气，但略带酸味。箓笋干有凤尾、羊角、短尖、次尖、黄片、付尖6种规格。其中以凤尾、羊角品质最好，短尖、次尖稍次，黄片又次，付尖属下品。

①凤尾　采用嫩尖制成，要求纯笋尖，色黄亮、无杂色、无碎末，十足干燥。甲级尖长4 cm左右，乙级尖长7~8 cm，丙级尖长15 cm。

②羊角　由全笋制成，金黄色，质嫩而厚，节密蒲头小，纤维少，十分干燥，无霉烂。甲级蒲头细小，长20 cm以下；乙级蒲头较大，长25 cm以下；丙级蒲头稍大，长30 cm以下。

③短尖　由全笋制成，色金黄、质嫩、节密、身壮，肉厚扁平，十分干燥，无霉烂。

甲级蒲头小，长 36 cm 以下；乙级蒲头稍大，长 42 cm 以下；丙级蒲头最大，长 55 cm 以下。

④次尖 由全笋制成，色黄、肉厚质嫩，节疏，十分干燥，无霉烂，蒲头大。甲级 60 cm 以下，乙级 75 cm 以下，丙级 85 cm 以下。

⑤黄片 用老笋砍去蒲头后留上面一段加工而成，长短不一，色黄肉薄，胀性差，干燥无霉烂。甲级嫩度 100%，乙级嫩度 90%，丙级嫩度 80%。

⑥付尖 由全笋制成。全长 60 cm 以上，有达 1 m 以上的，色带黄色或有伤疤，大部分无笋尖，蒲头肥大，纤维多。

(6)注意操作事项

操作不善会导致笋干异常颜色的产生，因此，操作时务必十分注意。

①白霜 系煮熟出淘漂洗时由于水少笋多、水温过高而引起。以后虽已漂洗，但制成的笋干上面生着白色似霜一样的附着物，外观较难看，但不影响滋味。

②白色 系未熟的竹笋加工而成，味差。

③红色 由于过熟或煮焦或未凉透即落榨而产生。

④发黑 由晒笋时淋雨霉烂或开榨后天雨又无法烘焙引起，或上榨不实，或漂洗未透，使落榨发酵霉烂。一般不能食用。烘笋初期，焙寮温度过低也会使笋表面发黑。

死笋或鲜笋挖后隔天蒸煮的，笋干表面无光泽，略带焦黄色，食味差。霉点是在贮藏中受潮而发生的。篆笋干应贮存在仓内干燥处，切忌受潮，不要靠墙或着地安放，发现受潮、霉变、虫蛀或发红，均应及时处理。

10.2.3 天目笋干的加工方法

天目笋干是采用山区野生小竹笋制成，味香脆鲜美，盛产于天目山区，因而得其名。

(1)去壳蒸煮

采回的石竹笋(其他小竹笋均可)必须当天全部剥净笋壳、煮熟，否则竹笋会老化，降低质量。

去壳是用一把削笋刀，在笋的一侧从笋梢部往下削一刀，要求达到不包脚、不伤笋肉。然后用右手捏住梢部笋壳，削口朝上，未削一面靠近食指，左手食指轻扶竹笋下端，沿着右手食指旋转，把笋壳剥下，做到节部不留残壳，梢部留好嫩笋衣。其劳动组合最好为 1 人削 2 人剥，平均每人每小时能削 120 kg，每人每小时剥 50~60 kg。

去壳后的竹笋即需杀青，煮笋的陶锅直径约 1 m，上置木制大桶，桶高 60 cm，桶径与陶锅相等。竹笋装入陶锅，以蒲头沿着木桶壁、笋梢朝中间分层堆放为宜。底层加盐 5 kg，其余各层均加适量的食盐，用盐量按每 100 kg 笋肉不超过 3 kg 为度，盐太多则笋干过咸，盐不足则淡而不鲜。待笋装好后加水，用水量晴天约 30 kg，雨天可减半。随后点火蒸煮，第一锅需煮 6~7 h，但煮 3~4 h 后需进行翻锅，翻锅用篾条沿锅底插入，然后把笋堆成一圈，用力拉着篾条使笋堆翻转并从锅底翻至上面，继续再煮。煮第 2 锅时需 4~5 h，加盐量也应减少，避免过咸。连续煮熟两锅后宜清锅，重新换水加盐，以免笋干发黑。煮笋要求煮的既不生又不烂。

（2）烘焙干燥

笋煮熟后要马上捞起，经滤水放于焙床上，烘焙干燥。干燥工具就是焙房，上层阁楼为进一步干燥的场所，下层沿墙设置数条焙床，即长为 4 m 左右的火坑，四周用砖泥砌成，正面有拨火的焙眼，焙眼有三眼、四眼不等。焙床内设置燃烧炭火，其上放置竹垫，以便摊放熟笋烘焙。焙温宜掌握在 40~60 ℃。经常翻动笋干，让水分蒸发焙干，达到笋色泽黄亮，干燥程度以手捏笋松挺、不滑腻为准。一般烘 50 kg 笋干耗炭 60 kg。此后可把烘焙笋干堆放至上层阁楼，继续干燥，待笋期结束后再加工。

（3）复汤成型

焙燥的笋干还需要重新在煮沸盐水中浸软，便于揉搓成团。浸软即为复汤。用盐量为每 100 kg 笋干不超过 10 kg，加水量以每 100 kg 笋干加水 60 kg 为宜。待笋干把复汤盐水全部吸净后，捞起堆于竹垫上压实，用塑料薄膜封盖，复汤 4~5 d 后的笋干最软，易于搓团，超过 5 d 的笋干易发生霉烂变质。

复汤后的笋干，先摘去笋梢嫩头，摘下的笋梢嫩头经搓揉、烘干制成焙息（又称焙息头）。

把摘过头的笋干坯身置于竹垫上揉搓成球状，达到根在内，梢在外，以绕成 4 圈半的笋干球为佳品。揉搓一般单手进行，技艺高超者用双手进行，速度极快。熟练者每人每天可搓笋干 60 kg 左右。将搓好的笋干重新在焙床上烘焙，当焙到七八成干时，取出置于石板上，用大的木榔头敲成扁圆形，成型后即为成品。

（4）分级包装

将敲扁平的笋干按色泽、大小、肉质肥厚等进行挑选分级。分级的规格质量如下：

①焙熄 由纯嫩头制成，色黄亮、无笋衣、无杂质、无盐末、无身断，长度为 6 cm 左右，十足干燥。

②肥挺 色黄亮，肉质肥厚、整株嫩、无退节，单株笋干长为 24~30 cm，搓成扁圆形，结实，十足干燥，含盐率 30%。

③秃挺 色黄亮，肉质肥嫩的占 70%~90%，单株长度不超过 30 cm，带一个退节的笋干量允许占 10%~20%，扁圆形，十足干燥，含盐率为 30%。

④小挺 色黄亮，肉质较薄老，单株长不过 36 cm，带一个退节的笋干允许不超过 20%，扁圆形，结实，十足干燥，含盐量允许 20%~25%。

⑤统挺 保留笋梢嫩头，不搓呈扁圆形，其他要求同秃挺。

经干燥分级后即可包装，天目笋干历来用竹篓包装，竹篓分大小两种，而大篓又分为套包和冬瓜篓。竹篓包装实际上是竹箬叶包裹，具有通风防潮，久贮不变质，不走味的效果，启封后笋干带有箬叶之清香。每个套包内装小篓 28 只，每只小篓装笋干 1 kg，每个套包装 28 kg。冬瓜篓形似冬瓜，每只净装笋干 25 kg。包装好的笋干均应及时贮入仓库，仓库要保持通风干燥，避免笋回潮而霉变。

10.2.4　麻笋干的加工方法

麻笋干以麻笋等丛生笋为原料加工而成，主要在福建、台湾、广东等地生产。

（1）加工设备

加工麻笋干的设备有笋寮、蒸煮灶和发酵笼等。

①笋寮　见前篯笋干加工的设备及工具，但在笋寮的侧方设切笋场，其内架设切板作切笋用。木制切板宽 30 cm、长 60 cm、厚 9 cm，放置在竹材搭成的架上。

②蒸煮灶　为笋寮中主要设备，灶高 60 cm，圆形，四周用竹篾片编成，内层用水泥敷成，厚 9~15 cm，内径为 80 cm 左右，上置大锅，灶门约 30 cm，大锅直径通常为 1 m，笋片可直接放入锅中水煮，但也有在锅上放置蒸笼，将笋片装入蒸笼中隔水蒸煮的。

③发酵笼　用来放置蒸煮后的笋片，笼用竹编成，高约 2 m，直径 1~5 m，可存放笋片 600 kg。

此外，还要备竹帘供晒笋片用。

（2）加工方法

自采笋至包装，需经过以下几个步骤：

①去壳切片　去壳应在采笋地进行，以便减轻搬运重量，剥壳方法与制篯笋干相同。切片有鲜切、煮后甚至干燥后切片等几种，将笋下端的硬节切除，然后切片。切片时自基部约 30 cm 处切断，再将下断切成两块。纵切后的笋展开，再细切为长 6 cm、宽 1 cm 的长条，制成后即为笋丝或笋条。注意将笋节切除，制成的笋干品质才能整齐划一，无硬块，可以提高售价。

②蒸煮发酵　将经过切片的笋片和笋丝随时移入笋锅或蒸笼内蒸煮。锅内盛水，笋片以装满锅口为限，不可过多，以防受热不均匀，蒸煮时间约 1 h。发酵即将蒸煮后的笋放入发酵笼中进行发酵，发酵时笼底与笼内周围用芭蕉叶或月桃叶铺垫，然后层层堆放笋片。将笋丝放在顶层，装满后仍须用芭蕉叶盖密，上面再铺盖草席，并用卵石压上。如用胶布代替草席，上面就可以覆盖细砂来代替卵石，压榨效果更好。经压榨发酵 10 d 后，笋片重量减轻到鲜笋重量的 55%~60%，时间越长，重量减少越多。这样处理后通常可放置半年以上而不腐败。

③干燥分级　发酵以后的笋片与笋丝遇晴天便可取出，平铺在竹帘上暴晒，使水分蒸发。通常经过 4~5 d 曝晒，色泽转变为黄褐色而略带透明时可收藏。如农家小规模生产，干燥后便出售给收购站，本身不再加工处理。但如果数量多，需要进行出售前处理，包括加盐、分级、包装等。在笋干干燥过程中，如遇阴雨天，可将笋片与笋丝移到室内通风处风干，或用炭火烘焙。按规定，笋片最大含水量为 30%，笋丝最大含水量为 25%，从鲜笋到制成笋干，收量为 3%~5%。将笋干按色泽好坏分为"上等"和"普通"两级，"上等"品质整齐划一，带黄褐色而有光泽。"普通"者色泽暗褐色且有斑点，品质参差不齐。成品经分级后，每 30~50 kg 装袋封存待售。

10.2.5　玉兰片的加工方法

玉兰片是冬笋及春笋加工的干制品，色泽玉白，形状犹如玉兰花瓣，故名玉兰片，是行销全国的高档干菜商品，多用作著名菜肴的配料。

玉兰片的制造，始创于前清年间，湖南省武冈市首设加工场，每年 11 月开始收笋加工，迄翌年春末结束。由于加工手续并不繁复，故成为农家都会加工的副业。

（1）加工方法

将鲜冬笋或春笋的笋壳剥去，放在蒸锅里蒸熟，取出后放凉。粗的纵切成二三瓣，再斜切成片，放在竹席上晾晒一天，再排放在烘架上用炭烘烤，烘烤干燥而成。成品的颜色以淡黄鲜艳为正色。

（2）玉兰片种类

玉兰片在市场上常见的有尖片、冬片、桃片和春片。

①尖片　又称笋尖、笋宝。片长不超过2.5寸[①]，顶端剖呈二片，表面光洁，笋节很密，无根部，质极嫩，味鲜，是玉兰片中的上品。

②冬片　采用冬笋作原料制成，形状呈对开片，长2~4寸、宽1寸左右，片面平洁，节距紧密，根部刨尖，质嫩味鲜。

③桃片　又称桃花片，系用未出土或刚出土的春笋制成，也是对开片，长4.0~4.5寸、宽1.5~2.0寸，片面光洁，节距较密，根部刨尖，肉质稍薄，尚嫩，味也好。

④春片　又名大片，系清明节后采掘已出土的春笋制成，长不超过7寸、宽3寸左右，节距较疏，节突起，老根不超过2节，笋肉薄，质较老。

10.2.6　羊尾笋干的加工方法

羊尾笋干产于浙江四明山一带，奉化、宁波、宁海、余姚等县市为其主要产地。因制品外形似山羊尾，故称为羊尾笋干。

原料以龙须笋为主。也有取用红笋和黄壳笋，但为数不多，其品质不及龙须笋。龙须笋笋长35 cm以上，基端直径5~7 cm，肥厚而空部细小，原料收进后，先剥去笋壳，可保留笋衣，并削去根部粗老部分，去壳损耗约55%，对于较大的笋，用竹棒将笋节穿通，以免煮时爆炸。

笋整理就绪后，装锅煮制。锅洗净，先放入清水，再净笋装入。一锅约可装50 kg，加食盐10 kg。用猛火煮，约煮1 h后，鲜笋已煮软，应翻动一次。煮到"上花"时（即盐卤煮浓，冷却后有盐花）更要勤加翻动。滤干盐卤，然后摊放在竹垫上，冷却即成。制成100 kg羊尾笋干约需带壳鲜笋450~500 kg。

初制成的笋干，先装在缸内贮藏一个时期。缸要干燥，底铺垫稻草。运输时用竹篓包装，一件净重25~35 kg。

羊尾笋干的品质要求为洁白而有光泽，肉质肥嫩，外形扁形，长13~16 cm、宽约3.5 cm，咸味适口，无苦涩味。

复习思考题

1. 竹材加工利用的方式有哪些？各自的特点是什么？

2. 竹笋加工利用的种类有哪些？

---

① 1寸=3.33厘米。

3. 竹纤维饲料的营养价值如何？应用到家畜养殖中的好处是什么？

4. 阐述高吸水竹纤维的创制方法。

5. 叙述竹菌共生+大蚯蚓产业技术体系的内容、结构和应用。

推荐阅读书目

1. 高振华，邸明伟，2014. 竹子深加工工艺方法大全[M]. 北京：化学工业出版社.

2. 黄翠琴，陈燕，2011. 竹制品加工技术[M]. 福建：福建科学技术出版社.

3. 林丽静，黄晓兵，2018. 竹笋现代加工技术研究[M]. 北京：中国农业科学技术出版社.

第 11 章　竹林认证

【内容提要】竹林认证对于确保竹子的可持续经营和贸易至关重要，其通过制订环境、社会和经济方面可持续发展的标准，促进基于可持续经营的生态系统服务和生物多样性的保护。竹林认证可保障竹农的生计，提升竹制品的市场竞争力。竹林认证不仅对环境保护有重要意义，对推动绿色贸易也发挥着关键作用。本章重点介绍了森林认证基础、中国森林认证体系和竹林可持续经营认证 3 方面的内容，以期读者对竹林认证有更全面的认识。

11.1　森林认证基础

森林是大片生长在一起的树木及其他植物组成的区域。生物多样性公约（Convention on Biological Diversity）和联合国粮食及农业组织定义的森林或林分为树冠投影面积占陆地面积 10% 以上或 10%~30% 以上，面积 0.5 hm² 以上或最小面积 0.05~1.0 hm²，且树木成年的高度达 2~5 m 以上或 5 m 以上，不属于农业用地或非林业用地的区域。森林不仅为人类提供木材、非木质林产品（Non-timber Forest Products，NTFPs），而且还提供生物质能源及生态产品与服务。NTFPs 如山茱萸（*Cornus officinalis*）的果肉、山核桃（*Carya cathayensis*）种子、野生可食菌类、猎物等。森林提供的生态产品及服务包括支撑生物多样性的生境（起着物种保育的作用），涵养水源及提供清洁的水，土壤保育，提供清新的空气（净化大气），固碳，防护（如防护林），积累营养，提供森林旅游的场所等。因此，森林与人类生活息息相关。竹林是一种特殊的林种，其生产经营也和人类生活息息相关。和其他林分一样，竹林生产也面临着可持续经营的挑战。森林认证是促进包括竹林在内的森林可持续经营的重要举措。

11.1.1　概　念

认证是由第三方对产品、过程或服务满足规定要求给出书面证明的过程。这是认证的一般性概念，如人们熟悉的国际标准化组织（International Organization for Standardization，ISO）9001 认证等。森林认证是根据所制定的系列标准，按照规定的程序对森林经营绩效进行评估，以证明森林达到可持续经营的要求，并发放认证证书的过程。森林认证的目的是促进森林可持续经营，它包括森林经营认证和产销监管链认证。森林经营认证又名森林可持续经营认证，简称 FM（Forest Management，森林经营），它是一种运用市场机制来促进森林可持续经营的工具，对从种子、种苗到出产林产品（如木材等）的整个森林经营过程进行认证。产销监管链认证，简称 CoC（Chain of Custody，产销监管链）认证，它对利用来自认证林分的林产品从加工到销售的整个过程进行认证。

森林经营认证保证森林经营的管理水平是良好的、可持续的。产销监管链认证保证林产品原料的来源是来自可持续经营的林分的。通过认证的林分或产品具有认证的标识，如森林管理委员会（Forest Stewardship Council，FSC）、森林认证体系认可项目（Program for the Endorsement of Forest Certification schemes，PEFC）、中国森林认证管理委员会（China Forest Certification Council，CFCC）等认证体系均有自己的认证标识。

11.1.2　森林认证的发展历程

森林认证的概念始于 21 世纪 80 年代末。当时西方发达国家越来越多的消费者意识到环境的日益恶化与森林的破坏有关，非政府组织坚持不懈地对不关注环保的活动进行揭发和制止，消费者开始在行动上抵制购买源自破坏森林的林产品。随着环保意识的增强，消费者要求森工企业承担更多的社会责任，进而促使独立第三方森林认证的萌芽。一些独立的组织开始制定良好森林经营的标准。因此，森林认证始于西方发达国家林产品消费者强烈的环保意识。

随着森林认证的发展，一些投资者（如世界银行）根据所了解的情况有选择性地投资，要求受资助的企业开展森林认证；一些跨国公司和出口商（如宜家）积极负责任地应对日益增长的市场需求，采购通过认证的林产品，以此表明支持森林可持续经营的立场。与此同时，一些法规制定者制定新法规抵御非法木材采伐及其交易，如 2009 年通过的《欧盟木材及木制品规例》；国际社会陆续签署了一些双边或多边协议，如喀麦隆与欧盟签署的旨在规范喀麦隆对欧盟木材出口的《自愿伙伴关系协定》。所有这些都促进森林可持续经营及其认证的发展。

11.1.3　森林认证的组成

由上可知，消费者是推动森林认证的源动力，森林认证是市场驱动的。因此，消费者在森林认证中是不可或缺的一个部分，他们形成森林认证的市场需求动力。有了市场需求，森林生产者才有可能自愿申请认证。消费者要购买林产品离不开生产林产品的生产者。除此之外，还要有开展认证的认证机构及其审核员，审核员开展认证所参照的标准，以及审核认证机构开展认证资质的认可机构。

为了监督和评估认证机构的工作，保证他们具有能力并根据标准独立、透明和一致地开展认证，认可机构制定了认证规则，并对认证机构进行管理，即认可机构认可认证机构开展认证的能力与资质。认证标准由下而上通过利益相关者咨询过程进行制定。森林认证标准的重点不在于木材等目标生产产量的高低，而在于森林经营的可持续性，它主要从环境的可持续发展、社会的可持续发展及经济的可持续发展 3 个方面来考量森林经营的业绩，而每一个方面均对目标生产产量的高低产生影响，且都有具体可操作、可考量的内容。生产者聘请认证机构对其生产作业进行审核，认证机构根据认可的标准审核生产者森林经营的绩效。如上所述，通过认证的产品带有认证标识，说明该林产品所采用的原材料来自可持续经营的森林。

11.1.4 森林认证体系

森林认证发展之初，森林认证体系众多，各体系均按照自己对森林可持续经营的理解制定了各自的认证标准，但众体系殊途同归，其目的都是促进森林的可持续经营。

经过 30 余年的发展，今天的森林认证已形成了全球性、区域性及国家层面 3 个层次森林认证体系共存的格局。全球性的森林认证体系主要包括森林管理委员会(FSC)及森林认证体系认可项目(PEFC)；区域性的森林认证体系如泛非森林认证体系(Pan African Forest Certification，PAFC)；许多国家建立了国家层面的森林认证体系，我国也有自己的森林认证体系，即 CFCC。

需要注意的是，诸如 PAFC 之类的区域性森林认证体系发展缓慢。但在非洲，自 1994 年以来，非洲木材组织(The African Timber Organization，ATO)一直把促进森林可持续经营放在优先的地位，根据政府间森林专家委员会(Intergovernmental Panel on Forests)的建议，在其 13 个会员国中推广实施由 5 个原则、2 个次要原则、26 个标准和 60 个指标组成的森林可持续经营标准。此外，尽管许多国家有自己的认证体系，但不是所有的认证体系都是由政府支撑的，如澳大利亚的负责任的木材(Responsible Wood)、美国的美国林场体系(American Tree Farm System，ATFS)等，且有的国家森林认证体系不止一个，如美国有 ATFS 和可持续林业倡议(Sustainable Forestry Initiative，SFI)，加拿大除 SFI 外还有一个加拿大 PEFC。此外，ISO 在森林认证体系的建立与发展过程中也起着至关重要的作用。

(1)ISO 与森林认证

ISO 是一个独立的非政府组织(Non-governmental Organization，NGO)，是一个由 164 个国家标准机构组成的网络，它以国家为单位，每一个国家是其会员之一，由总部设在瑞士日内瓦的秘书处协调整个体系的工作与运作。

ISO 为建立并维持可信的认证体系提供国际认可的指南。如就认证体系的管理，ISO 为建立认证体系的机构提供指南，包括体系政策目标的定义及起草、体系持续改进的承诺与义务、最低认证要求的公开、机构财政支持的来源等。就标准的制定，ISO 对标准的制定提供综合指南，包括公众参与论坛的建立、标准制定程序的公开、基于共识的决策制定、争议解决的程序等。就认可机构，ISO 概述了认可机构达到可信要求应采用的要求与程序，涉及认可机构的组织、认可机构开展认可的技术能力、争议的解决、开展认可的程序等。就认证，ISO 探讨了审核实体(认证机构)的能力、达到并维持与更新认证状态的要求、决策过程及争议解决的程序。此外，ISO 还描述了一些包括森林认证在内的共性问题，如自愿性、多个标准及独立审核等标准。

(2)FSC 体系

FSC 是一个促进全球森林可持续经营的网络体系，其业务涵盖森林经营实践与认证产品及可再生纸制品的跟踪与标识。同时，FSC 也是一个促进全球负责任森林经营的利益相关者体系，它通过各种咨询过程制定负责任森林经营的国际标准；通过国际担保服务（Assurance Services International，ASI）对独立第三方的认证机构进行能力及资质的认可，而经过认可的认证机构则按照 FSC 的标准对森林经营单位及林产品生产商开展认证。ISEAL 是可持续性标准的全球会员协会（The Global Membership Association for Credible Sustainability Standards），而 ASI 是其联盟（ISEAL Alliance）的会员。

FSC 成立于 1993 年，总部位于德国波恩，其会员遍布 89 个国家。FSC 森林经营认证标准主要有 2 个，即森林管理原则与标准（FSC-STD-01-001V5-2 FSC Principles and Criteria for Forest Stewardship）与国际通用指标（FSC-STD-60-004-V1-0 International Generic Indicators）。森林管理原则与标准有 10 个原则，每个原则下都具有有一定操作性的标准，而每个标准下又有数量不等的指标。原则的涵盖面广，包含从森林高保护价值的维持到社区关系与工人的权利，以及森林经营环境与社会影响的方方面面，且适用于全球，关乎所有类型的森林生态系统及范围广泛而多样的文化、政治及法律背景。原则与标准规定了全球负责任森林经营的要求，而 FSC 社会、经济、环境标准制定小组（Standard Development Groups，SDG）则在区域与国家层面调整国际通用指标，以反映全球各地多样的森林法律法规、社会及地理条件。对有 FSC 国家森林管理标准（National Forest Stewardship Standard）的国家而言，调整过的 FSC 指标可以整合到国家森林认证标准中，进而形成 FSC 国家森林管理标准。对没有 FSC 国家森林管理标准的国家而言，技术工作小组可以按照 FSC 的要求制定 FSC 临时认证标准。目前 FSC 体系在国内有《中华人民共和国 FSC 国家森林管理委员会标准》（FSC-STD-CHN-01.1-2021），另有一个《中华人民共和国 FSC 国家森林管理委员会标准（修订稿）》（FSC-STD-CHN-01.1-2023）（待批准）。需要注意的是，标准名称中的国家标准并不代表该标准是政府层面代表国家制定的。CoC 认证则相对简单。目前国内认证采用的主要是 FSC 的国际标准，即《产销监管链认证标准》（FSC-STD-40-004 V3-1）。

目前国内 FSC 认可的认证机构近 20 家。由于森林认证属于自愿的认证，且一个证书的有效期为 5 年，证书有效期到期前需重新认证。因此，国内外通过认证后颁发的证书数量等都是在动态变化的。FSC 相关的具体数据可以到 FSC 网站（https：//www.fsc.org）、FSC 中国网站（https：//cn.fsc.org/cn-zh）上查询。

（3）PEFC 体系

PEFC 是一个伞形组织，在全球组织并引领国家森林认证体系的联盟。作为一个非营利的国际 NGO，PEFC 通过独立第三方的认证致力于森林可持续经营。PEFC 于 1999 年始于欧洲小的家族性森林所有者组成的泛欧森林认证体系（Pan-European Forest Certification schemes，PEFC），发展至今已成为全球最大的森林认证体系。PEFC 总部位于瑞士日内瓦，其会员包括 56 个国家会员，它们在各自的国家中发展和实施 PEFC 体系，CFCC 也是其会员之一。此外，PEFC 还有超过 30 个国际利益相关者会员。

PEFC 基于森林可持续经营政府间进程，将进程签署国的国家森林认证体系联系在一起，并基于会员决策自下而上进行管理。比如《蒙特利尔进程》的成员国包括俄罗斯、中国、韩国、日本、澳大利亚、新西兰、美国、加拿大、墨西哥、乌拉圭、阿根廷、智利 12 个国家，这 12 个国家虽然政治、经济、社会环境不同，但都实施《蒙特利尔进程》森林可持续经营框架的 7 个标准 54 个指标，不仅拥有全球 49% 的森林，还有占全球 31% 的人口，占全球 90% 的寒温带森林，其圆木生产占全球的 49%，人工林占全球的 58%。这种管理模式使得具有活跃国际组织经历的 PEFC 建立在国家会员对所在国国情及林情了解的基础上，进行负责任的决策，而这种决策整合了国家层面及国际层面所有利益相关者综合的经验与知识。PEFC 管理的宗旨是参与、民主与平等，它有 3 个决策机构，即全会、董事会及秘书长。截至 2024 年，PEFC 的 56 个会员国家中有 48 个国家与地区的森林认证体系得到了 PEFC 认可，其中包括中国的 CFCC。

PEFC 大家庭的成员依据 PEFC 指南，根据自己的国情及林情制定并实施适合于本国的森林认证标准。在认证机构的认可方面，PEFC 要求各成员所在国的国家认可机构为国际认可论坛（International Accreditation Forum，IAF）的会员，由各国的国家认可机构在国内认可认证机构。经过认可的认证机构则根据标准开展森林认证活动。截至 2024 年，全球近四分之三通过认证的森林是 PEFC 认证的。基于政府间进程及国际公约，被 PEFC 认可的森林体系彼此间实行互认。

目前，国内已认可的开展 PEFC 认证的机构超过 10 家。同理，由于森林认证属于自愿的认证，且一个证书的有效期为 5 年，证书有效期到期前需重新认证。因此，国内外通过认证的森林面积、通过认证后颁发的证书数量等都是在动态变化的。PEFC 相关的具体的数据可以到 PEFC 网站（https：//www.pefc.org/）及 PEFC 中国办公室网站（http：//www.pefcchina.org/）上查询。

（4）FSC 与 PEFC 双重认证

从森林认证体系来看，PEFC 与 FSC 两大国际森林认证体系是完全不同的，但它们的目标都是促进森林可持续经营。森林认证的驱动力来自市场。因此，一些生产经营单位根据国际市场对林产品的需求，同时开展并通过了 PEFC 及 FSC 的认证。截至 2023 年年中，共有 36 个国家的生产经营单位开展了 PEFC 及 FSC 的双重认证，通过认证的森林面积达 8 666 万 hm^2，其中中国有 18.5 万 hm^2 的林分通过了 PEFC 及 FSC 的认证。

中国森林面积达 2.2 亿 hm^2。不管是 PEFC 或 FSC 的单独认证还是两种体系的双重认证，中国境内通过认证的森林面积占比还很小，森林可持续经营还任重而道远。

11.1.5　如何开展森林认证

开展森林认证之前，生产经营单位或企业要明白自己为什么要开展森林认证。森林认证是市场驱动的，有需求才有认证。一些国外的消费者出于环境保护的意识与责任感，具有采购认证林产品的需求；当地法律法规的要求或鼓励政策使得当地市场具有采购认证林产品的需求。生产经营单位或企业具有开拓国外林产品市场或寻求林产品的市场增益需求，或为了改进企业的社会形象，或迫于外界诸如环境保护的压力，或为了争取获得诸如世界银行的贷款等，开展森林认证的原因各种各样。也有一些生产经营单位或企业在政府的政策与资金支持下愿意尝试森林认证。不管出于何种目的，首先要明确认证的目的，并在认证成本效益核算的基础上确定是否开展森林认证。

在确定开展森林认证后，生产经营单位或企业要基于市场需求选择合适的森林认证体系。森林认证体系的选择要依据林产品采购方的需求。基于市场，还需了解当地政府是否有针对认证林产品的采购政策，当地政府支持何种森林认证体系。就林产品的生产，一些生产经营单位或企业受到各方的赞助与资助，而赞助方或资助方有自己认同的森林认证体系。基于此，生产经营单位或企业可以自行选择森林认证体系。

认证机构的筛选则基于认证机构的信誉及认证价格。而对于认证的类型，生产经营单位或企业可以基于本身的生产及市场选择 FM 认证、CoC 认证或 FM/CoC 认证，根据自身的生产规模及实际情况选择独立的认证或团体认证。团体认证适用于小规模的经营者，将多个小规模的经营者组织起来形成团体，在认证规模及经济效益上实现最大的效价比。对于团体认证，两大国际认证体系均基于基本的 FM 及 CoC 认证对认证标准及形式等进行了适当的调整，但基本原则不变。

确定认证体系后，生产经营单位或企业要了解相关体系认证标准的要求，可以根据认证标准进行内部审核，以找出达到认证要求所存在的问题与差距。内部审核可以由生产经营单位或企业自行承担，也可以聘请外部专家进行审核。在内部审核的基础上，生产经营单位或企业可以采取行动进行改进，以解决审核中发现的问题，缩小与认证标准的差距。最后，生产经营单位或企业可以向认证机构申请认证。不管是哪种认证体系，通过认证后获得的证书有效期为 5 年，且每年由认证机构进行年审，以检查前一年审核中提出的问题是否得到改进或解决。证书到期前，生产经营单位或企业可以根据实际情况决定是否再次申请开展森林认证。

11.2　中国森林认证体系

11.2.1　体系的发展

中国森林认证体系的发展始于 20 世纪初。2001 年 3 月，国家林业局（State Forestry Administration，SFA）成立科技发展中心并设立森林认证处，这意味着我国启动 CFCC 建设工作；7 月，中国森林认证工作领导小组成立；9 月，第一次会议提出建立符合国际惯例的中国森林认证体系。2002 年 2 月，国务院办公厅下发《关于加强认证认可工作的通知》；4 月，在京召开全国认证认可工作会议，全国认证认可部际联席会议成立；8 月，国家林业局被增为部际联席会议成员；10 月，浙江省昌化林场 940 hm² 林地通过 FSC 森林认证，成为第一块通过认证的林地。2003 年 6 月，中共中央、国务院《关于加快林业发展的决定》指出"积极开展森林认证工作，尽快与国际接轨"；11 月，《认证认可条例》开始实施。2004 年 6 月，中国森林认证行业标准审定通过；7 月，国家林业局与联合国粮食及农业组织（FAO）在杭州组织召开了"森林认证最新进展与未来战略"国际研讨会；9 月，完成了我国森林认证体系建设方案的编制。2005 年，森林认证列入财政专项计划。2006 年 3 月，国家林业局发文在吉林、黑龙江、浙江、福建、广东、四川 6 省开展第一批森林认证试点工作；FSC 中国工作组成立。2007 年 1 月，在 6 省开展第二批森林认证试点工作；3 月，在京召开全国森林认证试点工作会议；10 月，中国森林认证行业标准实施，中国出席

PEFC 第 11 次年会，这也是中国第 1 次参加 PEFC 全会，并报送国家林业局筹建认证机构的材料，同年 PEFC 中国办公室在北京成立；12 月，在 8 省开展第三批森林认证试点工作。2008 年 4 月，国家标准化管理委员会批准全国森林可持续经营与森林认证标准化技术委员会；6 月，国家林业局与中国国家认证认可监督管理委员会（Certification and Accreditation Administration of People's Republic of China，CNCA）发布《关于开展森林认证工作的意见》，报送"中林林业认证有限公司"材料。2009 年，中国成立了第一家森林认证机构——中林天合（北京）森林认证中心；CNCA 发布了《中国森林认证实施规则（试行）》。2010 年，中国正式成立中国森林认证管理委员会（CFCC），并设立了秘书处；同年 CFCC 向 PEFC 递交了加入 PEFC 的意向书。2011 年，CFCC 向 PEFC 递交了加入 PEFC 的申请，同年 7 月获批。2014 年，中国森林认证体系获得 PEFC 认可。目前，CFCC 已获得 39 个国家的认可。

值得注意的是，2019 年 12 月，第十三届全国人民代表大会常务委员会第十五次会议通过修订的《中华人民共和国森林法》第六十四条规定："林业经营者可以自愿申请森林认证，促进森林经营水平提高和可持续经营。"这一方面说明森林认证是国家林业立法的内容之一，另一方面强调了森林认证的自愿性。

11.2.2　中国森林认证体系

中国森林认证管理委员会（CFCC）是中国森林认证体系的最高权力机构，其日常工作由 CFCC 秘书处负责，具有独立法人地位。CFCC 人员来自政府、科研单位和大专院校、森林经营单位、NGO、工会等。CFCC 职责是组织、起草和完善森林认证标准，引导森林认证市场有序发展，管理森林认证标识，对森林认证结果中产生的争议、投诉、申诉作出仲裁等。在中国，CNCA 批准并授权的国家认可机构——中国合格评定国家认可委员会（China National Accreditation Service for Conformity Assessment，CNAS）认可独立第三方机构开展认证，且 CNAS 代表中国保持我国认证机构在 IAF 的正式成员地位，而森林认证审核人员培训合格后需经中国认证认可协会（China Certification and Accreditation Association，CCAA）确认。目前，国内开展 PEFC-CFCC 认证的认证机构超过 10 家。

11.2.3　CFCC 认证相关文件

CFCC 发展过程中制定了一系列标准文件与管理文件，而这些文件的执行与运用反过来又促进了森林体系的发展。

截至 2024 年 1 月，CFCC 已制订了一系列认证标准及相关文件，涵盖基本的 FM 认证、CoC 认证以及在此基础上扩展的人工林认证、NTFP 认证、竹林认证、生产经营性珍稀濒危动植物认证、自然保护区认证、森林公园认证等。除认证标准外，就每一类认证，CFCC 以审核导则这一独立标准的形式为审核员开展认证活动提供操作依据，以操作指南这一独立标准的形式为经营单位开展森林认证工作提供参考。标准及相关文件如下：

《2022 森林认证机构认可方案》（CNAS—SC23）

《中国森林认证　标识》（LY/T 3118—2019）

《中国森林认证 产品编码及标识使用》(LY/T 3244—2020)

《中国森林认证 联合认证通用要求》(LY/T 2512—2024)

《中国森林认证 联合认证审核导则》(LY/T2512—2015)

《中国森林认证 联合认证操作指南》(LY/T2513—2015)

《中国森林认证 森林经营》(GB/T 28951—2021)

《中国森林认证 森林经营认证审核导则》(LY/T 1878—2014)

《中国森林认证 人工林经营》(LY/T 2272—2014)

《中国森林认证 产销监管链》(GB/T 28952—2024)

《中国森林认证 产销监管链认证审核导则》(LY/T 2281—2022)

《中国森林认证 产销监管链认证操作指南》(LY/T 2282—2022)

《中国森林认证 非木质林产品经营》(GB/T 39358—2020)

《中国森林认证 非木质林产品经营认证审核导则》(LY/T 2274—2022)

《中国森林认证 非木质林产品经营认证操作指南》(LY/T 2514—2024)

《中国森林认证 生产经营性珍稀濒危植物经营》(LY/T 2602—2016)

《中国森林认证 生产经营性珍稀濒危植物经营审核导则》(LY/T 2603—2016)

《中国森林认证 生产经营性珍贵濒危野生动物饲养管理审核导则》(LY/T 2601—2016)

《中国森林认证 野生动物饲养管理》(LY/T 2279—2019)

《中国森林认证 野生动物饲养管理操作指南》(LY/T 2999—2018)

《中国森林认证 自然保护地森林康养》(LY/T 3245—2020)

《中国森林认证 自然保护地资源经营》(LY/T 3342—2022)

《中国森林认证 自然保护地生态旅游》(LY/T 3246—2020)

《中国森林认证 竹林经营》(GB/T 41546—2022)

《中国森林认证 竹林经营认证审核导则》(LY/T 2276—2022)

《中国森林认证 竹林经营认证操作指南》(LY/T 2215—2015)

《中国森林认证 森林公园生态环境服务》(LY/T 2277—2014)

《中国森林认证 森林公园生态环境服务审核导则》(LY/T 2278—2014)

《中国森林认证 森林公园生态环境服务操作指南》(LY/T 2605—2016)

《中国森林认证 森林生态环境服务 自然保护区》(LY/T 2239—2013)

《中国森林认证 森林生态环境服务 自然保护区审核导则》(LY/T 2240—2013)

《中国森林认证 森林生态环境服务 自然保护区操作指南》(LY/T 2604—2016)

《中国森林认证 森林碳汇》(GB/T 43647—2024)

《中国森林认证 碳中和产品》(LY/T 3116—2019)

《中国森林认证 森林消防队建设》(LY/T 3117—2019)

《绿色产品评价 人造板和木质地板》(GB/T 35601—2017)

《绿色产品评价 家具》(GB/T 35607—2024)

11.3 竹林可持续经营认证

由禾本科(Gramineae)竹亚科(Bambusoideae)物种组成的竹林是一种特殊的林种,其特征为植物体木质化,所含的 SiO_2 高达70%,常呈乔木或灌木状,且以无性繁殖为主,形成竹林的物种相对单一,有散生竹与丛生竹之分。我国丰富的竹种资源为竹制品生产提供了丰富的原材料,也为竹林认证开拓了市场。

大片的竹林可以单独申请认证,也可以作为认证林分的一部分来开展认证。如2009年,浙江省安吉县灵峰寺林场以全场 1 885 hm² 林地作为安吉竹产业协会联合认证单位之一参加了 FSC 认证,其中认证竹林面积达 815 hm²。

竹林认证在 FSC 认证体系没有专门的标准,其认证在 FSC 产品分类中属于 NTFP 认证中的一类;而 PEFC 体系中的 CFCC 专门制定了竹林认证标准。竹林认证标准仅在三级指标层面对竹林经营尤其是竹材生产的绩效要求做了明确的规定,而其一、二级指标基本等同于森林经营的认证绩效要求。自 2009 年以来,安吉竹产业协会已牵头组织了多期竹林 FSC 认证。2019 年,安吉县竹产业协会作为国家林业和草原局竹林认证实践项目实施单位,以联合认证模式开展竹林经营认证,认证区域毛竹林 3 802.66 hm²。截止 2022 年年底,我国持有 FSC 有效竹林经营认证证书的单位有 33 家,通过认证的竹林面积达 29.98 万 hm²,主要分布在福建、浙江、湖南、江西、四川、安徽、广东、贵州、重庆等地,其中福建省已通过认证企业 13 家,认证的竹林面积 14.73 万 hm²,占全国 FSC 竹林认证面积 49.13%,位居榜首。同样截至 2022 年年底,我国有 11 家竹林经营单位通过了 CFCC 竹林经营认证,面积达 1.89 万 hm²,主要分布在四川、浙江、福建、湖南、安徽、湖北、江西等地。无论何种认证体系,有众多竹制品加工企业通过了 CoC 认证。

《2021 年中国林草生态综合监测评价报告》显示,我国有 756.27 万 hm² 竹林,是竹制品的生产及出口大国,2022 年中国的竹产业总产值达到 4 153 亿元。因此,竹林认证是森林认证一个重要且具有特色的领域。竹林不仅生产竹材,还生产竹笋。如果要对竹笋及其加工产品生产进行 NTFP 认证,则首先要对生产竹笋的竹林开展认证。竹林及竹制品生产单位及企业可以按需进行认证体系、认证机构、认证形式等的选择,并开展竹林认证。竹林多分布在我国的南方,在开展认证方面面临多个挑战,例如,组织困难、认证成本高、竹制品认证市场的动力不足、存在禁用农药和林地转化风险、忽视乡土树种保护、不合理的集约经营、饮用水源保护、当地居民传统权利保护等。有研究表明,全球环境保护行动,消费观念的变化,竹产业可持续发展的内在需求,企业负责任发展的需要,政府绿色采购政策导向等是影响竹林认证市场形成的关键因素。尽管存在这样或那样的问题,浙江省安吉县在竹林认证方面积累了丰富的经验,尤其在以合作社的组织形式开展认证方面。

综上所述,通过认证的森林面积及竹林面积在我国并不大,森林可持续经营及森林认证任重道远,竹林认证也不例外。包括竹林认证在内的森林认证有助于促进森林可持续经营及林业产业的发展,同时产业的发展又反过来促进竹林认证、森林认证。

复习思考题

1. 试述森林认证的概念、发展与意义。
2. ISO、PEFC、FSC 三者之间的关系如何？
3. 比较 PEFC 与 FSC 的异同点。
4. 简述中国森林认证体系的组成。
5. 我国竹林认证可能面临的挑战及可能的解决途径。

推荐阅读书目

1. Chris Maser，Walter Smith，2001. Forest Certification in Sustainable Development［M］. Florida：Lewis Publishers.

2. John L Innes，Anna V Tikina，2017. Sustainable Forest Management—from Concept to Practice［M］. London：Routledge-Taylor & Francis Group.

3. Ruth Nussbaum，Markku Simula，2010. 森林认证手册［M］. 北京：中国林业出版社.

4. 索菲·希格曼，斯迪芬·巴斯，尼尔·贾德，等，2001. 森林可持续经营手册［M］. 北京：科学出版社.

5. 徐斌，2014. 森林认证对森林可持续经营的影响研究［M］. 北京：中国林业出版社.

6. 徐斌，胡延杰，陈浩，2016. CFCC 森林经营认证实践指南［M］. 北京：中国林业出版社.

相关链接

1. FSC：https：//www. fsc. org/en
2. FSC 中国：https：//cn. fsc. org/cn-zh
3. PEFC：https：//www. pefc. org/
4. PEFC 中国办公室：http：//www. pefcchina. org/
5. CFCC：http：//www. cfcs. org. cn/

参考文献

敖贵艳，吴伟光，曹先磊，等，2019. 基于三阶段 DEA 模型的碳汇竹林生产效益分析：来自浙江安吉的实证[J]. 农林经济管理学报，18(5)：656-666.

蔡新玲，刘俊龙，苗婷婷，等，2015. 毛竹辐射诱变实生苗期选择研究[J]. 江西农业学报，6：12-16.

曹碧凤，2017. 竹林套种竹荪生态栽培技术研究与效益评价[J]. 世界竹藤通讯，15(3)：37-41.

曹志华，吴中能，王沣，等，2019. 毛竹辐射诱变实生优株生长性状的综合评价[J]. 中南林业科技大学学报，39(2)：34-40, 58.

陈晨，2019. 中国重要散生竹地下鞭根系统植硅体碳汇研究[D]. 杭州：浙江农林大学.

陈广平，张玉霞，魏孝，等，2017. 楠竹林下不同密度养鸡对土壤养分和重金属含量的影响[J]. 绿色科技，(16)：8-10.

陈其兵，2009. 丛生竹集约培育模式技术[M]. 北京：中国林业出版社.

陈其兵，2016. 观赏竹与景观[M]. 北京：中国林业出版社.

陈其兵，江明艳，吕兵洋，等，2019. 竹林康养研究现状及发展趋势[J]. 世界竹藤通讯，17(5)：1-8.

陈瑞阳，李秀兰，宋文芹，等，2003. 中国主要经济植物基因组染色体图谱：中国竹类染色体图谱[M]. 北京：科学出版社.

陈瑞阳，宋文芹，李秀兰，1979. 植物有丝分裂染色体标本制作的新方法[J]. 植物学报，21：297-298.

陈瑞阳，宋文芹，李秀兰，1982. 植物染色体标本制备的去壁、低渗法及其在细胞遗传学中的意义[J]. 遗传学报，9：151-159.

陈淑广，2016. 中国竹林认证面临的挑战与建议[J]. 世界竹藤通讯，14(3)：36-38.

陈双林，2011. 毛竹林地覆盖竹笋早出技术应用的问题思考[J]. 浙江农林大学学报，28(5)：799-804.

陈双林，萧江华，邹跃国，2003. 勃氏甜龙竹笋苗兼用林林分结构优化模式初步研究[J]. 林业科学研究，16(6)：677-683.

陈亚锋，2011. 几种常见森林类型小气候特征研究[D]. 临安：浙江农林大学.

陈懿涵，2008. 毛竹种胚试管繁殖的初步研究[D]. 临安：浙江农林大学.

陈永锋，李森，2009. 料慈竹与慈竹影响造纸性能因子分析[J]. 世界竹藤通讯，6：32-34.

陈余钊，林锋，吴一宏，等，2003. 浙南地区的绿竹笋用林丰产高效栽培技术[J]. 竹子研究汇刊，22(4)：25-29.

程小飞，2015. 上阔下竹复合生态系统类型划分的研究[D]. 南京：南京林业大学.

笪志祥，2007. 赤水退耕还林中梁山慈竹生态效益的研究[D]. 北京：中国林业科学研究院.

邸雅平，2018. 基于环境质量的蜀南竹海森林康养功能评价[D]. 北京：中国林业科学研究院.

丁雨龙，2002. 竹类植物资源利用与定向选育[J]. 林业科技开发，1：6-8.

董建文，2000. 绿竹林丰产结构研究[J]. 福建林学院学报，41(2)：97-100.

董林根，姜小娟，方茂盛，1998. 雷竹覆盖栽培林地土壤微生物的初步研究[J]. 浙江林学院学报，15

（3）：236-239.

董文渊，2000. 筇竹无性系生长及栽培机制的研究[D]. 南京：南京林业大学.

董文渊，2006. 筇竹无性系种群退化及恢复机制的研究[D]. 北京：中国林业科学研究院.

董文渊，黄宝龙，谢泽轩，等，2002. 密度调节与轮闲制采笋对筇竹林竹笋—幼竹生长的影响[J]. 林业科学，5：78-82.

董文渊，黄宝龙，谢泽轩，等，2002. 筇竹生长发育规律的研究[J]. 南京林业大学学报（自然科学版），26（3）：43-47.

董文渊，黄宝龙，谢泽轩，等，2002. 筇竹种子特性及实生苗生长发育规律的研究[J]. 竹子研究汇刊，1（1）：57-60.

董文渊，黄宝龙，谢泽轩，等，2002. 不同水分条件下筇竹无性系的生态适应性研究[J]. 南京林业大学学报（自然科学版），26（6）：21-24.

杜凡，薛嘉榕，杨宇明，等，2000. 15年来云南竹子的开花现象及其类型研究[J]. 林业科学，36（6）：57-68.

杜妍，庄家尧，周勇，2020. 苏南丘陵区毛竹林林冠水文特征[J]. 水土保持研究，27（3）：308-314.

方伟，桂仁意，林新春，等，2015. 中国经济竹类[M]. 北京：科学出版社.

方伟，何钧潮，凌申坤，等，2002. 高节竹丰产经营技术[J]. 林业科技开发，16（1）：39-41.

方伟，何钧潮，卢学可，等，1994. 雷竹早产高效栽培技术[J]. 浙江林学院学报，11（2）：121-128.

方伟，何祯祥，黄坚钦，等，2001. 雷竹不同栽培类型RAPD分子标记的研究[J]. 浙江林学院学报，18：1-5.

方伟，邬建荣，盛有春，1991. 10种散生竹染色体数目初报[J]. 浙江林学院学报，8：127-130.

方晰，田大伦，项文化，等，2002. 第二代杉木中幼林生态系统碳动态与平衡[J]. 中南林学院学报，1：1-6.

冯鹏飞，李玉敏，2023. 2021年中国竹资源报告[J]. 世界竹藤通讯，21（2）：100-103.

冯宗炜，王效科，吴刚，1999. 中国森林生态系统的生物量和生产力[M]. 北京：科学出版社.

傅建生，董文渊，2005. 我国丛生竹纸浆林经营现状及发展对策[J]. 林业调查规划，4：62-65.

高集美，2003. 雷竹引种栽培试验与丰产培育技术[J]. 福建林业科技，30（S1）：69-70.

高培军，郑郁善，林镇斌，等，2002. 绿竹开花生理生化特性研究[J]. 竹子研究汇刊，21（4）：70-75.

龚垒英，2009. 雷竹引种试验与丰产培育技术[J]. 宁德师专学报（自然科学版），21（1）：82-84.

苟光前，丁雨龙，吴炳生，等，2010. 撑绿竹竹林结构对产量的影响[J]. 贵州农业科学，38（6）：207-208.

桂仁意，刘亚迪，郭小勤，等，2010. 不同剂量~（137）Cs-γ辐射对毛竹幼苗叶片叶绿素荧光参数的影响[J]. 植物学报，45（1）：66-72.

郭慧媛，马元丹，王丹，等，2014. 模拟酸雨对毛竹叶片抗氧化酶活性及释放绿叶挥发物的影响[J]. 植物生态学报，38（8）：896-903.

郭起荣，任立宁，牟少华，等，2010. 毛竹种质分子鉴别SRAP、AFLP、ISSR联合分析[J]. 江西农业大学学报，32：982-986.

郭强，刘蔚漪，辉朝茂，等，2021. 择伐留竹量和施肥量对巨龙竹发笋成竹、新竹直径及生物量的影响[J]. 东北林业大学学报，49（9）：28-32.

郭霞，2021. 林业碳汇经济效益评价及区域协调性分析[J]. 新农业（10）：15-16.

韩诚，庄家尧，张金池，等，2014. 长三角地区毛竹林冠截留的影响因素[J]. 水土保持通报，34（3）：92-96.

韩伶俐，2017. 竹文化与江南竹子植物造景研究[D]. 临安：浙江农林大学.

何德汀，陈建华，相国祥，等，2007. 雷竹覆盖栽培失败原因浅析[J]. 世界竹藤通讯，5(1)：20-22.

何钧潮，方伟，卢学可，等，1995. 雷竹双季丰产高效笋用林的地下结构[J]. 浙江林学院学报，12(3)：247-252.

何钧潮，金爱武，2002. 笋用竹丰产培育技术[M]. 北京：金盾出版社.

何明，廖国强，2007. 中国竹文化[M]. 北京：人民出版社.

何斯刚，赵云，2005. 纸浆竹林的培育和管理[J]. 西南造纸，1：13-15.

何志国，2010. 南县引种丛生竹丰产栽培技术研究[D]. 长沙：中南林业科技大学.

胡超宗，金爱武，黄红亚，等，1994. 雷竹生长气象因子的相关分析[J]. 福建林学院学报，14(4)：295-300.

胡超宗，金爱武，张卓文，1996. 雷竹竹鞭侧芽分化过程中内源激素的变化[J]. 浙江林学院学报，13(1)：1-4.

胡超宗，金爱武，郑建新，1994. 雷竹地下鞭的系统结构[J]. 浙江林学院学报，11(3)：264-268.

胡国良，俞彩珠，2005. 竹子病虫害防治[M]. 北京：中国农业科学技术出版社.

胡陶，马艳军，李雪平，等，2014. 毛竹全长 LTR 逆转座子的鉴定和进化分析[J]. 植物分子育种，12：1265-1274.

花圣卓，陈俊刚，余新晓，等，2016. 温带典型森林树种的萜烯类化合物排放及其与环境要素的相关性[J]. 林业科学，52(11)：19-28.

黄少甫，王雅琴，楼一平，等，1988. 竹子染色体计数初报[J]. 林业科学研究，1：109-111.

黄祥丰，陈邦清，伍遇普，等，2021. 我国杨树速生丰产林合理轮伐期研究概况[J]. 林业科技通讯，5：49-56.

黄云鹏，王邦富，范繁荣，等，2016. 林分类型及郁闭度对多花黄精根茎多糖含量的影响[J]. 中国农学通报，32(10)：102-105.

辉朝茂，2004. 中国竹类多样性及其可持续利用研究现状和展望[J]. 世界林业研究，17(1)：50-54.

辉朝茂，杜凡，杨宇明，1997. 竹类培育与利用[M]. 北京：中国林业出版社.

辉朝茂，郝吉明，杨宇明，等，2003. 关于中国竹浆产业和纸浆竹林基地建设的探讨[J]. 中国造纸学报，1：157-161.

辉朝茂，杨宇明，2002. 中国竹子培育和利用手册[M]. 北京：中国林业出版社.

贾芳信，周明兵，陈荣，等，2016. 4 种竹子的核型及其基因组大小[J]. 林业科学，52：57-66.

贾树海，李明，邢兆凯，等，2014. 不同农林复合模式对土壤理化性质及酶活性的影响[J]. 土壤通报，45(3)：648-653.

江泽慧，2002. 世界竹藤[M]. 沈阳：辽宁科学技术出版社.

姜培坤，徐秋芳，储家森，等，2006. 雷竹早产高效栽培过程中土壤养分质量分数的变化[J]. 浙江林学院学报，23(3)：242-247.

蒋平，徐志宏，2005. 竹子病虫害防治彩色图谱[M]. 北京：中国农业科学技术出版社.

蒋先智，2008. 麻竹发展前景与高产栽培技术[J]. 世界竹藤通讯，1：19-22.

蒋瑶，胡尚连，陈其兵，等，2008. 四川省不同地区梁山慈竹 RAPD 与 ISSR 遗传多样性研究[J]. 森林与环境学报，28：276-280.

蒋瑶，胡尚连，陈其兵，等，2009. 四川不同地区硬头黄竹 RAPD 和 ISSR 分析[J]. 竹子学报，48：23-26.

金爱武，周国模，郑炳松，等，1999. 雷竹保护地栽培林分退化机制的初步研究[J]. 福建林学院学报，

19（1）：94-96.

赖井平，2007. 黄脊竹蝗监测预警技术指标的初步研究[J]. 四川林业科技，8（6）：70-75.

雷泽兴，2001. 绿竹的立竹密度结构试验[J]. 福建林业科技，28（2）：45-46.

李桂香，杨文端，2006. 丛生竹带秆留节插枝创新育苗试验及造林初报[J]. 世界竹藤通讯，4（4）：32-34.

李海营，乔桂荣，刘明英，等，2011. 麻竹花药诱导再生植株的染色体倍性分析[J]. 植物学报，46（1）：74-78.

李淑娴，尹佟明，邹惠渝，等，2002. 用水稻微卫星引物进行竹子分子系统学研究初探[J]. 林业科学，38：42-48.

李伟，2005. 川西低山区几种林（竹）+草复合经营模式的产流产沙特征及养分流失研究[D]. 成都：四川农业大学.

李秀兰，林汝顺，冯学琳，等，2001. 中国部分丛生竹类染色体数目报道[J]. 植物分类学报，39：433-442.

李雪建，2021. 基于遥感反演的竹林物候时空变异及其对碳循环影响机制研究[D]. 杭州：浙江农林大学.

李意德，曾庆波，吴仲民，等，1998. 我国热带天然林植被 C 贮存量的估算[J]. 林业科学研究，2：41-47.

李志良，2001. 中国红豆杉和短叶红豆杉的胚胎培养[J]. 植物资源与环境学报，10（1）：62-63.

廉超，冯云，周建梅，等，2014. 非洲竹区竹种类、资源与产业调查[J]. 世界林业研究，27（4）：75-82.

林峤，2015. 竹子与竹文化在园林绿化景观中的应用[J]. 国土绿化，4：44-45.

林葳，朱芷贤，陈其兵，2018. 竹林复合经营研究现状与发展建议[J]. 世界竹藤通讯，16（1）：21-25.

林新春，袁晓亮，林绕，等，2010. 雷竹大孢子发生和雌配子体发育[J]. 林业科学，46（5）：55-57.

刘继平．1987. 毛竹产区气候区划的研究[J]. 竹子研究汇刊，6（3）：1-12.

刘力，林新春，叶丽敏，2001. 雷竹不同栽培类型竹笋的蛋白质组成[J]. 浙江林学院学报，18（3）：271-273.

刘立才，孙成明，唐东，等，2014. 金佛山方竹混交造林试验初报[J]. 四川林业科技，35（4）：85-87.

刘巧云，黄琴琴，2008. 竹类病虫害诊治图谱[M]. 福州：福建科学技术出版社.

刘永红，张艳峰，周围，等，2011. 竹林景观美学价值研究[J]. 中南林业科技大学学报，31（3）：187-190.

罗祥毅，董文渊，郑进烜，等，2007. 海子坪天然方竹无性系种群结构研究[J]. 世界竹藤通讯，5（4）：42-44.

罗友刚，张清禄，付云，等，2009. 雷竹引种栽培试验初报[J]. 湖北林业科技，155：32-34.

骆仁祥，张春霞，王福升，等，2009. 毛竹等 3 个竹种的根系分布特征及其林地土壤抗冲性比较研究[J]. 竹子研究汇刊，28（4）：23-26.

马军山，2004. 现代园林种植设计研究[D]. 北京：北京林业大学.

马乃训，2004. 国产丛生竹类资源与利用[J]. 竹子研究汇刊，1：1-5.

马乃训，陈光才，2004. 纸浆竹林集约栽培技术[J]. 林业实用技术，11：17-18.

马乃训，张文燕，陈光财，2004. 关于加快发展我国竹材制浆造纸的一些看法[J]. 林业科技开发，1：9-11.

莫小云，黄美云，林雪，等，2018. 极简主义景观中竹子的应用表现研究[J]. 河南科技学院学报（自然科学版)，46（3）：15-18.

牛潇宇，2016. 毛竹林食用菌的生态复合经营模式研究[D]. 临安：浙江农林大学.

欧建德，2002. 茶秆竹笋竹两用经营技术研究[J]. 经济林研究，1：32-33.

潘瑞，2012. 观赏竹净化大气中悬浮颗粒物和细菌功能造景研究[D]. 福州：福建农林大学.

潘学峰，庄伟，关朝优，等，2003. 马来甜龙竹组培快繁技术研究[J]. 贵州科学，21（4）：81-84.

潘寅辉，虞敏之，胡建军，等，2006. 四季竹叶面积指数与竹笋产量的关系[J]. 西南林学院学报，26
（5）：21-23.

彭彪，宋建英，2004. 竹类高效培育[M]. 福州：福建科学技术出版社.

彭志，2012. 毛竹林复合经营植物选择与生态效应研究[D]. 临安：浙江农林大学.

蒲晓蓉，2007. 八种观赏竹在城市园林中的生态效应研究[D]. 成都：四川农业大学.

朴世龙，何悦，王旭辉，等，2022. 中国陆地生态系统碳汇估算：方法、进展、展望[J]. 中国科学：地
球科学，52（6）：1010-1020.

钱皆兵，2012. 宁波林业害虫原色图谱[M]. 北京：中国农业科学技术出版社.

钱奇霞，陈楚文，李萍，等，2011. 基于多感官体验的农业观光园中竹子景观形象的设计[J]. 农学学报，
3：21-27.

乔桂荣，李海营，蒋晶，等，2010. 麻竹花药培养及再生植株的获得[J]. 植物学报，45（1）：88-90.

邱玉成，丰绪霞，2020. 帽儿山樟子松人工林林分轮伐期的确定[J]. 林业科技情报，52（1）：32-34.

茹广欣，袁金玲，张朵，等，2010. 运用 AFLP 技术分析筇竹种群遗传多样性[J]. 林业科学研究，23：
850-855.

阮宏华，姜志林，高苏铭，1997. 苏南丘陵主要森林类型碳循环研究——含量与分布规律[J]. 生态学杂
志（6）：18-22.

沈月琴，周国模，顾蕾，等，1997. 雷竹发展的参与机制和效果分析[J]. 浙江林学院学报，14（2）：
193-198.

师丽华，杨光耀，林新春，等，2002. 毛竹种下等级的 RAPD 研究[J]. 南京林业大学学报（自然科学
版），5：65-68.

宋经纬，徐子然，陈家鑫，等，2021. 我国木材市场供给现状分析与未来发展建议[J]. 中华纸业，42
（5）：43-47.

宋瑞生，桂仁意，刘志强，等，2014. 毛竹食用菌复合经营模式研究[J]. 世界竹藤通讯，12（2）：1-4.

孙桂霞，赵琴，2012. 黄脊雷蓐蝗生物学特性及若虫各龄期雌雄的区分[J]. 中南林业科技大学学报，32
（4）：204-209.

孙鹏，马光良，王启和，等，2005. 四川乡土和引进丛生竹的生长表现及竹丛营养空间拓展分析[J]. 竹
子研究汇刊，4：18-23.

唐国文，罗治建，赵虎，等，2004. 雷竹氮磷钾肥配合施用研究[J]. 华中农业大学学报，23（3）：
304-306.

唐海龙，董文渊，王林昊，等，2016. 容器材质规格和缓释肥量对筇竹容器育苗生长的影响[J]. 西南林
业大学学报，36（3）：38-43.

唐梦雅，2014. 长汀县山地生态脆弱性与水土保持过程研究[D]. 福州：福建农林大学.

童晓青，汪奎宏，华锡奇，等，2006. 不同栽培措施雷竹植株内源激素研究[J]. 浙江林业科技，26（4）：
30-32.

汪奎宏，钟华鑫，1996. 外源激素诱导雷竹鞭芽萌发效果分析[J]. 竹子研究汇刊，15（4）：27-31.

王兵，魏文俊，邢兆凯，等，2008. 中国竹林生态系统的碳储量[J]. 生态环境，17（4）：1680-1684.

王波，沈泉，朱炜，等，2016. 套种棘托竹荪对毛竹林土壤理化性质、磷脂脂肪酸特性和酶活性的影响[J]. 林业与环境科学，32(4)：28-32.

王蒂，2004. 植物组织培养[M]. 北京：中国农业出版社.

王华清，陈岭伟，1999. 广东省毛竹丛枝病研究初报[J]. 森林病虫通讯，3：22-25.

王鹰翔，张金池，刘鑫，等，2016. 苏南丘陵区毛竹林坡面土壤水分对降雨的响应[J]. 水土保持通报，36(1)：22-26，32.

王月英，金川，2012. 丛生竹培育与利用[M]. 北京：中国林业出版社.

温钦舒，2006. 大型丛生竹水土保持效益试验初探[J]. 亚热带水土保持，18(3)：19-22.

吴楚才，2006. 植物精气研究[M]. 北京：中国林业出版社.

吴继林，2005. 竹林高效经营200问[M]. 福州：福建科学技术出版社.

吴家森，姜培坤，盛卫星，等，2009. 雷竹集约栽培对周边河流水质的影响[J]. 林业科学，45(8)：76-81.

吴平生，陈荣华，2005. 绿竹丰产栽培管理技术[J]. 亚热带农业研究，1(3)：16-18.

吴蓉，何奇江，江奎宏，等，1998. 雷竹实生苗过氧化物酶同工酶的研究[J]. 竹子研究汇刊，17(2)：65-69.

吴义远，董文渊，王婷，等，2019. 土层厚度对筇竹无性系种群形态可塑性的影响[J]. 西北林学院学报，34(5)：29-34.

吴义远，董文渊，尹泽南，等，2019. 不同坡位对天然筇竹无性系种群生长的影响研究[J]. 世界竹藤通讯，17(2)：22-25.

吴益民，黄纯农，王君晖，1998. 四种竹子的RAPD指纹图谱的初步研究[J]. 竹子学报，17：10-14.

吴应齐，吴大瑜，王明月，等，2016. 毛竹覆盖—套种竹荪轮作模式经济效益和生态修复评价[J]. 南方林业科学，44(3)：40-43，48.

吴莹，2014. 五种中国特有观赏竹生态效应及园林应用研究[D]. 福州：福建农林大学.

武金翠，周军，张宇，等，2020. 毛竹林固碳增汇价值的动态变化：以福建省为例[J]. 林业科学，56(4)：181-187.

夏恩龙，江泽慧，李智勇，2016. 中国竹林认证市场发展影响因素分析[J]. 世界林业研究，29(4)：67-71.

萧江华，2010. 中国竹林经营学[M]. 北京：科学出版社.

肖金顶，姚跃明，2011. 黏虫胶防治黄脊竹蝗技术[J]. 湖南林业科技，38(2)：42-43.

谢锦忠，傅懋毅，马占兴，等，2005. 麻竹人工林水文生态效应[J]. 林业科学研究，18(6)：682-687.

谢益贵，叶正发，1997. 丽水市滩圩引种雷竹试验初报[J]. 竹子研究汇刊，16(1)：19-22.

邢新婷，傅懋毅，费学谦，等，2003. 撑篙竹遗传变异的RAPD分析[J]. 林业科学研究，16：655-660.

徐林，2019. 生物质炭和硅肥对毛竹林土壤温室气体排放及生态系统碳汇能力影响研究[D]. 杭州：浙江农林大学.

徐绍清，陈旭君，吕兆田，2003. 慈溪市库区覆盖雷竹园的无公害经营技术[J]. 浙江林业科技，23(6)：47-48.

徐天森，1986. 林木病虫防治手册[M]. 北京：中国林业出版社.

徐天森，2004. 中国竹子主要害虫[M]. 北京：中国林业出版社.

徐艳，2004. 重庆缙云山竹蝗生物学和感觉器与精子超微结构的研究[D]. 昆明：西南农业大学.

薛振南，李孝忠，2007. 毛竹丛枝病病原研究[J]. 广西农业生物科学，3(6)：256-261.

薛振南，文凤芝，全桂生，等，2005. 毛竹丛枝病发生流行规律研究[J]. 广西农业生物科学，2：

130-135.

杨本鹏, 昝丽梅, 2003. 龙竹的组织培养[J]. 热带作物学报, 24(3): 82-87.

杨光耀, 赵奇僧, 2001. 用 RAPD 分子标记探讨倭竹族的属间关系[J]. 竹子研究汇刊, 20: 1-5.

杨海芸, 桂仁意, 汤定钦, 等, 2008. 菲白竹组织培养技术研究[J]. 浙江林学院学报, 25(2): 255-258.

杨宽, 2012. 上阔下竹复合经营模式对林地土壤养分的影响[D]. 南京: 南京林业大学.

杨艳红, 2017. 毛竹多倍体的诱导和鉴定[D]. 临安: 浙江农林大学.

杨永刚, 吴小芹, 2011. 竹丛枝病病原研究进展[J]. 浙江农林大学学报, 28(1): 144-148.

杨宇明, 辉朝茂, 2010. 中国竹类: 文化/资源/培育/利用[M]. 北京: 国际竹藤组织(INBAR)出版.

杨宇明, 张国学, 辉朝茂, 等, 2004. 天然沙罗竹林分秆龄结构和叶面积指数变化规律及应用研究[J]. 竹子研究汇刊, 23(2): 16-20.

易同培, 史军义, 2008. 中国竹类图志[M]. 北京: 科学出版社.

尹泽南, 董文渊, 郑静楠, 等, 2019. 金佛山方竹无性系种群生长发育规律的研究[J]. 现代园艺, 11: 32-34.

余树全, 冯洁, 2013. 夏季不同绿地类型温湿度及空气负离子浓度变化特征研究[J]. 东北农业大学学报, 44(5): 66-74.

余婉芳, 2005. 雷竹引种栽培试验研究[J]. 世界竹藤通讯, 3(3): 39-41.

余学军, 张立钦, 方伟, 等, 2005. 绿竹不同栽培类型 RAPD 分子标记的研究[J]. 西南林业大学学报(自然科学), 25: 98-101.

袁金玲, 顾小平, 李潞滨, 等, 2009. 孝顺竹愈伤组织诱导及植株再生[J]. 林业科学, 45(3): 35-39, 172.

岳春雷, 汪奎宏, 何奇江, 等, 2002. 不同氮素条件下雷竹克隆生长的比较研究[J]. 竹子研究汇刊, 21(1): 38-40.

曾嘉慧, 2023. 覆盖经营对毛竹林土壤呼吸的影响机制[D]. 杭州: 浙江农林大学.

张德成, 2018. 中国古代对竹子采伐方法的记载及辨析[J]. 竹子学报, 37(3): 12-19, 36.

张光楚, 2000. 竹子育种工作近况[J]. 竹子学报, 19(3): 13-19.

张光楚, 陈富枢, 1980. 优良的竹子有性杂种——撑麻青 1 号[J]. 林业科学, 16: 124-126.

张光楚, 王裕霞, 2003. 杂种撑麻 7 号竹的组织培养研究[J]. 林业科学研究, 16(3): 245-253.

张桂和, 朱靖杰, 陈汉州, 1995. 麻竹胚的离体培养和快速繁殖[J]. 植物生理学通讯, 6: 434-435.

张晗, 2022. 毛竹林下种植养殖对土壤温室气体排放的影响[D]. 杭州: 浙江农林大学.

张宏亮, 郑旭理, 黄勇, 2015. 浙江安吉灵峰寺林场竹林认证实践[J]. 世界竹藤通讯, 13(1): 11-13.

张加平, 赵云, 2005. 纸浆竹林基地建设模式探讨[J]. 西南造纸, 1: 11-12.

张健, 郑旭理, 王琴, 等, 2017. 浙江省安吉县 FSC 竹林认证的实践与思考[J]. 世界竹藤通讯, 15(4): 27-31.

张玲, 蒋晶, 乔桂荣, 等, 2012. 利用农杆菌介导法获得转 codA 基因麻竹再生植株的研究[J]. 竹子研究汇刊, 31(1): 1-6.

张孟楠, 董文渊, 浦婵, 等, 2018. 不同激素水平处理的金佛山方竹种苗抗旱性特征[J]. 东北林业大学学报, 46(3): 7-11.

张培新, 2006. 竹子园林[M]. 杭州: 西泠印社.

张喜, 龙志永, 许才万, 等, 2013. 金佛山方竹不同密度人工林笋产量研究[J]. 世界竹藤通讯, 11(6): 16-20.

张喜，龙志永，许才万，等，2014. 密度调控对金佛山方竹低产人工林结构的影响[J]. 竹子研究汇刊，33(3)：54-59.

张喜，张佐玉，徐来富，等，1998. 金佛山方竹竹笋—幼竹生长节律[J]. 竹子研究汇刊，1：3-5.

张颖，2013. 观赏竹净化环境功能研究[D]. 福州：福建农林大学.

张卓文，蔡崇法，沈宝仙，等，2004. 笋用雷竹林引种后新立竹生长规律与经营密度研究[J]. 华中农业大学学报，23(3)：348-351.

张卓文，胡超宗，金爱武，1996. 雷竹鞭侧芽发育为笋的形态结构观察[J]. 竹子研究汇刊，15(2)：60-66.

赵冰清，王云琦，赵晨曦，等，2015. 重庆缙云山4种典型林分的大气颗粒物浓度差异及不同大气条件影响研究[J]. 北京林业大学学报，37(8)：76-82.

赵敏燕，董文渊，李蓓，等，2006. 中国竹林生态旅游的SWOT分析及其思考[J]. 世界竹藤通讯，4(3)：39-42.

郑炳松，金爱武，董林根，1998. 雷竹地下鞭笋芽分化过程中营养动态初步研究[J]. 浙江林学院学报，15(3)：232-235.

郑蓉，陈开益，郭志坚，等，2001. 不同海拔毛竹林生长与均匀度、整齐度的研究[J]. 江西农业大学学报，23(2)：236-239.

郑艳，董文渊，付建生，等，2007. 金佛山方竹无性系种群生长规律的研究[J]. 世界竹藤通讯，1：27-30.

郑郁善，洪伟，1998. 毛竹经营学[M]. 厦门：厦门大学出版社.

钟艳萍，吴昌明，胡亚平，等，2019. 世界竹子清单更新[J]. 亚热带植物科学，48(2)：176-180.

周本智，傅懋毅，2004. 竹林地下鞭根系统研究进展[J]. 林业科学研究，17(4)：533-540.

周春来，吴小芹，2011. 南京地区竹类病害发生状况及防治对策[J]. 南京林业大学学报，35(1)：127.

周芳纯，1998. 竹林培育学[M]. 北京：中国林业出版社.

周国模，2006. 毛竹林生态系统中碳储量、固定及其分配与分布的研究[D]. 杭州：浙江大学.

周国模，金爱武，郑炳松，等，1998. 雷竹保护地栽培林分立竹结构的初步研究[J]. 浙江林学院学报，15(2)：111-115.

周国强，王勇，贾廷彬，2018. 佯黄竹种苗繁育技术研究[J]. 四川林业科技，39(5)：26-28.

周国强，王勇，贾廷彬，2020. 佯黄竹优良无性系选育[J]. 世界竹藤通讯，18(4)：30-34.

周明兵，刘颖坤，徐川梅，等，2015. 林木植物生理生化和分子生物学实验指南[M]. 西安：陕西人民教育出版社.

周新华，肖智勇，曾平生，等，2019. 林下生境及生长年限对多花黄精生长和药用活性成分含量的影响[J]. 西南林业大学学报(自然科学版)，39(4)：155-160.

周妍，张宏亮，郭帆，等，2019. 中国竹林认证现状及趋势[J]. 世界林业研究，32(2)：78-82.

朱朝方，杨传宝，沈晓飞，等，2018. 毛竹林下养鸡对土壤质量及竹林生长的影响[J]. 竹子学报，37(1)：49-53.

朱勇，2017. 绿竹栽培与利用[M]. 厦门：厦门大学出版社.

邹跃国，2005. 麻竹笋用林高效可持续经营技术[J]. 世界竹藤通讯，3(2)：26-28.

ABUBAKAR A M, ILKAN M, 2016. Impact of online wom on destination trust and intention to travel：a medical tourism perspective[J]. Journal of Destination Marketing & Management, 5(3)：192-201.

ATTIGALA L, WYSOCKI W P, DUVALL M R, et al., 2016. Phylogenetic estimation and morphological evolution of *Arundinarieae* (Bambusoideae：Poaceae) based on plastome phylogenomic analysis[J]. Molecular Phylogenetics and Evolution, 101: 111-121.

BELADI H, CHAO C C, EE M S, et al., 2015. Medical tourism and health worker migration in developing countries[J]. Economic Modelling, 46: 391-396.

BOUSQUET P, PEYLIN P, CIAIS P, et al., 2000. Regional changes in carbon dioxide fluxes of land and oceans since 1980[J]. Science, 290: 1342-1346.

CAVANAGH J B, 1999. Occupational and environmental neurotoxicology[J]. Brain, 122(5): 993-994.

DARLINGTON C D, 1945. Chromosome atlas of cultivated plants[M]. London: George Allen & Unwin.

FANG J Y, CHEN A P, PENG C H, et al., 2001. Changes in forest biomass carbon storage in China between 1949 and 1998[J]. Science, 292: 2320-2322.

FRIAR E, KOCHERT G, 1994. A study of genetic variation and evolution of *Phyllostachys* (Bambusoideae: Poaceae) using nuclear restriction fragment length polymorphisms[J]. Theoretical and Applied Genetics, 89: 265-270.

FRIEDLINGSTEIN P, O'SULLIVAN M, JONES M W, et al., 2020. Global carbon budget 2020[J]. Earth Syst Sci Data, 12: 3269-3340.

GIELIS J, VALENTE P, BRIDTS C, et al., 1997. Estimation of DNA content of bamboos using flow cytometry and confocal laser scanning microscopy[M]. London: Linnean Society Symposium Series Academic Press.

GRANT V P, 1981. Polyploidy[M]. New York: Columbia University Press.

GUO Z H, MA P F, YANG G Q, et al., 2019. Genome sequences provide insights into the reticulate origin and unique traits of woody bamboos[J]. Molecular Plant, 12(10): 1-13.

GURNEY K R, LAW R M, DENNING A S, et al., 2002. Towards robust regional estimates of CO_2 sources and sinks using atmospheric transport models[J]. Nature, 415: 626-630.

HASSAN A, CHEN Q B, JIANG T, et al., 2017. Psychophysiological effects of bamboo plants on adults[J]. Biomedical and Environmental Sciences, 30(11): 846-850.

HSIAO J Y, LEE S M, 2003. Genetic diversity and microgeographic differentiation of Yushan cane (*Yushania niitakayamensis*; Poaceae) in Taiwan[J]. Molecular Ecology, 8: 263-270.

HUANG Y X, ZHANG Y M, QI Y, et al., 2019. Identification of odorous constituents of bamboo during thermal[J]. Construction and Building Materials, 203: 104-110.

JIANG J T, ZHANG Z Y, BAI Y C, et al., 2023. Chromosomal-level genome and metabolome analyses of highly heterozygous allohexaploid *Dendrocalamus brandisii* elucidate shoot quality and developmental characteristics [J]. Journal of Integrative Plant Biology, 66(6): 1087-1105.

JIANG M Y, HASSAN A, CHEN Q B, et al., 2019. Effects of different landscape visual stimuli on psychophysiological responses in Chinese students[J]. Indoor and Built Environment, 29(7): 1006-1016.

JIANG W, BAI T, DAI H, et al., 2017. Microsatellite markers revealed moderate genetic diversity and population differentiation of moso bamboo (*Phyllostachys edulis*)—a primarily asexual reproduction species in China [J]. Tree Genetics & Genomes, 13(6): 130.

KHAN S, CHAO C, WAQAS M, et al., 2013. Sewage sludge biochar influence upon rice (*Oryza sativa* L) yield, metal bioaccumulation and greenhouse gas emissions from acidic paddy soil[J]. Environmental Science & Technology, 47(15): 8624-8632.

KONG W J, ZHOU B Z, AN Y F, et al., 2010. A primary study on the eco-hydrological efects of bamboo plantation[J]. Forest Research, 23: 713-718.

KORPELA K M, YLÉN M, 2007. Perceived health is associated with visiting natural favourite places in the vicinity[J]. Health & Place, 13(1): 138-151.

KUMAR P P, TURNER I M, RAO A N, et al., 2011. Estimation of nuclear DNA content of various bamboo and rattan species[J]. Plant Biotechnology Reports, 5: 317-322.

LEHMANN J, 2007. A handful of carbon[J]. Nature, 447: 143-144.

LEHMANN J, RILLIG M C, THIES J, et al., 2011. Biochar effects on soil biota: a review[J]. Soil Biology and Biochemistry, 43(9): 1812-1836.

LI Q, CUI K K, LV J H, et al., 2022. Biochar amendments increase soil organic carbon storage and decrease global warming potentials of soil CH_4 and N_2O under N addition in a subtropical Moso bamboo plantation[J]. Forest Ecosystems, 9: 100054.

LI W, SHI C, LI K, et al., 2021. Draft genome of the herbaceous bamboo *Raddia distichophylla*[J]. G3—Genes Genomes Genetics, 11(2): jkaa049.

LI Y, HU S, CHEN J, et al., 2018. Effects of biochar application in forest ecosystems on soil properties and greenhouse gas emissions: a review[J]. Journal of Soils and Sediments, 18: 546-563.

LIN Y, LU J J, WU M D, et al., 2014. Identification, cross-taxon transferability and application of full-length cDNA SSR markers in *Phyllostachys pubescens*[J]. SpringerPlus, 3: 1-12.

LIU X, ZHANG Y, HAN W, et al., 2013. Enhanced nitrogen deposition over China[J]. Nature, 494: 459-462.

LOH J P, KIEW R, SET O, et al., 2000. A study of genetic variation and relationships within the bamboo subtribe bambusinae using amplified fragment length polymorphism[J]. Annals of Botany, 85: 607-612.

MA P F, GUO Z H, LI D Z, 2012. Rapid sequencing of the bamboo mitochondrial genome using illumina technology and parallel episodic evolution of organelle genomes in grasses[J]. PLoS One, 7: e30297.

MCMICHAEL A J, HAINES A, SLOOFF R, et al., 1996. Climate change and human health: an assessment prepared by a task group on behalf of the world health organization, the world meteorological organization and the united nations environment programme[J]. Population and Development Review, 22(4): 806.

MERY G, ALFARO R I, KANNINEN M, et al., 2005. Forests in the global balance—changing paradigms[J]. IUFRO World Series, 17(5): 315-318.

PINAR B, 1996. Health effects of outdoor air pollution. committee of the environmental and occupational health assembly of the american thoracic society[J]. AmerIcan Journal of Respiratory and Critical Care Medicine, 153 (1): 3-50.

OKUMURA M, KOSUGI Y, TANI A, 2018. Biogenic volatile organic compound emissions from bamboo species in Japan[J]. Journal of Agricultural Meteorology, 74(1): 40-44.

PEEN J, SCHOEVERS R A, BEEKMAN A T, et al., 2010. The current status of urban-rural differences in psychiatric disorders[J]. Acta Psychiatrica Scandinavica, 121(2): 84-93.

PENG Z H, LU Y, LI L B, et al., 2013. The draft genome of the fast-growing non-timber forest species moso bamboo (*Phyllostachys heterocycla*)[J]. Nature Genetics, 45: 456-461.

PRUTPONGSE P, GAVINLERTVATANA P, 1992. *In vitro* micropropagation of 54 species from 15 genera of bamboo[J]. Hortscience, 27(5): 453-454.

RAMANAYAKE S, MEEMADUMA V N, WEERAWARDENE T E, 2007. Genetic diversity and relationships between nine species of bamboo in Sri Lanka, using Random Amplified Polymorphic DNA[J]. Plant Systematics and Evolution, 269: 55-61.

RAO I U, RAMANUJA RAO I V, NARANG V, 1985. Somatic embryogenesis and regeneration of plants in the bamboo[J]. Plant Cell Reports, 4: 191-194.

SHANAHAN D F, BUSH R, GASTON K J, et al., 2016. Health benefits from nature experiences depend on dose[J]. Scientific Reports, 6(1): 1-10.

SINGH A K, KALA S, DUBEY S K, et al., 2014. Evaluation of bamboo based conservation measures for rehabilitation of degraded Yamuna ravines[J]. Indian Journal of Soil Conservation, 42(1): 80-84.

SINGH P V, BHARDWAJ P, KUMAR A, 2012. Effect of mango, bamboo and haldu plants on physico-chemical properties of soil in tarai region[J]. Progressive Horticulture, 44: 130-136.

SONG C R, IKEI H, MIYAZAKI Y, 2016. Physiological effects of nature therapy: a review of the research in japan[J]. International Journal of Environmental Research and Public Health, 13(8): 781.

SONG X Z, CHEN X F, ZHOU G M, et al., 2017. Observed high and persistent carbon uptake by Moso bamboo forests and its response to environmental drivers[J]. Agricultural and Forest Meteorology, 247: 467-475.

SONG X Z, PENG C H, CIAIS P, et al., 2020. Nitrogen addition increased CO_2 uptake more than non-CO_2 greenhouse gases emissions in a Moso bamboo forest[J]. Science Advances, 6: eaaw5790.

STEVENS C J, 2019. Nitrogen in the environment[J]. Science, 363: 578-580.

TAGUCHI-SHIOBARA F, ISHII T, TERACHI T, et al., 1998. Mitochondrial genome differentiation in the genus Phyllostachys[J]. Japan Agricultural Research Quarterly, 32: 7-14.

TANG D Q, LU J J, FANG W, et al., 2010. Development, characterization and utilization of GenBank microsatellite markers in *Phyllostachys pubescens* and related species[J]. Molecular Breeding, 25: 299-311.

TSAY H S, YEH C C, HSU J Y, 1990. Embryogenesis and plant regeneration from another culture of bamboo (*Sinocalamus latiflora* MunroMcClure)[J]. Plant Cell Reports, 9: 349-351.

WILLIAMS F, 2016. This Is Your Brain On Nature[J]. National Geographic, 229(1): 48-69.

WYSOCKI W P, CLARK L G, ATTIGALA L, et al., 2015. Evolution of the bamboos (Bambusoideae; Poaceae): A full plastome phylogenomic analysis[J]. BMC Evolutionary Biology, 15: 1-12.

YAO Y T, LI Z J, WANG T, et al., 2018. A new estimation of China's net ecosystem productivity based on eddy covariance measurements and a model tree ensemble approach[J]. Agricultural and Forest Meteorology, 253: 84-93.

YU G R, CHEN Z, PIAO S L, et al., 2014. High carbon dioxide uptake by subtropical forest ecosystems in the East Asian monsoon region[J]. Proceedings of the National Academy of Sciences, USA, 111: 4910-4915.

YU G R, JIA Y L, HE N P, et al., 2019. Stabilization of atmospheric nitrogen deposition in China over the past decade[J]. Nature Geoscience, 12: 424-429.

ZHANG X Z, ZENG C X, MA P F, et al., 2016. Multi-locus plastid phylogenetic biogeography supports the Asian hypothesis of the temperate woody bamboos (Poaceae: Bambusoideae)[J]. Molecular Phylogenetics and Evolution, 96: 118-129.

ZHANG Y J, MA P F, LI D Z, 2011. High-throughput sequencing of six bamboo chloroplast genomes: Phylogenetic implications for temperate woody bamboos (Poaceae: Bambusoideae)[J]. PLoS One, 6(5): e20596.

ZHAO H S, GAO Z M, WANG L, et al., 2018. Chromosome-level reference genome and alternative splicing atlas of moso bamboo (*Phyllostachys edulis*) [J]. GigaScience, 7: 1-12.

ZHAO H S, YANG L, PENG Z H, et al., 2015. Developing genome-wide microsatellite markers of bamboo and their applications on molecular marker assisted taxonomy for accessions in the genus *Phyllostachys*[J]. Scientific Reports, 5: 8018.

ZHENG Y S, YANG D M, RONG J D, et al., 2022. Allele-aware chromosome-scale assembly of the allopolyploid genome of hexaploid Ma bamboo (*Dendrocalamus latiflorus* Munro) [J]. Journal of Integrative Plant Biology, 64(3): 649–670.

ZHOU M B, TAO G Y, PI P Y, et al., 2016. Genome-wide characterization and evolution analysis of miniature inverted-repeat transposable elements (MITEs) in moso bamboo (*Phyllostachys heterocycla*) [J]. Planta, 244: 775–787.

ZHOU M B, XU C M, SHEN L F, et al., 2017. Evolution of genome sizes in Chinese Bambusoideae (Poaceae) in relation to karyotype [J]. Trees, 31: 41–48.